南药产地生态适宜性区划

主　编　黄志海　徐　江

副主编　李西文　丘小惠　宫　璐　梁晓东

　　　　李建华　罗玉冰　刘基柱　欧阳蒲月

顾　问　陈士林　吕玉波　叶华谷　刘　俭

人民卫生出版社

图书在版编目（CIP）数据

南药产地生态适宜性区划/黄志海，徐江主编.—北京：人民卫生出版社，2018

ISBN 978-7-117-26209-5

Ⅰ.①南… Ⅱ.①黄…②徐… Ⅲ.①药用植物-产地-区划-中国 Ⅳ.①S567

中国版本图书馆 CIP 数据核字（2018）第 072158 号

南药产地生态适宜性区划

主　　编：黄志海　徐　江
出版发行：人民卫生出版社（中继线 010-59780011）
地　　址：北京市朝阳区潘家园南里 19 号
邮　　编：100021
E - mail：pmph @ pmph.com
购书热线：010-59787592　010-59787584　010-65264830
印　　刷：三河市宏达印刷有限公司（胜利）
经　　销：新华书店
开　　本：787×1092　1/16　　印张：20
字　　数：487 千字
版　　次：2018 年 5 月第 1 版　2018 年 5 月第 1 版第 1 次印刷
标准书号：ISBN 978-7-117-26209-5/R・26210
定　　价：108.00 元

《南药产地生态适宜性区划》编委会

序

“诸药所生，皆有境界”，药材道地性是千百年来中国医药学家在用药实践中总结出来的经验和规律。环境是影响药材品质的重要因素，由中国中医科学院中药研究所陈士林教授及其团队自主研发的“药用植物全球产地生态适宜性区划信息系统”，将地理信息学、气象学、土壤学、生态学等多学科有机结合起来，基于全球气候和土壤数据库对中药材进行生态适宜区预测，为中药资源保护及可持续利用提供了新的思路。

南方温暖湿润的气候条件孕育了丰富的植物资源，包括丰富的药用植物资源。南药，尤其是岭南中草药，是在漫长的中医文化中形成的独具特色和优势的地方医药学。许多南药是治病的药材同时也是食用的食材，具有一定的保健作用。南药在南方群众中认可度高、应用广泛，“药膳”“凉茶”等文化源远流长。然而相较于传统大宗药材，南药大品种不多，许多南药没有人工栽培品，南药的使用也大多以野生资源为主，少数的南药栽培品种也往往是市场调节、民众自发种植，缺乏相应的科学指导。如今，南药面临资源耗竭、“道地性濒危”，甚至种质退化等严重问题，科学地进行药材的引种、扩种甚为重要，也是实现南药资源“可持续发展”的重要途径。将“药用植物全球产地生态适宜性区划信息系统”用于南药资源的生态适宜性分析上，可指导实践，兼具研究性和应用性。

本书以广东省中医药科学院（广东省中医院）中药新药和饮片创新研究开发团队成员为核心力量，联合中国中医科学院中药研究所、广东食品药品职业学院、广东药科大学等专家学者共同编纂完成。看到他们的研究成果，我颇感欣慰。望团队成员百尺竿头更进一步，为南药的质量控制和现代化发展做出更多的贡献。

全国继承老中医药专家学术经验指导老师

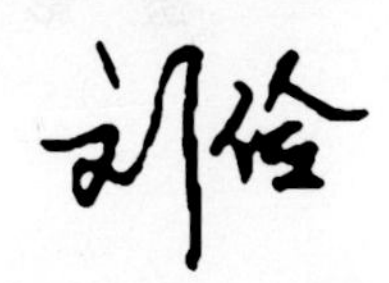

2017 年 10 月 3 日

前 言

南药资源种类丰富、使用历史悠久、治病效果显著，是我国中药资源的重要组成部分。然而对于南药野生资源的无节制利用、南药种质资源流失、人工栽培品缺乏等原因，导致部分南药资源的可持续发展受到威胁。巴戟天由于采挖严重导致野生资源枯竭，已成为中国植物红皮书上的濒危物种；何首乌虽然野生资源分布广泛，但长年累月的采挖导致目前市场供需矛盾严重；阳春砂道地产区广东省蟠龙镇的阳春砂产量极低，已基本处于濒危状态；石牌广藿香因城市发展已基本消失等等。为保护以上稀缺濒危南药资源，同时防止更多的南药品种遭此厄运，科学地开展南药引种、扩种栽培意义重大。

产地环境是道地药材形成的重要因素，直接影响到道地药材的生长发育和有效成分的形成和积累。由中国中医科学院中药研究所自主研发的“药用植物全球产地生态适宜性区划信息系统”（global geographic information system for medical plant，GMPGIS）以地理信息系统为开发平台，对中药材产地适宜性进行多生态因子、多统计方法的定量化与空间化分析，进而确定中药材产地生态适宜性区划。该系统采用全球生态和土壤数据库，并对生态因子进行了优化筛选。该系统已应用于多种药材的生态适宜性区划研究中。

本书应用 GMPGIS 系统对 71 种南药资源进行生长最佳生态适宜区的预测，为南药的科学引种和扩种栽培提供思路，进一步为南药资源紧缺问题提供参考意见，从而保护南药野生资源。这 71 种南药中既包括广东道地药材，如阳春砂仁、广藿香、高良姜、广陈皮、巴戟天、广佛手、化橘红、土沉香等，也包括四大南药中的益智、槟榔，还包括在一些大宗药材品种的种植加工方面具有悠久的历史与独到的经验、品质优异、久负盛名的药材，如肇庆芡实、德庆何首乌等，以及岭南地区尤其是两广大量使用的地方习用药材，如溪黄草、鸡骨草、五指毛桃、三丫苦、岗梅根、青天葵、广东土牛膝等。

本书在广东省中医药科学院（广东省中医院）专项（岭南中草药 DNA 条形码分子鉴定和生态适宜性研究，2015KT1817）、中国中医科学院中医药健康服务专项（200 种岭南中草药

DNA 条形码研究，ZZ0908067）、广东省药品检验所项目（广陈皮与化橘红生态适宜性区划研究）、国家中医药管理局全国中药特色技术传承人才培训项目的资助下完成。国家中医药管理局、中国中医科学院中药研究所、中国科学院华南植物园、广东省中医药管理局、广东省食品药品监督管理局、广东省药品检验所、广东省林业厅野生动植物保护处、广州中医药大学、广东药科大学、广东食品药品职业学院等单位专家为本书提供了专业性指导和建设性意见，各单位相关领导给予了关心和支持，本书编委会在此向各位表示衷心的感谢！特别感谢中国中医科学院中药研究所所长陈士林教授、广东省中医院吕玉波院长对本书给予的指导与关切。

因编者能力所限，书中难免有疏漏之处，还请读者批评指正。

《南药产地生态适宜性区划》编委会

2017 年 10 月 10 日

编写说明

本书分为总论、各论两部分。总论主要介绍南药及其资源的概况、南药产地生态适宜性区划的方法。各论针对71种南药品种，进行国内产地生态适宜性区划研究，同时对用量较大的50余种南药进行了世界范围的产地区划研究。各论中具体南药项下的体例及内容说明如下：

药材名称及第一段所描述的药材基本概况，包括基原、药用部位、别名、收载情况、性味归经、功能主治等，主要参考《中华人民共和国药典》（2015年版）、《广东省中药材标准》（第一册、第二册）和《广东中药志》（第一卷、第二卷），对于参考文献中收载的药材基原植物拉丁名与 *Flora of China* 不完全一致的，同时给出 *Flora of China* 的收载记录；第二段结合文献资料介绍药材的应用价值、野生资源状况、引种栽培状况、供需状况等。书后附药材及其基原植物照片（药材中比例尺长度均表示实际长度为1cm）。

【地理分布与生境】参考《广东省中药材标准》《广东中药志》《中国植物志》《中药大辞典》等列出药材的主要分布区、野生分布区以及分布的生态环境特点等。

【生物学及栽培特性】参考《广东省中药材标准》《广东中药志》《中国植物志》《中药大辞典》《中国南药引种栽培学》以及文献资料等列出药材的生物学及栽培特性。

【生态因子值】参考“中国数字植物标本馆”（http：//www. cvh. ac. cn/）以及中科院华南植物所标本馆的植物标本数据、“Global Biodiversity Information Facility”（GBIF）数据库（http：//www. gbif. org/）中数据以及相应药材的文献等资料，搜集用于系统分析的样点，样点需覆盖药材的道地产区、主要分布区及野生分布区，并通过GPS获得样点的经纬度信息。应用GMPGIS系统对样点进行分析，列出药材主要分布区域的生态因子值，包括最冷季均温、最热季均温、年均温、年均相对湿度、年均降水量及年均日照。

【全球产地生态适宜性数值分析】应用GMPGIS系统分析得到药材最大生态相似度区域全球分布图，同时对得到的最大生态相似度区域面积较大的国家或地区数据进行分析，并用柱

状图展示。

【中国产地生态适宜性数值分析】应用 GMPGIS 系统分析得到药材最大生态相似度区域全国分布图，同时对得到的最大生态相似度区域所在省（区）、县（市）及面积等数据进行分析，并用表格及柱状图展示。

【区划与生产布局】根据药材的生态适宜性数值分析结果，并综合药材生物学特性、自然条件、社会经济条件、药材主产地栽培和采收加工技术等，给出建议的药材引种栽培区域范围。

【品质生态学研究】对部分药材，综合文献的研究结果，阐述药材在不同地区的品质情况或影响药材品质的生态因子情况，为药材的引种栽培提供参考。

【参考文献】列出该药材内容撰写过程中除以上所述文献之外的参考文献。

目 录

总 论

各 论

总　　论

南药作为我国中药的重要组成部分，其资源种类丰富、使用历史悠久、治病效果显著。然而对于南药野生资源的无节制利用、南药大品种缺失、人工栽培品的缺乏，导致一些重要南药的可持续发展受到威胁。产地环境是道地药材形成的重要因素，直接影响到道地药材的生长发育和有效成分的形成和积累。GMPGIS 系统应用光照、温度、水分、土壤等生态因子，对南药进行生长最佳生态适宜区的预测，这对科学指导南药的引种和扩种栽培具有重要意义。

一、南药概述

“南药”是我国中药资源的重要组成部分。“南药”一词也频繁出现在有关文献资料中，然而历来对“南药”的解释说法不一。按其所涵盖地理范围，有狭义和广义之分。广义上的南药，泛指原产于热带地区的中药材。这里既包含进口于国外热带地区的中药，大致上包括亚洲的南部（南亚）和东南部（东南亚）、南美洲（又称拉丁美洲）和非洲，尤其是早期我国从东南亚进口的药材；也包括我国热带地区生产种植的药材。狭义上的南药，是与“北药”相对应，指产于我国南方地区的中药材。另外，岭南中草药，即生长于我国南方五岭之南的地区，包括大庾岭、越城岭、都庞岭、萌渚岭、骑田岭，地处广东、广西、湖南、江西、福建五省区交界处以南地区的中草药，也简称为南药。虽然“南药”这一概念涉及的地理范围并不统一，有大有小，也没有十分明确的界限，但是基本上都会包括广东、广西、海南三省区（岭南地区），多数文献也包括云南、福建、台湾，甚至贵州、四川等省份。

据考证，清代屈大均在《广东新语》一书中有“戒在任官吏私市南药”一句，这是“南药”最早的文字记载。1969 年，国务院六部委——商业、外贸、农垦、林业、卫生及财政联合下达了“关于发展南药生产问题的意见”，此后“南药”一词便被频繁使用。尽管“南药”一词提出的时间不长，然而南药在我国的使用至少有两千多年的历史。晋代稽含所著《南方草木状》（公元 304 年前后）是现存最早的医药文献，也是第一部记述南方植物的著作，该书记载槟榔等岭南植物共计 80 种，药用植物 50 多种。明朝《本草纲目》（公元 16 世纪下半叶）亦有记载苦丁茶、白木香等南药。唐末五代李珣《海药本草》（公元 9 世纪末至 10 世纪初），清代何克谏的《生草药性备要》（1711 年），民国时期萧步丹《岭南采药录》（1932 年复印本），胡真《山草药指南》（1942 年复印本）所述大都为中国国内南方的药材，特别是岭南草药。另一方面，我国由国外进口“南药”也历史久远。唐末五代李珣所著的《海药本草》成书于公元 9 世纪末至 10 世纪初，《海药本草》今存 124 种药，有 96 种产于南方及外国，其中产于广东或经广东集散的进口南药占大多数。唐末的《南海药谱》记载有槟榔、象牙、龙脑、芦荟、阳起石和桃花石，书名“南海”，则指我国广东等南方地区及南洋一带。有学者认为，历史上进口南药可分为三个时期，即陆路传入时期、水路传入时期和计划引入时期。陆路传入进口南药以西汉张骞二次出使西域为代表，至元代战乱时终止，经历了 1500 多年的漫长岁月，进口的南药有象牙、犀角、乳香、益智等。海上传入进口南药，以《汉书·地理志》载武帝时从雷州半岛起航到东南亚各国采购外国药材，到隋文帝在广东黄埔庙头乡建南海神庙，以便利外国进口商船集市交易为代表，进口南药包括象牙、龙脑、肉桂、缩砂密、胖大海等。南药计划引入时期是中华人民共和国成立和落实中医政策后发展起来的，并取得一定的成果，如砂仁人工授粉增产，引种砂仁、槟榔、肉桂、丁香、檀香、血竭、乳香、胖大海等南药品种，并对肉桂等部分品种进行炮制等深入研究。时至今日，有资料可查的进口南药有121种之多，而曾经进口的南药品种经栽种繁殖已经部分在我国本土化，成为我国南药的组成部分。

一些道地南药品种因为药效显著，享有盛誉。如“四大南药”的槟榔、益智、阳春砂和巴戟天（图1），“十大广药”的广藿香、广佛手、广陈皮、沉香、高良姜、化州橘红、阳春砂仁、巴戟天、广地龙、金钱白花蛇。然而由于生态环境的变化、资源过度利用等原因，一些道地南药处于种质资源枯竭的危险境地。为加强对该部分重要南药的保护，广东省于2016年着手推进相关药材的立法保护工作，化橘红、广陈皮、阳春砂仁、广藿香、巴戟天、沉香、广佛手、何首乌8种南药成为第一批遴选出的保护对象。

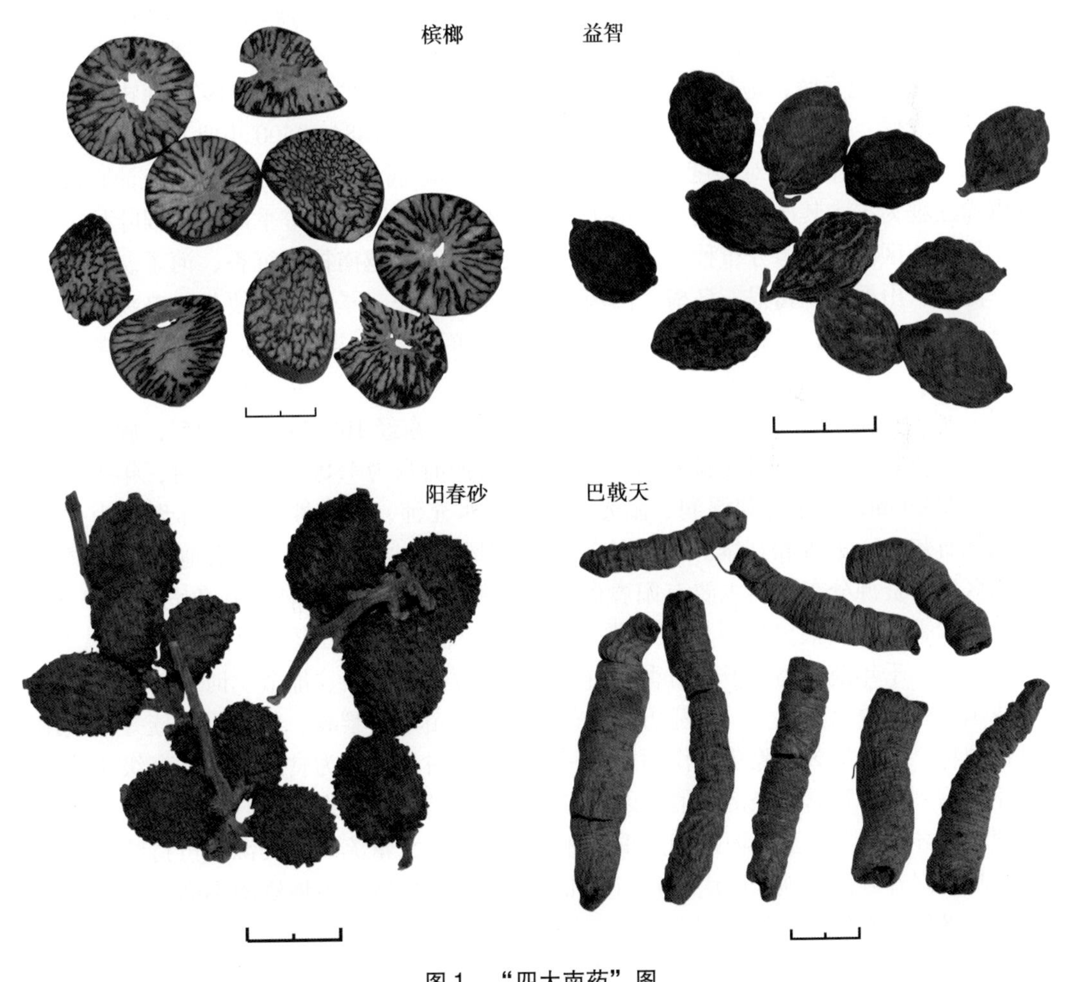

图1　“四大南药”图

二、南药的资源现状

我国南药资源丰富，多具产业特色和显著的区位比较优势。据中药资源普查资料，我国南药资源现有近3800种，其中植物类3500多种，动物类200多种，矿物类30多种。

独特的气候地理环境孕育了丰富的南药资源物种。作为南药主产区之一、南药集散中心以及岭南医学的发祥地和学术中心的广东省，全境位于北纬20°13′~25°31′和东经109°39′~117°19′之间，东邻福建，西连广西，西南部雷州半岛与海南省相望。全省陆地面积为17.98万平方公里，山地占全省面积31.7%，丘陵占28.5%，台地占16.1%，平原占23.7%，岛屿占0.89%。全省地势北高南低，地形复杂多样，境内山地、平原、丘陵交错，丘陵分布于山前地带。其地形大致分为四个区：珠江三角洲平原，粤东山地丘陵，粤北山地，粤西山地、台地。南药资源在四个类型区的分布，各具特色，呈现有规律的分布。尤其粤东山地丘陵及粤西山地、台地，以品种繁多著称：

（1）粤东山地丘陵：地处北纬21°85′~24°78′、东经113°15′~117°19′，属南亚热带和亚热带季风气候，年平均气温为21~22℃，年日照时数为1884~2500小时，年平均降水量1300~2105mm，年平均相对湿度80%左右。全年温和湿润，阳光充足，雨水充沛，地带性土壤以赤红壤为主，其次为红壤和水稻土。自然植被类型属亚热带季风常绿阔叶林，具有雨林特征。该区南药资源分布种类主要有巴戟天、益智、越南桂、沉香、诃子、藤黄、马钱子、陈皮、山栀子、葛根、乌梅、山药、大风子、枳壳、厚朴、猫须草、美登木、萝芙木、穿心莲、玫瑰茄、甜叶菊、苏合香、山柰、草豆蔻、儿茶、苏木、木蝴蝶、龙血树等。

（2）粤西山地、台地：地处北纬21°11′~24°38′、东经105°34′~113°15′，属南亚热带和亚热带季风气候，年平均气温为19~23℃，年日照时数为1800~2009小时，年平均降水量1426~2345mm，全年温和湿润、阳光充足、雨水充沛，地带性土壤以赤红壤为主，其次为棕色石灰土、黄壤和红壤。自然植被多以季风常绿阔叶林为主，山地则为常绿阔叶林。该区南药资源分布种类主要有阳春砂仁、巴戟天、益智、肉桂、八角茴香、高良姜、胡椒、广藿香、广豆根、化州橘红、佛手、使君子、干姜、山柰、山药、水半夏、天花粉、蔓荆子、千年健、鸦胆子、檀香、白木香、草豆蔻、葛根、郁金、诃子、苏木等。

我国南药资源蕴藏量大，用药历史悠久，尤其在苗族、黎族、壮族、傣族等民族用法上风格独特，疗效显著。除药用作用外，一些南药同时又可作为食用香料、高级化妆品的主要原料等，具有很高的经济价值。因此，部分南药被过度开发，同时伴随着生态条件恶化等现状，导致一些南药资源遭到严重破坏，种质资源大量流失，资源的可持续利用面临巨大挑战。阳春砂的道地产区广东省阳春市因城市经济发展，山地资源不断遭到人为开发与破坏，导致阳春砂的生长环境严峻，而蟠龙镇阳春砂产量极低，已基本处于濒危状态。广藿香以石牌广藿香质量最佳，然而从严格意义上讲，石牌广藿香已不复存在，因为石牌广藿香的种植地区石牌、棠下等地，已是高楼林立。巴戟天由于采挖严重导致野生资源枯竭，已成为中国植物红皮书上的濒危物种。土沉香由于掠夺式开发利用，加之生态环境的恶化以及树木自然繁殖率低等原因导致资源稀缺，严重威胁沉香中药资源，已成为《国家重点保护野生植物名录》物种、国家二级重点保护植物，2005 年被列为《濒危野生动植物种国际贸易公约》（CITES）附录Ⅱ，其国际贸易受到严格监管。

同时南药的产业化程度低、人工种植缺乏科学指导。相对于传统大宗药材，大品种南药较少，产业发展相对缓慢，多数南药的种植往往由农民自发进行，缺乏科学指导，更多的南药则是来自野生资源。因此南药的野生变家种以及科学的引种、扩种在重要南药资源濒临枯竭的背景下显得尤为重要。

三、南药全球产地生态适宜性数值分析

（一）药用植物全球产地生态适宜性区划信息系统

“药用植物全球产地生态适宜性区划信息系统”（global geographic information system for medical plant，GMPGIS）是全球首个中药材产地生态适宜性分析系统。该系统由中国中医科学院中药研究所自主研发，其以地理信息系统为开发平台，对中药材产地适宜性进行多生态因子、多统计方法的定量化与空间化分析，进而确定中药材产地生态适宜性区划，从而科学指导药材的人工种植及引种，解决药材资源紧缺问题，保护药材野生资源。目前，GMPGIS 系统已成功应用在 171 种《中国药典》收载的中药材品种的国内产地区划，以及部分品种的全球产地区划中。

GMPGIS 软件系统主要包括：用户注册登录，药用植物生态因子查询，各省、县（区）产地生态适宜性查询，药用植物产地生态适宜性区域对比展示，用户自定义采样点产地生态适宜区域查询，用户收藏等功能。

数据是中药材产地生态适宜性分析的基础。构建结构合理、数据准确、时效性强的中药材数值分析空间数据库是进行中药材产地生态适宜性区划的关键。GMPGIS 系统对多个数据库进行了整合，主要包括以下四个数据库：

1. 基础地理信息数据库　该数据库主要包括矢量数据结构的世界区划数据，国内的省区划数据、县区划数据和乡镇区划数据。

2. 气候因子数据库　本书用于 GMPGIS 进行南药全球产地生态适宜性分析的生态因子中的年均温（BIO1 = annual mean temperature）、最热季均温（BIO10 = mean temperature of warmest quarter）、最冷季均温（BIO11 = mean temperature of coldest quarter）、年均降水（BIO12 = annual precipitation）来自于 WorldClim 全球气候数据库，年均辐射（BIO20 = annual mean radiation）以及用来计算年均相对湿度的月均上午 9 时相对湿度和月均下午 3 时相对湿度来自于 CliMond 全球生物气候学建模数据库。

3. 土壤数据库　来自全球土壤数据库 HWSD，包含 28 种土壤类型。

4. 中药材分布空间数据库　在全国中药材原植物野生分布和产地数据分析的基础上，对 20 世纪 80 年代中期全国中药资源普查结果数据与基础地理信息数据进行整理和集成，构成了中药材分布空间数据库，用于中药材环境的查询及分析结果评价。

（二）南药全球产地生态适宜性数值分析方法

GMPGIS 系统利用 GIS 强大的空间聚类与空间分析功能，可以科学、快速、准确地在

全球范围内分析出与药材道地产区最为相近的区域。空间分析分为栅格数据空间分析和矢量数据空间分析两大类。栅格数据空间分析用于对中药材生长的气候环境进行分析，利用栅格数据模型准确评价每一个空间单元内中药材种植的适宜性，找出最适宜中药材生长的区域。矢量数据空间分析是对利用栅格数据分析出的中药材生长区域和行政区域进行叠加，进一步分析适宜区的行政范围和面积等。

1. 栅格数据空间分析　本系统中的栅格数据空间分析功能通常包括记录分析、叠加分析、区域操作、统计分析等。栅格数据的叠加分析要优于矢量数据的叠加分析。南药全球产地生态适宜性数值分析首先根据药材道地产区的生长环境确定各个环境因子的权重，然后进行栅格数据的空间分析，得出药材生长环境的综合指标栅格数据图。

2. 矢量数据空间分析　本系统中涉及的矢量数据空间分析通常包括空间数据查询和属性分析、多边形与多边形的叠加计算、目标统计分析等。矢量数据的叠加分析主要分为擦除、相交、合并等。将经过栅格空间分析后的栅格数据转化为矢量数据，并和全球及全国行政区划信息进行矢量空间分析后，得到南药生态适宜区的行政区划信息。

3. 数据准备　中药材产地生态适宜性数值分析首先要确定药材道地产区的生态因子值，输入药材的道地产区，系统会进行相应的生态因子值进行分析，得到药材最适宜生长区的生态因子值范围。也可将各生态因子值手动输入系统中。

4. 数据标准化　在进行相似性聚类分析前，需要对各种数据进行标准化处理，以消除不同量纲的影响。本系统采用线性标准化方法进行数据标准化处理，将数值归一化到0~100之间，如式1所示：

$$x=\frac{x-\min}{\max-\min}\times 100 \quad \text{（式1）}$$

5. 相似性聚类分析　本系统采用的聚类分析是以每个空间栅格作为一个聚类对象，n个生态因子数值作为该栅格的聚类条件，每个栅格都可以看成n维空间中的一个点。因此，根据栅格间距离大小，将不同栅格进行空间最小距离聚类，第i个栅格与j个栅格间距离公式如式2：

$$d_{ij}=\sqrt{(x_{11}-x_{12})^2+(x_{12}-x_{22})^2+\cdots+(x_{p1}-x_{p2})^2}=\left[\sum_{k=1}^{p}(x_{ki}-x_{kj})\right]^{\frac{1}{2}} \quad \text{（式2）}$$

6. 栅格重分类　根据距离计算结果［$\min_{dij}$，$\max_{dij}$］，对栅格进行重分类，找出与药材道地产区具有最大生态相似度的区域。

7. 适宜区空间分析　首先将分类的栅格数据转换成面的矢量数据文件，再将生成的矢量数据和行政区划数据进行相交运算，然后利用行政区划数据对运算后的适宜区数据进行空间查询，得到世界和国内的最大生态相似度区域和其他区域。

8. 成果输出　将转换后的适宜区数据和基础地理信息数据进行叠加显示和图面设置，即可输出所需的图和表格。

◎ 参考文献

［1］陈士林，索风梅，韩建萍，等. 中国药材生态适宜性分析及生产区划［J］. 中草药，2007，(04)：481-487.

［2］陈士林. 中国药材产地生态适宜性区划［M］. 第2版. 北京：科学出版社，2017.

[3] 陈伟平，魏建和. 中国南药引种栽培学 [M]. 北京：中国农业出版社，2013.
[4] 陈蔚文，徐鸿华. 南药资源的保护与可持续利用研究 [J]. 广州中医药大学学报，2009，(03)：201-203.
[5] 胡荣锁，杨劲松，徐飞，等. 海南南药的概况及对策 [J]. 河北农业科学，2008，(10)：63-65.
[6] 黄梅，庞玉新，杨全，等. 道地南药 GAP 种植基地建设及产业现状分析 [J]. 现代中药研究与实践，2014，(05)：8-12.
[7] 黄志海，徐文，张靖，等. 中药何首乌全球生态适宜性分析 [J]. 世界中医药，2017，(05)：982-985.
[8] 李程，吴庆光，李耿，等. 岭南本草学的形成和发展研究 [J]. 黑龙江科技信息，2016，(03)：88.
[9] 刘咏梅. 海南南药资源的法律保护 [J]. 热带林业，2013，(04)：43-45.
[10] 刘育梅. 福建珍稀南药植物资源及其开发利用 [J]. 亚热带植物科学，2010，(03)：75-78.
[11] 孟祥霄，黄林芳，董林林，等. 三七全球产地生态适宜性及品质生态学研究 [J]. 药学学报，2016，(09)：1483-1493.
[12] 缪剑华，彭勇，肖培根. 南药与大南药 [M]. 北京：中国医药科技出版社，2014.
[13] 钱韵旭，杨波，李晓蕾. 求解"南药北治"现象 [J]. 中国药房，2011，(19)：1729-1731.
[14] 沈亮，孟祥霄，黄林芳，等. 药用植物全球产地生态适宜性研究策略 [J]. 世界中医药，2017，12(05)：961-968+973.
[15] 沈亮，吴杰，李西文，等. 人参全球产地生态适宜性分析及农田栽培选地规范 [J]. 中国中药杂志，2016，(18)：3314-3322.
[16] 谭业华，陈珍. 探讨南药资源分布区域 [J]. 安徽农业科学，2007，(25)：7869-7870+7883.
[17] 王宏，陈建南. 给"南药"一个确定的概念 [J]. 中国医药导报，2009，(32)：56-57.
[18] 肖伟，刘勇，肖培根. 大南药概念的重要意义 [J]. 中国现代中药，2012，(03)：60-61.
[19] 徐鸿华，丁平，刘军民. 南药资源开发利用研究的回顾与展望 [J]. 广州中医药大学学报，2004，(05)：349-351，355.
[20] 许恒. 打造"南药"产业 繁荣经贸往来 [J]. 当代广西，2006，(24)：22-23.
[21] 严辛. 广东南药的历史、现状和今后的展望 [J]. 中药材，1986，(04)：49-51，38.
[22] 赵思兢. 我国进口南药发展史及其分析 [J]. 广州中医学院学报，1986，(Z1)：47-49.

各 论

1. 了哥王 Liaogewang

RADIX WIKSTROEMIAE INDICAE

本品为瑞香科植物了哥王 *Wikstroemia indica*（L.）C. A. May 的干燥根或根皮。别名地棉皮、山雁皮、狗信药、雀仔麻、南岭荛花、九信菜等。《广东省中药材标准》（第一册）收载。了哥王性寒，味苦，有毒，归肺、胃经，具清热解毒、散结逐水等功效。用于肺热咳嗽，痄腮，瘰疬，风湿痹痛，疮疖肿毒，水肿腹胀等。

了哥王是我国传统中药材，且为多种传统中成药的主要成分之一，现代临床药理研究表明，了哥王具有消炎、解毒、镇痛等功效，主要用于治疗支气管炎、肺炎、扁桃体炎、乳腺炎、蜂窝织炎等症。此外，了哥王的茎皮纤维可造纸、造棉，叶片的水煮液可杀虫，种子因含油脂可制皂，广泛用于造纸、杀虫、制皂等领域，同时还具有一定的观赏和经济价值。由于制药等行业的需求导致该药材被过度采集，野生了哥王资源逐年下降。广东省江门市、肇庆市，江西省吉安市等地区有人工栽培。

◎【地理分布与生境】

了哥王产广东、海南、广西、福建、台湾、湖南、贵州、云南、浙江等地。越南、印度、菲律宾也有分布。喜生于海拔 1500 米以下地区的开旷林下或石山上。

◎【生物学及栽培特性】

了哥王为半常绿小灌木，喜温暖湿润气候，不耐严寒。适宜通气好的砂质壤土生长，其次为黏壤土，不宜盐碱土栽培。种子繁殖，宜春季或秋季播种，于苗床条播，覆土 3～5cm，播后须经常保持土壤潮湿。出苗后当苗高 1 尺左右移栽。

◎【生态因子值】

选取 702 个样点进行了哥王的生态适宜性分析。包括广东省惠州市博罗县、从化市、河源市、深圳市盐田区、肇庆市鼎湖区，福建省泉州市金门县、龙岩市连城县，广西壮族自治区桂林市临桂县，海南省三亚市，湖北省利川市，湖南省永州市东安县，台湾台中市，香港特别行政区大帽山，云南省景洪市及浙江省温州市平阳县等 10 省（区）的 84 县（市）。

GMPGIS 系统分析结果显示（表 1-1），了哥王在主要生长区域生态因子范围为：最冷季均温 2. 5～22. 0℃；最热季均温 20. 6～29. 4℃；年均温 12. 7～25. 9℃；年均相对湿度 63. 1%～77. 6%；年均降水量 634～3049mm；年均日照 122. 5～153. 3W/m^2。主要土壤类型为强淋溶土、人为土、始成土等。

表 1-1　了哥王主要生长区域生态因子值

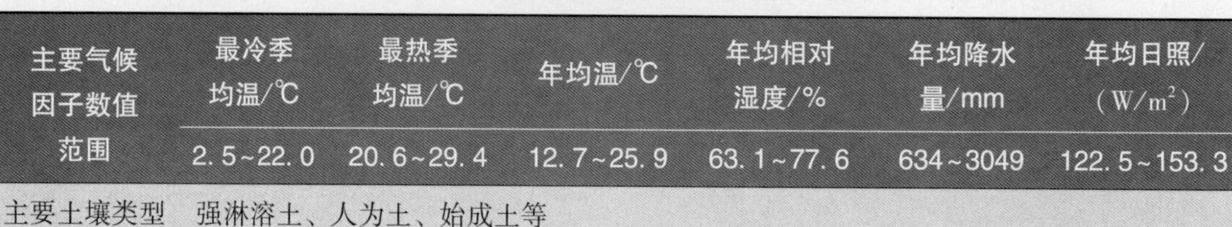

主要气候因子数值	最冷季均温/℃	最热季均温/℃	年均温/℃	年均相对湿度/%	年均降水量/mm	年均日照/（W/m^2）
范围	2. 5～22. 0	20. 6～29. 4	12. 7～25. 9	63. 1～77. 6	634～3049	122. 5～153. 3
主要土壤类型	强淋溶土、人为土、始成土等					

◎【中国产地生态适宜性数值分析】

GMPGIS 系统分析结果显示（图 1-1、图 1-2 和表 1-2），了哥王在我国最大的生态相似度区域主要分布在广西、湖南、云南、江西、广东、湖北、贵州等地。其中最大生态相似度区域面积最大的为广西壮族自治区，为 206359.0km²，占全部面积的 12.2%。其次为湖南省，最大生态相似度区域面积 181151.7km²，占全部的 10.7%。所涵盖县（市）个数分别为 88 个和 102 个。

图 1-1　了哥王最大生态相似度区域全国分布图

表 1-2　我国了哥王最大生态相似度主要区域

省（区）	县（市）数	主要县（市）	面积/km²
广西	88	金城江、苍梧、融水、南宁、南丹、八步区等	206359.0
湖南	102	安化、沅陵、永州、浏阳、桃源、衡南等	181151.7
云南	95	广南、富宁、墨江、砚山、丘北、双柏等	145504.7
江西	91	宁都、赣县、于都、永丰、瑞金、会昌等	144797.6
广东	85	梅县、英德、佛山、韶关、东源、信宜等	144407.1
湖北	78	武汉、曾都区、钟祥、咸丰、利川、麻城等	134337.4
贵州	81	从江、黎平、松桃、习水、天柱、兴义等	124732.8

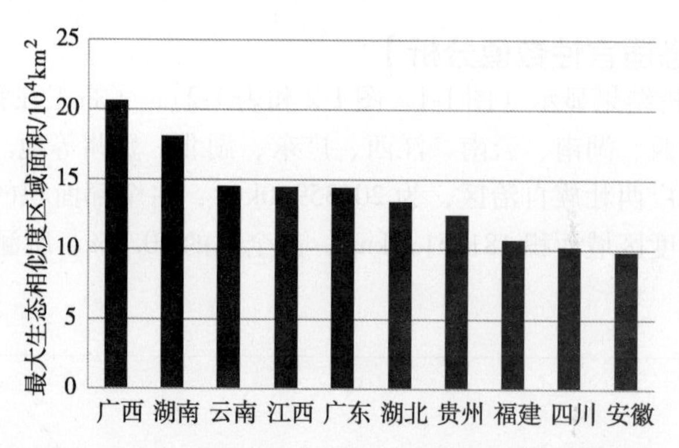

图 1-2　我国了哥王最大生态相似度主要地区面积图

◎【区划与生产布局】

根据了哥王生态适宜性分析结果，结合了哥王生物学特性，并考虑自然条件、社会经济条件、药材主产地栽培和采收加工技术，建议选择引种栽培研究区域主要以广西、湖南、云南、江西、广东、湖北、贵州等省（区）为宜（图 1-3）。

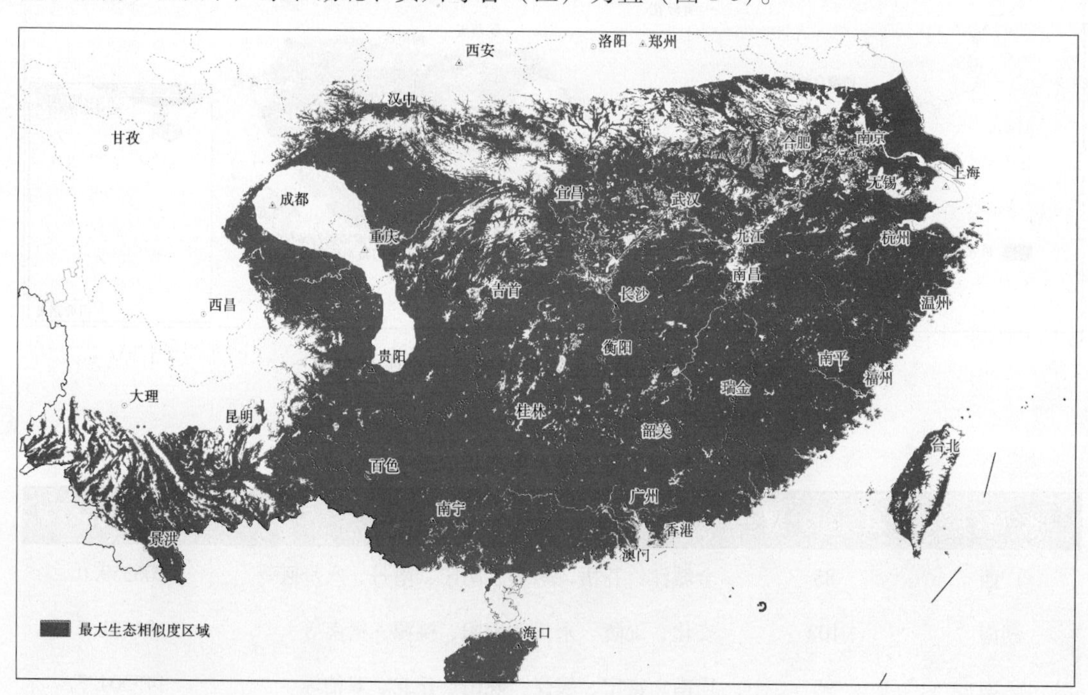

图 1-3　了哥王最大生态相似度区域局部分布图

◎【品质生态学研究】

熊友香等（2009 & 2010）分析和评价了江西、广西、湖南不同产地的了哥王药材质量，发现各产地总黄酮的含量为广西>江西>湖南，西瑞香素含量为江西>广西>湖南，微量元素的含量为广西>湖南>江西，可见不同产地不同的温度、湿度、土壤等生长环境因素对了哥王的质量影响较大。引种栽培时根据需求合理选择种植基地，以保证临床用药的稳定性、安全性和有效性。

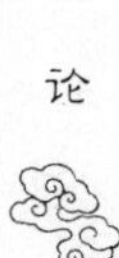

◎ 参考文献

[1] 刘艳，李玮，周汉华，等. 了哥王药材 HPLC 指纹图谱研究［J］. 中国民族民间医药，2011，20（01）：57-59.

[2] 任海，彭少麟，戴志明，等. 了哥王（*Wikstroemia indica*）的生态生物学特征［J］. 应用生态学报，2002，12：1529-1532.

[3] 熊友香，尤志勉，卢智玲，等. HPLC 测定不同产地了哥王药材中西瑞香素的含量［J］. 中成药，2009，08.

[4] 熊友香，尤志勉. 不同产地了哥王药材中微量元素含量测定［J］. 江西中医药，2009，03：54-55.

[5] 熊友香，尤志勉. 不同产地了哥王药材中总黄酮的含量测定［J］. 中华中医药学刊，2010，02：358-359.

[6] 杨振宁，杜智敏. 了哥王水煎液的抑菌作用研究［J］. 哈尔滨医科大学学报. 2006，10：362-364.

2. 三丫苦 Sanyaku

CAULIS SEU CACUMEN MELICOPE PTELEIFOLIAE

本品为芸香科植物三叉苦 *Melicope pteleifolia*（Champ. ex Benth）T. G. Hartley 的干燥茎及带叶嫩枝。*Flora of China* 收录该物种为三椏苦 *Melicope pteleifolia*（Champion ex Bentham）T. G. Hartley。别名三叉苦、三椏苦、三叉虎、三支枪、密茱萸、三孖苦等。《广东省中药材标准》（第一册）收载。三丫苦性寒，味苦，归肺、胃经，具清热解毒、行气止痛、燥湿止痒等功效。用于热病高热不退，咽喉肿痛，热毒疮肿，风湿痹痛，湿火骨痛，胃脘痛，跌打肿痛等。外用治皮肤湿热疮疹，皮肤瘙痒，痔疮等。

三丫苦是岭南地区常用中草药，广泛应用于多种成方制剂中。同时也是常用的药食同源植物，是广东凉茶的重要原料。三丫苦在我国南方分布广泛，药材来源以野生为主，目前也有人工种植。2015 年，广东省普宁市葵坑村建设起三叉苦产业化示范基地。

◎【地理分布与生境】

三叉苦主产于广东、广西、海南、福建、台湾、贵州、浙江东南及云南南部等地。柬埔寨、老挝、缅甸、泰国、越南、印度、马来西亚、印度尼西亚、菲律宾也有分布。生于低海拔至中海拔丘陵、平原、山地、溪边的疏林或灌木丛中，常见于较荫蔽的山谷湿润地方，阳坡灌木丛中偶有生长。

◎【生物学及栽培特性】

选择适宜的小气候条件，以利三叉苦正常越冬生长。土壤应选择 pH<8.2，土壤厚度在 1.0m 以上，土壤较肥沃，地下水位在 1.0m 以下，排灌容易。

◎【生态因子值】

选取 431 个样点进行三叉苦的生态适宜性分析。国内样点包括广东省广州市从化区、白云山、肇庆市鼎湖山、河源市东源县涧头镇、潮州市潮安县赤凤镇四望坪村、湛江市徐闻县

海安镇坑仔村，海南省澄迈县白石岭、定安县五指山、陵水县尖山、昌江县，云南省思茅市普洱县勐先乡、红河州屏边县、金平县黄家寨村、河口县洞坪、西双版纳景洪市基诺乡茄玛村、勐海县勐阿镇贺建村、勐腊县补蚌等8省（区）的206县（市）。国外样点为越南。

GMPGIS系统分析结果显示（表2-1），三叉苦在主要生长区域生态因子范围为：最冷季均温7.0~22.1℃；最热季均温18.7~29.4℃；年均温14.4~25.9℃；年均相对湿度61.8%~77.9%；年均降水量884~3431mm；年均日照126.1~155.9W/m²。主要土壤类型为强淋溶土、人为土、高活性强酸土、淋溶土、始成土等。

表2-1 三叉苦主要生长区域生态因子值

主要气候因子数值	最冷季均温/℃	最热季均温/℃	年均温/℃	年均相对湿度/%	年均降水量/mm	年均日照/（W/m²）
范围	7.0~22.1	18.7~29.4	14.4~25.9	61.8~77.9	884~3431	126.1~155.9
主要土壤类型	强淋溶土、人为土、高活性强酸土、淋溶土、始成土等					

◎【全球产地生态适宜性数值分析】

GMPGIS系统分析结果显示（图2-1和图2-2），三叉苦在全球最大的生态相似度区域分布于57个国家，主要为巴西、中国、刚果和安哥拉。其中最大生态相似度区域面积最大的国家为巴西，为1248414.4km²，占全部面积的34.3%。

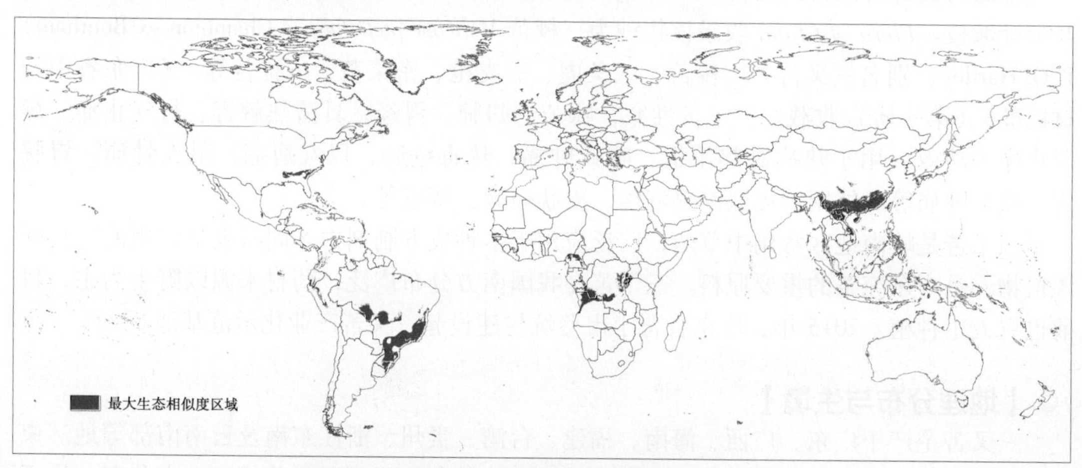

图2-1 三叉苦最大生态相似度区域全球分布图

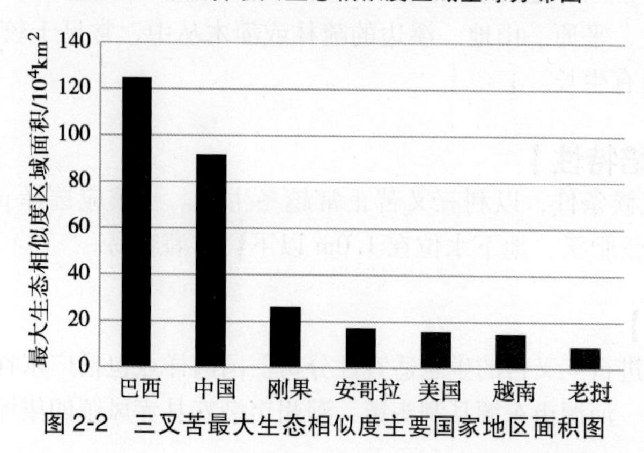

图2-2 三叉苦最大生态相似度主要国家地区面积图

◎【中国产地生态适宜性数值分析】

GMPGIS 系统分析结果显示（图 2-3、图 2-4 和表 2-2），三叉苦在我国最大的生态相似度区域主要分布在云南、广西、广东、福建、江西、湖南等地。其中最大生态相似度区域面积最大的为云南省，为 199143.3km^2，占全部面积的 21.7%；其次为广西壮族自治区，最大生态相似度区域面积为 195308.8km^2，占全部的 21.3%。所涵盖县（市）个数分别为 104 个和 88 个。

图 2-3　三叉苦最大生态相似度区域全国分布图

表 2-2　我国三叉苦最大生态相似度主要区域

省（区）	县（市）数	主要县（市）	面积/km^2
云南	104	澜沧、广南、富宁、勐腊、墨江、景洪等	199143.3
广西	88	金城江、苍梧、南宁、藤县、西林、南丹等	195308.8
广东	88	佛山、梅县、英德、韶关、惠东、东源等	150924.2
福建	68	上杭、漳平、建阳、永定、延平、尤溪等	100026.2
江西	76	赣县、瑞金、于都、会昌、寻乌、吉水等	95409.1
湖南	54	衡南、宜章、耒阳、桂阳、永州、江华等	39893.2

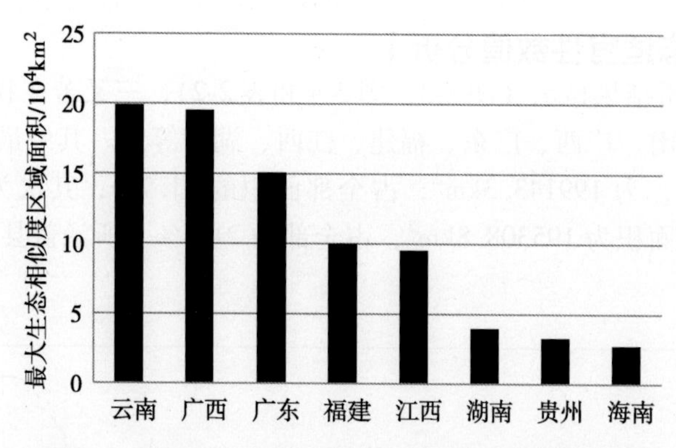

图 2-4　我国三叉苦最大生态相似度主要地区面积图

◎【区划与生产布局】

根据三叉苦分析结果，结合三叉苦生物学特性，并考虑自然条件、社会经济条件、药材主产地栽培和采收加工技术，建议选择引种栽培研究区域主要以巴西、中国、刚果和安哥拉等国家（或地区）为宜，在国内主要以云南、广西、广东、福建、江西、湖南等省区为宜（图 2-5）。

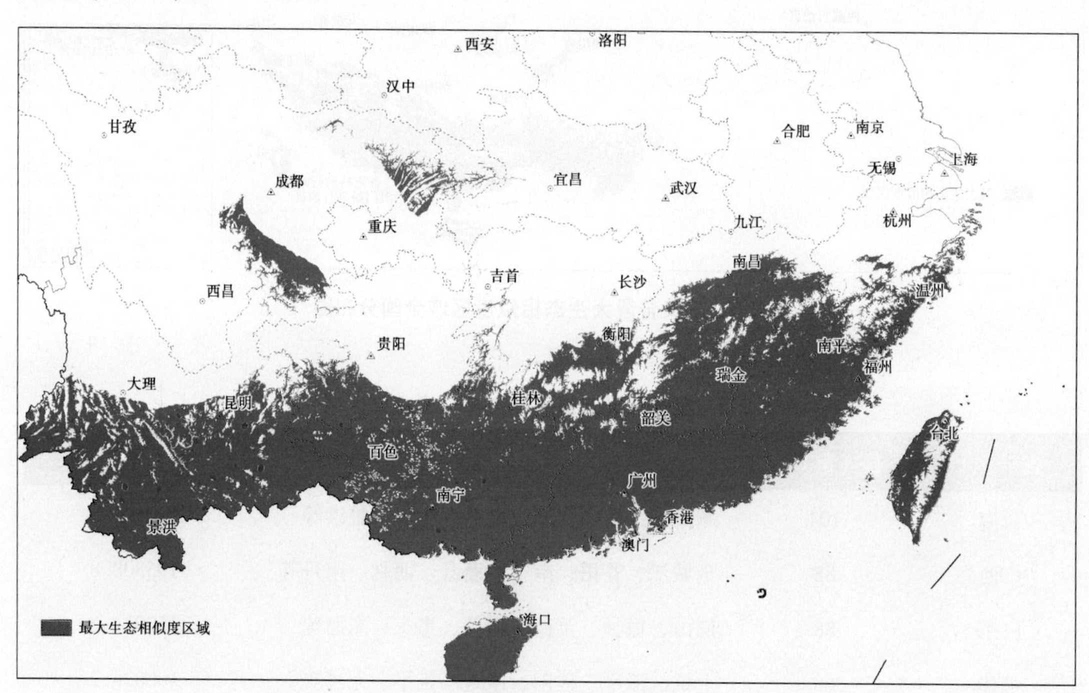

图 2-5　三叉苦最大生态相似度区域全国局部分布图

◎【品质生态学研究】

黄际薇等（2011）采用不同方法测定了广东、海南、贵州、云南、湖南等地三丫苦药材的多种无机元素含量，结果显示不同产地三丫苦中无机元素的含量差异无显著性，所有样品中 Zn 的含量最高。

◎ 参考文献

[1] 黄际薇，张永明，麦海燕，等. 不同产地三丫苦中无机元素含量的测定［J］. 中国医院药学杂志，2011，(07)：614-616.
[2] 刘同祥，王绍辉，王勇，等. 三叉苦的研究进展［J］. 中草药，2016，(22)：4103-4110.

3. 广藿香 Guanghuoxiang

POGOSTEMONIS HERBA

本品为唇形科植物广藿香 *Pogostemon cablin*（Blanco）Benth. 的干燥地上部分。别名枝香等。2015 年版《中华人民共和国药典》（一部）收载。广藿香性微温，味辛，归脾、胃、肺经，具芳香化浊、和中止呕、发表解暑等功效。用于湿浊中阻，脘痞呕吐，暑湿表证，湿温初起，发热倦怠，胸闷不舒，寒湿闭暑，腹痛吐泻，鼻渊头痛等。

广藿香为常用中药材，为“十大广药”之一。广藿香是著名成药“藿香正气丸（水）”的君药，也是其他多种中药成方制剂的重要原料。民间用广藿香叶煎饮避暑，为清凉解热药，被历代医家视为暑湿时令之要药。此外，广藿香油是医药工业、轻工业的原材料。广藿香原产于国外，后引种我国。广藿香商品种类按产地不同分为石牌广藿香（牌香）、海南广藿香（南香）、湛江广藿香（湛香）和高要广藿香（肇香）。一般认为，产于广州市郊石牌、棠下等地的广藿香（石牌广藿香）品质优、药效佳，为道地药材。但作为商品，石牌广藿香已不复存在。广藿香商品来源于栽培品。

◎【地理分布与生境】

广藿香原产于越南、马来西亚、印度等国家，我国引种成功，主要以栽培为主。广东广州、广东高要、广东阳江、广东湛江、台湾、海南、广西南宁、福建厦门等地广为栽培，供药用。印度、斯里兰卡经马来西亚至印度尼西亚及菲律宾也有。多生长于土质疏松、肥沃、排水良好微酸性砂质壤土中。

◎【生物学及栽培特征】

广藿香为多年生草本，常用枝条扦插繁殖。广藿香喜温，年平均气温在 19~24℃，终年无霜或偶有短时霜冻地区均可种植。喜降水充沛、分布均匀、湿润的环境，要求年降水量在 1600~2400mm，低于 1600mm 或干旱明显地区需加强人工灌溉。广藿香为全光照植物，在充足阳光下，植株生长健壮。以土质疏松肥沃、微酸性、排水良好的沙壤土适合广藿香的生长。

◎【生态因子值】

选取 50 个样点进行广藿香的生态适宜性分析。国内样点包括广东省惠州市博罗县、潮州市饶平县，广西壮族自治区河池市罗城仫佬族自治县，海南省琼海市及台湾等 7 省区的 22 县（市）。国外样点包括越南、印度尼西亚、巴西、墨西哥等 9 个国家。

GMPGIS 系统分析结果显示（表 3-1），广藿香在主要生长区域生态因子范围为：最冷季均温 8.4 ~ 25.9℃；最热季均温 9.2 ~ 29.0℃；年均温 8.8 ~ 27.3℃；年均相对湿度

67.9%~78.4%；年均降水量 1034~4045mm；年均日照 132.6~216.7W/m²。主要土壤类型为黏绨土、人为土、强淋溶土、暗色土、始成土等。

表 3-1 广藿香主要生长区域生态因子值

主要气候因子数值	最冷季均温/℃	最热季均温/℃	年均温/℃	年均相对湿度/%	年均降水量/mm	年均日照/(W/m²)
范围	8.4~25.9	9.2~29.0	8.8~27.3	67.9~78.4	1034~4045	132.6~216.7
主要土壤类型	黏绨土、人为土、强淋溶土、暗色土、始成土等					

◎【全球产地生态适宜性数值分析】

GMPGIS 系统分析结果显示（图 3-1 和图 3-2），广藿香在全球最大的生态相似度区域分布于 92 个国家，主要为巴西、刚果和中国。其中最大生态相似度区域面积最大的国家为巴西，为 1731583.8km²，占全部面积的 21.9%。

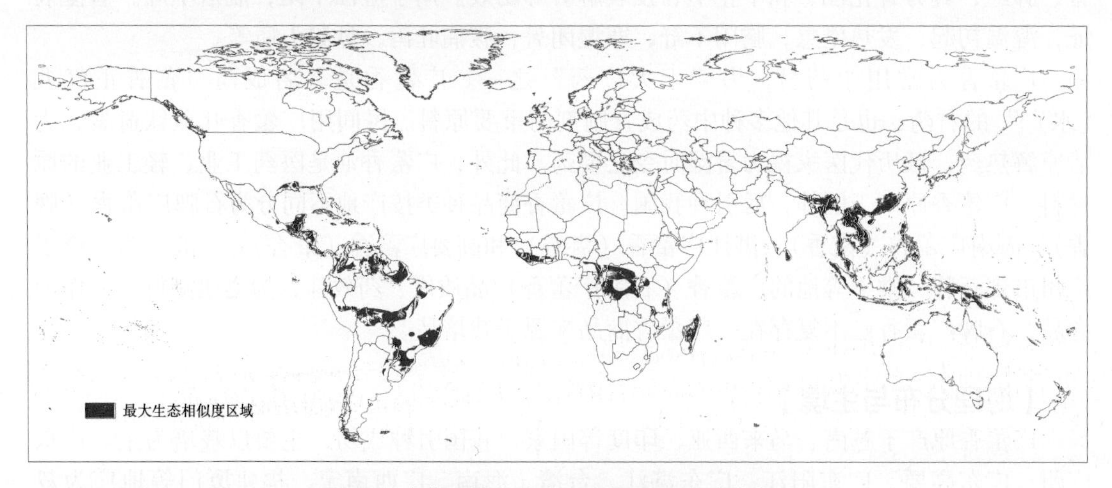

图 3-1 广藿香最大生态相似度区域全球分布图

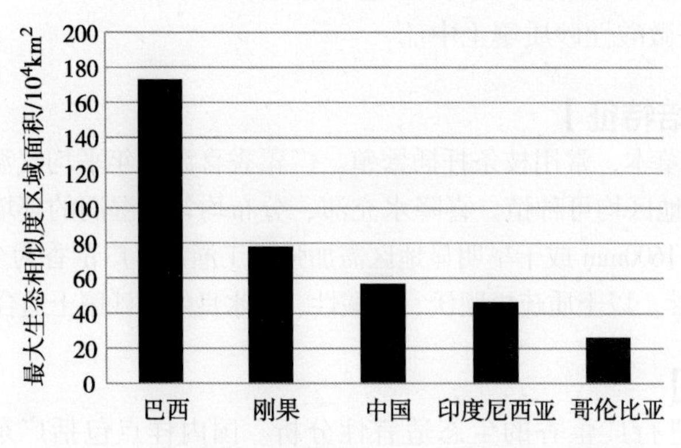

图 3-2 广藿香最大生态相似度主要国家地区面积图

◎【中国产地生态适宜性数值分析】

GMPGIS 系统分析结果显示（图 3-3、图 3-4 和表 3-2），广藿香在我国最大的生态相似

度区域主要分布在广东、福建、江西、云南、广西等地。其中最大生态相似度区域面积最大的为广东省，为 145301.1km²，占全部面积的 25.1%；其次为福建省，最大生态相似度区域面积为 95159.0km²，占全部的 16.4%。所涵盖县（市）个数分别为 88 个和 68 个。

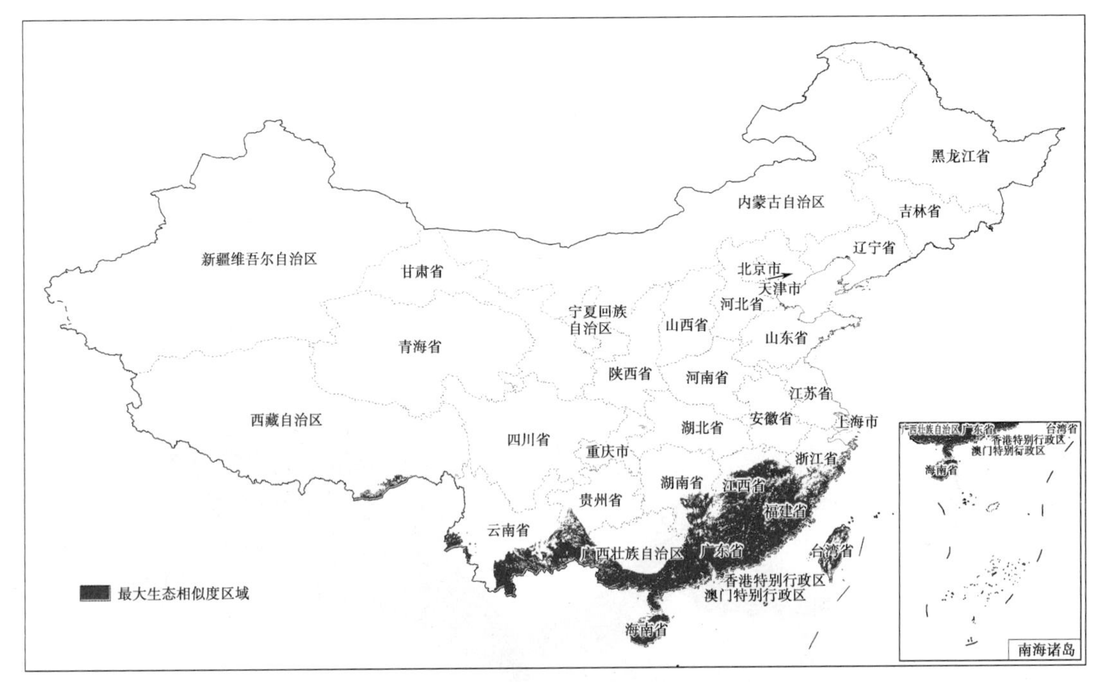

图 3-3　广藿香最大生态相似度区域全国分布图

表 3-2　我国广藿香最大生态相似度主要区域

省（区）	县（市）数	主要县（市）	面积/km²
广东	88	佛山、梅县、英德、高要、惠东、龙川等	145301.1
福建	68	上杭、武平、建阳、延平、尤溪、永定等	95159.0
江西	69	瑞金、赣县、于都、会昌、寻乌、吉水等	88117.1
云南	51	勐腊、富宁、广南、景洪、江城、墨江等	80963.2
广西	39	钦州、博白、江州、扶绥、宁明、田林等	65078.8

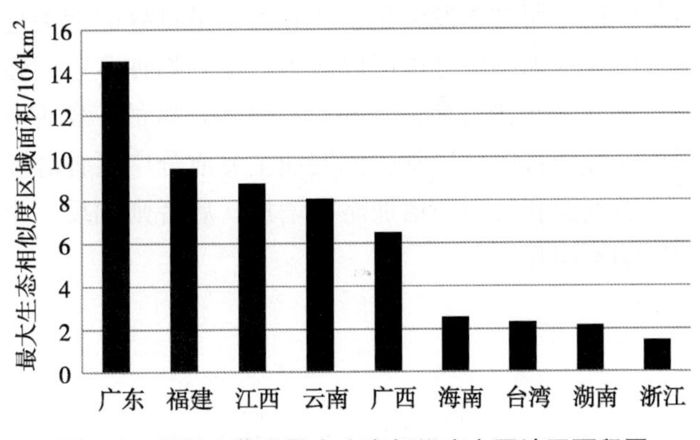

图 3-4　我国广藿香最大生态相似度主要地区面积图

◎【区划与生产布局】

根据广藿香生态适宜性分析结果，结合广藿香生物学特性，并考虑自然条件、社会经济条件、药材主产地栽培和采收加工技术，建议选择引种栽培研究区域主要以巴西、刚果、中国等国家（或地区）为宜，在国内主要以广东、福建、江西、云南、广西等省（区）为宜（图 3-5）。

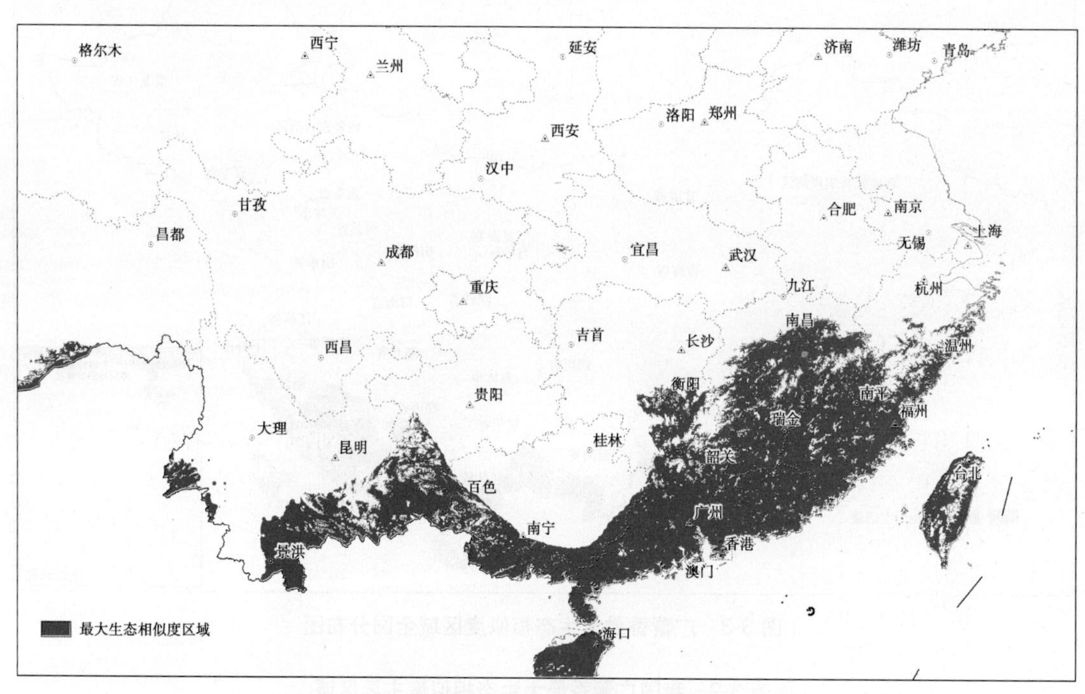

图 3-5　广藿香最大生态相似度区域全国局部分布图

◎【品质生态学研究】

刘玉萍等（2002）利用 PCR 直接测序技术对广藿香 6 个产地样本的叶绿体 *matK* 基因和核 18S rRNA 基因核苷酸序列进行测序分析发现不同产地间的叶绿体和核基因组的基因型与挥发油化学型的关系，根据排序比较，广藿香 6 个样本间的 *matK* 基因序列存在 47 个变异位点，18S rRNA 基因存在 17 个变异位点，非加权组平均法构建的系统分支树表明广藿香基因序列分化与其产地、所含挥发油化学变异类型呈良好的相关性。不仅可为广藿香的评价提供分子依据，而且基因测序分析可以成为广藿香物种鉴定的强有力的工具。罗集鹏等（2005）开展了广藿香的道地性研究，对广东省各产区的广藿香进行了气候、土壤的分析比较，结果表明，气温和日照对广藿香挥发油主要成分广藿香醇和广藿香酮的合成和积累有一定影响，前者随气温和日照的增加略有增加，后者则相反。土壤中大量元素和微量元素对上述成分的影响不明显。

◎ 参考文献

[1] 陈地灵，陈文光，林励，等. 越南和中国产广藿香挥发性成分的比较研究［J］. 中药新药与临床药

理，2011，22（03）：334-338.
［2］冯承浩，姚辉，吴鸿，等. 广藿香药用部位成熟结构及有效成分分布研究［J］. 中草药，2003，（02）：82-84.
［3］符乃光. 海南广藿香等四种南药农残含量现状研究［A］. 海南省药学会. 2006 年学术年会论文集［C］. 海南省药学会：2006：5.
［4］刘玉萍，罗集鹏，冯毅凡，等. 广藿香的基因序列与挥发油化学型的相关性分析［J］. 药学学报，2002，（04）：304-308.
［5］罗集鹏，冯毅凡，郭晓玲. 不同采收期对广藿香产量及挥发油成分的影响［J］. 中药材，2001，（05）：316-317.
［6］罗集鹏，冯毅凡，何冰，等. 广藿香的道地性研究［J］. 中药材，2005，（12）：1121-1125.
［7］喻良文. 广藿香药材的品质评价研究［D］. 广州：广州中医药大学，2006.

4. 广金钱草 Guangjinqiancao

DESMODII STYRACIFOLII HERBA

本品为豆科植物广金钱草 *Desmodium styracifolium*（Osb.）Merr. 的干燥地上部分。别名金钱草、广金钱草、假花生、马蹄草、银蹄草、落地金钱、铜钱草等。2015 年版《中华人民共和国药典》（一部）收载。广金钱草性凉，味甘、淡，归肝、肾、膀胱经，具利湿退黄、利尿通淋等功效。用于黄疸尿赤，热淋，石淋，小便涩痛，水肿尿少等。

广金钱草为广东省道地药材，以治疗结石闻名，临床使用广泛。野生资源主要分布于广东、广西、云南等省（区）。目前，广金钱草主要来源于栽培品。

◎【地理分布与生境】

广金钱草分布广东、福建、广西、湖南等地。主产广东，福建、广西、湖南等地亦产。多生于荒地草丛中，或经冲刷过的山坡上，向阳山坡、丘陵灌丛、路边。

◎【生物学及栽培特征】

广金钱草为亚灌木状草本。喜高温、不耐严寒，怕霜冻，冬天一般不耐-4℃低温，夏天可耐 35℃高温，荫蔽环境下生长不良，生长期要求水量较多，土壤水分充足时生长良好，产量高。广金钱草对土壤要求不严，在贫瘠的土壤中也能生长，以疏松、肥沃、透水性好的砂质土壤为佳。

◎【生态因子值】

选取 243 个样点进行广金钱草的生态适宜性分析。国内样点包括广东省汕头市南澳县、广州市白云区、江门市新会区、云浮市新兴县、肇庆市鼎湖区，广西壮族自治区崇左市龙州县，湖南省怀化市通道侗族自治县，江西省吉安市遂川县大汾镇，四川省广元市苍溪县，云南省玉溪市华宁县、重庆市奉节县等 11 省（区）的 90 县（市）。国外样点包括泰国、越南、印尼、泰国、孟加拉国、美国、马来西亚、老挝、菲律宾 8 个国家。

GMPGIS 系统分析结果显示（表 4-1），广金钱草在主要生长区域生态因子范围为：最

冷季均温 2. 2~26. 5℃；最热季均温 16. 2~30. 0℃；年均温 10. 3~27. 6℃；年均相对湿度 51. 9%~78. 1%；年均降水量 929~3876mm；年均日照 119. 3~168. 1W/m²。主要土壤类型为强淋溶土、人为土、铁铝土、始成土、冲积土、淋溶土、粗骨土等。

表 4-1 广金钱草主要生长区域生态因子值

主要气候因子数值	最冷季均温/℃	最热季均温/℃	年均温/℃	年均相对湿度/%	年均降水量/mm	年均日照/（W/m²）
范围	2. 2~26. 5	16. 2~30. 0	10. 3~27. 6	51. 9~78. 1	929~3876	119. 3~168. 1
主要土壤类型	强淋溶土、人为土、铁铝土、始成土、冲积土、淋溶土、粗骨土等					

◎【全球产地生态适宜性数值分析】

GMPGIS 系统分析结果显示（图 4-1 和图 4-2），广金钱草在全球最大的生态相似度区域主要分布于 96 个国家，主要为巴西、中国、刚果和美国。其中最大生态相似度区域面积最大的国家为巴西，为 3410886. 5km²，占全部面积的 23. 5%。

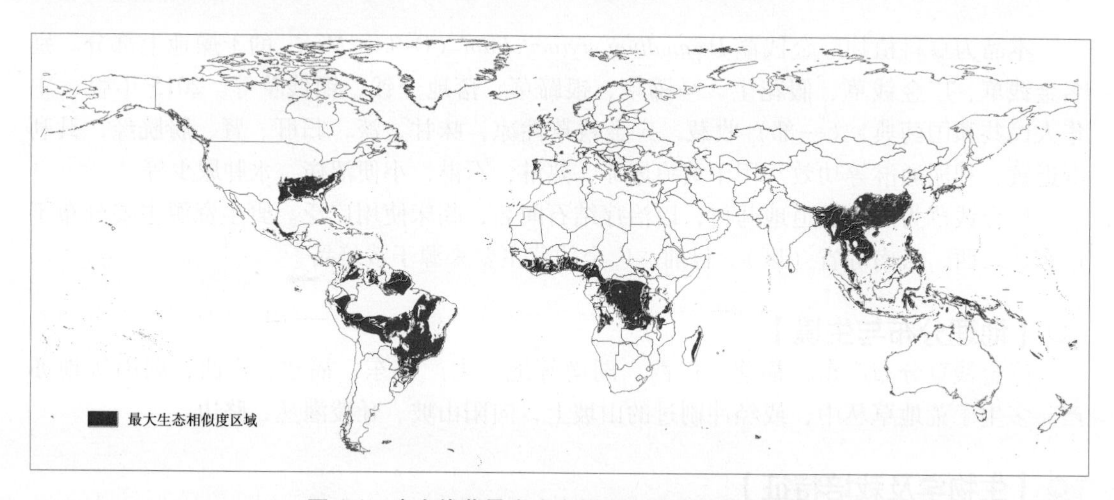

图 4-1 广金钱草最大生态相似度区域全球分布图

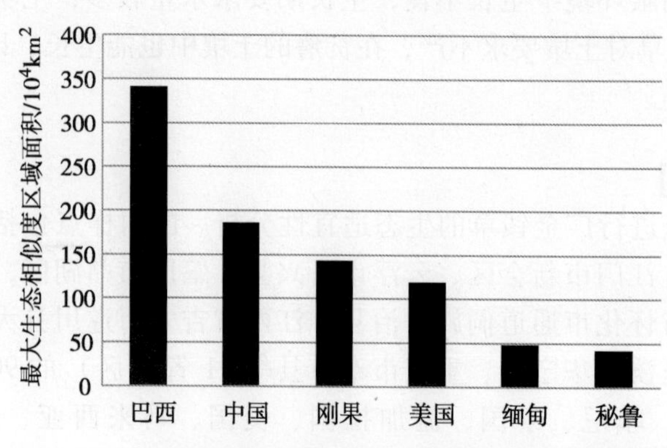

图 4-2 广金钱草最大生态相似度主要国家地区面积图

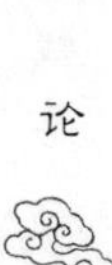

◎【中国产地生态适宜性数值分析】

GMPGIS 系统分析结果显示（图 4-3、图 4-4 和表 4-2），广金钱草在我国最大的生态相似度区域主要分布在云南、广西、湖南、四川、广东、江西、贵州等地。其中最大生态相似度区域面积最大的为云南省，为 274199.4km²，占全部面积的 14.4%；其次为广西壮族自治区，最大生态相似度区域面积为 202771.6km²，占全部的 10.7%。所涵盖县（市）个数分别为 126 个和 88 个。

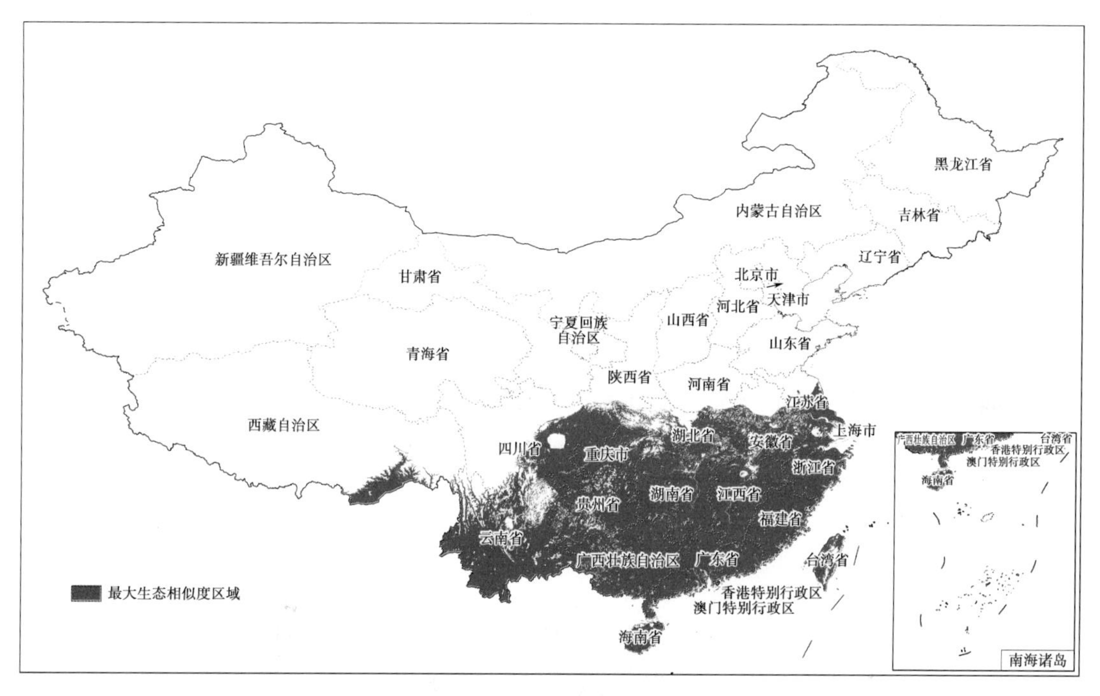

图 4-3　广金钱草最大生态相似度区域全国分布图

表 4-2　我国广金钱草最大生态相似度主要区域

省（区）	县（市）数	主要县（市）	面积/km²
云南	126	澜沧、广南、富宁、景洪、勐腊、墨江等	274199.4
广西	88	金城江、苍梧、融水、八步区、南宁、西林等	202771.6
湖南	102	安化、沅陵、浏阳、桃源、永州、衡南等	187908.4
四川	137	宜宾、合江、宣汉、达县、叙永、万源等	170996.2
广东	88	梅县、佛山、英德、韶关、惠东、阳山等	149952.9
江西	91	遂川、宁都、赣县、瑞金、于都、永丰等	145564.5
贵州	82	从江、遵义、松桃、黎平、习水、天柱等	142462.7

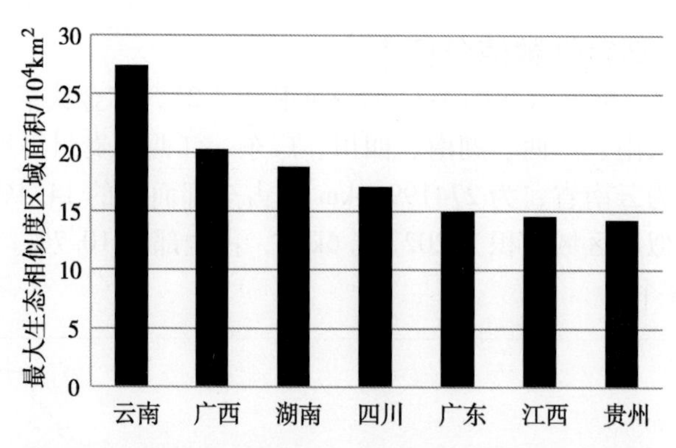

图 4-4　我国广金钱草最大生态相似度主要地区面积图

◎【区划与生产布局】

根据广金钱草生态适宜性分析结果，结合广金钱草生物学特性，并考虑自然条件、社会经济条件、药材主产地栽培和采收加工技术，建议选择引种栽培研究区域主要以巴西、中国、刚果和美国等国家（或地区）为宜，在国内主要以云南、广西、湖南、四川、广东、江西、贵州等省（区）为宜（图 4-5）。

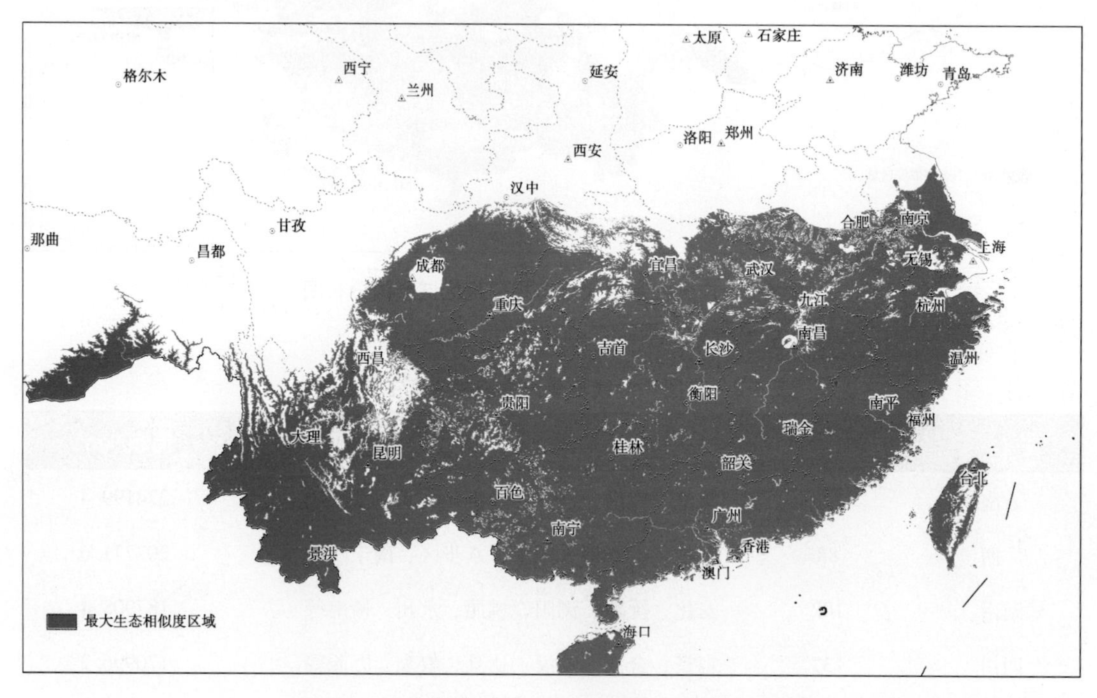

图 4-5　广金钱草最大生态相似度区域局部分布图

◎【品质生态学研究】

杨全等（2013）对 5 省 23 县市 50 多个乡镇的广金钱草样品进行调查，结果显示人工栽培广金钱草的夏佛塔苷含量（平均含量为 0.35%）略高于野生广金钱草的夏佛塔苷含量（平均含量 0.29%），推测可能原因为人工栽培管理措施较好，广金钱草生长环境较野生环境更能满足对肥、水等条件的需求。

◎ 参考文献

[1] 陈丰连. 广金钱草规范化种植与药材质量研究 [D]. 广州：广州中医药大学，2006.
[2] 蒙爱东，莫可丰，李锐，等. 广西不同产地广金钱草黄酮含量比较分析 [J]. 大众科技，2009,(07)：132.
[3] 蒙爱东. 药用植物广金钱草的研究进展 [J]. 广西科学院学报，2008，24 (2)：148-151.
[4] 杨全，李书渊，程轩轩，等. 广金钱草资源调查与药材质量评价 [J]. 中国实验方剂学杂志，2013，19 (03)：147-151.
[5] 杨全，桑雪雨，唐晓敏，等. 不同产地广金钱草夏佛塔苷含量比较 [J]. 吉林农业大学学报，2013，35 (03)：308-311，323.
[6] 杨春雨，甘炳春，杨仪. 海南省万宁及定安两地广金钱草种子调查 [J]. 中国药业，2014，23 (18)：22-24.

5. 广地丁 Guangdiding

本品为龙胆科植物华南龙胆 *Gentiana loureirii*（G. Don）Griseb. 的带根全草。别名龙胆地丁、土地丁、蓝花草、华南地丁等。《广东中药志》（第二卷）收载。广地丁性寒，味苦、辛，归心、肝经，具清热解毒、消痈散结等功效。用于热毒所致的痈肿疔毒、目赤肿痛、咽喉肿痛、痄腮，麻疹热毒证，温病热入营血等。

地丁为常见中药材之一，在不同地区有不同的习惯用法，药材基源较多，两广地区常用龙胆科植物华南龙胆的带根全草，习称“广地丁”。华南龙胆为珍稀药用植物，其野生资源分散零星，货源难以组织，市场上供不应求。其人工栽培种植尚处于初步研究阶段。

◎【地理分布与生境】

华南龙胆产广东沿海、广西、台湾、江西、湖南、浙江、福建。越南也有分布。喜生于海拔 300~2300 米的山坡路旁、荒山坡及林下。

◎【生物学及栽培特性】

华南龙胆为多年生草本，喜阴凉、靠近水源，常有伴生植物，对土壤要求不严格，但是还以土层深厚、土壤疏松肥沃、含腐殖质多的壤土或砂壤土为好，平地、坡地及撂荒地均可栽培，黏土地、低洼易涝地不宜栽培。

◎【生态因子值】

选取 95 个样点进行华南龙胆的生态适宜性分析。包括江西省赣州市龙南县、吉安市井冈山、宜春市宜丰县，湖南省郴州市宜章县、永州市祁阳县、娄底市涟源市，浙江省丽水市景宁县、青田县、温州市泰顺县，福建省南平市延平区、龙岩市长汀县、漳州市南靖县，广西壮族自治区桂林市临桂县、兴安县、南宁市上林县、柳州市融水县，广东省信宜市、清远市英德市、惠州市博罗县、潮州市饶平县等 7 省（区）的 73 县（市）。

GMPGIS 系统分析结果显示（表 5-1），华南龙胆在主要生长区域生态因子范围为：最冷季均温 1.6~16.4℃；最热季均温 18.1~29.0℃；年均温 10.2~23.2℃；年均相对湿度 70.4%~77.3%；年均降水量 688~2471mm；年均日照 126.4~144.3W/m²。主要土壤类型为强淋溶土、人为土、高活性强酸土、始成土、冲积土、潜育土、淋溶土等。

表 5-1 华南龙胆主要生长区域生态因子值

主要气候因子数值	最冷季均温/℃	最热季均温/℃	年均温/℃	年均相对湿度/%	年均降水量/mm	年均日照/（W/m²）
范围	1.6~16.4	18.1~29.0	10.2~23.2	70.4~77.3	688~2471	126.4~144.3
主要土壤类型	强淋溶土、人为土、高活性强酸土、始成土、冲积土、潜育土、淋溶土等。					

◎【全球产地生态适宜性数值分析】

GMPGIS 系统分析结果显示（图 5-1 和图 5-2），华南龙胆在全球最大的生态相似度区域分布于 20 个国家，主要为中国、巴西和法国。其中最大生态相似度区域面积最大的国家为中国，为 1048234.4km²，占全部面积的 81.3%。

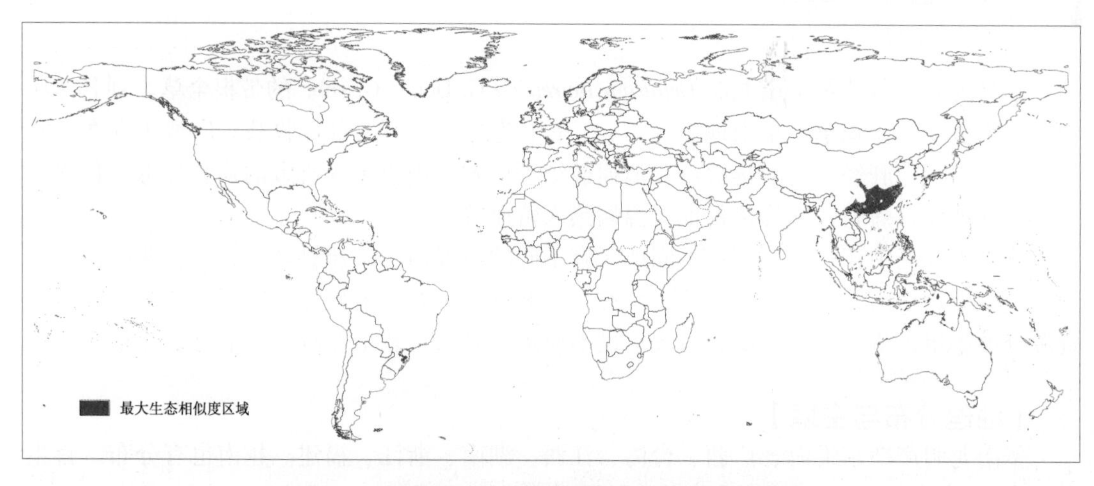

图 5-1 华南龙胆最大生态相似度区域全球分布图

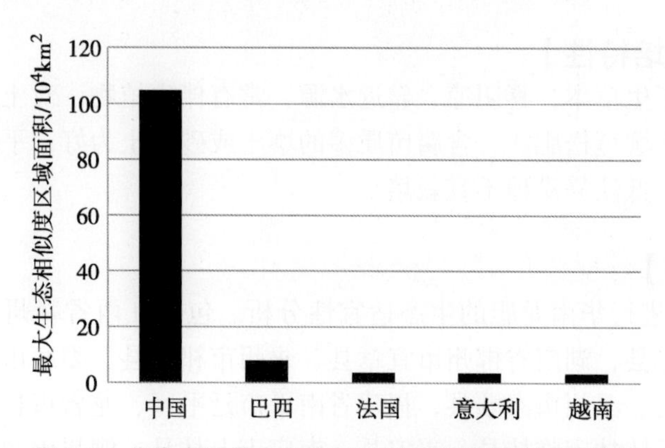

图 5-2 华南龙胆最大生态相似度主要国家地区面积图

◎【中国产地生态适宜性数值分析】

GMPGIS 系统分析结果显示（图 5-3、图 5-4 和表 5-2），华南龙胆在我国最大的生态相似度区域主要分布在广西、湖南、江西、广东、福建、浙江等地。其中最大生态相似度区域面积最大的为广西壮族自治区，为 190020. 0km^2，占全部面积的 18. 2%；其次为湖南，最大生态相似度区域面积为 180584. 2km^2，占全部的 17. 3%。所涵盖县（市）个数分别为 88 个和 101 个。

图 5-3 华南龙胆最大生态相似度区域全国分布图

表 5-2 我国华南龙胆最大生态相似度主要区域

省（区）	县（市）数	主要县（市）	面积/km^2
广西	88	苍梧、金城江、八步、南宁、藤县、西林等	190020. 0
湖南	101	安化、沅陵、浏阳、永州、桃源、溆浦等	180584. 2
江西	90	遂川、宁都、鄱阳、瑞金、永丰、武宁等	144763. 5
广东	84	佛山、梅县、英德、韶关、东源、阳山等	140760. 7
福建	68	建阳、建瓯、上杭、古田、浦城、漳平等	105106. 3
浙江	75	淳安、龙泉、遂昌、临安、桐庐、建德等	82377. 6

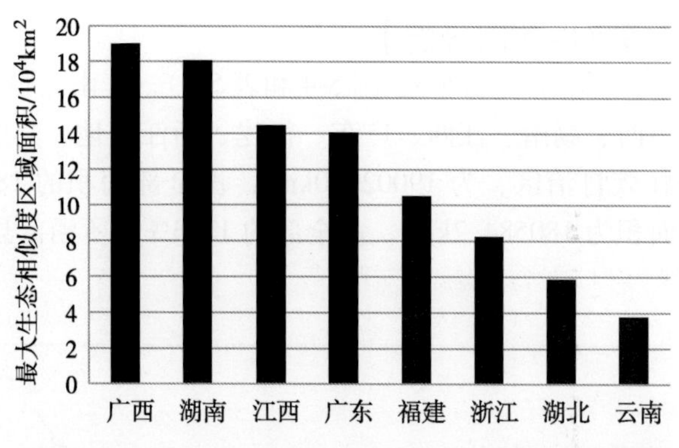

图 5-4　我国华南龙胆最大生态相似度主要地区面积图

◎【区划与生产布局】

根据华南龙胆生态适宜性分析结果，结合华南龙胆生物学特性，并考虑自然条件、社会经济条件、药材主产地栽培和采收加工技术，建议选择引种栽培研究区域主要以中国、巴西和法国等国家（或地区）为宜，在国内主要以广西、湖南、江西、广东、福建、浙江等省（区）为宜（图 5-5）。

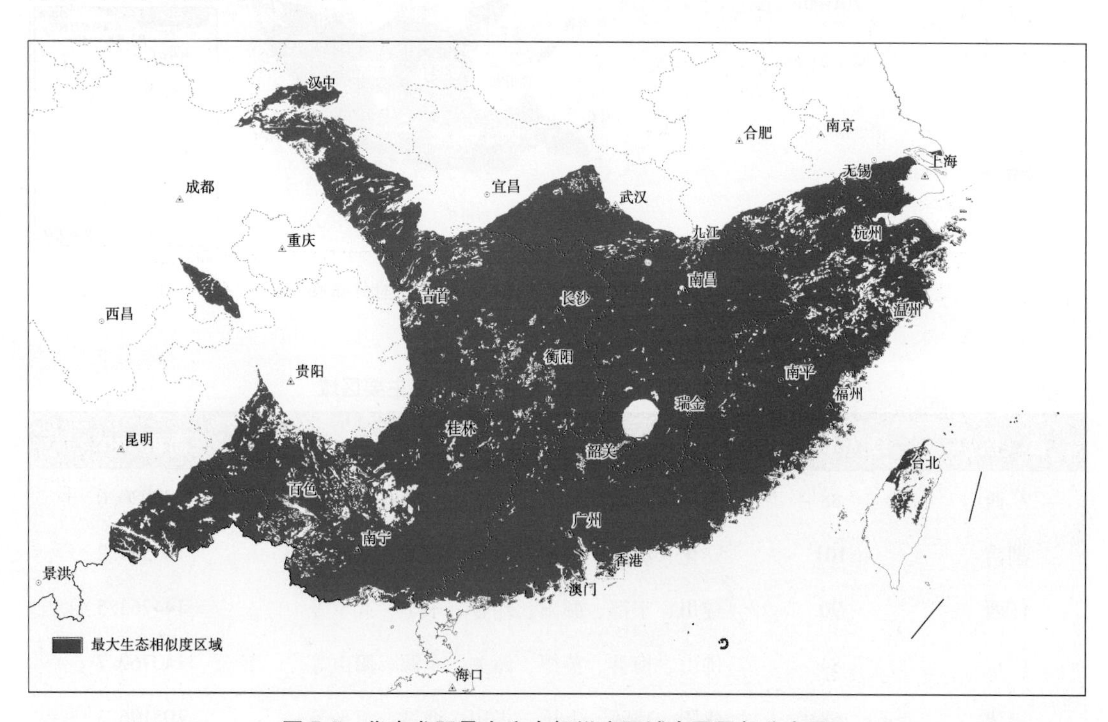

图 5-5　华南龙胆最大生态相似度区域全国局部分布图

◎ 参考文献

[1] 麻艳茹，王洪英. 龙胆的植物学特性及高效栽培技术［J］. 中国园艺文摘，2011，27（10）：181-182.

[2] 孙守祥，王瑜真. 地丁药材品种及其地方习惯用药［J］. 山东中医杂志，2008，(12)：836-837.

[3] 吴敏，何健荣，冯晓文. 华南龙胆的化学成分研究［J］. 现代食品科技，2011，(02)：150-152.

[4] 闫志刚，董青松，韦荣昌，等. 华南龙胆资源调查［J］. 北方园艺，2015，(07)：132-134.

[5] 姚振生. 江西龙胆科药用植物资源［J］. 中国野生植物资源，1993，(02)：28-30.

[6] 周穗文. 紫花地丁和广地丁的鉴别［J］. 中国实用医药，2008，(26)：165.

6. 广东络石藤 Guangdongluoshiteng

本品为茜草科植物蔓九节 *Psychotria serpens* Linn. 的枝、叶或全株。别名穿根藤、松筋藤、风不动藤等。《广东中药志》（第二卷）收载。广东络石藤性微寒，味苦，归肝、心经，具祛风通络、凉血消肿等功效。用于风湿痹痛，筋脉拘挛，跌打损伤等。

蔓九节广泛分布于热带和亚热带地区，是我国南方常用的中草药，临床上常作为络石藤的替代品使用。其主要化学活性成分为生物碱，药理活性广泛，与其他中药配伍可治疗多种疾病，表现出诱人的药用前景。目前关于广东络石藤的研究不多，且不系统，但因其在多方面展现出重要的生物活性，已引起研究人员的重视，发展潜力很大。

◎【地理分布与生境】

蔓九节产于广东、香港、海南、浙江、福建、台湾、广西等地。日本、朝鲜、越南、柬埔寨、老挝、泰国等地也有分布。生于平地、丘陵、山地、山谷水旁的灌丛或林中，海拔 70~1360 米。

◎【生物学及栽培特性】

蔓九节为多分枝、攀缘或匍匐藤本，常以气根攀附于树干或岩石上，长可达 6 米或更长；适宜生长于热带和亚热带地区，类雨林条件地区，喜长于黄壤土，阳光充足且荫蔽度较小时生长较好。

◎【生态因子值】

选取 241 个样点进行蔓九节的生态适宜性分析。国内样点包括福建省漳州市东山县、福州市马尾区、厦门市思明区、莆田市荔城区，广东省广州市天河区、云浮市云安区、江门市台山市，广西壮族自治区玉林市玉州区、百色市靖西县，海南省三亚市等 10 省（区）的 118 县（市）。国外样点包括日本和越南。

GMPGIS 系统分析结果显示（表 6-1），蔓九节在主要生长区域生态因子范围为：最冷季均温 7.8~22.0℃；最热季均温 19.7~29.0℃；年均温 15.2~25.9℃；年均相对湿度 71.3%~78.3%；年均降水量 853~3605mm；年均日照 127.4~178.1W/m^2。主要土壤类型为强淋溶土、人为土、铁铝土、始成土等。

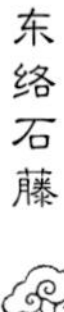

表 6-1　蔓九节主要生长区域生态因子值

主要气候因子数值	最冷季均温/℃	最热季均温/℃	年均温/℃	年均相对湿度/%	年均降水量/mm	年均日照/(W/m²)
范围	7.8~22.0	19.7~29.0	15.2~25.9	71.3~78.3	853~3605	127.4~178.1
主要土壤类型	强淋溶土、人为土、铁铝土、始成土等					

◎【全球产地生态适宜性数值分析】

GMPGIS 系统分析结果显示（图 6-1 和图 6-2），蔓九节在全球最大的生态相似度区域分布于 65 个国家，分别为中国、巴西和马达加斯加。其中最大生态相似度区域面积最大的国家为中国，为 573661.0km²，占全部面积的 28.1%。

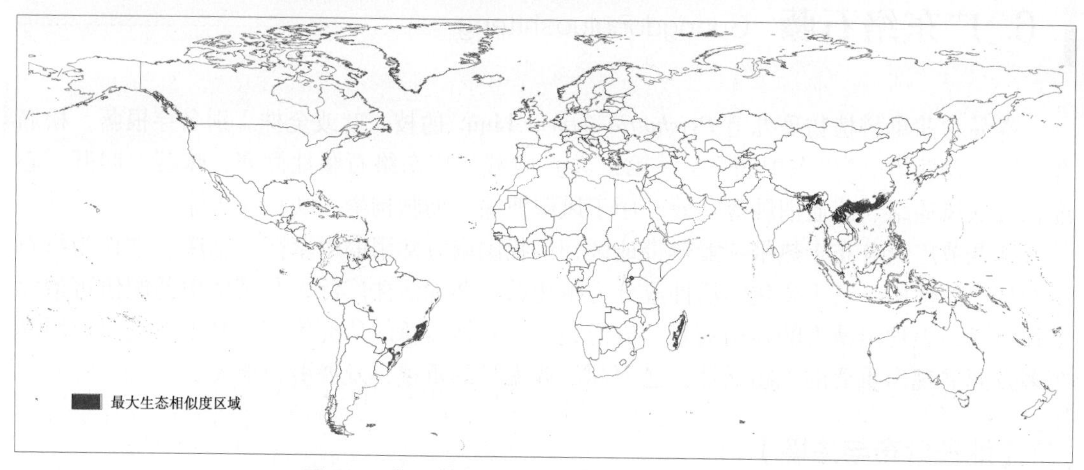

图 6-1　蔓九节最大生态相似度区域全球分布图

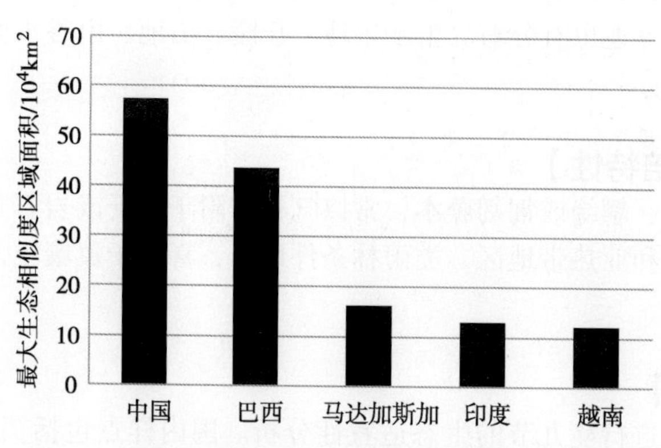

图 6-2　蔓九节最大生态相似度主要国家地区面积图

◎【中国产地生态适宜性数值分析】

GMPGIS 系统分析结果显示（图 6-3、图 6-4 和表 6-2），蔓九节在我国最大的生态相似度区域主要分布在广西、广东、福建、云南、江西、海南等地。其中最大生态相似度区域面积最大的为广西，为 180549.5km²，占全部面积的 31.3%。其次为广东，最大生态相似度区域面积为 144689.4km²，占全部的 25.1%。所涵盖县（市）个数均为 87 个。

图 6-3　蔓九节最大生态相似度区域全国分布图

表 6-2　我国蔓九节最大生态相似度主要区域

省（区）	县（市）数	主要县（市）	面积/km²
广西	87	金城江、苍梧、南宁、藤县、钦州、田林等	180549.5
广东	87	佛山、梅县、英德、惠东、东源、高要等	144689.4
福建	68	上杭、漳平、永定、武平、尤溪、延平等	92841.4
云南	24	广南、富宁、砚山、麻栗坡、马关、河口等	39255.9
江西	41	寻乌、瑞金、会昌、石城、吉安、吉水等	30157.0
海南	18	琼中、儋州、白沙、澄迈、海口、定安等	26876.0

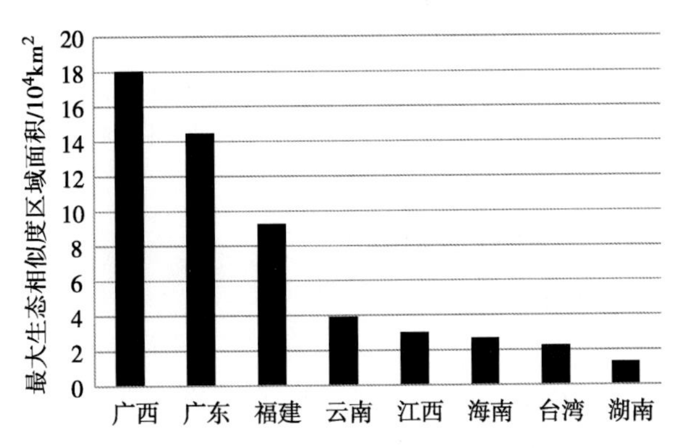

图 6-4　我国蔓九节最大生态相似度主要地区面积图

◎【区划与生产布局】

根据分析结果，结合蔓九节的生物学特性，并考虑自然条件、社会经济条件、药材主产地栽培和采收加工技术，建议选择引种栽培研究区域主要以中国、巴西和马达加斯加等国家（或地区）为宜，在国内主要以广西、广东、福建、云南、江西、海南等省（区）为宜（图 6-5）。

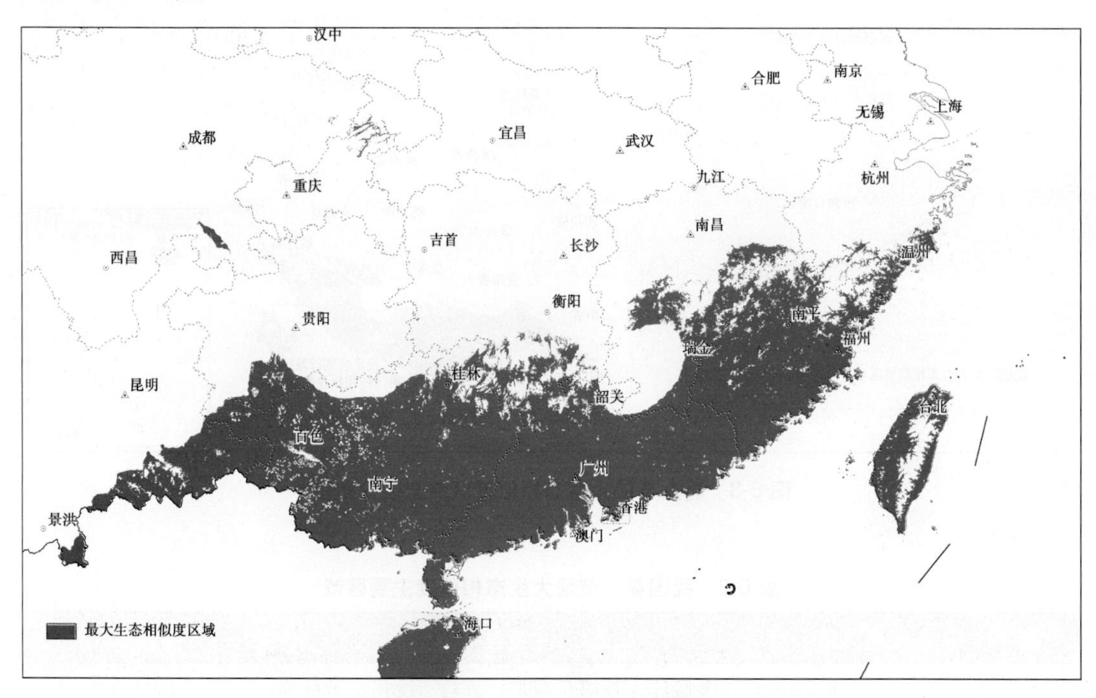

图 6-5　蔓九节最大生态相似度区域全国局部分布图

◎ 参考文献

[1] 白俊其. 岗梅、广东络石藤和毛叶藤仲化学成分研究 [D]. 广州：广州中医药大学，2013.
[2] 刘昉勋. 在广东发现的新胎生植物——蔓九节 [N]. 生物学通报，1958，04：12-14.
[3] 沈保安. 络石藤及其混淆品种的鉴别 [J]. 中国中药杂志，1993：521-523.
[4] 王惠. 络石藤的研究概况 [J]. 中国医药指南，2012，05：93-94.
[5] 钟莹. 岭南草药蔓九节、山大颜化学成分研究 [D]. 广州：广州中医药大学，2012.

7. 广东土牛膝 Guangdongtuniuxi

RADIX EUPATORII CHINENSIS

本品为菊科植物华泽兰 *Eupatorium chinense* L. 的干燥根。*Flora of China* 收录该物种为白头婆 *Eupatorium japonicum* Thunberg in Murray Syst. Veg.。别名多须公、土牛膝、斑骨相思、六月霜、白须公、六月雪等。《广东省中药材标准》（第一册）收载。广东土牛膝性寒，味苦、甘，归肺、肝经，具清热解毒、凉血利咽等功效。用于白喉，咽喉肿痛，感冒高热，麻疹热毒，肺热咳嗽；外伤肿痛，毒蛇咬伤等。

广东土牛膝为广东地区常用中草药，有“喉科要药”之称，民间应用广泛。现代药理研究表明，广东土牛膝具有抗菌、中和毒素和抗炎镇痛等作用。广东土牛膝作为中药饮片及中药制剂原材料已有几十年的临床应用历史，在珠三角地区各级医院普遍使用，其疗效确切，市场对其需求量有增无减。然而一直以来，广东土牛膝药材全部来源于野生资源，在自然条件下华泽兰自我更新能力弱，难以形成优势的生长居群，随着资源不断采挖，造成原料药材供应紧张，其野生资源面临枯竭。不少生产企业和医院由于原料短缺要从越南等邻近国家进口，甚至因原料短缺而停产。目前部分企业已建立药源基地进行华泽兰种苗繁育与种植。

◎【地理分布与生境】

华泽兰分布于浙江、福建、安徽、湖北、湖南，广东、广西、海南、云南、四川、贵州等地。生于山谷、山坡林缘，林下，灌丛或山坡草地。

◎【生物学及栽培特性】

华泽兰为多年生草本。目前尚未有人工栽培研究。

◎【生态因子值】

选取627个样点进行华泽兰的生态适宜性分析。包括云南省昭通市镇雄县、大理市洱源县，四川省成都市都江堰市青城山镇，广西壮族自治区百色市凌云县、靖西县安德镇三合乡，湖南省永州市道县四马桥镇，陕西省安康市岚皋县四季乡茶棚村及湖北省恩施土家族苗族自治州宣恩县沙道沟镇等25省（区）的616县（市）。

GMPGIS系统分析结果显示（表7-1），华泽兰在主要生长区域生态因子范围为：最冷季均温-11. 5~20. 2℃；最热季均温 8. 8~29. 2℃；年均温-0. 5~25. 0℃；年均相对湿度50. 2%~77. 1%；年均降水量365~2813mm；年均日照111. 8~161. 9W/m^2。主要土壤类型为强淋溶土、人为土、淋溶土、始成土、高活性强酸土等。

表7-1　华泽兰主要生长区域生态因子值

主要气候因子数值范围	最冷季均温/℃	最热季均温/℃	年均温/℃	年均相对湿度/%	年均降水量/mm	年均日照/(W/m^2)
	-11. 5~20. 2	8. 8~29. 2	-0. 5~25. 0	50. 2~77. 1	365~2813	111. 8~161. 9
主要土壤类型	强淋溶土、人为土、淋溶土、始成土、高活性强酸土等					

◎【中国产地生态适宜性数值分析】

GMPGIS系统分析结果显示（图7-1、图7-2和表7-2），华泽兰在我国最大的生态相似度区域主要分布在云南、四川、广西、湖南、陕西、湖北等地。其中最大生态相似度区域面积最大的为云南省，为337921. 5km^2，占全部面积的9. 9%；其次为四川省，最大生态相似度区域面积为275757. 3km^2，占全部的8. 1%。所涵盖县（市）个数分别为126个和149个。

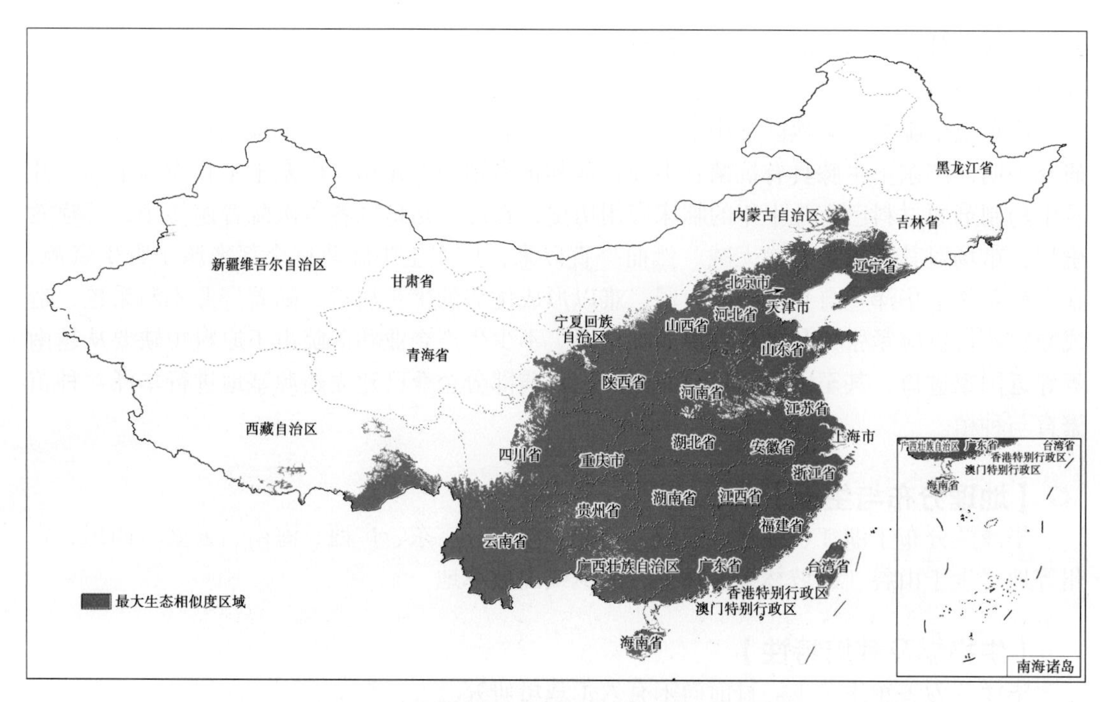

图 7-1　华泽兰最大生态相似度区域全国分布图

表 7-2　我国华泽兰最大生态相似度主要区域

省（区）	县（市）数	主要县（市）	面积/km²
云南	126	玉龙、澜沧、宁蒗、广南、富宁、景洪等	337921.5
四川	149	盐源、木里、万源、会理、青川、平武等	275757.3
广西	88	金城江、苍梧、融水、八步、南宁、藤县等	203872.0
湖南	102	安化、石门、浏阳、沅陵、桃源、永州等	193670.2
陕西	98	吴起、宁强、宝鸡、富县、汉滨、西乡等	187991.0
湖北	77	武汉、竹山、房县、利川、曾都区、郧县等	175426.7

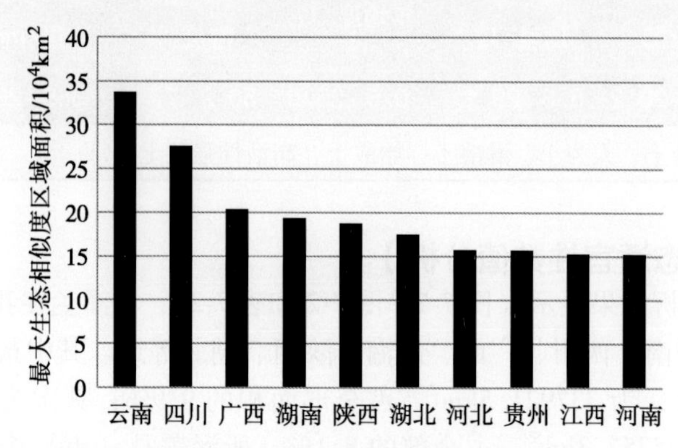

图 7-2　我国华泽兰最大生态相似度主要地区面积图

◎【区划与生产布局】

根据华泽兰生态适宜性分析结果，结合华泽兰生物学特性，并考虑自然条件、社会经济条件、药材主产地栽培和采收加工技术，建议选择引种栽培研究区域主要以云南、四川、广西、湖南、陕西、湖北等省（区）为宜（图 7-3）。

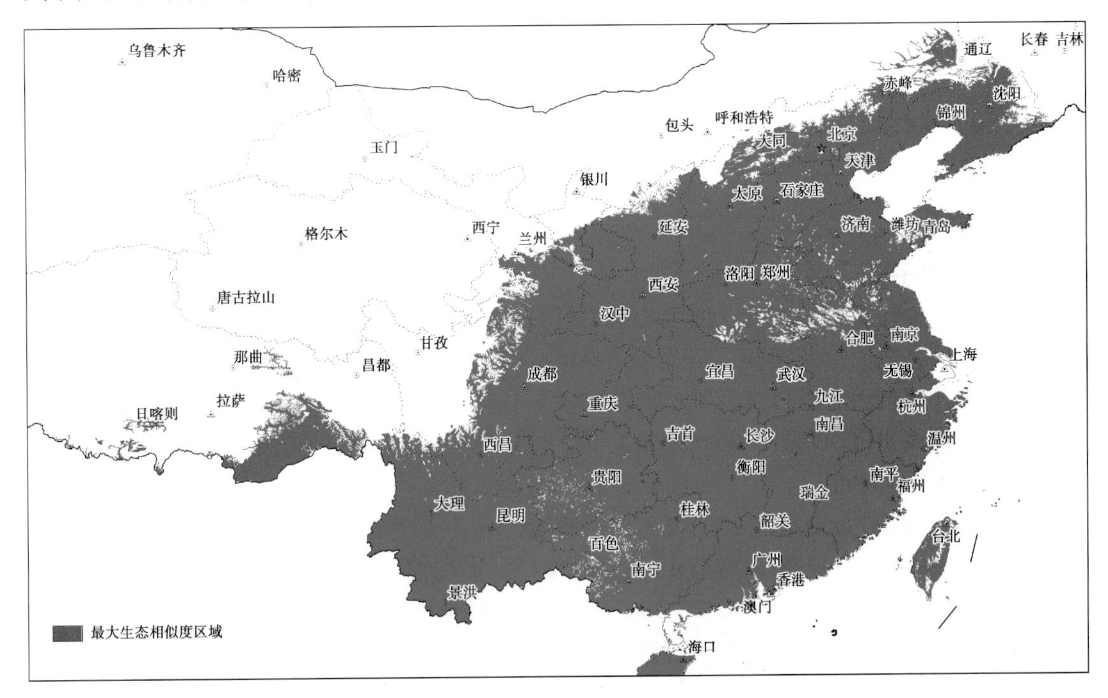

图 7-3　华泽兰最大生态相似度区域全国局部分布图

◎ 参考文献

［1］邓卫东，张文斌，莫玉芳. 广东土牛膝合剂体外抗菌活性的研究［J］. 今日药学，2010，(07)：16-17，20.

［2］梁钻姬. 华泽兰种子生物学特性及其离体快繁体系建立研究［D］. 广州：广州中医药大学，2012.

［3］刘晓燕，曾晓春，江剑东，等. 广东土牛膝抗炎镇痛的研究［J］. 中医药学刊，2004，(08)：1566-1568.

［4］梅全喜，吴惠妃. 广东土牛膝的药用历史及现代研究概况［J］. 中医药学刊，2005，(11)：69-71.

8. 广东合欢花 Guangdonghehuanhua

本品为木兰科植物夜合花 *Magnolia coco*（Lour.）DC. 的干燥花。*Flora of China* 收录该物种为夜香木兰 *Lirianthe coco*。别名夜香木兰、夜合花等。《广东中药志》（第一卷）收载。广东合欢花性平，味甘，归心、肝经，具解郁安神等功效。用于忿怒忧郁之失眠，虚烦不安，肝郁胁痛等。

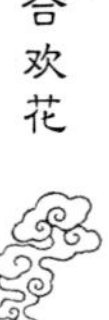

南药广东合欢花为合欢花的习用品，在广东、广西、福建、香港等地使用。药材来源主要为野生。

◎【地理分布与生境】

夜合花产于浙江、福建、台湾、广东、广西、云南，生于海拔600~900米的湿润肥沃土壤林下。现广栽植于亚洲东南部。越南也有分布。

◎【生物学及栽培特性】

夜合花为常绿灌木或小乔木，喜温暖湿润的半阴环境，喜肥，适宜酸性土壤。以种于排水良好、疏松肥沃的壤土上为佳。

◎【生态因子值】

选取138个样点进行夜合花的生态适宜性分析。包括海南省乐东黎族自治县、海口市美兰区，广东省肇庆市鼎湖区、韶关市乐昌市、珠海市香洲区、江门市台山市、惠州市惠阳区，广西壮族自治区玉林市容县、河池市罗城仫佬族自治县、南宁市隆安县、崇左市龙州县，福建省漳州市南靖县、福州市永泰县，四川省乐山市峨眉山市及浙江省温州市等11省（区）的84县（市）。

GMPGIS系统分析结果显示（表8-1），夜合花在主要生长区域生态因子范围为：最冷季均温5.5~20.8℃；最热季均温19.1~29.0℃；年均温14.2~25.3℃；年均相对湿度65.6%~78.8%；年均降水量1082~2865mm；年均日照121.3~152.6W/m^2。主要土壤类型为强淋溶土、暗色土、始成土、淋溶土等。

表8-1　夜合花主要生长区域生态因子值

主要气候因子数值范围	最冷季均温/℃	最热季均温/℃	年均温/℃	年均相对湿度/%	年均降水量/mm	年均日照/（W/m^2）
	5.5~20.8	19.1~29.0	14.2~25.3	65.6~78.8	1082~2865	121.3~152.6
主要土壤类型	强淋溶土、暗色土、始成土、淋溶土等					

◎【中国产地生态适宜性数值分析】

GMPGIS系统分析结果显示（图8-1、图8-2和表8-2），夜合花在我国最大的生态相似度区域主要分布在广西、广东、湖南、江西、福建、云南、贵州等地。其中最大生态相似度区域面积最大的为广西壮族自治区，为202965.3km^2，占全部面积的17.1%；其次为广东省，最大生态相似度区域面积为146560.6km^2，占全部的12.4%。所涵盖县（市）个数均为88个。

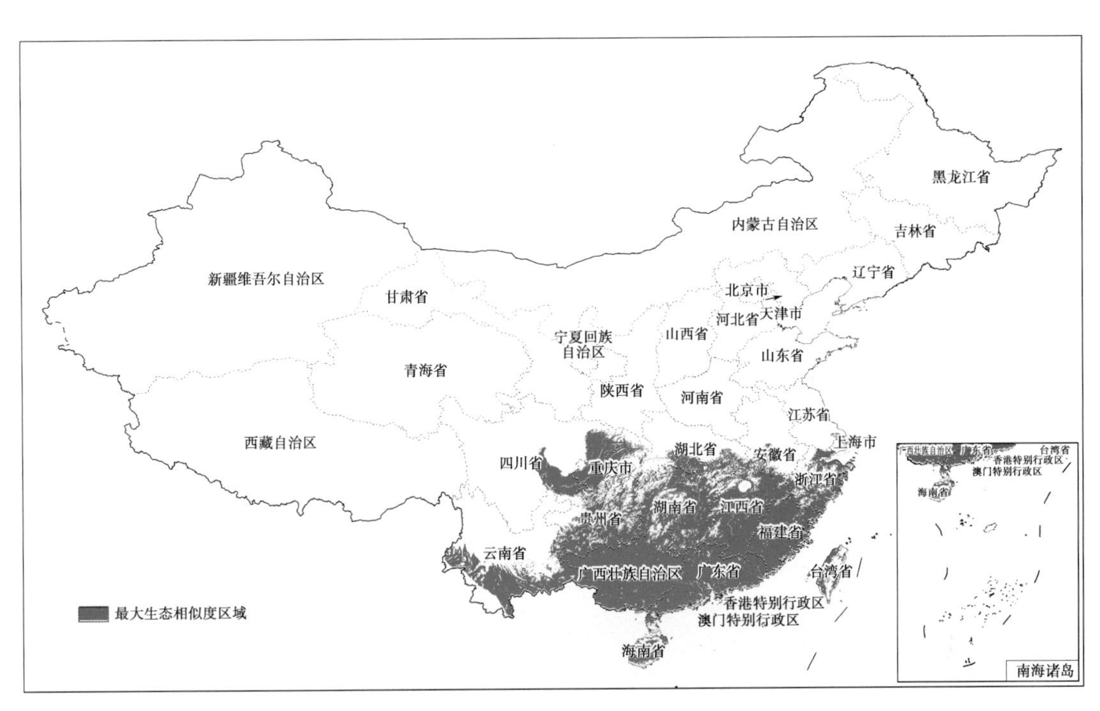

图 8-1　夜合花最大生态相似度区域全国分布图

表 8-2　我国夜合花最大生态相似度主要区域

省（区）	县（市）数	主要县（市）	面积/km²
广西	88	金城江、苍梧、南宁、八步区、西林、融水等	202965. 3
广东	88	梅县、佛山、英德、韶关、惠东、东源等	146560. 6
湖南	102	衡南、会同、永州、桂阳、湘潭、宜章等	143483. 4
江西	91	赣县、瑞金、于都、会昌、宁都、永丰等	130484. 0
福建	68	建阳、上杭、漳平、宁化、长汀、尤溪等	103942. 2
云南	64	富宁、广南、墨江、江城、景谷、勐腊等	102499. 2
贵州	79	从江、遵义、兴义、黎平、荔波、三都等	100907. 4

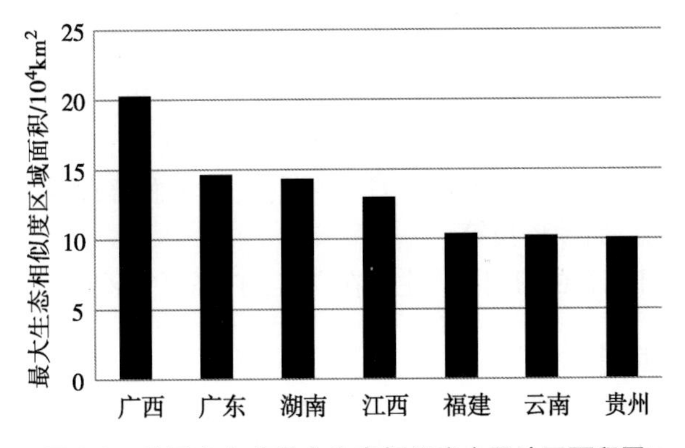

图 8-2　我国夜合花最大生态相似度主要地区面积图

◎【区划与生产布局】

根据夜合花生态适宜性分析结果，结合夜合花生物学特性，并考虑自然条件、社会经济条件、药材主产地栽培和采收加工技术，建议选择引种栽培研究区域主要以广西、广东、湖南、江西、福建、云南、贵州等省（区）为宜（图 8-3）。

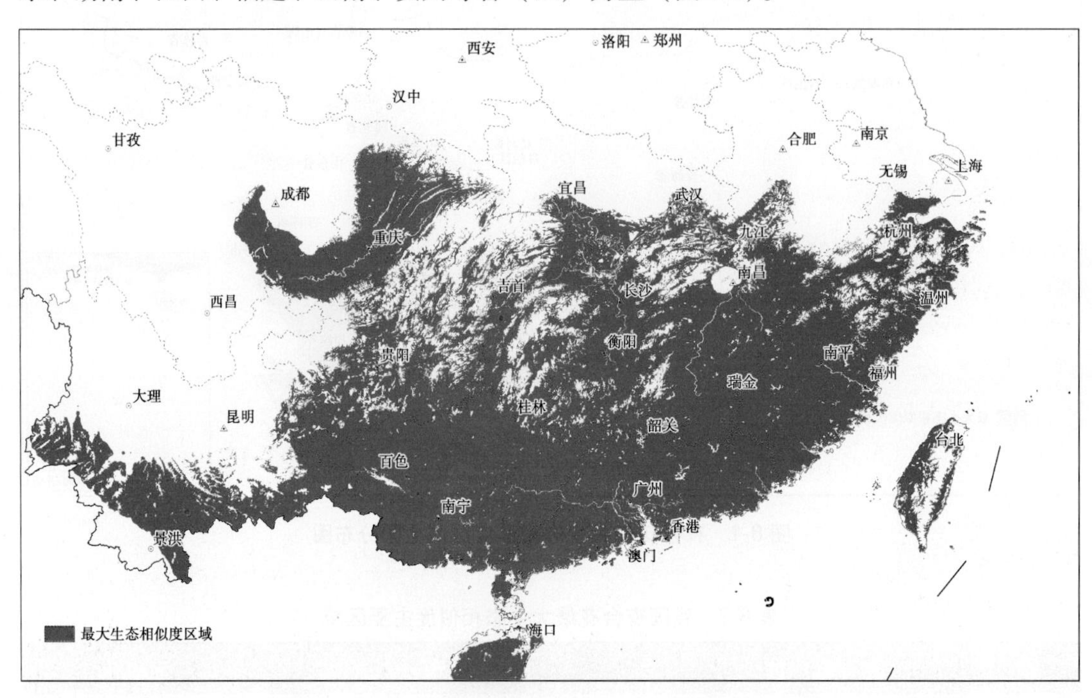

图 8-3　夜合花最大生态相似度区域全国局部分布图

◎参考文献

黄洁媚，罗集鹏. 广东合欢花的本草考证与紫外光谱法鉴别［J］. 中药材，2005，(03)：186-188.

9. 广东王不留行 Guangdongwangbuliuxing

RECEPTACULUM FICI PUMILAE

本品为桑科植物薜荔 *Ficus pumila* L. 的干燥隐头花序托。别名薜荔果、木莲、络石藤、风不动、石龙藤、常春藤等。《广东省中药材标准》（第一册）收载。广东王不留行性平，味甘、微涩，归胃、肝、大肠经，具祛风利湿、活血解毒等功效。用于风湿痹痛、泻痢、淋病、跌打损伤、痈肿疮疖等。

广东王不留行是王不留行的习用品，主要在广东、广西等省区使用。药材来源主要为野生。

◎【地理分布与生境】

薜荔主产于浙江、江苏、四川、湖南、福建、江西、广东、广西等地，日本、越南、印度也有分布；野生于山坡、树木间、断墙破壁或岩石上。

◎【生物学及栽培特性】

薜荔为攀缘或匍匐灌木，耐贫瘠，抗干旱，适应性强，幼株耐阴，对土壤要求不严格，酸性或中性环境均可生长，但以排水良好的湿润肥沃的砂质壤土生长最好。

◎【生态因子值】

选取673个样点进行薜荔的生态适宜性分析。包括广东省潮州市湘桥区、广州市从化区、河源市龙川县，广西壮族自治区百色市德保县、北海市合浦县、崇左市江州区，海南省白沙黎族自治县、澄迈县、儋州市，四川省雅安市天全县、绵阳市平武县、内江市隆昌县，福建省福州市平潭县、连江县、龙岩市连城县、南平市武夷山市，湖北省黄冈市罗田县，湖南省衡阳市衡山县，江苏省苏州市常熟市，江西省抚州市广昌县、赣州市崇义县，甘肃省陇南市文县，浙江省丽水市等15省（区）的483县（市）。

GMPGIS系统分析结果显示（表9-1），薜荔在主要生长区域生态因子范围为：最冷季均温1.0～26.6℃；最热季均温13.5～30.3℃；年均温9.2～27.9℃；年均相对湿度47.4%～78.1%；年均降水量467～4116mm；年均日照117.8～210.8W/m^2。主要土壤类型为强淋溶土、暗色土、淋溶土、始成土等。

表9-1 薜荔主要生长区域生态因子值

主要气候因子数值范围	最冷季均温/℃	最热季均温/℃	年均温/℃	年均相对湿度/%	年均降水量/mm	年均日照/（W/m^2）
	1.0～26.6	13.5～30.3	9.2～27.9	47.4～78.1	467～4116	117.8～210.8
主要土壤类型	强淋溶土、暗色土、淋溶土、始成土等					

◎【全球产地生态适宜性数值分析】

GMPGIS系统分析结果显示（图9-1和图9-2），薜荔在全球最大的生态相似度区域分布于162个国家，主要为巴西、美国、中国和刚果。其中最大生态相似度区域面积最大的国家为巴西，为4842402.9km²，占全部面积的14.4%。

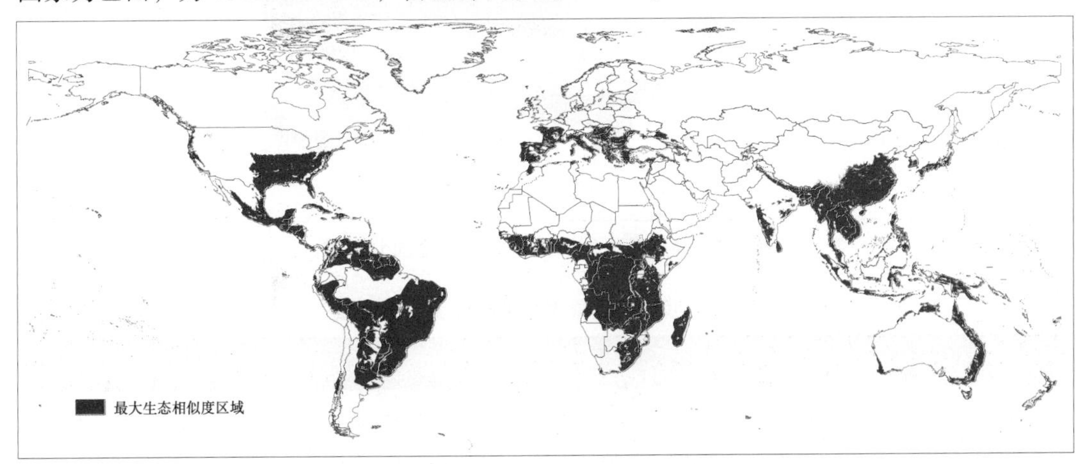

图9-1 薜荔最大生态相似度区域全球分布图

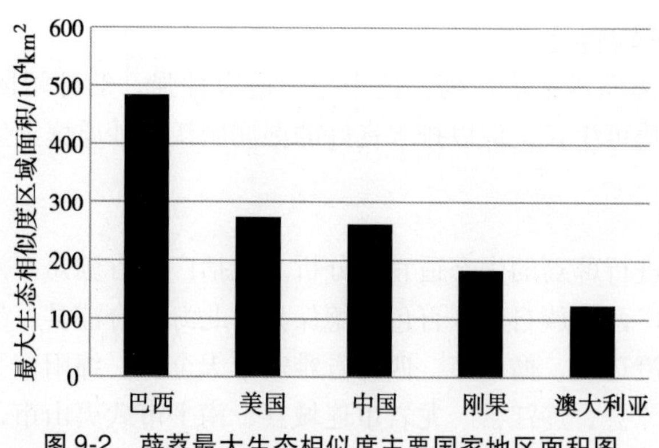

图 9-2 薜荔最大生态相似度主要国家地区面积图

◎【中国产地生态适宜性数值分析】

GMPGIS 系统分析结果显示（图 9-3、图 9-4 和表 9-2），薜荔在我国最大的生态相似度区域主要分布在云南、四川、广西、湖南、湖北、贵州等地。其中最大生态相似度区域面积最大的为云南省，为 315496. 4km^2，占全部面积的 11. 9%；其次为四川省，最大生态相似度区域面积为 213024. 4km^2，占全部的 8%。所涵盖县（市）个数分别为 126 个和 153 个。

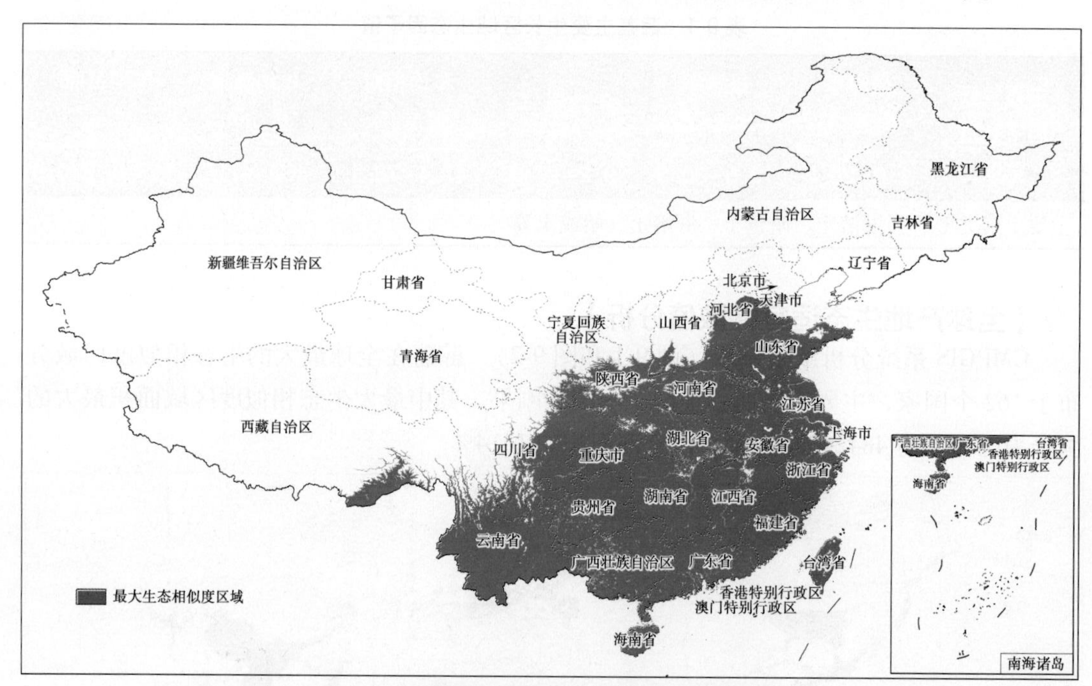

图 9-3 薜荔最大生态相似度区域全国分布图

表 9-2 我国薜荔最大生态相似度主要区域

省（区）	县（市）数	主要县（市）	面积/km^2
云南	126	澜沧、广南、富宁、景洪、勐腊、玉龙等	315496. 4
四川	153	万源、宜宾、盐源、会理、宣汉、合江等	213024. 4
广西	88	金城江、苍梧、融水、八步区、南宁、西林等	203383. 3

续表

省（区）	县（市）数	主要县（市）	面积/km^2
湖南	102	安化、石门、浏阳、沅陵、永州、桃源等	190624.2
湖北	77	武汉、房县、利川、竹山、曾都、郧县等	167546.2
贵州	82	遵义、从江、威宁、松桃、水城、黎平等	157284.4

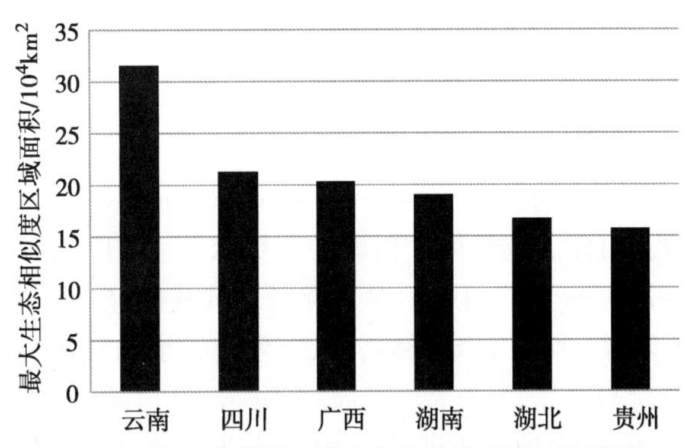

图 9-4 我国薜荔最大生态相似度主要地区面积图

◎【区划与生产布局】

根据薜荔生态适宜性分析结果，结合薜荔生物学特性，并考虑自然条件、社会经济条件、药材主产地栽培和采收加工技术，建议选择引种栽培研究区域主要以巴西、美国、中国、刚果等国家（或地区）为宜，在国内主要以云南、四川、广西、湖南、湖北、贵州等省（区）为宜（图 9-5）。

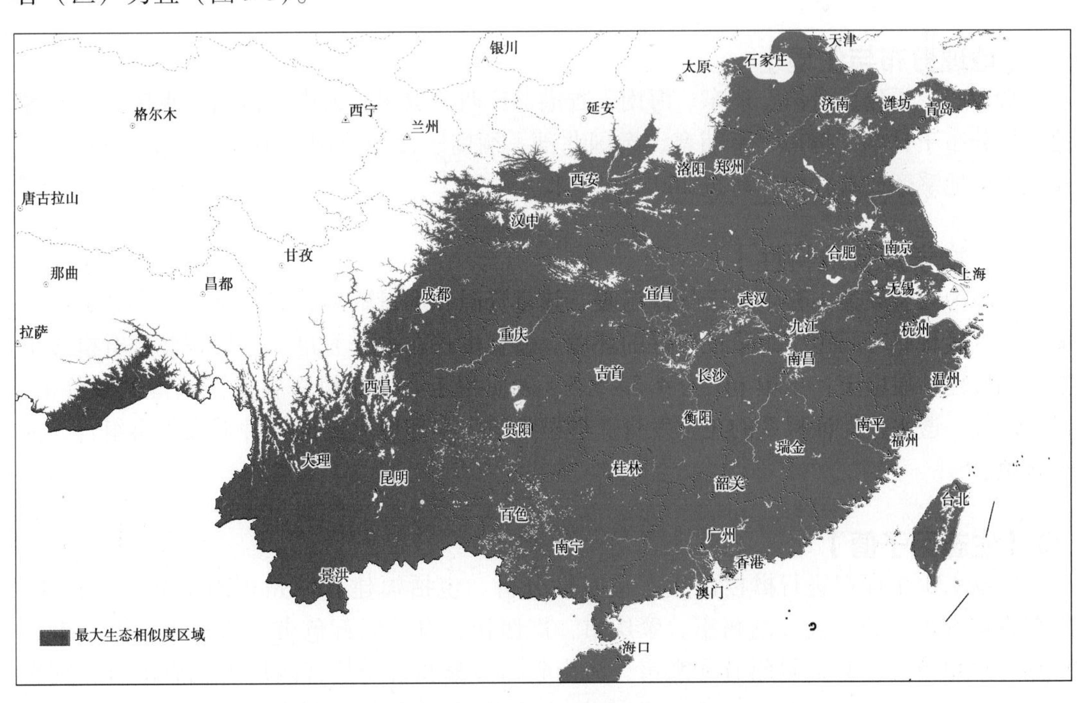

图 9-5 薜荔最大生态相似度区域全国局部分布图

◎ 参考文献

[1] 唐新霖，胡小三，李怀福. 薜荔开发前景及大田栽培 [J]. 特种经济动植物，2009，(01)：33-34.
[2] 吴松成. 薜荔的开发利用及栽培技术 [J]. 林业科技通讯，2001，(02)：38.

10. 飞天蠄螃 Feitianqinlao

ALSOPHIAE SPINULOSAE CAULIS

本品为桫椤科植物桫椤 *Alsophila spinulosa* Wall ex（Hook.）Tryon. 的干燥茎干。别名桫椤、刺桫椤、山飞螃、山棕、龙骨风、树蕨、大贯众等。《广东省中药材标准》（第二册）收载。飞天蠄螃性凉，味苦，归肺、胃、肾经，具祛风除湿、活血通络、止咳平喘、清热解毒等功效。用于风湿痹痛，肾虚腰痛，风火牙痛，小肠气痛，咳喘，吐血，跌打损伤，疥癣，时疫感冒等。

桫椤为中生代古老孑遗物种，近年来，由于人为因素的影响，其生长环境遭到破坏，野生资源不断减少，被列入《国家重点保护野生植物名录》。桫椤科植物为国家二级保护植物，被称为“植物活化石”，全部列为《濒危野生动植物种国际贸易公约》附录Ⅱ。根据新的《森林法》第三十八条制定的《国家禁止、限制出口的珍贵树木名录》中桫椤科植物被列为限制出口的树种。桫椤茎含有黄酮苷、生物碱、氨基酸、二元酚等成分，且桫椤株形美观、雅致，具有较高的药用价值、观赏价值和开发前景。

◎【地理分布与生境】

桫椤产于福建、台湾、广东、海南、香港、广西、贵州、云南、四川、重庆、江西等地。也分布于日本、越南、柬埔寨、泰国北部、缅甸、孟加拉国、不丹、尼泊尔和印度。喜生于山地溪旁或疏林中，海拔 260~1600 米。

◎【生物学及栽培特性】

桫椤为大型蕨类，喜生长于气候温暖、热量资源和水量资源较好、蒸发量小、相对湿度大、直接日照时间短、荫蔽性较好的环境。适宜生长在水分充足、土层较厚且有机质丰富的偏酸性砂质壤土；土壤 pH 为 4.5~5.5。砂质壤土有利于桫椤在高温高湿的条件下，保持通气、透水，保证根系的正常发育。桫椤常与生存环境周围的物种形成群落组合。孢子繁殖。

◎【生态因子值】

选取 131 个样点进行桫椤的生态适宜性分析。包括福建省漳州市南靖县、平和县，广东省信宜市、新兴县、高州市、肇庆市，广西壮族自治区百色市、梧州市、南宁市武鸣县、梧州市苍梧县，贵州省赤水市，海南省白沙黎族自治县，四川省峨眉山市、宜宾市长宁县，云南省怒江州贡山县、文山州广南县及江西省鹰潭市等 8 省（区）的 82

县（市）。

GMPGIS 系统分析结果显示（表 10-1），桫椤在主要生长区域生态因子范围为：最冷季均温 1.7~19.6℃；最热季均温 14.2~29.4 ℃；年均温 8.3~24.8℃；年均相对湿度 54.7%~77.1%；年均降水量 945~4854mm；年均日照 117.6~157.0W/m^2。主要土壤类型为强淋溶土、人为土、高活性强酸土、淋溶土、始成土、铁铝土、浅层土、粗骨土等。

表 10-1 桫椤主要生长区域生态因子值

主要气候因子数值范围	最冷季均温/℃	最热季均温/℃	年均温/℃	年均相对湿度/%	年均降水量/mm	年均日照/(W/m^2)
	1.7~19.6	14.2~29.4	8.3~24.8	54.7~77.1	945~4854	117.6~157.0
主要土壤类型	强淋溶土、人为土、高活性强酸土、淋溶土、始成土、铁铝土、浅层土、粗骨土等					

◎【中国产地生态适宜性数值分析】

GMPGIS 系统分析结果显示（图 10-1、图 10-2 和表 10-2），桫椤在我国最大的生态相似度区域主要分布在云南、广西、湖南、四川、贵州、江西、广东、湖北、福建等地。其中最大生态相似度区域面积最大的为云南省，为 275334.0km^2，占全部面积的 15.1%；其次为广西壮族自治区，最大生态相似度区域面积为 206509.9km^2，占全部的 11.3%。所涵盖县（市）个数分别为 126 个和 88 个。

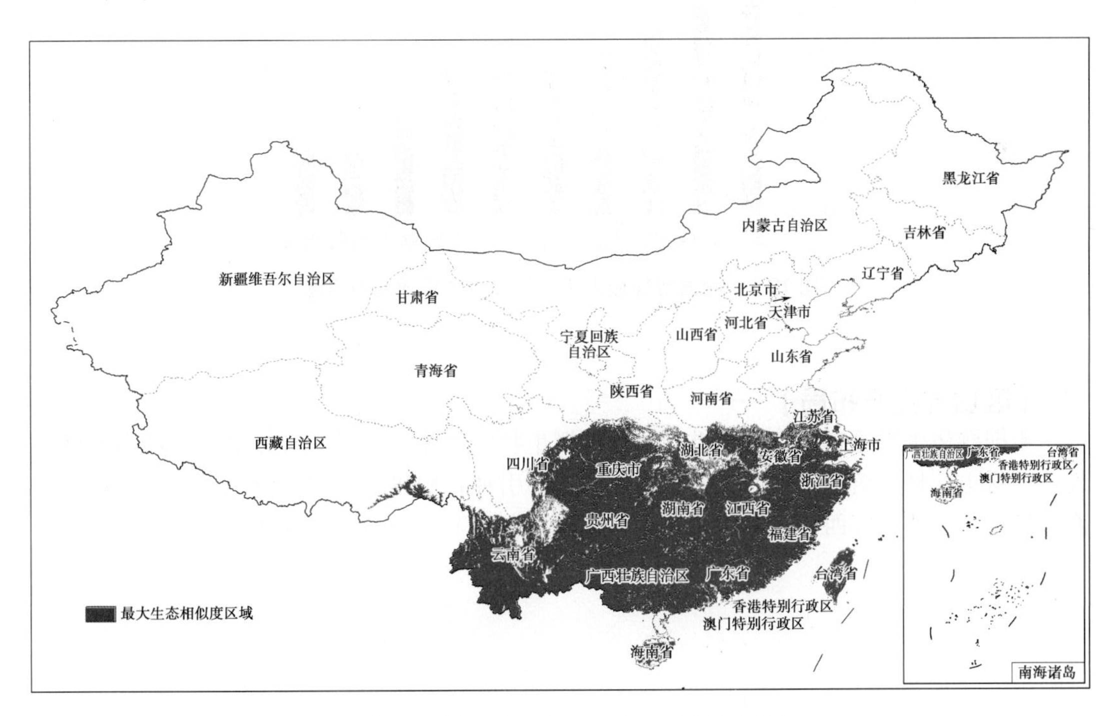

图 10-1 桫椤最大生态相似度区域全国分布图

表 10-2　我国桫椤最大生态相似度主要区域

省（区）	县（市）数	主要县（市）	面积/km²
云南	126	贡山、福贡、广南、新平、盈江、沧源等	275334.0
广西	88	苍梧、百色、武鸣、容县、梧州、龙胜等	206509.9
湖南	102	安化、沅陵、浏阳、桃源、桂阳、宜章等	180513.9
四川	131	宜宾、合江、乐山、雷波、屏山、容县等	164925.9
贵州	82	赤水、习水、安龙、望漠、罗甸、贞丰等	154998.1
江西	91	遂宁、赣县、瑞金、会昌、武宁、上饶等	142824.3
广东	84	信宜、新兴、怀集、英德、高州、肇庆等	140489.5
湖北	73	利川、咸丰、恩施、宜昌、来凤、崇阳等	109325.0
福建	68	建阳、闽侯、福清、安溪、福州、屏南等	105854.5

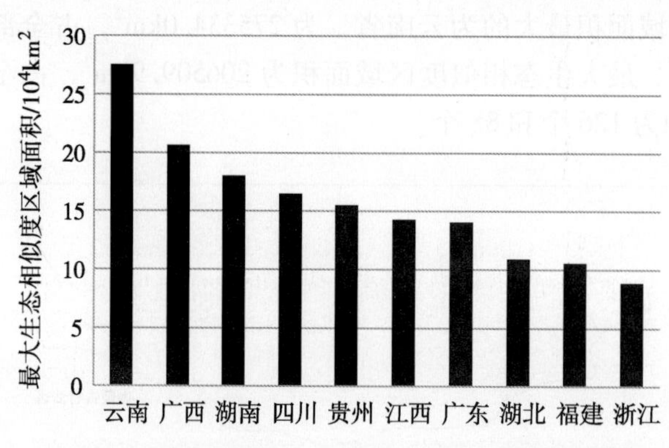

图 10-2　我国桫椤最大生态相似度主要地区面积图

◎【区划与生产布局】

根据桫椤生态适宜性分析结果，结合桫椤生物学特性，并考虑自然条件、社会经济条件、药材主产地栽培和采收加工技术，建议选择引种栽培研究区域主要以云南、广西、湖南、四川、贵州、江西、广东、湖北、福建等省（区）为宜（图 10-3）。

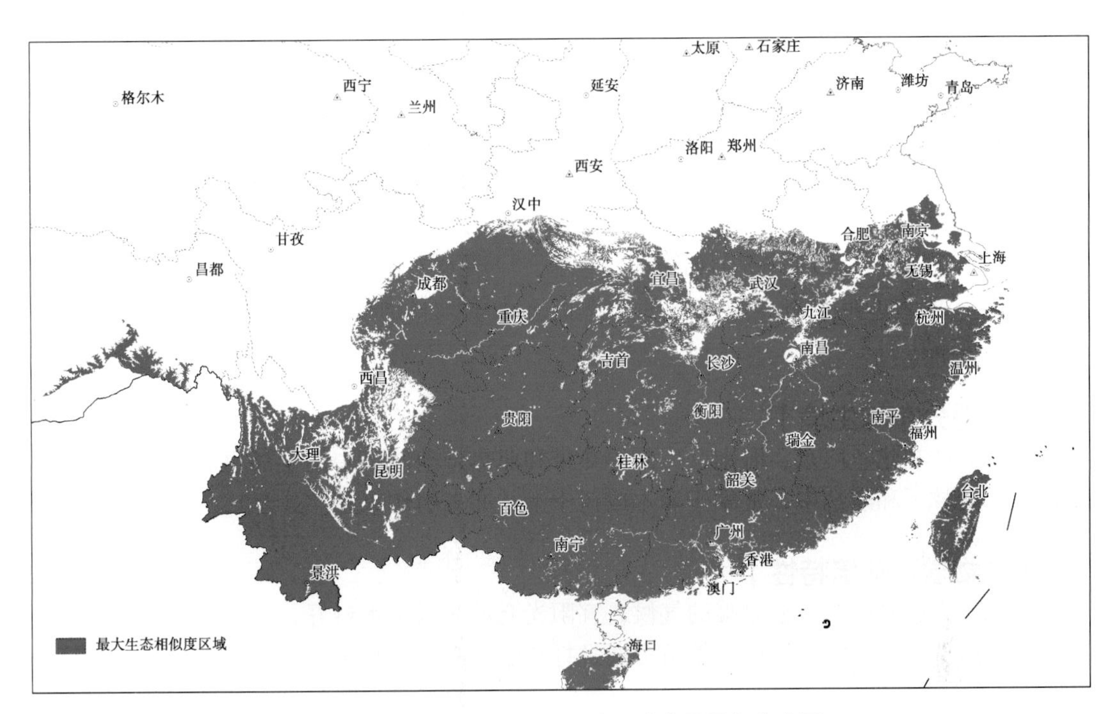

图 10-3 桫椤最大生态相似度区域全国局部分布图

◎ 参考文献

[1] 敖光辉. 我国桫椤研究进展 [J]. 内江师范学院学报，2004，(06)：79-82.

[2] 陈金英. 福建永春县刺桫椤种群结构与生命表分析 [J]. 西南林学院学报，2010，30 (01)：11-15.

[3] 刘鉴秋. 乐山地区桫椤分布及生境初探 [J]. 西南农业大学学报，1987，(01)：102-106.

[4] 刘宗林，曾宪华，罗群，等. 江华桫椤分布现状及保护措施 [J]. 湖南林业科技，2009，36 (03)：70-71.

[5] 宋萍，洪伟，吴承祯，等. 濒危植物桫椤种群生态场研究 [J]. 应用与环境生物学报，2008，(04)：475-480.

[6] 宋师兰. 福建省永泰县青云山风景区刺桫椤调查 [J]. 亚热带植物通讯，1998，(02)：26-29.

[7] 张金伟，罗长安. 四川犍为县桫椤资源现状及利用对策 [J]. 四川林勘设计，2007，(02)：21-23.

[8] 张思玉，郑世群. 福建永定桫椤群落内主要灌木种群的种间联结性研究 [J]. 云南植物研究，2002，(01)：17-22.

[9] 宗秀虹，张华雨，王鑫，等. 赤水桫椤国家级自然保护区桫椤群落特征及物种多样性研究 [J]. 西北植物学报，2016，(06)：1225-1232.

[10] 左政裕，吴世远，董仕勇. 广东阳春百涌自然保护区桫椤科植物资源调查 [J]. 亚热带植物科学，2016，45 (03)：248-254.

11. 巴戟天 bajitian

MORINDAE OFFICINALIS RADIX

本品为茜草科植物巴戟天 *Morinda officinalis* How 的干燥根。别名鸡肠风、鸡眼藤、黑

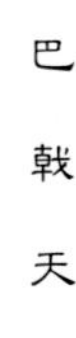

藤钻、兔仔肠、三角藤、糠藤等。2015年版《中华人民共和国药典》（一部）收载。巴戟天性微温，味甘、辛，归肾、肝经，具补肾阳、强筋骨、祛风湿等功效。用于阳痿遗精，宫冷不孕，月经不调，少腹冷痛，风湿痹痛，筋骨痿软等。

巴戟天是著名的“四大南药”“十大广药”之一，在中药处方中应用广泛，同时是我国出口药材的主要品种，此外巴戟天在中国南方地区还作为常用的食疗补品。巴戟天的野生资源主要分布在福建南部、广东、广西及海南等地，然而由于采挖严重已几近枯竭，成为濒危物种，野生种质资源濒临灭绝。目前市场上的巴戟天药材基本都为人工栽培品。

◎【地理分布与生境】

巴戟天产福建、广东、海南、广西等热带和亚热带地区。中南半岛也有分布。喜生于山地疏、密林下和灌丛中，常攀于灌木或树干上，亦有引作家种。

◎【生物学及栽培特性】

巴戟天为藤本植物，喜温暖的气候，宜阳光充足，以排水良好、土质疏松、富含腐殖质多的砂质壤土或黄壤土为佳。繁殖可通过扦插法、根头繁殖法。

◎【生态因子值】

选取81个样点进行巴戟天的生态适宜性分析。包括广东省肇庆市德庆县、封开县、云浮市郁南县，广西壮族自治区钦州市、防城港市东兴市、崇左市宁明县、来宾市金秀瑶族自治县，福建省龙岩市永定县、武平县、漳州市南靖县，海南省乐东黎族自治县、永州市宁远县等4省（区）的41县（市）。

GMPGIS系统分析结果显示（表11-1），巴戟天在主要生长区域生态因子范围为：最冷季均温9.6~21.4℃；最热季均温23.8~29.1℃；年均温17.7~25.6℃；年均相对湿度72.1%~75.9%；年均降水量1401~2047mm；年均日照131.1~146.7W/m^2。主要土壤类型为强淋溶土、人为土、始成土、铁铝土、潜育土等。

表11-1　巴戟天主要生长区域生态因子值

主要气候因子数值	最冷季均温/℃	最热季均温/℃	年均温/℃	年均相对湿度/%	年均降水量/mm	年均日照/(W/m^2)
范围	9.6~21.4	23.8~29.1	17.7~25.6	72.1~75.9	1401~2047	131.1~146.7
主要土壤类型	强淋溶土、人为土、始成土、铁铝土、潜育土等					

◎【全球产地生态适宜性数值分析】

GMPGIS系统分析结果显示（图11-1和图11-2），巴戟天在全球最大的生态相似度区域分布于5个国家，分别为中国、越南、巴西、老挝和加纳。其中最大生态相似度区域面积最大的国家为中国，为216929.0km^2，占全部面积的91.1%。

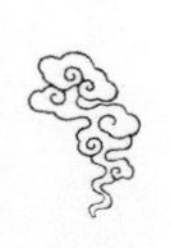

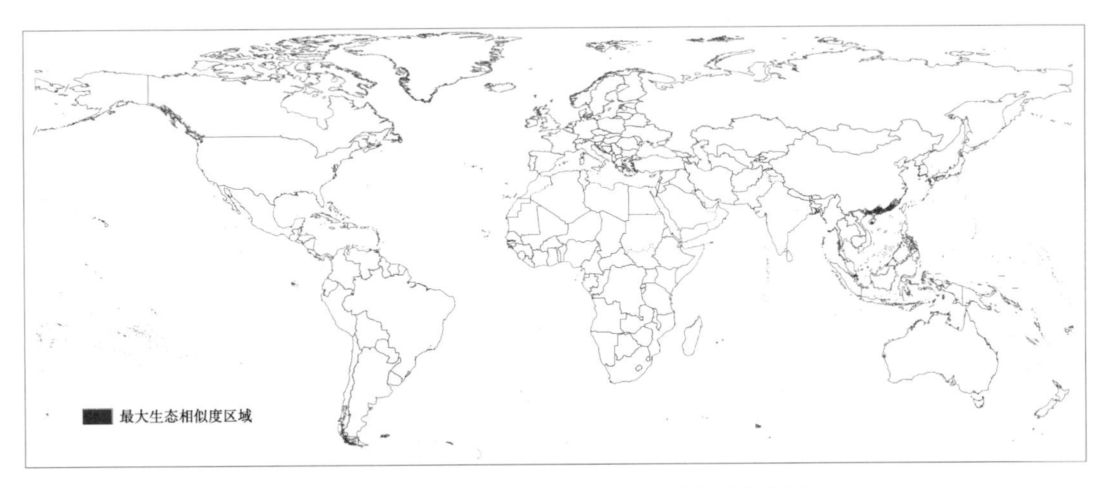

图 11-1　巴戟天最大生态相似度区域全球分布图

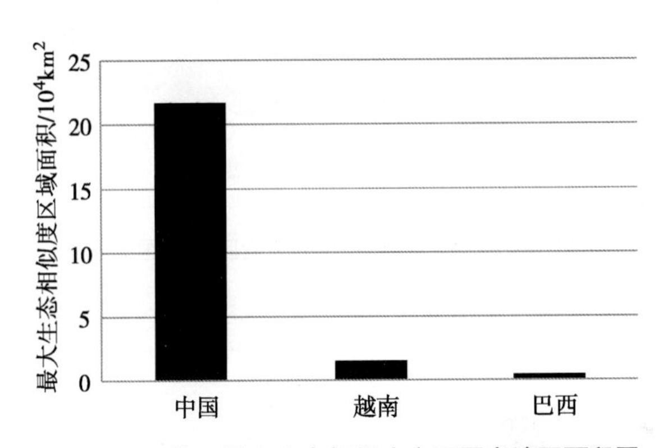

图 11-2　巴戟天最大生态相似度主要国家地区面积图

◎【中国产地生态适宜性数值分析】

GMPGIS 系统分析结果显示（图 11-3、图 11-4 和表 11-2），巴戟天在我国最大的生态相似度区域主要分布在广东、广西、福建、海南等地。其中最大生态相似度区域面积最大的为广东省，为 96316.3km²，占全部面积的 44.4%。其次为广西壮族自治区，最大生态相似度区域面积为 62231.1km²，占全部的 28.7%。所涵盖县（市）个数分别为 71 个和 44 个。

表 11-2　我国巴戟天最大生态相似度主要区域

省（区）	县（市）数	主要县（市）	面积/km²
广东	71	佛山、梅县、高要、封开、博罗、广州等	96316.3
广西	44	苍梧、南宁、钦州、灵山、藤县、浦北等	62231.1
福建	56	永定、上杭、平和、南靖、安溪、武平等	44266.1
海南	14	琼中、保亭、白沙、儋州、陵水、五指山等	9541.4

图 11-3　巴戟天最大生态相似度区域全国分布图

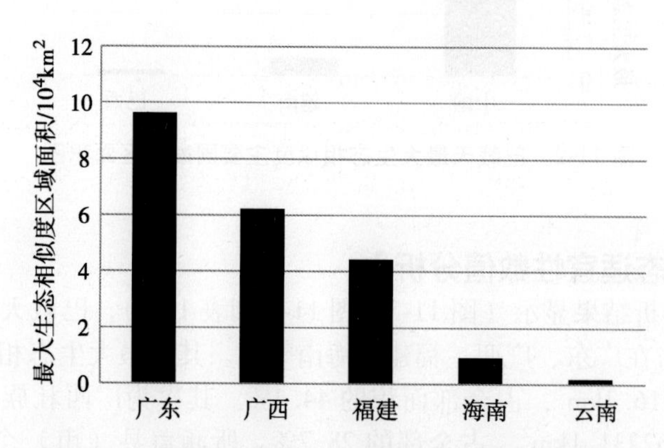

图 11-4　我国巴戟天最大生态相似度主要地区面积图

◎【区划与生产布局】

根据巴戟天生态适宜性分析结果，结合巴戟天生物学特性，并考虑自然条件、社会经济条件、药材主产地栽培和采收加工技术，建议选择引种栽培研究区域主要以中国、越南、巴西、老挝、加纳等国家（或地区）为宜，在国内主要以广东、广西、福建、海南等省（区）为宜（图 11-5）。

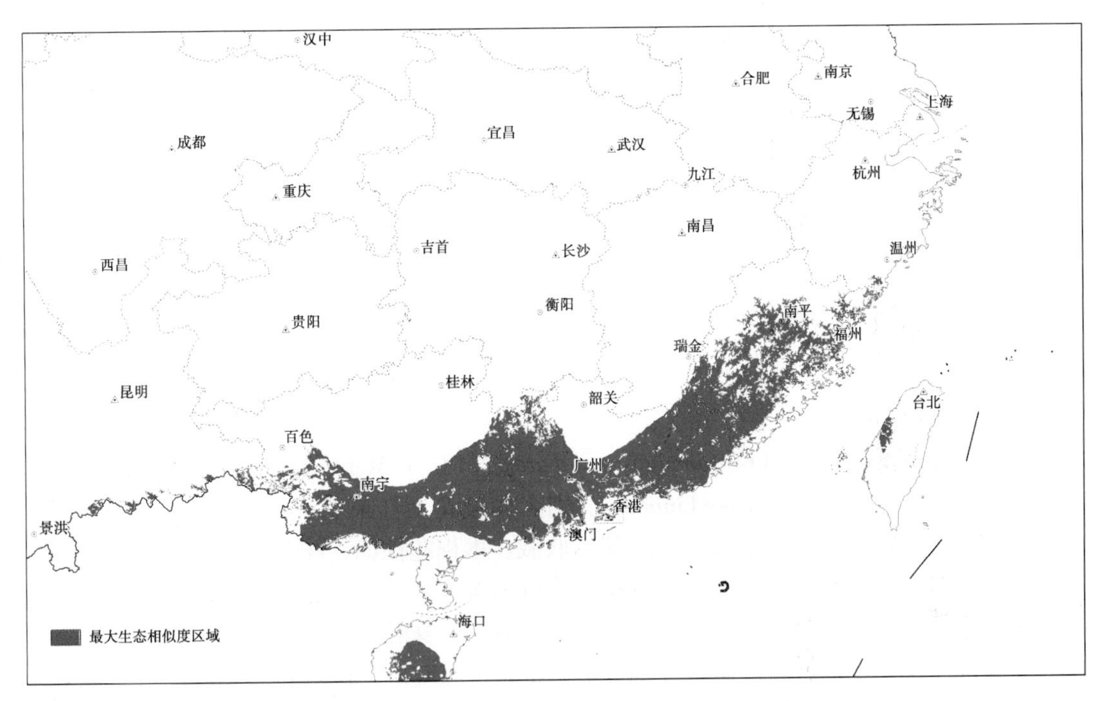

图 11-5　巴戟天最大生态相似度区域全国局部分布图

◎【品质生态学研究】

不同产地巴戟天不仅在叶和根的形态上存在较大差异，同时在化学成分含量上也存在较大差异。章润菁（2016）对 32 批来自广东、福建、广西、海南不同产地的巴戟天药材进行检测，结果显示蔗糖、耐斯糖含量以广东最高，1-蔗果三糖含量广东与福建相近，广西与海南最低，同时发现广东省中小叶型巴戟天药材各寡糖含量远高于大叶型。证实了广东巴戟天道地药材的优良品质。刘瑾（2010）对四个产区巴戟天水晶兰苷检测结果表明，栽培品含量高于野生品，广东和广西两地含量较高，海南和福建含量较低。丁平等（2006）对巴戟天进行 HPLC 指纹图谱检测，发现不同种质资源的巴戟天药材含蒽醌类化合物化学组成相似，但相对比例有明显的差异。

◎ 参考文献

[1] 曹光球，叶义全，林思祖，等. 福建永定县道地药材巴戟天现状分析及其发展对策［J］. 中国现代中药，2007，(12)：38-40.

[2] 丁平，楚桐丽，徐吉银. 不同种质资源的巴戟天化学成分的指纹图谱研究［J］. 华西药学杂志，2006，(01)：12-14.

[3] 丁平，刘瑾，邱金英，等. 基于核糖体 rDNA ITS 序列变异探讨巴戟天道地性［J］. 药学学报，2012，47（04）：535-540.

[4] 宫璐，汪鹏，谭瑞湘，等. 南药巴戟天的全球产地区划［J］. 世界中医药，2017，(05)：986-988.

[5] 刘瑾，丁平，詹若挺，等. 广东省和福建省巴戟天药用植物资源调查研究［J］. 广州中医药大学学

报，2009，26（05）：485-487，504.
[6] 刘瑾，徐吉银，罗进辉，等. 不同产地巴戟天中水晶兰苷的含量测定［J］. 中成药，2010，（03）：517-519.
[7] 刘瑾. 巴戟天道地药材形成的生态因子及分子机制研究［D］. 广州：广州中医药大学，2009.
[8] 孙学洋，夏超. 巴戟天种植技术［J］. 北京农业，2013，(30)：118.
[9] 章润菁，李倩，屈敏红，等. 巴戟天种质资源调查研究［J］. 中国现代中药，2016，(04)：482-487.
[10] 章润菁. 不同产地巴戟天资源调查及质量评价研究［D］. 广州：广州中医药大学，2016.

12. 木棉花 Mumianhua

GOSSAMPINI FLOS

本品为木棉科植物木棉 *Gossampinus malabarica*（DC.）Merr. 的干燥花。*Flora of China* 收录该物种为木棉 *Bombax ceiba* Linnaeus。别名攀枝花、红茉莉、红棉花、英雄树花等。2015 年版《中华人民共和国药典》（一部）收载。木棉花性凉，味甘、淡，归大肠经，具清热利湿、解毒等功效。用于泄泻，痢疾，痔疮出血等。

木棉是一种集观赏价值、生态价值、经济价值于一身的优良物种。木棉花既是传统中药，也是凉茶的重要原材料。木棉外观优美，常用于庭院、公园绿化。此外，木棉果中纤维可作枕、褥、救生圈等填充材料；种子榨油可作润滑油、制肥皂；木材轻软，可用作蒸笼、箱板、火柴梗、造纸等。目前木棉已有产业化种植基地，药材主要来源于人工种植。

◎【地理分布与生境】

木棉主产于广东、广西、海南、福建、台湾及西南地区，生于丘陵或低山次生林中；有的栽培于路边、庭院。

◎【生物学及栽培特性】

木棉为高大乔木，喜光、耐旱，木棉幼苗适宜在土壤容重大、含水量和总孔隙度较小、pH 较高的土壤基质中生长，木棉苗期抚育过程对营养元素需求较为严格。

◎【生态因子值】

选取 123 个样点进行木棉的生态适宜性分析。国内样点包括广东省珠海市斗门区、深圳市福田区、江门市台山市，广西南宁市隆安县、崇左市龙州县、百色市西林县，海南省三亚市崖州区、陵水黎族自治县，云南省西双版纳傣族自治州等 10 省（区）的 35 县（市）。国外样点为老挝。

GMPGIS 系统分析结果显示（表 12-1），木棉在主要生长区域生态因子范围为：最冷季均温 2.4～26.3℃；最热季均温 15.3～32.2℃；年均温 9.3～28.0℃；年均相对湿度 45.7%～77.7%；年均降水量 703～2653mm；年均日照 125.8～205.3W/m^2。主要土壤类型为强淋溶土、人为土、铁铝土等。

表 12-1　木棉主要生长区域生态因子值

主要气候因子数值范围	最冷季均温/℃	最热季均温/℃	年均温/℃	年均相对湿度/%	年均降水量/mm	年均日照/(W/m^2)
	2.4~26.3	15.3~32.2	9.3~28.0	45.7~77.7	703~2653	125.8~205.3
主要土壤类型	强淋溶土、人为土、铁铝土等					

◎【全球产地生态适宜性数值分析】

GMPGIS 系统分析结果显示（图 12-1 和图 12-2），木棉在全球最大的生态相似度区域分布于 131 个国家，主要为巴西、中国、刚果和美国。其中最大生态相似度区域面积最大的国家为巴西，为 3666858.6km^2，占全部面积的 16.9%。

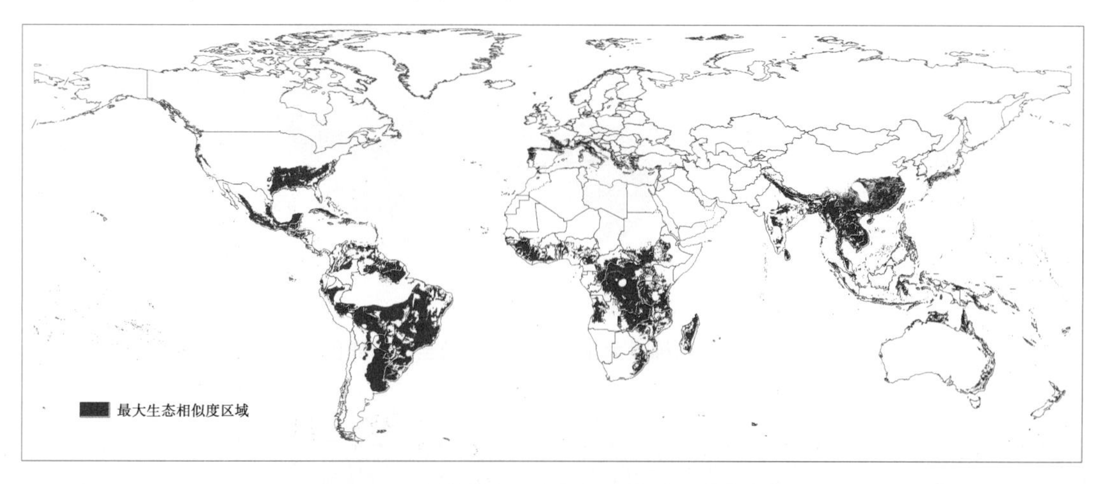

图 12-1　木棉最大生态相似度区域全球分布图

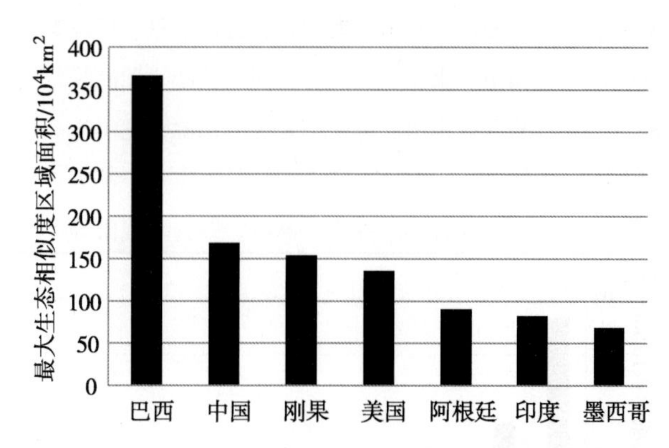

图 12-2　木棉最大的生态相似度区域主要国家地区面积图

◎【中国产地生态适宜性数值分析】

GMPGIS 系统分析结果显示（图 12-3、图 12-4 和表 12-2），木棉在我国最大的生态相似度区域主要分布在云南、广西、湖南、广东、江西、湖北等地。其中最大生态相似度区域面积最大的为云南省，为 283299.3km^2，占全部面积的 16.6%。其次为广西壮族自治

区，最大生态相似度区域面积 191239.1km²，占全部的 11.2%。所涵盖县（市）个数分别为 126 个和 88 个。

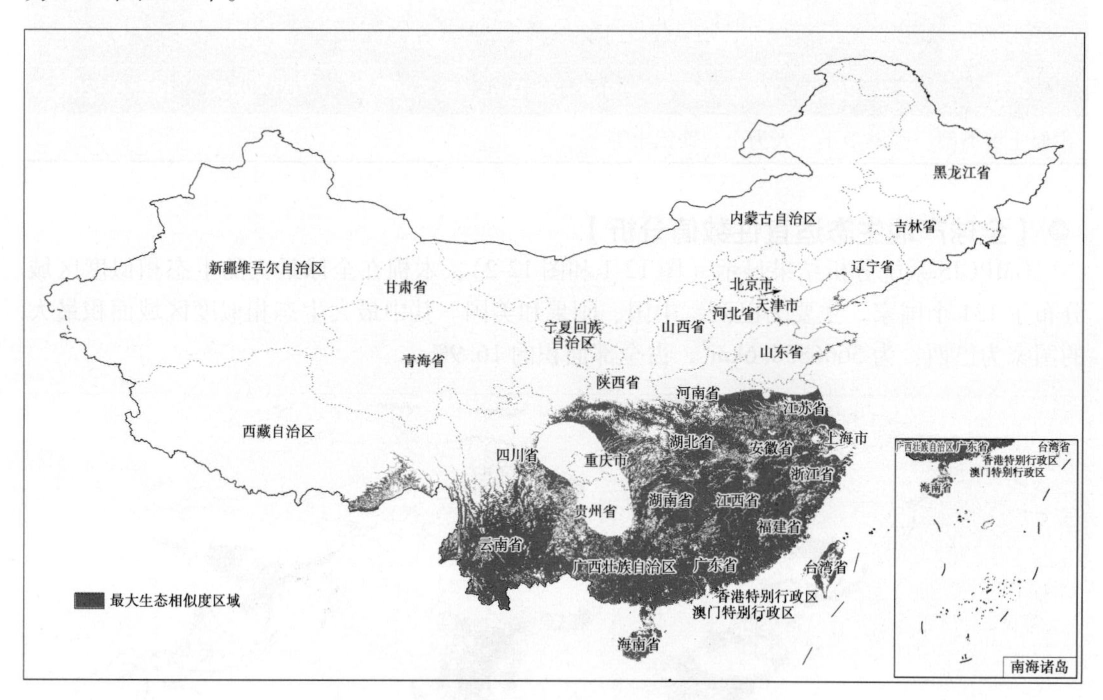

图 12-3　木棉最大生态相似度区域全国分布图

表 12-2　我国木棉最大生态相似度主要区域

省（区）	县（市）数	主要县（市）	面积/km²
云南	126	澜沧、墨江、镇沅、富宁、景洪、玉龙等	283299.3
广西	88	金城江、苍梧、南宁、藤县、南丹、兴宾等	191239.1
湖南	102	衡南、永州、浏阳、会同、长沙、湘潭等	161677.0
广东	88	梅县、佛山、英德、韶关、东源、龙川等	144321.4
江西	91	赣县、瑞金、于都、会昌、永丰、宁都等	142121.8
湖北	77	武汉、曾都、钟祥、麻城、郧县、襄阳等	128161.4

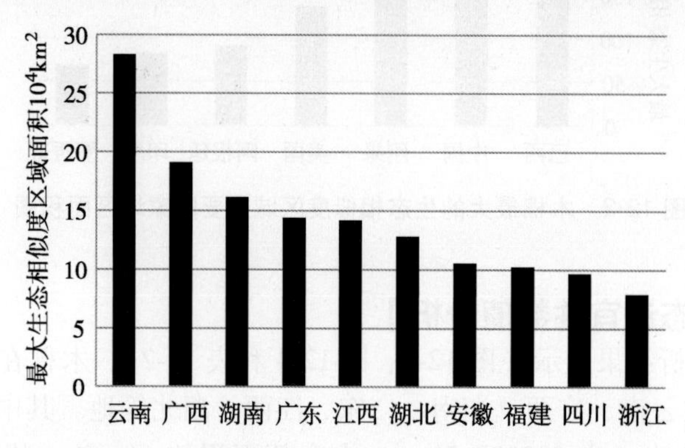

图 12-4　我国木棉最大生态相似度主要地区面积图

◎【区划与生产布局】

根据木棉生态适宜性分析结果，结合木棉生物学特性，并考虑自然条件、社会经济条件、药材主产地栽培和采收加工技术，建议选择引种栽培研究区域主要以巴西、中国、刚果、美国等国家（或地区）为宜，在国内主要以云南、广西、湖南、广东、江西、湖北等省（区）为宜（图 12-5）。

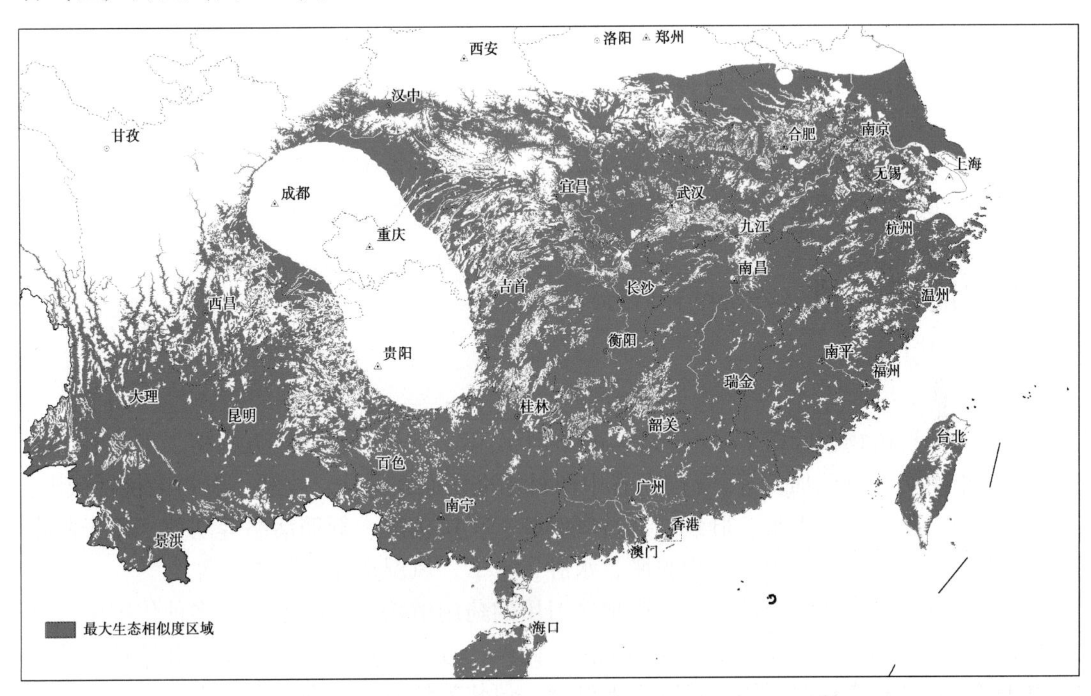

图 12-5　木棉最大生态相似度区域全国局部分布图

◎【品质生态学研究】

研究者从不同角度对不同地区木棉进行了研究。高柱（2012）测定了西南地区 34 个木棉居群的种子形态、萌发特性、植株生长及形态，研究其与气候的相似性，并对主要特征值进行了聚类统计划分出特定的种群。赵高卷（2015）对云南省干热、湿热和半湿热 3 种生境条件的 9 个地区的木棉进行了抗旱性研究，通过根叶解剖结构观察和立地土壤养分分析，发现来自元阳县种源的木棉抗旱性最高。张建业（2015）采用 GC-MS 技术定性分析了广东省佛山、江门、广州 3 个地区的木棉花挥发油成分，发现木棉花挥发油成分和相对百分含量差异较大。

◎ 参考文献

[1] 陈雷，孙冰，廖绍波，等. 木棉资源培育及园林应用研究进展［J］. 浙江农林大学学报，2014，(05)：798-804.

[2] 高柱. 木棉产业化栽培关键技术研究［D］. 昆明：西南林业大学，2012.

[3] 姬慧娟，李大明，肖恩，等. 攀枝花地区木棉种质资源调查与保存初探［J］. 四川林业科技，2017，(01)：51-53.

[4] 彭莉霞，朱报著，杨会肖，等. 广东省木棉种质资源 ISSR 遗传多样性分析［J］. 广东林业科技，2015，(06)：23-28.
[5] 王健，水庆艳，石晶，等. 海南木棉植物资源调查与分类初步研究［J］. 亚热带植物科学，2010，(01)：53-56.
[6] 王伟. 广州木棉种质资源遗传多样性 SSR 分析［A］. //中国园艺学会观赏园艺专业委员会、国家花卉工程技术研究中心. 中国观赏园艺研究进展 2016［C］. 中国园艺学会观赏园艺专业委员会、国家花卉工程技术研究中心：2016.
[7] 张继方，贺漫媚，刘文，等. 广州木棉种质资源调查及其评价［J］. 广东林业科技，2013，(06)：47-53.
[8] 赵高卷. 不同木棉种源对干旱胁迫的生理响应［D］. 昆明：西南林业大学，2015.
[9] 赵元藩，温庆忠. 云南的木棉资源及其木棉产业［J］. 林业调查规划，2009，(03)：79-81.

13. 五指毛桃 Wuzhimaotao

RADIX FICI

本品为桑科植物粗叶榕 *Ficus hirta* Vahl 的干燥根。别名五爪龙、五指榕、五指香、土北芪、五指牛奶、土五加皮等。《广东省中药材标准》（第一册）收载。五指毛桃性微温，味甘，归肺、脾、胃、大肠、肝经，具益气健脾、祛痰化湿、舒筋活络等功效。用于脾虚痰喘，脾胃气虚，肢倦无力，食少腹胀，水肿，带下，风湿痹痛，腰腿痛等。

五指毛桃是我国传统中药，为华南地区习用的药用植物。五指毛桃为多种传统中成药的主要成分，有广泛的药理作用和应用范围；此外，五指毛桃可酿酒、煲汤和茶饮，茎皮纤维可制麻绳、麻袋，广泛用于餐饮、保健品、包装等领域，具有较高的经济价值。在经济效益的驱动下，人们掠夺式地采挖五指毛桃，野生五指毛桃资源受到极大破坏，五指毛桃药材的质量也由于这种破坏性的采挖而难以保证。广东省河源市、广州市等地区有人工栽培。

◎【地理分布与生境】

粗叶榕产云南、贵州、广西、广东、海南、湖南、福建、江西等地。尼泊尔、不丹、印度东北部、越南、缅甸、泰国、马来西亚、印度尼西亚也有分布。常见于村寨附近旷地或山坡林边，或附生于其他树干。

◎【生物学及栽培特性】

粗叶榕为灌木或小乔木，喜温暖、湿润，土壤以山地红壤为主。粗叶榕必须依靠爪哇榕小蜂的传粉才能获得有性生殖，爪哇榕小蜂必须依赖粗叶榕的短头柱雌花作为繁殖后代的场所，从而才能获得种群的繁衍。

◎【生态因子值】

选取 2188 个样点进行粗叶榕的生态适宜性分析。国内样点包括广东省韶关市、河源市，广西壮族自治区梧州市，福建省漳州市，浙江省温州市文成县，云南省西双版纳勐海县，江西省赣州市全南县，湖南省永州市，海南省三亚市及贵州省黔西南州兴仁县等 9 省

（区）的 168 县（市）。国外样点包括老挝和越南。

GMPGIS 系统分析结果显示（表 13-1），粗叶榕在主要生长区域生态因子范围为：最冷季均温 3.0～22.0℃；最热季均温 17.0～29.6℃；年均温 12.3～25.9℃；年均相对湿度 56.9%～77.7%；年均降水量 824～2492mm；年均日照 124.0～159.3W/m²。主要土壤类型为强淋溶土、人为土、铁铝土等。

表 13-1 粗叶榕主要生长区域生态因子值

主要气候因子数值	最冷季均温/℃	最热季均温/℃	年均温/℃	年均相对湿度/%	年均降水量/mm	年均日照/（W/m²）
范围	3.0～22.0	17.0～29.6	12.3～25.9	56.9～77.7	824～2492	124.0～159.3
主要土壤类型	强淋溶土、人为土、铁铝土等					

◎【全球产地生态适宜性数值分析】

GMPGIS 系统分析结果显示（图 13-1 和图 13-2），粗叶榕在全球最大的生态相似度区域分布于 71 个国家，主要为中国、巴西和美国。其中最大生态相似度区域面积最大的国家为中国，为 1745213.7km²，占全部面积的 29.8%。

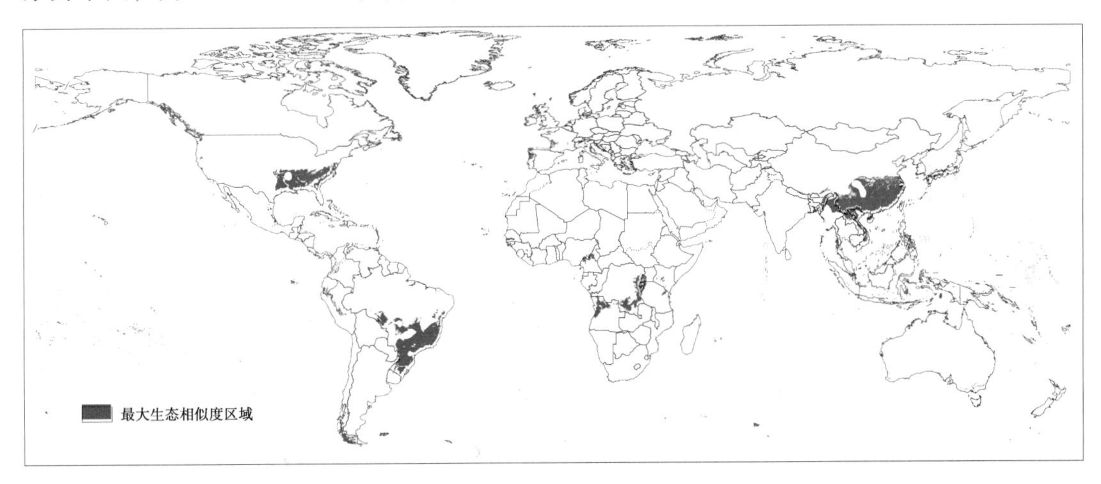

图 13-1 粗叶榕最大生态相似度区域全球分布图

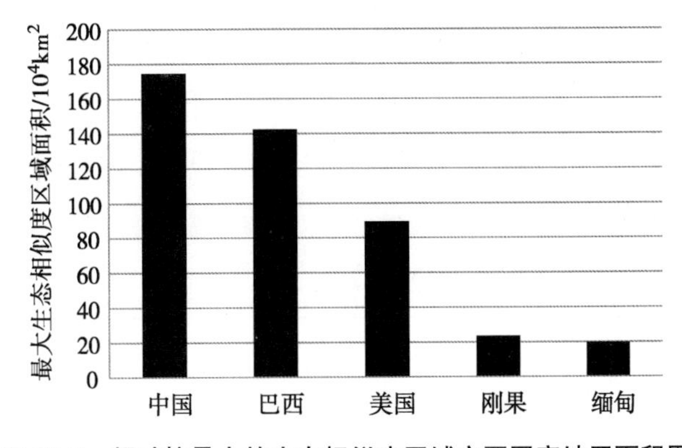

图 13-2 粗叶榕最大的生态相似度区域主要国家地区面积图

◎【中国产地生态适宜性数值分析】

GMPGIS 系统分析结果显示（图 13-3、图 13-4 和表 13-2），粗叶榕在我国最大的生态相似度区域主要分布在云南、广西、湖南、广东、江西、湖北等地。其中最大生态相似度区域面积最大的为云南省，为 276194.0km²，占全部面积的 15.7%。其次为广西壮族自治区，最大生态相似度区域面积 207568.8km²，占全部的 11.8%。所涵盖县（市）个数分别为 125 个和 88 个。

图 13-3　粗叶榕最大生态相似度区域全国分布图

表 13-2　我国粗叶榕最大生态相似度主要区域

省（区）	县（市）数	主要县（市）	面积/km²
云南	125	澜沧、广南、富宁、景洪、勐腊、墨江等	276194.0
广西	88	金城江、苍梧、融水、八步区、南丹、南宁等	207568.8
湖南	102	安化、桃源、永州、沅陵、浏阳、桂阳等	187422.8
广东	88	梅县、英德、佛山、韶关、惠东、东源等	148753.8
江西	91	宁都、瑞金、赣县、永丰、遂川、于都等	146001.5
湖北	77	武汉、曾都、钟祥、咸丰、利川、仙桃等	128751.5

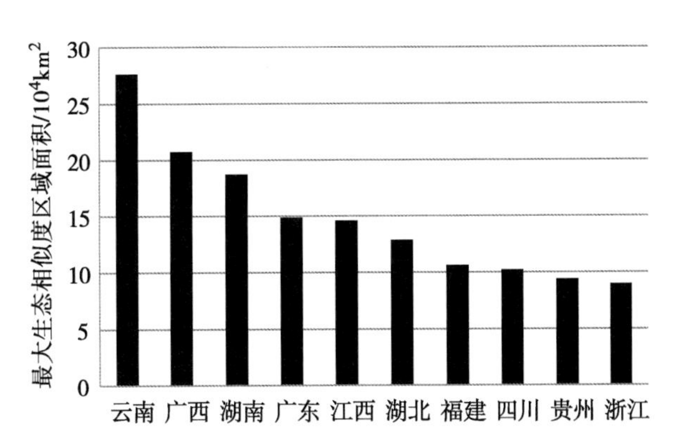

图 13-4　粗叶榕最大的生态相似度区域主要国家地区面积图

◎【区划与生产布局】

根据粗叶榕生态适宜性分析结果，结合粗叶榕生物学特性，并考虑自然条件、社会经济条件、药材主产地栽培和采收加工技术，建议选择引种栽培研究区域主要以中国、巴西、美国等国家（或地区）为宜，在国内主要以云南、广西、湖南、广东、江西、湖北等省（区）为宜（图 13-5）。

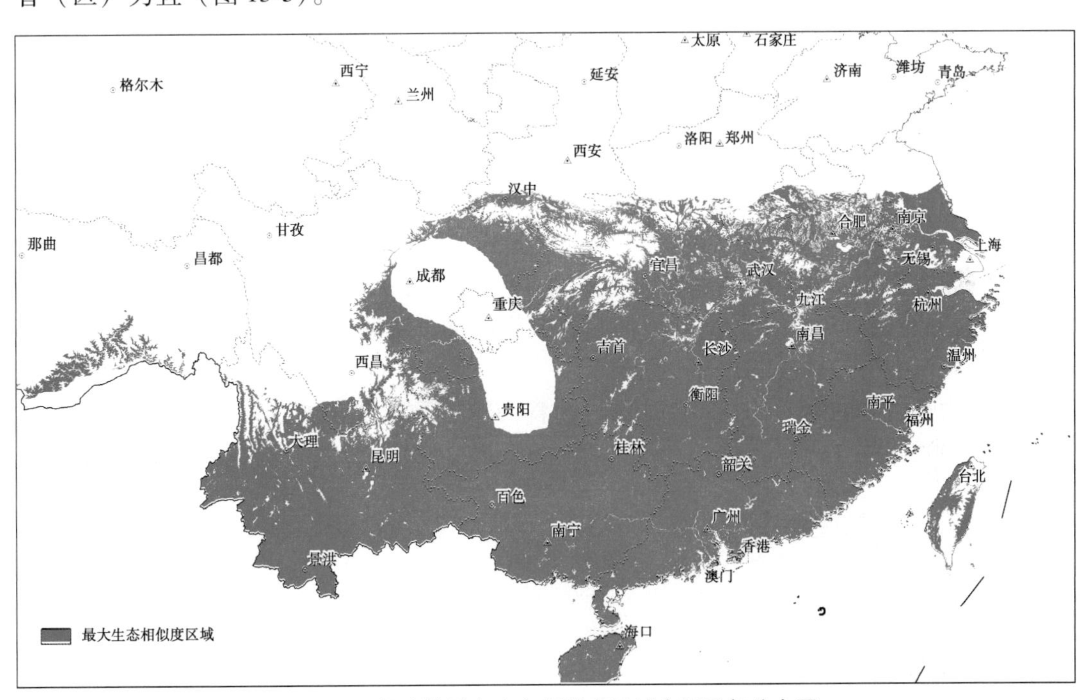

图 13-5　粗叶榕最大生态相似度区域全国局部分布图

◎【品质生态学研究】

黄文华等（2013）分析和评价在广东韶关、廉江、罗定、信宜、揭西、博罗、化州、清远、河源不同产地的五指毛桃药材的质量，发现质量较优的 3 个产地为：河源、韶关、清远，质量较差的 2 个产地为：罗定、揭西，其余 4 个产地质量中等。本研究首次将指标性化学成分的含量和微量元素的含量相结合，综合全面的评价五指毛桃药材的质量优劣及

稳定性，有利于药材的规范化种植及其深度开发利用。

◎ 参考文献

[1] 黄文华，宋艳刚，李占永，等. 广东不同产地五指毛桃药材中补骨脂素及微量元素的含量测定及质量评价［J］. 西部中医药，2013，26（04）：14-16.

[2] 马雅静，刘焕，史晶晶，等. 五指毛桃的质量标准研究［J］. 中草药，2017，02：782-791.

[3] 秦译炜，郭志坚，罗庆群，等. 广州白云山五指毛桃叶型变异情况的调查［J］. 科技创新导报，2008，（34）：83-84.

[4] 于慧，赵南先，贾效成，等. 粗叶榕（*Ficus hirta*）繁殖系统的特征及其共生的榕小蜂［J］. 植物学通报，2004，21（6）：682-688.

[5] 张宏伟，李渠筹，张淑园，等. 华南植物园五指毛桃百年标本调查分析［J］. 海峡药学，2013，25（12）：54-56+269.

[6] 招荣鉴，孙亦群，席萍. 不同产地五指毛桃药材中微量元素的测定［J］. 现代医院，2009，03：77-78.

[7] 钟小清. 五指毛桃药材质量的研究［D］. 广州：广州中医药大学，2001.

14. 牛大力 Niudali

RADIX MILLETTIAE SPECIOSAE

本品为豆科植物美丽崖豆藤 *Millettia speciosa* Champ. 的干燥根。*Flora of China* 收录该物种为美丽鸡血藤 *Callerya speciosa*（Champion ex Benth.）Schot。别名大力牛、扒山虎、血藤、金钟跟、倒吊金钟、甜牛大力等。《广东省中药材标准》（第一册）收载。牛大力性平，味甘，归肺、脾、肾经，具补虚润肺、强筋活络等功效。用于病后虚弱、阴虚咳嗽、腰肌劳损，风湿痹痛、遗精、白带等。

牛大力是著名的南药之一，同时也是药食同源植物，具有很高的药用价值和经济价值，是国内紧缺的中药材。

◎【地理分布与生境】

美丽崖豆藤主产于福建、湖南、广东、广西、海南、云南、贵州等地；生于山谷、路旁、灌木林丛或疏林中。

◎【生物学及栽培特性】

美丽崖豆藤为藤本植物，喜温暖、喜光忌阴、爱湿怕渍，种植环境要求年平均温度18~24℃，最低气温大于3℃，年降雨量达1200mm以上，日照时间稍长，能排易灌的平地、缓坡地、山地及旱田等都可种植，特别是土壤肥沃、土层深厚、疏松、湿润、通气性好、无大小石块、不易板结的微酸性沙壤土或黄壤土更为适宜。

◎【生态因子值】

选取120个样点进行美丽崖豆藤的生态适宜性分析。包括云南省玉溪市，湖南省郴州

市，海南省屯昌县，贵州省遵义市，广西壮族自治区玉林市玉州区，广东省肇庆市、韶关市，福建省漳州市，安徽省马鞍山市及香港新界等 10 省（区）的 74 县（市）。

GMPGIS 系统分析结果显示（表 14-1），美丽崖豆藤在主要生长区域生态因子范围为：最冷季均温 5.7～22.1℃；最热季均温 21.8～29.3℃；年均温 15.0～25.9℃；年均相对湿度 64.8%～77.7%；年均降水量 836～2452mm；年均日照 122.1～147.4W/m^2。主要土壤类型为强淋溶土、人为土、铁铝土、始成土等。

表 14-1　美丽崖豆藤主要生长区域生态因子值

主要气候因子数值	最冷季均温/℃	最热季均温/℃	年均温/℃	年均相对湿度/%	年均降水量/mm	年均日照/（W/m^2）
范围	5.7～22.1	21.8～29.3	15.0～25.9	64.8～77.7	836～2452	122.1～147.4
主要土壤类型	强淋溶土、人为土、铁铝土、始成土等					

◎【全球产地生态适宜性数值分析】

GMPGIS 系统分析结果显示（图 14-1 和图 14-2），美丽崖豆藤在全球最大的生态相似度区域分布于 34 个国家，主要为中国、巴西和越南。其中最大生态相似度区域面积最大的国家为中国，为 1078697.0km^2，占全部面积的 66.8%。

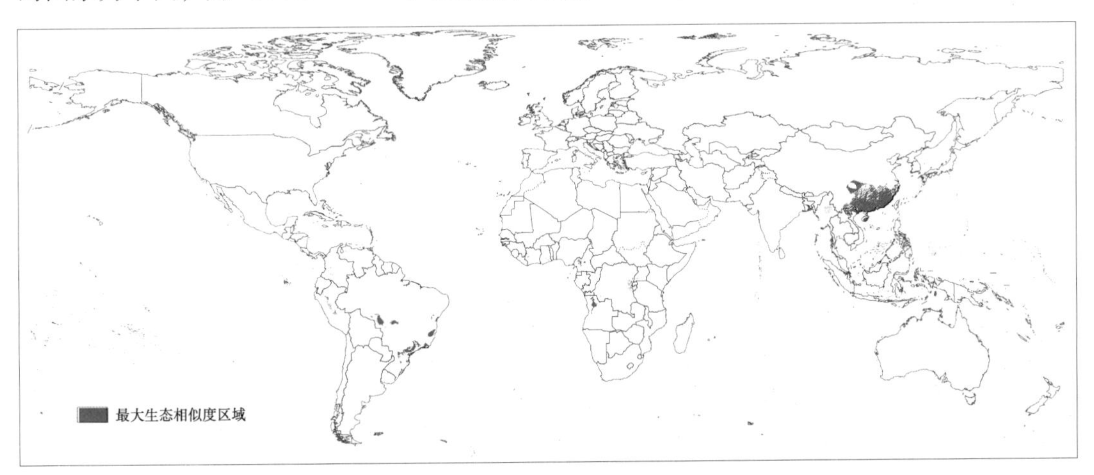

图 14-1　美丽崖豆藤最大生态相似度区域全球分布图

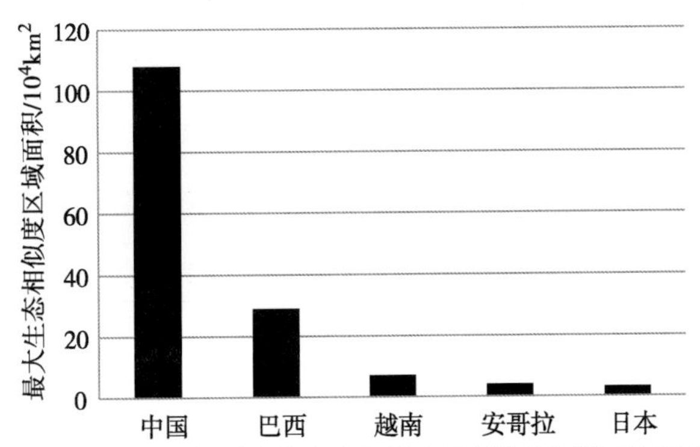

图 14-2　美丽崖豆藤最大的生态相似度区域主要国家地区面积图

◎【中国产地生态适宜性数值分析】

GMPGIS 系统分析结果显示（图 14-3、图 14-4 和表 14-2），美丽崖豆藤在我国最大的生态相似度区域主要分布在广西、广东、湖南、江西、福建、贵州等地。其中最大生态相似度区域面积最大的为广西壮族自治区，为 197309. 1km^2，占全部面积的 18. 3%。其次为广东省，最大生态相似度区域面积 147464. 0km^2，占全部的 13. 7%。所涵盖县（市）个数均为 88 个。

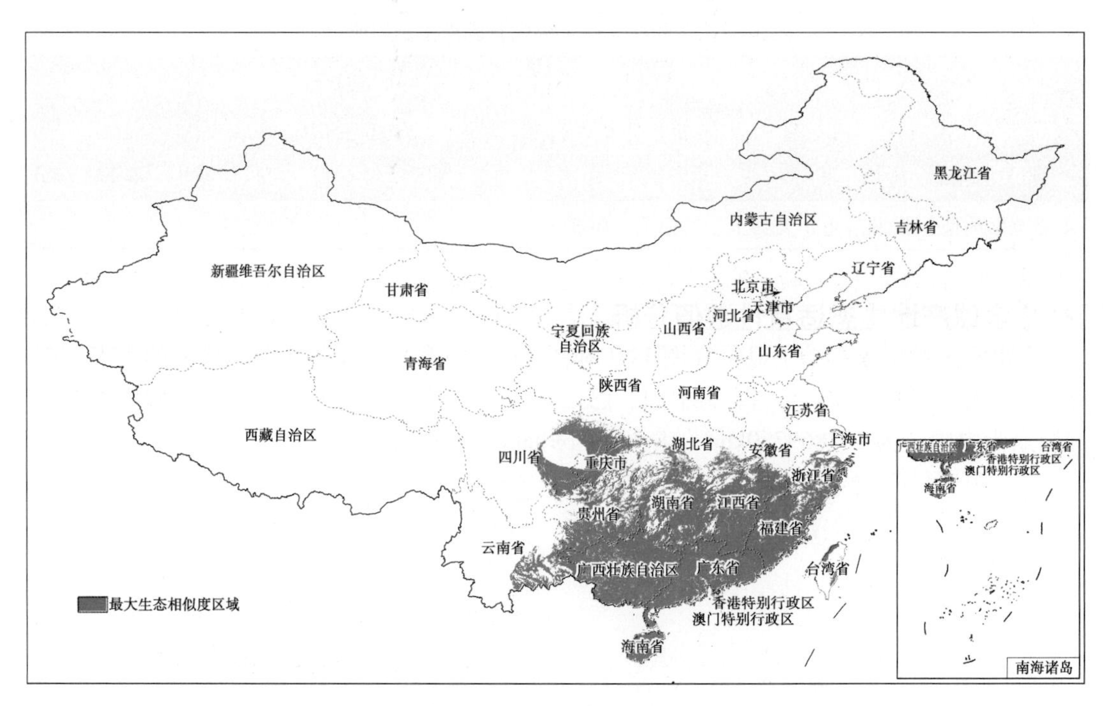

图 14-3　美丽崖豆藤最大生态相似度区域全国分布图

表 14-2　我国美丽崖豆藤最大生态相似度主要区域

省（区）	县（市）数	主要县（市）	面积/km^2
广西	88	金城江、苍梧、南宁、西林、八步区、南丹等	197309. 1
广东	88	梅县、佛山、英德、韶关、东源、信宜等	147464. 0
湖南	102	衡南、会同、桂阳、永州、湘潭、宜章等	132657. 1
江西	91	赣县、瑞金、于都、会昌、宁都、永丰等	129912. 8
福建	68	建阳、宁化、上杭、漳平、长汀、尤溪等	102198. 5
贵州	81	从江、黎平、兴义、遵义、平塘、惠水等	91658. 7

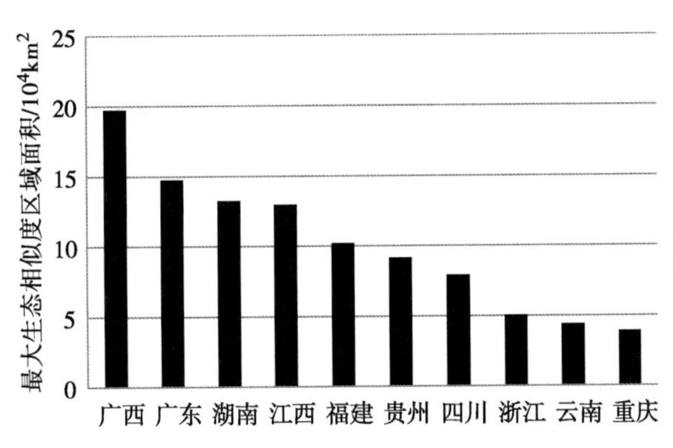

图 14-4 我国美丽崖豆藤最大生态相似度主要地区面积图

◎【区划与生产布局】

根据美丽崖豆藤生态适宜性分析结果，结合美丽崖豆藤生物学特性，并考虑自然条件、社会经济条件、药材主产地栽培和采收加工技术，建议选择引种栽培研究区域主要以中国、巴西、越南等国家（或地区）为宜，在国内主要以广西、广东、湖南、江西、福建、贵州等省（区）为宜（图 14-5）。

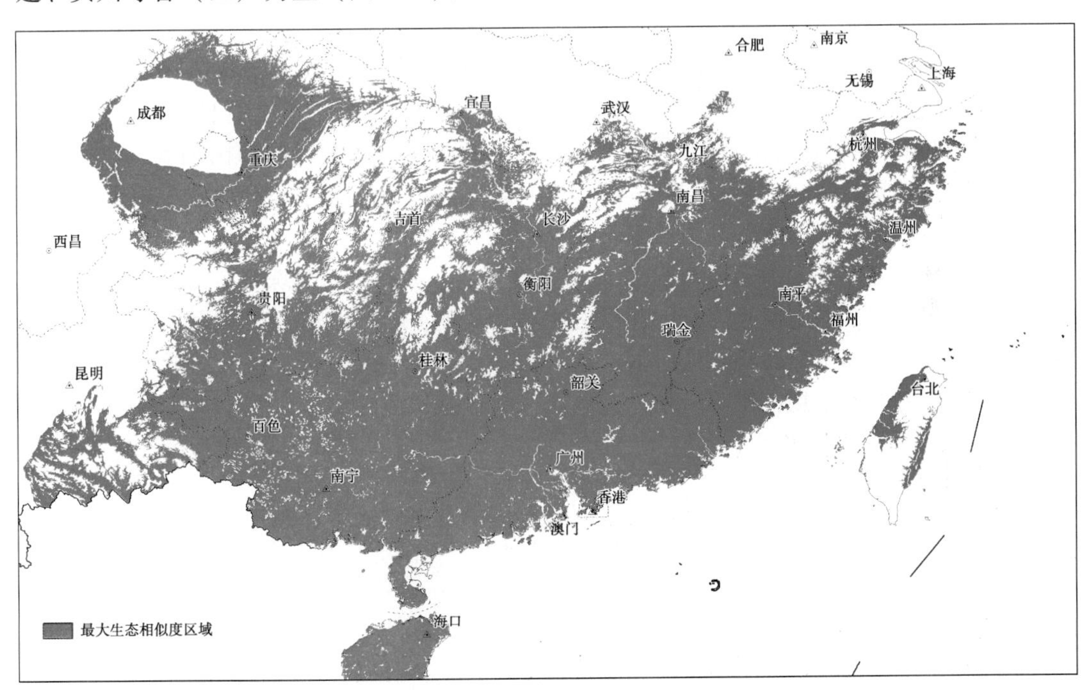

图 14-5 美丽崖豆藤最大生态相似度区域全国局部分布图

◎【品质生态学研究】

翟勇进等（2015）对广西壮族自治区 4 个野生种源的牛大力进行了多糖含量的测定。方草等（2015）测定了海南和广西两地产牛大力糖、纤维素、蛋白质等营养成分的含量以及主要成分高丽槐素的含量，发现两地产牛大力的营养品质及药用品质有明显差异。陈晨

等（2016）对海南省不同牛大力水分、灰分、浸出物、多糖、重金属元素、农药残留量以及指标性成分芒柄花素和高丽槐素的含量进行了测定，为海南牛大力质量标准建立提供研究依据。

◎ 参考文献

［1］陈晨，刘积光，赵震宇，等. 海南牛大力质量控制标准研究［J］. 食品工业，2016，(08)：289-293.
［2］方草，王德立，陈德力，等. 不同产地牛大力块根的营养品质与药用品质分析［J］. 中国现代中药，2015，(08)：808-811.
［3］罗应怡. 崖豆藤属植物种质资源及其红外光谱比较研究［D］. 南宁：广西大学，2013.
［4］施永祜. 南药牛大力种植研究［J］. 特种经济动植物，2015，(02)：39-40.
［5］翟勇进，黄浩，白隆华，等. 特色南药牛大力多糖含量的比较［J］. 农业研究与应用，2015，(04)：41-43.

15. 化橘红 Huajuhong

CITRI GRANDIS EXOCARPIUM

本品为芸香科植物化州柚 *Citrus grandis*‘Tomentosay’或柚 *Citrus grandis*（L.）Osbeck 的未成熟或近成熟的干燥外层果皮。*Flora of China* 收录该物种为柚 *Citrus maxima*（Burman）Merrill。别名橘红、化州仙橘等。2015 年版《中华人民共和国药典》（一部）收载。化橘红性温，味辛、苦，归肺、脾经，具理气宽中、燥湿化痰等功效。用于咳嗽痰多，食积伤酒，呕恶痞闷等。

化橘红是驰名中外的中药材，为“十大广药”之一，有南药明珠之美誉。道地化橘红起源于广东省化州市平定镇，广东的化橘红始种于梁朝，至今已有一千五百年的历史。近年来，化橘红的深加工产品橘红痰咳液、橘红痰咳煎膏、橘红梨膏、橘红痰咳颗粒、橘红枇杷片等畅销海内外市场，供不应求。其药材来自于栽培品。

◎【地理分布与生境】

柚分布于长江以南各地，最北限见于河南省信阳及南阳一带，东南亚各国有栽种。为栽培品。

◎【生物学及栽培特性】

柚为乔木，性喜温暖、湿润，适生温度为 10~35℃；对温度适应性较强，具一定的耐寒和耐高温的能力。属全光照植物，全年总光照不少于 2200 小时。对水分要求较严，既不耐旱，也不耐涝，要求年降雨量 1600~1800mm，且分布均匀。适宜种植于肥沃、湿润、富含有机质的酸性土壤。

◎【生态因子值】

选取 68 个样点进行柚的生态适宜性分析。包括广东省化州市平定镇、肇庆市德庆县、惠州市惠阳区，广西壮族自治区崇左市江州区、桂林市灵川县、梧州市苍梧县，福建省漳州市南靖县、福州市闽侯县、厦门市思明区，湖南省郴州市宜章县、张家界市慈利县、怀化市辰溪县等8省（区）的36县（市）。

GMPGIS系统分析结果显示（表15-1），柚在主要生长区域生态因子范围为：最冷季均温1.5～28.7℃；最热季均温19.7～33.4℃；年均温12.0～30.5℃；年均相对湿度54.5%～77.5%；年均降水量733～2518mm；年均日照120.4～204.8W/m^2。主要土壤类型为强淋溶土、始成土、人为土、铁铝土、淋溶土等。

表15-1 柚主要生长区域生态因子值

主要气候因子数值范围	最冷季均温/℃	最热季均温/℃	年均温/℃	年均相对湿度/%	年均降水量/mm	年均日照/（W/m^2）
	1.5～28.7	19.7～33.4	12.0～30.5	54.5～77.5	733～2518	120.4～204.8
主要土壤类型	强淋溶土、始成土、人为土、铁铝土、淋溶土等					

◎【全球产地生态适宜性数值分析】

GMPGIS系统分析结果显示（图15-1和图15-2），柚在全球最大的生态相似度区域分布于124个国家，主要为巴西、中国、刚果和美国。其中最大生态相似度区域面积最大的国家为巴西，为3740599.8km^2，占全部面积的19.8%。

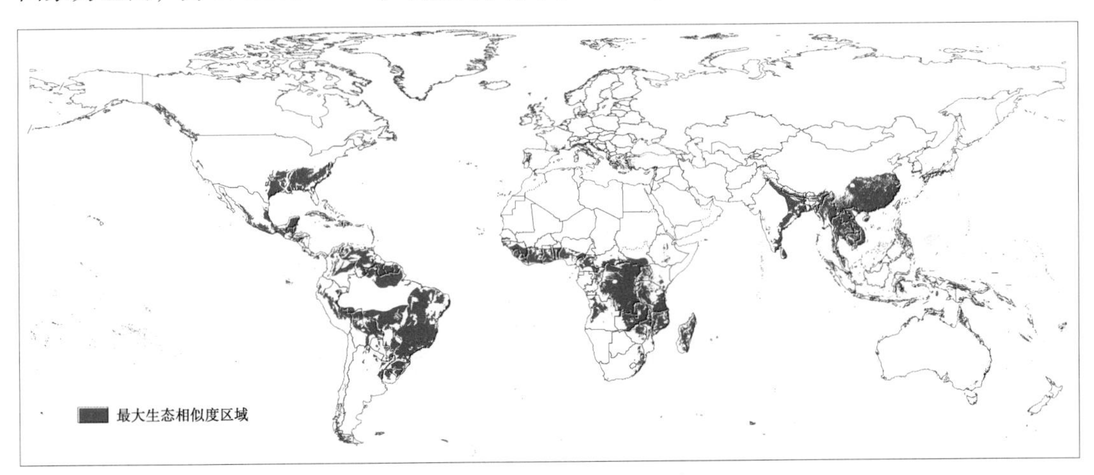

图15-1 柚最大生态相似度区域全球分布图

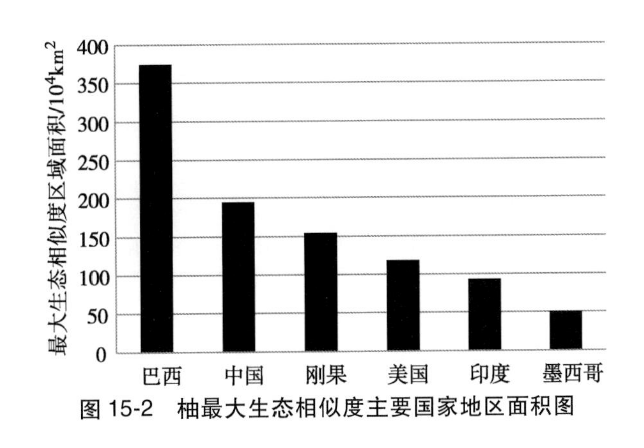

图15-2 柚最大生态相似度主要国家地区面积图

◎【中国产地生态适宜性数值分析】

GMPGIS 系统分析结果显示（图 15-3、图 15-4 和表 15-2），柚在我国最大的生态相似度区域主要分布在云南、广西、湖南、四川、贵州、湖北等地。其中最大生态相似度区域面积最大的为云南省，为 224061. 3km²，占全部面积的 11. 4%；其次为广西壮族自治区，最大生态相似度区域面积为 202309. 4km²，占全部的 10. 3%。所涵盖县（市）个数分别为 126 个和 88 个。

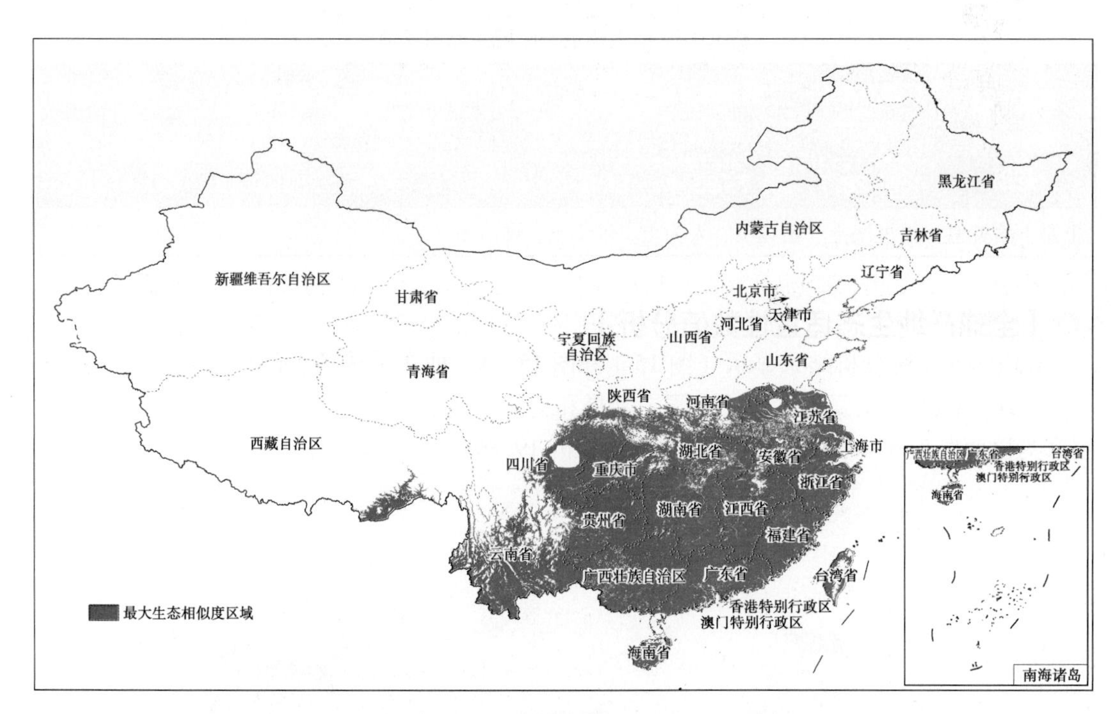

图 15-3　柚最大生态相似度区域全国分布图

表 15-2　我国柚最大生态相似度主要区域

省（区）	县（市）数	主要县（市）	面积/km²
云南	126	广南、富宁、澜沧、勐腊、景洪、墨江等	224061. 3
广西	88	金城江、苍梧、融水、八步区、南宁、西林等	202309. 4
湖南	102	安化、沅陵、浏阳、桃源、永州、衡南等	188102. 4
四川	131	宜宾、合江、宣汉、达县、叙永、剑阁等	151952. 6
贵州	82	遵义、从江、松桃、黎平、习水、天柱等	146356. 2
湖北	77	武汉、曾都、郧县、利川、钟祥、咸丰等	145594. 9

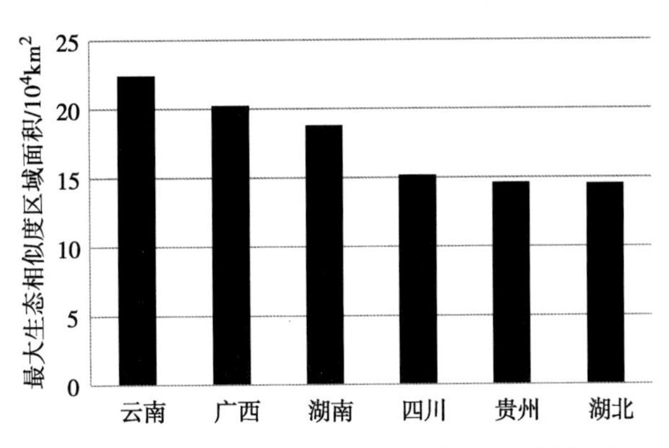

图 15-4　我国柚最大生态相似度主要地区面积图

◎【区划与生产布局】

根据柚生态适宜性分析结果，结合柚生物学特性，并考虑自然条件、社会经济条件、药材主产地栽培和采收加工技术，建议选择引种栽培研究区域主要以巴西、中国、刚果和美国等国家（或地区）为宜，在国内主要以云南、广西、湖南、四川、贵州、湖北等省（区）为宜（图 15-5）。

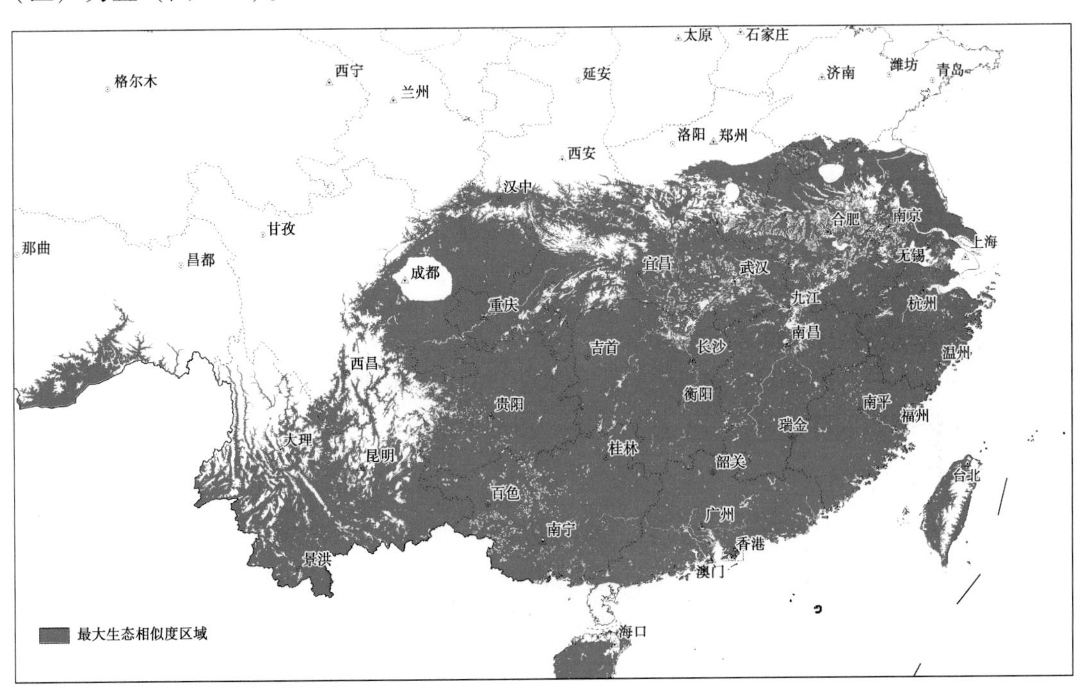

图 15-5　柚最大生态相似度区域全国局部分布图

◎【品质生态学研究】

文小燕等（2013）对我国 10 个省区的化橘红中柚皮苷进行含量测定，结果以道地产区广东化州产的化橘红柚皮苷含量最高。黄剑波等（2013）检测化州不同产区化橘红黄酮含量，结果差异不显著，但发现化橘红黄酮成分组成存在明显差异。

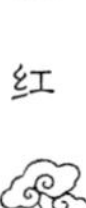

◎ 参考文献

[1] 黄剑波，董华强，张英慧. 化州不同产区化橘红道地性差异 HPLC 分析 [J]. 湖北农业科学，2013，(02)：428-429+454.

[2] 文小燕，谭梅英，张诚光. 不同产地化橘红中柚皮苷的含量分析 [J]. 湖南中医杂志，2013，(06)：125-126.

[3] 严振，丘金裕，蔡岳文. 化橘红的栽培 [J]. 中药材，2002，(06)：391-392.

16. 水翁花 Shuiwenghua

FLOS CLEISTOCALYCIS

水翁花为桃金娘科植物水翁 *Cleistocalyx operculatus*（Roxb.）Merr. et Perry 的干燥花蕾。*Flora of China* 收载该物种为水翁蒲桃 *Syzygium nervosum* DC。别名大蛇药、水香、水翁仔、水榕花、水雍花等。《广东省中药材标准》（第一册）收载。水翁花性寒，味苦，归脾、胃经，具清热解暑、祛湿消滞等功效。用于感冒发热、头痛、腹胀、呕吐、泄泻等。

水翁花始载于《岭南采药录》，广东民间习惯在夏季煎作凉茶饮以解暑。目前药材主要来源为野生资源。

◎【地理分布与生境】

水翁主产于台湾、广东、海南、广西、云南等地，越南、印度、马来西亚也有分布；喜生于溪旁、水边、河岸、岩石上或山地林中；常栽于村落旁。

◎【生物学及栽培特性】

水翁为乔木。喜温明湿润的气候。常生水旁，为固进树种之一。对土壤要求不严，一般潮湿的土壤均能种植，忌干旱。栽培技术，用种子繁殖。

◎【生态因子值】

选取 186 个样点进行水翁的生态适宜性分析。国内样点包括广东省肇庆市，广西壮族自治区梧州市，海南省万宁市，福建省福州市，安徽省马鞍山市，云南省西双版纳州勐腊县，贵州省黔西州安龙县，香港特别行政区大埔区，澳门特别行政区澳门路环岛等 9 省（区）的 65 县（市）117 乡（镇）。国外样点包括泰国、老挝、印度尼西亚、澳大利亚、印度和尼泊尔 6 个国家。

GMPGIS 系统分析结果显示（表 16-1），水翁在主要生长区域生态因子范围为：最冷季均温 7.2~23.9℃；最热季均温 18.0~31.1℃；年均温 14.0~26.9℃；年均相对湿度 49.8%~78.0%；年均降水量 853~2471mm；年均日照 129.0~195.5W/m^2。主要土壤类型为强淋溶土、人为土、铁铝土等。

表 16-1　水翁主要生长区域生态因子值

主要气候因子数值范围	最冷季均温/℃	最热季均温/℃	年均温/℃	年均相对湿度/%	年均降水量/mm	年均日照/(W/m^2)
	7.2~23.9	18.0~31.1	14.0~26.9	49.8~78.0	853~2471	129.0~195.5
主要土壤类型	强淋溶土、人为土、铁铝土等					

◎【全球产地生态适宜性数值分析】

GMPGIS 系统分析结果显示（图 16-1 和图 16-2），水翁在全球最大的生态相似度区域分布于 107 个国家，主要为巴西、刚果和中国。其中最大生态相似度区域面积最大的国家为巴西，为 2254941.2km²，占全部面积的 20.7%。

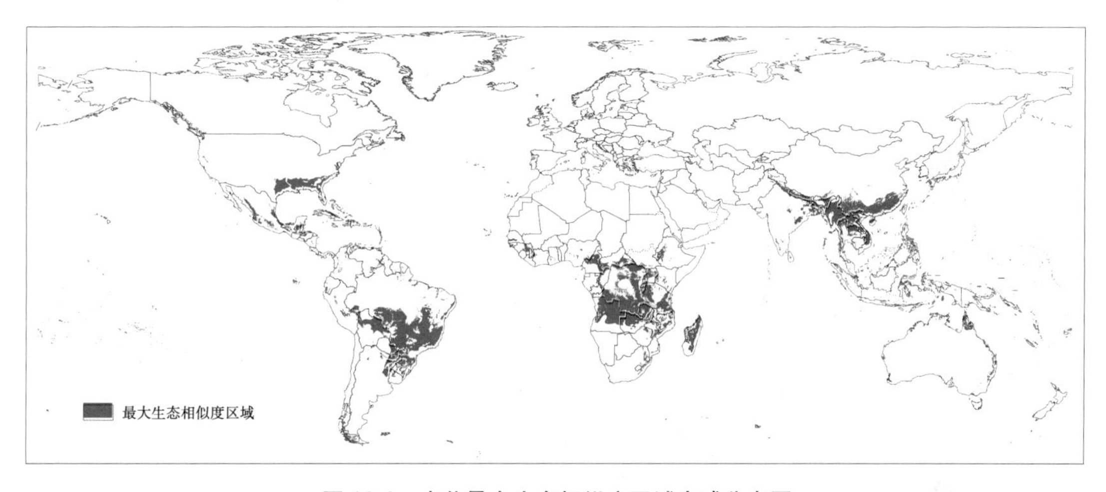

图 16-1　水翁最大生态相似度区域全球分布图

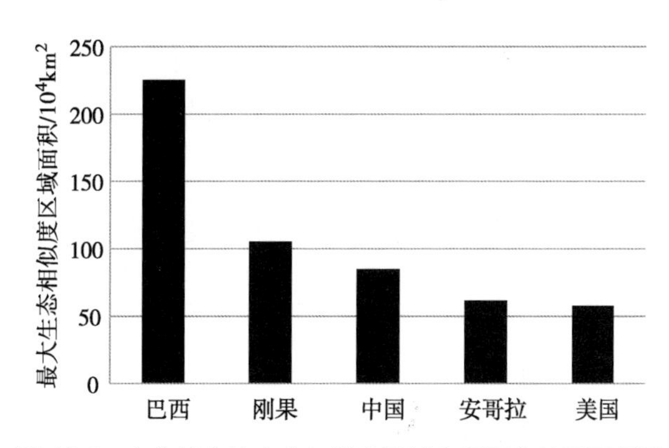

图 16-2　水翁最大的生态相似度区域主要国家地区面积图

◎【中国产地生态适宜性数值分析】

GMPGIS 系统分析结果显示（图 16-3、图 16-4 和表 16-2），水翁在我国最大的生态相似度区域主要分布在云南、广西、广东、福建、江西等地。其中最大生态相似度区域面积最大的为云南省，为 232343.1km²，占全部面积的 32%。其次为广西壮族自治区，最大生

态相似度区域面积 153798.4km^2，占全部的 21%。所涵盖县（市）个数分别为 126 个和 80 个。

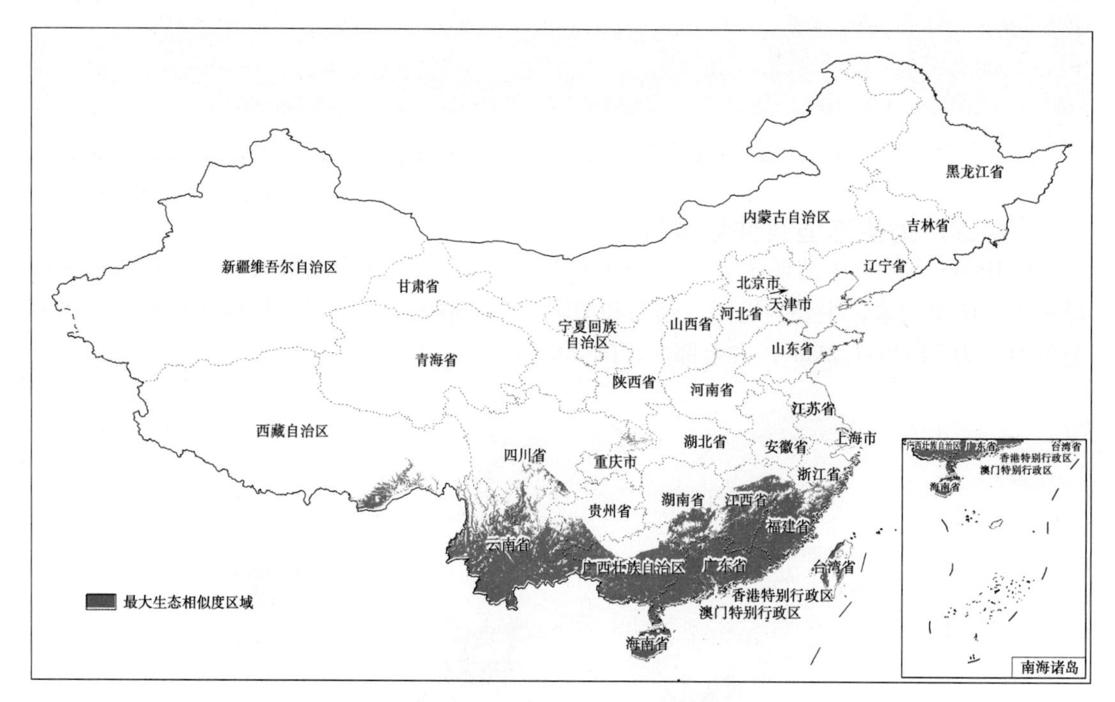

图 16-3　水翁最大生态相似度区域全国分布图

表 16-2　我国水翁最大生态相似度主要区域

省（区）	县（市）数	主要县（市）	面积/km^2
云南	126	澜沧、广南、富宁、勐腊、景洪、墨江等	232343.1
广西	80	苍梧、南宁、西林、藤县、八步、田林等	153798.4
广东	88	梅县、佛山、英德、惠东、韶关、东源等	148756.3
福建	68	漳平、上杭、建阳、尤溪、永定、武平等	97295.4
江西	67	赣县、瑞金、会昌、于都、寻乌、信丰等	84429.0

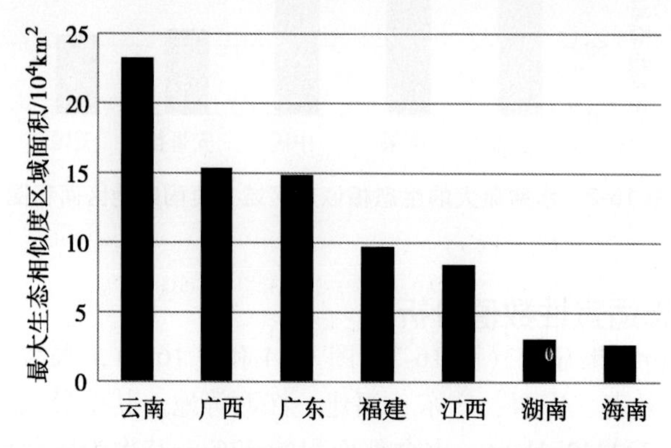

图 16-4　我国水翁最大生态相似度主要地区面积图

◎【区划与生产布局】

根据水翁生态适宜性分析结果，结合水翁生物学特性，并考虑自然条件、社会经济条件、药材主产地栽培和采收加工技术，建议选择引种栽培研究区域主要以巴西、刚果、中国等国家（或地区）为宜，在国内主要以云南、广西、广东、福建、江西等省（区）为宜（图 16-5）。

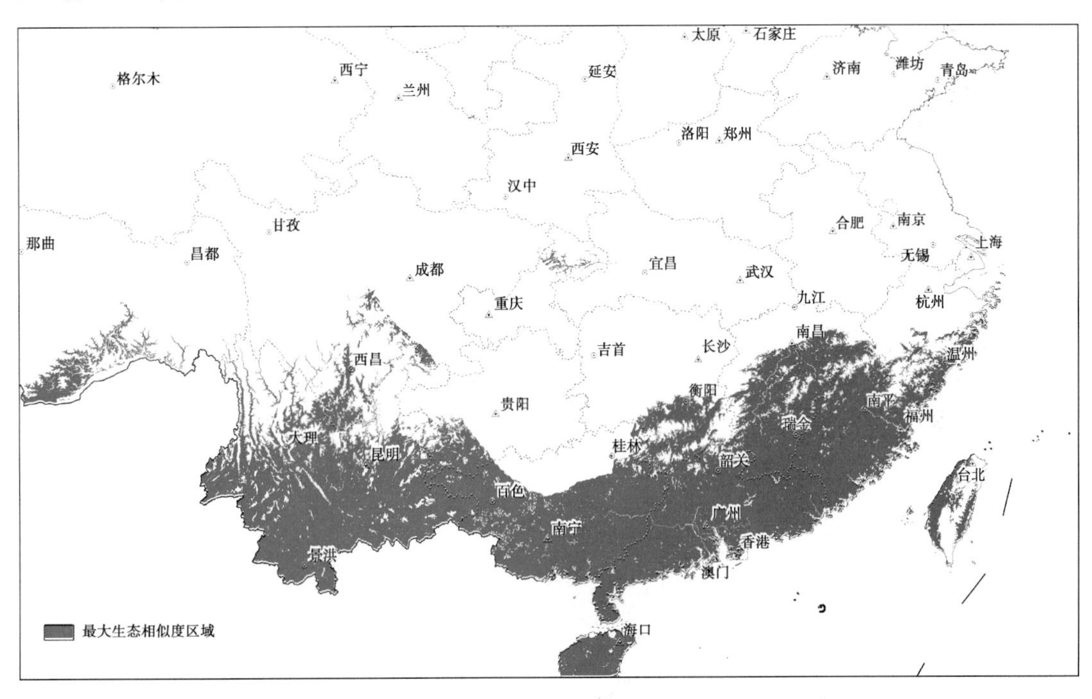

图 16-5　水翁最大生态相似度区域全国局部分布图

◎ 参考文献

［1］罗清，梅全喜. 广东省地产药材水翁花的研究概述［J］. 亚太传统医药，2009，5（02）：130-132.

［2］陆碧瑶，李毓敬，朱亮锋，等. 水翁花蕾和水翁叶精油的化学成分研究［J］. 广西植物，1987（02）：173-179.

17. 玉竹 Yuzhu

POLYGONATI ODORATI RHIZOMA

本品为百合科植物玉竹 *Polygonatum odoratum*（Mill.）Druce 的干燥根茎。别名萎蕤、玉参、尾参、铃当菜、小笔管菜、甜草根、靠山竹等。2015 年版《中华人民共和国药典》（一部）收载。玉竹性微寒，味甘，归肺、胃经，具养阴润燥、生津止渴等功效。用于肺胃阴伤，燥热咳嗽，咽干口渴，内热消渴等。

作为药食兼用的植物，目前80%以上的玉竹被应用于药物。此外，玉竹幼苗和根状茎亦可食用，可应用于保健和食品领域，已开发成相应产品，包括玉竹饼、玉竹茶、玉竹果脯、玉竹果糖、玉竹米粉、美容保健功能饮料等，营养丰富，市场前景广阔。其他领域的应用加大了玉竹在医药市场的供需矛盾。近年来，已经针对野生玉竹资源出现短缺的现状开展了玉竹人工栽培技术方面的研究。

◎【地理分布与生境】

玉竹产广东、湖北、湖南、安徽、黑龙江、吉林、辽宁、河北、山西、内蒙古、甘肃、青海、山东、河南、江西、江苏、台湾。欧亚大陆温带地区广布。生于林下及山坡阴湿，海拔500~3000米处。

◎【生物学及栽培特性】

玉竹为多年生草本植物，宜温暖湿润气候，喜阴湿环境，较耐寒，在山区和平坝都可栽培。宜选上层深厚、肥沃、排水良好、微酸性砂质壤土栽培。不宜在黏土、湿度过大的地方种植。

◎【生态因子值】

选取1282个样点进行玉竹的生态适宜性分析。国内样点包括安徽省滁州市琅琊山、霍山县马家河，北京市丰台区东灵山、门头沟区妙峰山，甘肃省庆阳市合水县、平凉市华亭县，河北省承德市双桥区、张家口市赤城县、邯郸市磁县，湖北省恩施州巴东县、襄阳市保康县，吉林省延边朝鲜族自治州安图县、吉林市桦甸市，辽宁省沈阳市，山西省吕梁市兴县，陕西省宝鸡市太白县，广西壮族自治区桂林市龙胜各族自治县、全州县等20省（区）的366县（市）。国外样点包括比利时、丹麦、法国、德国、西班牙、挪威等17个国家。

GMPGIS系统分析结果显示（表17-1），玉竹在主要生长区域生态因子范围为：最冷季均温-28.3~10.9℃；最热季均温6.4~28.4℃；年均温-6.5~18.0℃；年均相对湿度43.5%~83.6%；年均降水量205~2103mm；年均日照151.7~171.0W/m^2。主要土壤类型为始成土、浅层土、淋溶土、灰壤、冲积土、粗骨土等。

表17-1 玉竹主要生长区域生态因子值

主要气候因子数值范围	最冷季均温/℃	最热季均温/℃	年均温/℃	年均相对湿度/%	年均降水量/mm	年均日照/(W/m^2)
	-28.3~10.9	6.4~28.4	-6.5~18.0	43.5~83.6	205~2103	151.7~171.0
主要土壤类型	始成土、浅层土、淋溶土、灰壤、冲积土、粗骨土等					

◎【全球产地生态适宜性数值分析】

GMPGIS系统分析结果显示（图17-1和图17-2），玉竹在全球最大的生态相似度区域分布于102个国家，主要分布在俄罗斯、加拿大、美国和中国。其中最大生态相似度区域面积最大的国家为俄罗斯，为10987510.9km^2，占全部面积的24.8%。

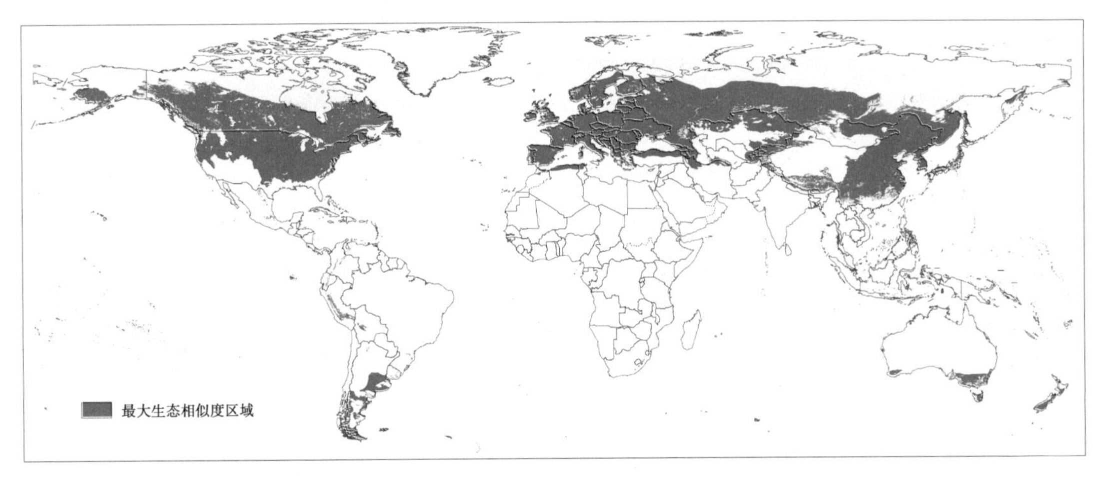

图 17-1　玉竹最大生态相似度区域全球分布图

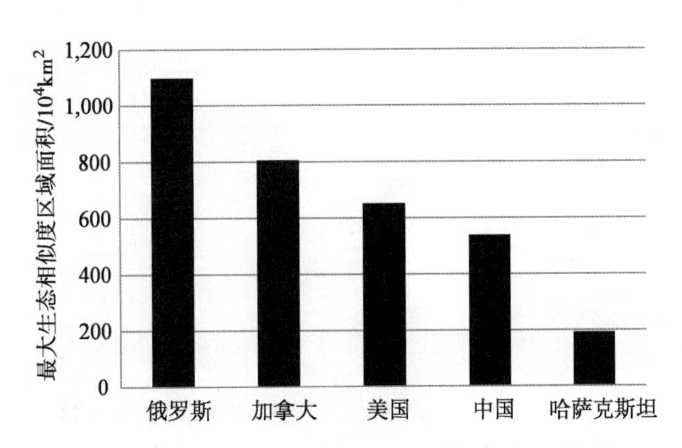

图 17-2　玉竹最大生态相似度主要国家地区面积图

◎【中国产地生态适宜性数值分析】

GMPGIS 系统分析结果显示（图 17-3、图 17-4 和表 17-2），玉竹在我国最大的生态相似度区域主要分布在内蒙古、黑龙江、西藏、四川、新疆、云南等地。其中最大生态相似度区域面积最大的为内蒙古自治区，为 948599.4km^2，占全部面积的 17.5%；其次为黑龙江省，最大生态相似度区域面积为 537866.4km^2，占全部的 9.9%。所涵盖县（市）个数分别为 17 个和 11 个。

表 17-2　我国玉竹最大生态相似度主要区域

省（区）	县（市）数	主要县（市）	面积/km^2
内蒙古	17	鄂伦春自治旗、额尔古纳、牙克石、东乌珠穆沁旗、科尔沁右翼前旗、新巴尔虎左旗等	948599.4
黑龙江	11	呼玛、嫩江、伊春、塔河、逊克、海林等	537866.4
西藏	18	尼玛、班戈、察隅、昂仁、米林、隆子等	472787.4

续表

省（区）	县（市）数	主要县（市）	面积/km^2
四川	23	理塘、木里、阿坝、若尔盖、雅江、松潘等	372194.2
新疆	10	乌鲁木齐、额敏、哈巴河、布尔津、伊宁、和静等	261269.0
云南	12	玉龙、香格里拉、德钦、宁蒗、维西、富源等	217917.4

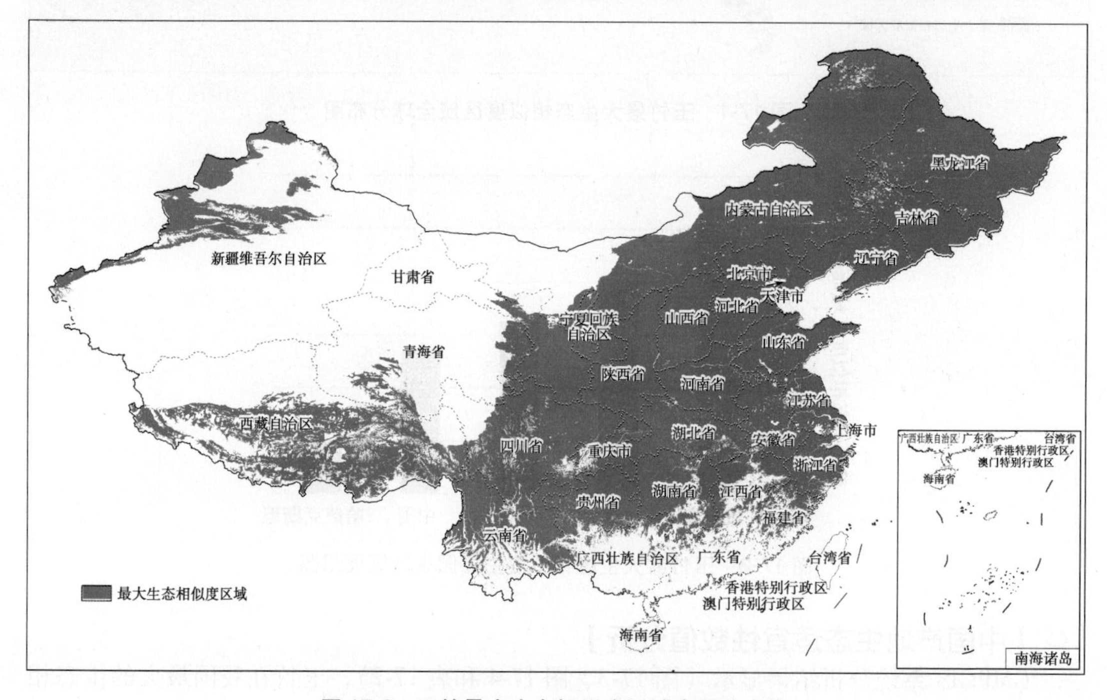

图 17-3　玉竹最大生态相似度区域全国分布图

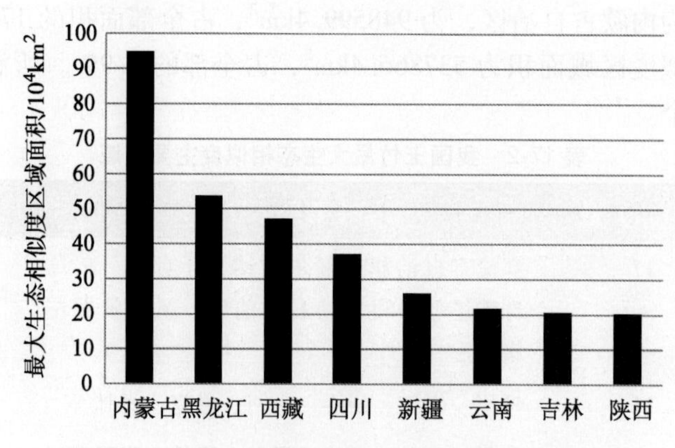

图 17-4　我国玉竹最大生态相似度主要地区面积图

各
论

◎【区划与生产布局】

根据玉竹生态适宜性分析结果，结合玉竹生物学特性，并考虑自然条件、社会经济条件、药材主产地栽培和采收加工技术，建议选择引种栽培研究区域主要以俄罗斯、加拿大、美国、中国等国家（或地区）为宜，在国内主要以内蒙古、黑龙江、西藏、四川、新疆、云南等省（区）为宜（图 17-5）。

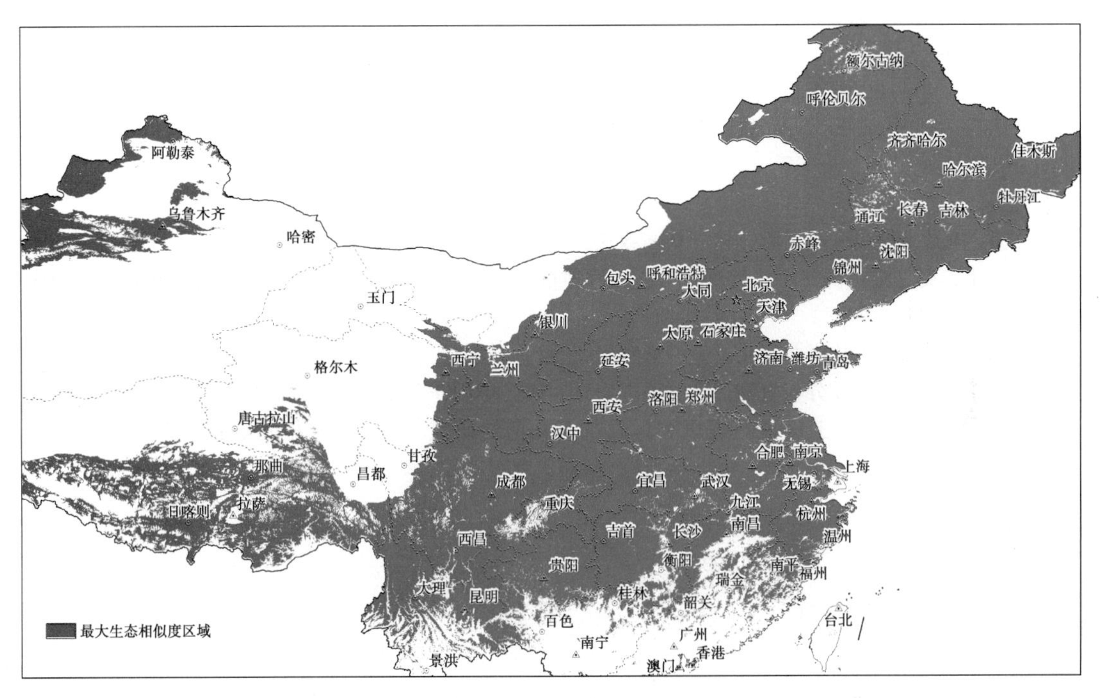

图 17-5　玉竹最大生态相似度区域全国局部分布图

◎【品质生态学研究】

玉竹是中药处方中常用的配伍药材，也是一些中成药的原料药和重要的出口药材，市场需求量十分巨大。多糖是玉竹的主要活性成分，因此可以将其作为玉竹质量评价的主要参考指标。宁慧（2010）对安徽、陕西、湖南等十个主产区的玉竹进行含量测定发现，不同产地玉竹药材中多糖含量有差异，江西产地玉竹的多糖含量最高，达 11. 89%。河北玉竹含量最低，仅为 6. 37%。张轩铭（2010）对黑龙江、山东、湖南、安徽等十地的玉竹进行含量分析发现，多糖、皂苷、黄酮含量最高的样品分别是山东泰安、辽宁、湖南玉竹。推测产生这种差异的原因可能是不同产地间生态条件的差异。例如，土壤水分、养分、土壤酸碱度、光照强度、年均温度等都可能会影响玉竹中有效成分含量的积累。同时，张轩铭（2011）以芦丁为参照，对这十个产地玉竹药材总黄酮体外抗氧化能力进行比较研究，发现山东泰安、辽宁绥中、湖南新邵、山东青岛、安徽六安 5 地产玉竹样品的体外抗氧化能力相对较强，提出应以此 5 个产地作为主要产区进行生产。卜静等（2012）在研究不同产地玉竹的有效成分含量与主要生态因子的相关性中发现，玉竹有效成分含量主要受 1 月均温、7 月均温、年均降水量、无霜期、土壤 pH、全钾等 6 个生态因子综合影响，其中，年降水量和 1 月均温是影响玉竹有效成分含量最主要的决策因素和限制因素。

◎ 参考文献

[1] 毕武，周佳民，黄艳宁，曹亮，朱校奇. 湖南地区玉竹根腐病病原鉴定及其生物学特性研究 [J]. 中国现代中药，2014，16（02）：133-137.

[2] 卜静，李登武，王冬梅. 玉竹品质与主要生态因子的相关性 [J]. 应用生态学报，2012，23（6）：1447-1454.

[3] 崔蕾. 不同产地引种玉竹品质评价及病虫害防治试验研究 [D]. 长沙：湖南中医药大学，2013.

[4] 李大庆，夏忠敏，张忠民. 贵州省玉竹主要病虫种类调查及防治技术 [J]. 植物医生，2004，(05)：18-19.

[5] 路放. 玉竹种质资源评价研究 [D]. 长春：吉林农业大学，2014.

[6] 宁慧. 玉竹活性成分与品质分析 [D]. 汉中：陕西理工学院，2010.

[7] 潘清平，周日宝，贺又舜，等. 邵东县玉竹种植基地的概况调查 [J]. 湖南中医学院学报，2003，(04)：48-49.

[8] 苏晶. 湖南邵东玉竹产业现状及发展策略研究 [D]. 长沙：湖南农业大学，2014.

[9] 张轩铭. 玉竹化学成分与生物活性的地理变异 [D]. 咸阳：西北农林科技大学，2010.

[10] 张轩铭. 不同产地玉竹黄酮提取物体外抗氧化活性研究 [J]. 西北植物学报，2011，31（3）：0628-0631.

18. 布渣叶 Buzhaye

MICROCTIS FOLIUM

本品为椴树科植物破布叶 *Microcos paniculata* L. 的干燥叶。别名破布叶、火布麻、崩补叶、山茶叶、烂布渣等。2015 年版《中华人民共和国药典》（一部）收载。布渣叶性凉，味微酸，归脾、胃经，具消食化滞、清热利湿等功效。用于饮食积滞，感冒发热，湿热黄疸等。

布渣叶为广东道地药材，可药食两用，是凉茶的主要组成原料，被誉为“凉茶瑰宝”。布渣叶盛产于我国南方，尤以两广地区资源丰富，其中广东的阳西和湛江为主产地。随着中医临床的广泛应用和凉茶市场的不断发展与完善，布渣叶的用量快速上升。目前药材来源主要为野生资源。

◎【地理分布与生境】

破布叶主产于广东、海南、云南、广西等地，广东省除北部地区外均有分布，印度、印度尼西亚亦有分布；生于山谷、丘陵、平地或村边、路旁的灌木丛中。

◎【生物学及栽培特性】

破布叶为常绿灌木或小乔木，适合在湿热气候下生长。需要日照充足、气温高、雨量充足的环境。

◎【生态因子值】

选取 229 个样点进行破布叶的生态适宜性分析。国内样点包括广东省珠海市斗门区、

深圳市福田区、江门市台山市，广西壮族自治区南宁市隆安县、崇左市龙州县、百色市西林县，海南省三亚市崖州区、陵水黎族自治县，云南省西双版纳傣族自治州等10省（区）的71县（市）。国外样点包括柬埔寨、老挝、泰国、日本、越南、新加坡、印度尼西亚等6个国家。

GMPGIS系统分析结果显示（表18-1），破布叶在主要生长区域生态因子范围为：最冷季均温4.7~25.6℃；最热季均温21.5~29.4℃；年均温15.7~27.1℃；年均相对湿度60.7%~79.6%；年均降水量957~3313mm；年均日照126.1~201.7W/m^2。主要土壤类型为铁铝土、淋溶土、始成土等。

表18-1　破布叶主要生长区域生态因子值

主要气候因子数值	最冷季均温/℃	最热季均温/℃	年均温/℃	年均相对湿度/%	年均降水量/mm	年均日照/（W/m^2）
范围	4.7~25.6	21.5~29.4	15.7~27.1	60.7~79.6	957~3313	126.1~201.7
主要土壤类型	铁铝土、淋溶土、始成土等					

◎【全球产地生态适宜性数值分析】

GMPGIS系统分析结果显示（图18-1和图18-2），破布叶在全球最大的生态相似度区域分布于102个国家，主要为巴西、刚果、中国和美国。其中最大生态相似度区域面积最大的国家为巴西，为3148209.5km^2，占全部面积的22.4%。

◎【中国产地生态适宜性数值分析】

GMPGIS系统分析结果显示（图18-3、图18-4和表18-2），破布叶在我国最大的生态相似度区域主要分布在广西、湖南、广东、江西、云南、福建等地。其中最大生态相似度区域面积最大的为广西壮族自治区，为196678.6km^2，占全部面积的16.8%。其次为湖南省，最大生态相似度区域面积153711.8km^2，占全部的13.2%。所涵盖县（市）个数分别为88个和102个。

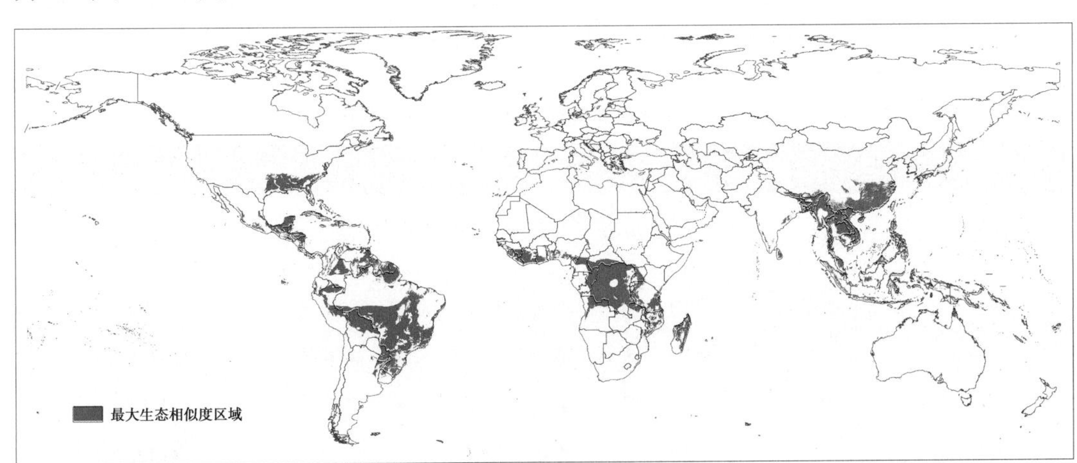

图18-1　破布叶最大生态相似度区域全球分布图

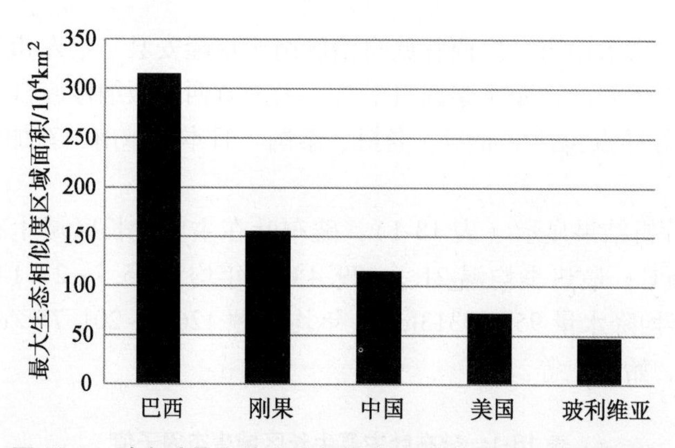

图 18-2 破布叶最大的生态相似度区域主要国家地区面积图

图 18-3 破布叶最大生态相似度区域全国分布图

表 18-2 我国破布叶最大生态相似度主要区域

省（区）	县（市）数	主要县（市）	面积/km^2
广西	88	金城江、苍梧、南宁、藤县、西林、八步区等	196678.6
湖南	102	衡南、湘潭、澧县、华容、常德、永州等	153711.8
广东	88	佛山、梅县、英德、韶关、东源、高要等	151612.1
江西	91	赣县、瑞金、鄱阳、于都、会昌、宁都等	140820.4
云南	95	广南、富宁、景洪、澜沧、墨江、翠云等	114927.1
福建	68	建阳、上杭、宁化、武平、永定、延平等	99688.4

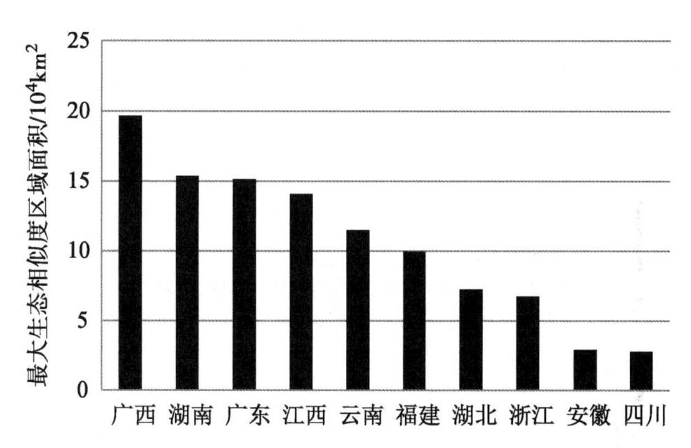

图 18-4　我国破布叶最大生态相似度主要地区面积图

◎【区划与生产布局】

根据破布叶生态适宜性分析结果，结合破布叶生物学特性，并考虑自然条件、社会经济条件、药材主产地栽培和采收加工技术，建议选择引种栽培研究区域主要以巴西、刚果、中国和美国等国家（或地区）为宜，在国内主要以广西、湖南、广东、江西、云南、福建等省（区）为宜（图 18-5）。

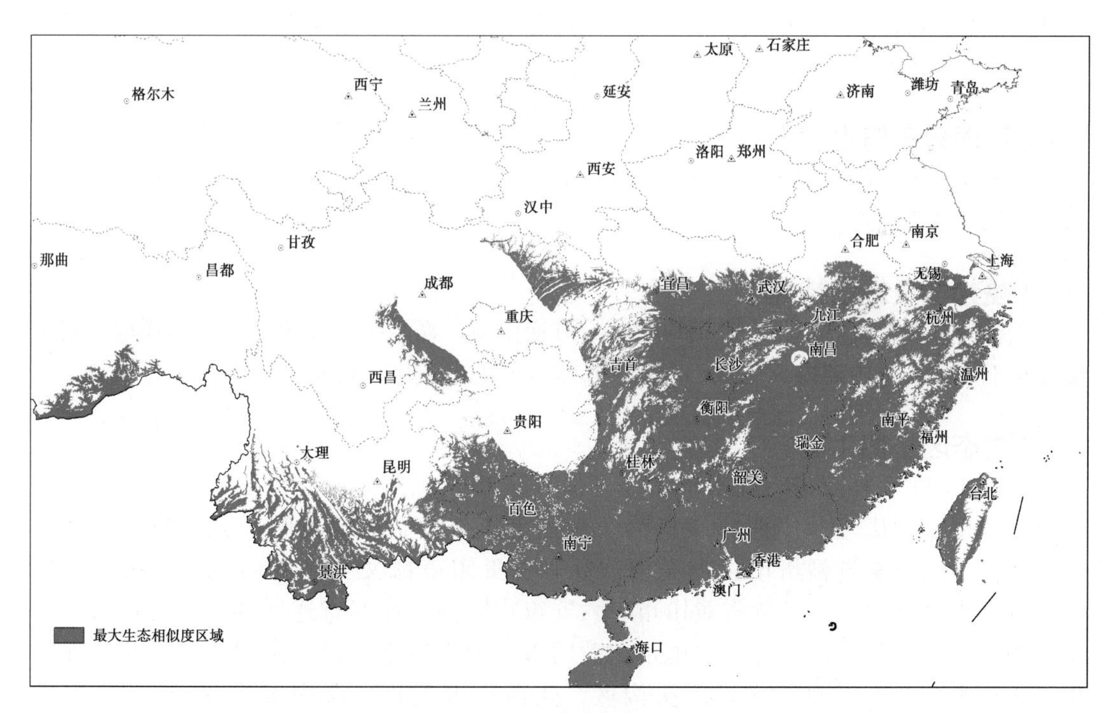

图 18-5　破布叶最大生态相似度区域全国局部分布图

◎【品质生态学研究】

谭志灿（2012）对广东、广西不同产地布渣叶进行指纹图谱测定，结果显示不同产地布渣叶药材所含化学成分差别不大，总黄酮、牡荆苷和异牡荆苷的含量存在差别。潘天玲等（2009）采用比色法测定 13 个不同产地布渣叶样品的总黄酮含量，发现差异较大其中

以广西来宾样品含量最高，各产地布渣叶总黄酮均具有较好的自由基清除活性。

◎ 参考文献

[1] 潘天玲，李坤平，林赞菲，等. 不同产地布渣叶总黄酮含量及其清除自由基活性研究［J］. 广东药学院学报，2009，(05)：452-454.
[2] 谭志灿. 广东道地药材布渣叶质量评价及调血脂物质基础研究［D］. 广州：广州中医药大学，2012.

19. 龙葵 longkui

本品为茄科植物龙葵 *Solanum nigrum* L. 的全草。别名天泡草、苦葵、钮仔菜等。《广东中药志》（第二卷）收载。龙葵味苦、微甘，性寒，有小毒，归肺、脾经，具清热解毒、利水消肿等功效。用于感冒风热咳嗽，热性小便不利、水肿，乳痈，急性肾炎，泌尿系感染，支气管炎，多种癌症等；外用治痈疽恶疮，毒蛇咬伤等。

龙葵是中成药龙葵膏、龙葵银消片、龙葵止咳冲剂的主要原材料，除药用外，龙葵还可食用，幼苗可作蔬菜，果实可作水果，亦可提取色素。其市场需求量不断扩大，而长期采挖和环境恶化，导致龙葵野生资源越来越少。

◎【地理分布与生境】

我国几乎全国均有分布。广泛分布于欧洲、亚洲、美洲的温带至热带地区；喜生于田边，荒地及村庄附近。

◎【生物学及栽培特性】

龙葵为一年生直立草本，其适应性广、抗逆性强。喜半阴、温暖、潮湿的环境。对土壤要求不严格，宜用疏松、肥沃、湿润、排水良好的砂质壤土种植。

◎【生态因子值】

选取 1795 个样点进行龙葵的生态适宜性分析。包括海南省澄迈县、儋州市，广东省广州市、肇庆市，广西壮族自治区百色市那坡县、河池市昭平县，福建省厦门市、漳州市，江西省赣州市、吉安市，贵州省贵阳市修文县、罗甸县，四川省巴中市、成都市都江堰市，安徽省黄山市、六安市霍山县，江苏省连云港市、南通市，湖南省衡阳市、怀化市，湖北省恩施市、黄冈市，河南省洛阳市、南阳市，河北省保定市、承德市，北京市海淀区、门头沟区，陕西省宝鸡市、汉中市等 32 省（区）的 689 县（市）。

GMPGIS 系统分析结果显示（表 19-1），龙葵在主要生长区域生态因子范围为：最冷季均温-22. 0~24. 1℃；最热季均温 8. 8~32. 8℃；年均温-0. 5~28. 0℃；年均相对湿度 39. 5%~82. 6%；年均降水量 21~3852mm；年均日照 84. 2~203. 9W/m²。主要土壤类型为始成土、人为土、淋溶土、强淋溶土、铁铝土、冲积土、粗骨土等。

表 19-1　龙葵全球范围内主要生长区域生态因子值

主要气候因子数值	最冷季均温/℃	最热季均温/℃	年均温/℃	年均相对湿度/%	年均降水量/mm	年均日照/(W/m^2)
范围	-22.0~24.1	8.8~32.8	-0.5~28.0	39.5~82.6	21~3852	84.2~203.9
主要土壤类型	始成土、人为土、淋溶土、强淋溶土、铁铝土、冲积土、粗骨土等					

◎【中国产地生态适宜性数值分析】

GMPGIS 系统分析结果显示（图 19-1、图 19-2 和表 19-2），龙葵在我国最大的生态相似度区域主要分布在新疆维吾尔自治区、内蒙古自治区、黑龙江省、四川省、云南省等地。其中最大生态相似度区域面积最大的为新疆维吾尔自治区，为 1198411. 3km²，占全部面积的 17. 4%；其次为内蒙古自治区，最大生态相似度区域面积为 1012955. 9km²，占全部的 14. 7%。所涵盖县（市）个数分别为 92 个和 84 个。

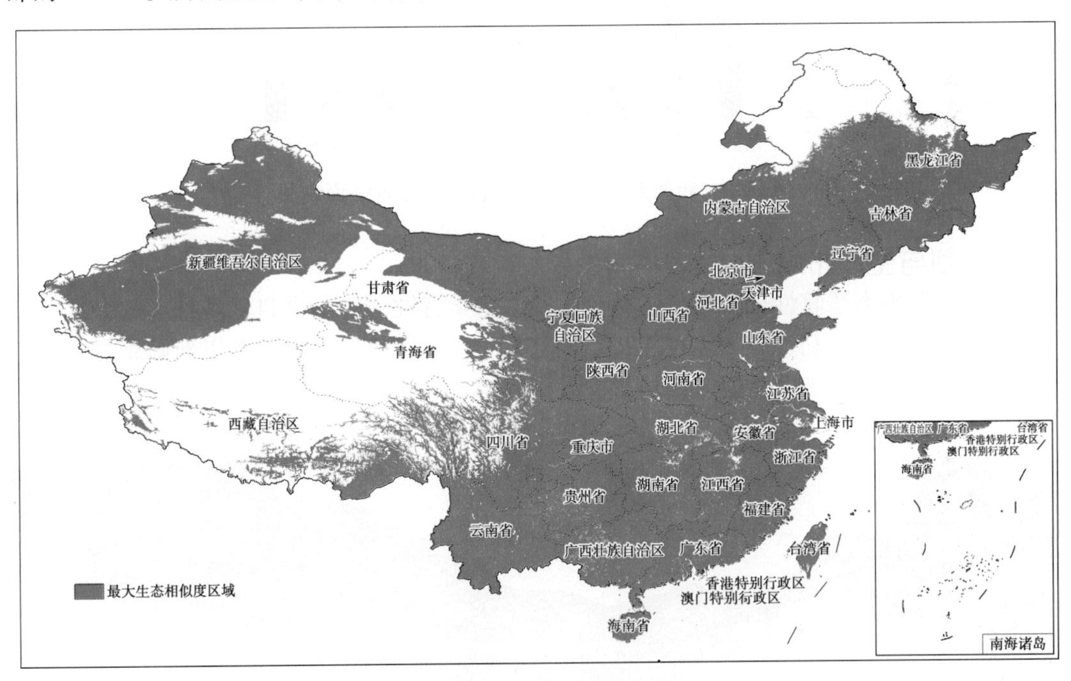

图 19-1　龙葵最大生态相似度区域全国分布图

表 19-2　龙葵全国最大生态相似度主要区域

省（区）	县（市）数	主要县（市）	面积/km²
新疆	92	尉犁、巴楚、福海、阿克苏、若羌、哈密等	1198411. 3
内蒙古	84	阿拉善左旗、苏尼特、科尔沁、乌拉特、扎鲁特等	1012955. 9
黑龙江	75	宝清、富锦、虎林、大庆、五常、尚志等	393892. 9
四川	162	木里、盐源、万源、会理、阿坝、青川等	354374. 4
云南	126	玉龙、澜沧、广南、富宁、景洪、勐腊等	338071. 1

续表

省（区）	县（市）数	主要县（市）	面积/km²
甘肃	81	环县、靖远、永登、卓尼、天水、华池等	313529.8
西藏	72	错那、墨脱、察隅、芒康、昌都、左贡等	252241.4
吉林	49	敦化、安图、汪清、永吉、珲春、通化等	208511.8
广西	88	金城江、苍梧、融水、八步、南宁、西林等	203383.3

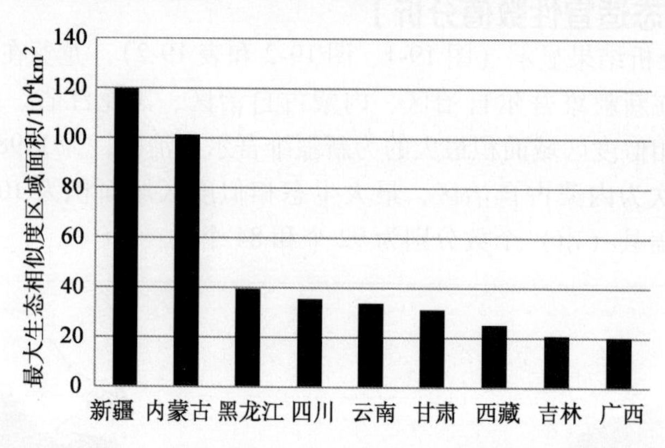

图 19-2　我国龙葵最大生态相似度主要地区面积图

◎【区划与生产布局】

根据龙葵生态适宜性分析结果，结合龙葵生物学特性，并考虑自然条件、社会经济条件、药材主产地栽培和采收加工技术，建议选择引种栽培研究区域主要以新疆维吾尔自治区、内蒙古自治区、黑龙江省、四川省、云南省等省（区）为宜（图 19-3）。

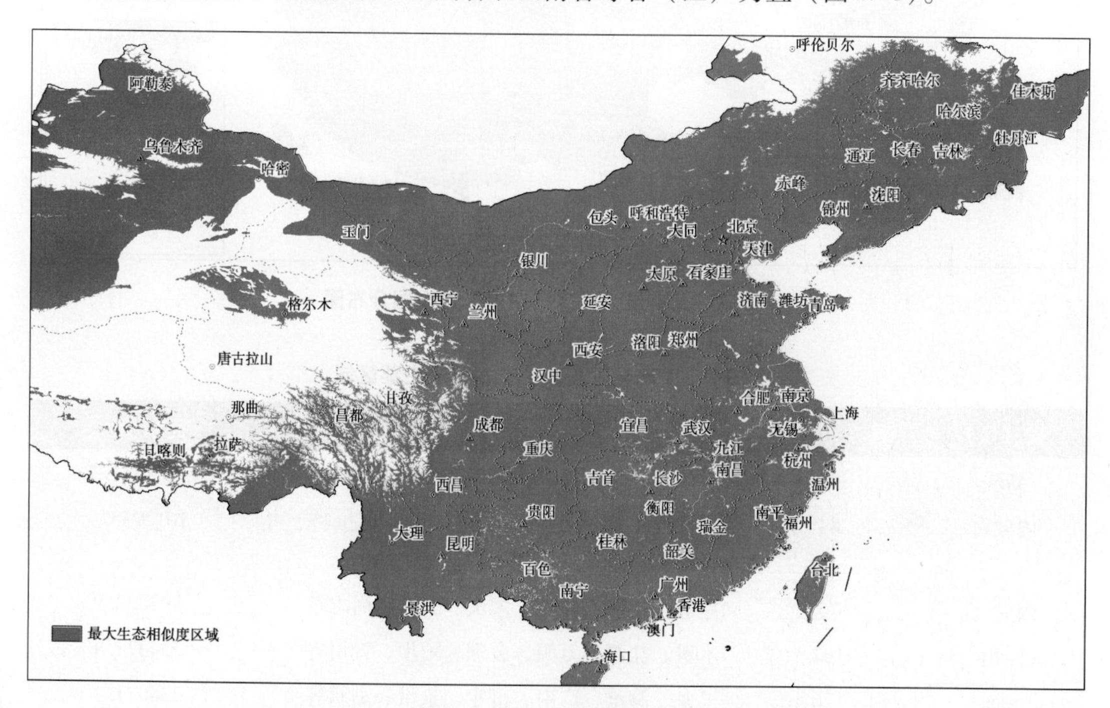

图 19-3　龙葵最大生态相似度区域全国局部分布图

◎【品质生态学研究】

张彦华等（2012）、胡淑曼等（2016）分别采用 HPLC-ELSD 法对全国不同产地龙葵药材进行了澳洲茄碱和澳洲茄边碱的含量的测定，同时测定水分、总灰分、酸不溶性灰分和浸出物的含量。王珏等（2015）对全国不同产地 34 批药材进行了指纹图谱的研究，发现不同产地来源的龙葵药材之间具有显著性差异，采集到的非挥发类成分可对中药材进行区分。

◎ 参考文献

［1］胡淑曼，王聪，刘红兵，等. 龙葵药材质量标准的研究［J］. 时珍国医国药，2016，(10)：2375-2378.

［2］王珏，金一宝，王铁杰，等. 不同产地龙葵药材的高效液相色谱-蒸发光散射检测指纹图谱［J］. 色谱，2015，(08)：809-815.

［3］张彦华，钱大玮，唐于平，等. 龙葵药材的质量评价研究［J］. 南京中医药大学学报，2012，(04)：374-377.

20. 龙脷叶 Longliye

SAUROPI FOLIUM

本品为大戟科植物龙脷叶 *Sauropus spatulifolius* Beille 的干燥叶。别名龙舌叶、龙利叶、龙味叶、龙疯叶等。2015 年版《中华人民共和国药典》收载。龙脷叶性平，味甘、淡，归肺、胃经，具润肺止咳、通便等功效。用于肺燥咳嗽，咽痛失音，便秘等。

龙脷叶为两广地区常用中草药，民间常作为食疗药材使用，在凉茶中较为常见，同时也是临床上常用的壮药。药材主要来自于栽培品。

◎【地理分布与生境】

龙脷叶原产印度尼西亚苏门答腊岛；广东、广西、云南、福建、海南有栽培，在广东、广西的园圃、庭院栽培较多。

◎【生物学及栽培特性】

龙脷叶为常绿小乔木，喜温暖潮湿的气候，宜在土层深厚、排水良好的土壤中培植。

◎【生态因子值】

选取 21 个样点进行龙脷叶的生态适宜性分析。包括广东省广州市白云区、深圳市宝安区、肇庆市鼎湖区，广西壮族自治区贵港市平南县、南宁市江南区、梧州市苍梧县，海南省琼中黎族苗族自治县，云南省红河哈尼族彝族自治州等 4 省（区）的 11 县（市）。

GMPGIS 系统分析结果显示（表 20-1），龙脷叶在主要生长区域生态因子范围为：最冷季均温 13. 3～19. 7℃；最热季均温 24. 7～28. 9℃；年均温 21. 1～24. 7℃；年均相对湿度 72. 0%～76. 6%；年均降水量 1357～1991mm；年均日照 131. 3～145. 1W/m^2。主要土壤类型为强淋溶土、人为土、始成土、冲积土等。

表 20-1　龙脷叶主要生长区域生态因子值

主要气候因子数值	最冷季均温/℃	最热季均温/℃	年均温/℃	年均相对湿度/%	年均降水量/mm	年均日照/（W/m²）
范围	13.3~19.7	24.7~28.9	21.1~24.7	72.0~76.6	1357~1991	131.3~145.1
主要土壤类型	强淋溶土、人为土、始成土、冲积土等					

◎【全球产地生态适宜性数值分析】

GMPGIS 系统分析结果显示（图 20-1 和图 20-2），龙脷叶在全球最大的生态相似度区域分布于 4 个国家，主要为中国、越南和巴西。其中最大生态相似度区域面积最大的国家为中国，为 121802.0km²，占全部面积的 90.4%。

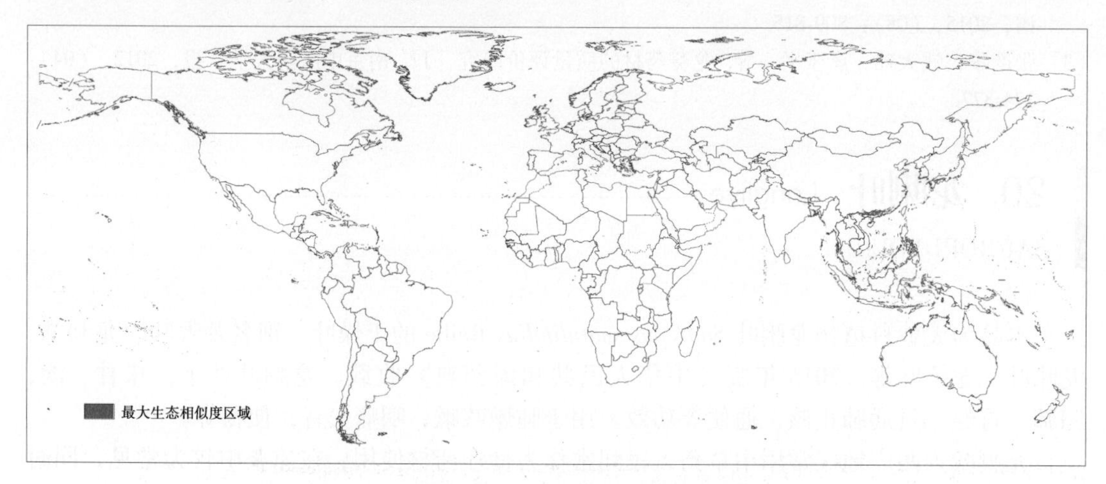

图 20-1　龙脷叶最大生态相似度区域全球分布图

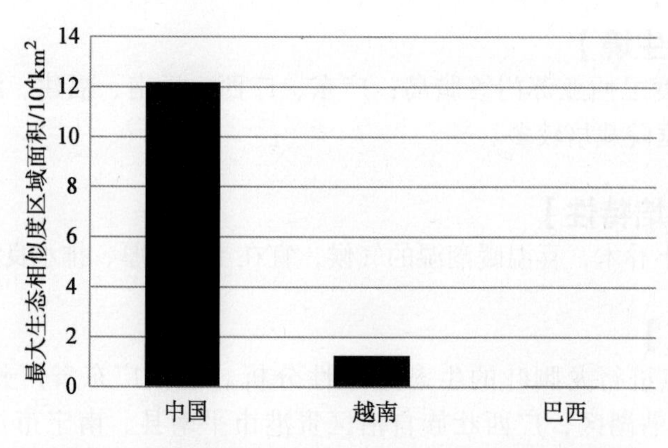

图 20-2　龙脷叶最大生态相似度主要国家地区面积图

◎【中国产地生态适宜性数值分析】

GMPGIS 系统分析结果显示（图 20-3、图 20-4 和表 20-2），龙脷叶在我国最大的生态相似度区域主要分布在广东、广西、海南、福建等地。其中最大生态相似度区域面积最大的为广东省，为 63419.7km²，占全部面积的 52.1%。其次为广西壮族自治区，最大生态

相似度区域面积 49831.8 km^2，占全部的 40.9%。所涵盖县（市）个数分别为 68 个和 42 个。

图 20-3 龙脷叶最大生态相似度区域全国分布图

表 20-2 我国龙脷叶最大生态相似度主要区域

省（区）	县（市）数	主要县（市）	面积/km^2
广东	68	博罗、潮安、从化、大埔、德庆、电白等	63419.7
广西	42	八步、巴马、北海、北流、宾阳、博白等	49831.8
海南	9	白沙、昌江、澄迈、儋州、定安、琼海等	4256.0
福建	11	华安、龙海、南靖、平和、上杭、永定等	1952.3

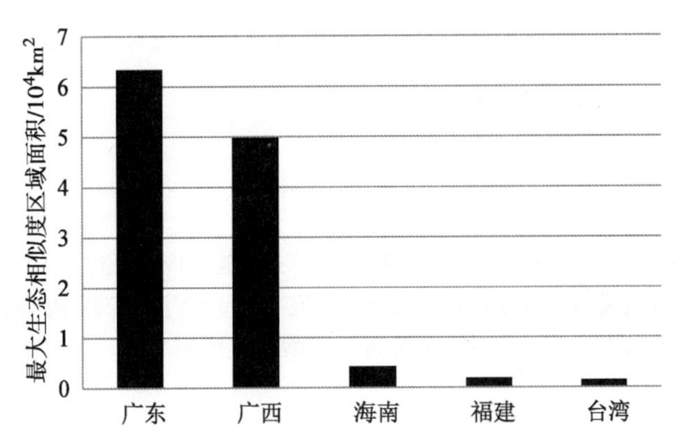

图 20-4 我国龙脷叶最大生态相似度主要地区面积图

◎【区划与生产布局】

根据龙脷叶生态适宜性分析结果，结合龙脷叶的生物学特性，并考虑自然条件、社会经济条件、药材主产地栽培和采收加工技术，建议选择引种栽培研究区域主要以中国、越南、巴西等国家（或地区）为宜，在国内主要以广东、广西、海南、福建等省（区）为宜（图 20-5）。

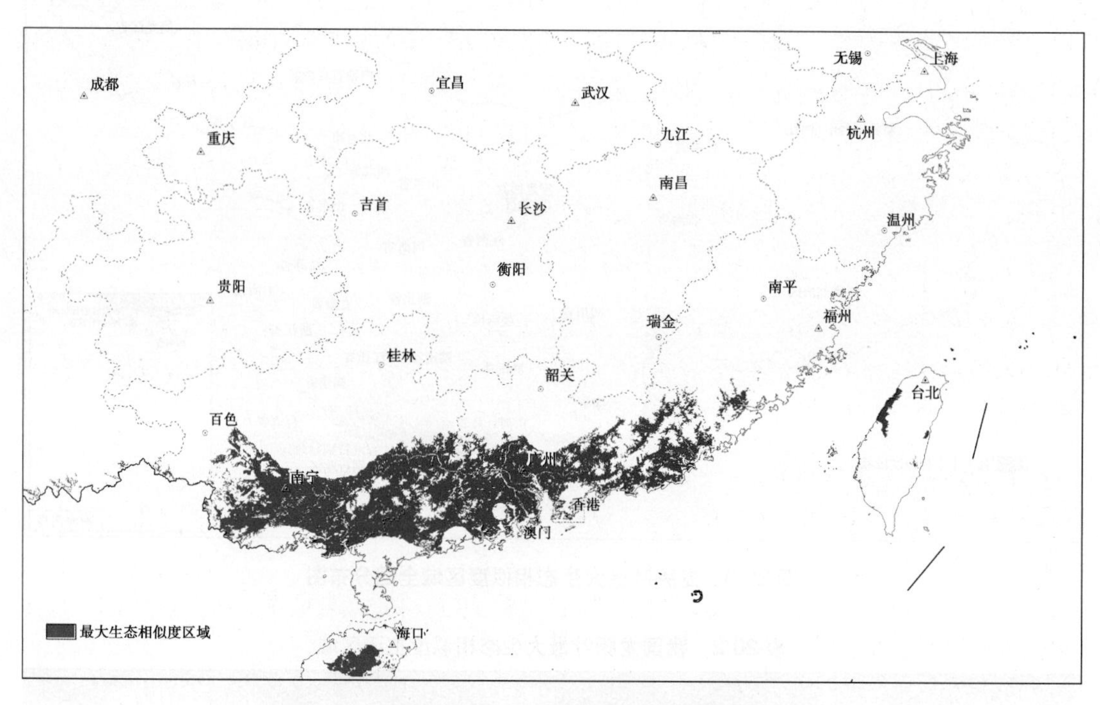

图 20-5　龙脷叶最大生态相似度区域全国局部分布图

◎【品质生态学研究】

谭建宁等（2016）测定了广西 3 个不同产地龙脷叶的总游离氨基酸含量，发现产自广西梧州的龙脷叶总游离氨基酸含量最高；李兵（2017）等通过 HPLC 法测定了广东和广西 6 个不同产地龙脷叶的咖啡酸含量，发现差异较大，其中咖啡酸含量最高的为广西南宁样品，含量最低的为广东高要样品。以上实验结果为龙脷叶药材的品质评价和质量控制提供指导。

◎ 参考文献

[1] 李兵，曾艳婷，莫惠雯，等. 龙脷叶质量控制研究［J］. 亚太传统医药，2017，(05)：24-26.

[2] 莫惠雯. 壮药龙脷叶抗炎活性成分及其质量评价研究［D］. 南宁：广西中医药大学，2016.

[3] 谭建宁，杜成智，梁臣艳，等. 龙脷叶总游离氨基酸含量测定［J］. 南方农业学报，2016，(04)：645-649.

21. 田基黄 Tianjihuang

HERBA HYPERICI JAPONICI

本品为藤黄科植物地耳草 *Hypericum japonicum* Thunb. ex Murray 的干燥全草。别名地耳草、雀舌草、斑鸠窝、水流子、蛇喳口等。《广东省中药材标准》（第一册）收载。田基黄性微寒，味甘、苦，归肝、脾经，具清热利湿、解毒、散瘀消肿等功效。用于治疗湿热黄疸、泄泻痢疾、痈疖肿毒、毒蛇咬伤；外伤积瘀肿痛等。

田基黄为传统中药，具有多种药理功效，中医临床上常用于治疗肝炎等疾病。现有注射液、糖浆等制剂品种。目前田基黄的药材来源为野生资源。

◎【地理分布与生境】

地耳草主产于广东、江苏、浙江、福建、湖南、江西、四川、云南、贵州、广西等地；日本、朝鲜、尼泊尔、印度、斯里兰卡、缅甸至印度尼西亚、澳大利亚、新西兰以及美国的夏威夷也有分布。生于山野及较潮湿的地方。

◎【生物学及栽培特性】

地耳草为一年生纤细小草本。喜温暖湿润气候，在潮湿的沟边、河滩湿地易生长。怕旱，耐寒，耐涝。以疏松肥沃的黏壤土栽培为宜。用分株繁殖：4~5 月挖掘老株丛，分成几小株丛，按行株距 15cm×8cm 开穴栽种。可扦插繁殖：将茎枝剪下，扦插于苗床，床土经常保持湿润，约经 10 天左右即能生根。翌年春季移栽。

◎【生态因子值】

选取 952 个样点进行地耳草的生态适宜性分析。包括广东省潮州市潮安县、佛山市顺德区、韶关市乳源县，广西壮族自治区上思县十万大山、临桂县雁山大岑、金秀瑶族自治县六巷乡、梧州市贺县八步镇、桂林市雁山区雁山镇、灌阳县，云南省景洪市西双版纳、文山州砚山县盘龙镇、文山县小街村腰店村、思茅市小橄榄坝、景谷县永平镇、元阳县逢春岭乡，四川省乐山市峨眉山、凉山州德昌县德昌镇、雷波县西宁镇、西昌市螺髻山、宜宾市宜宾县催科山、屏山县等 12 省（区）的 522 县（市）。

GMPGIS 系统分析结果显示（表 21-1），地耳草在主要生长区域生态因子范围为：最冷季均温−2. 4~21. 3℃；最热季均温 11. 5~29. 4℃；年均温 5. 7~25. 7℃；年均相对湿度 53. 3%~77. 8%；年均降水量 634~4441mm；年均日照 117. 5~156. 2W/m^2。主要土壤类型为强淋溶土、人为土、淋溶土、高活性强酸土、始成土等。

表 21-1　地耳草主要生长区域生态因子值

主要气候因子数值	最冷季均温/℃	最热季均温/℃	年均温/℃	年均相对湿度/%	年均降水量/mm	年均日照/(W/m^2)
范围	−2. 4~21. 3	11. 5~29. 4	5. 7~25. 7	53. 3~77. 8	634~4441	117. 5~156. 2
主要土壤类型	强淋溶土、人为土、淋溶土、高活性强酸土、始成土等					

◎【全球产地生态适宜性数值分析】

GMPGIS 系统分析结果显示（图 21-1 和图 21-2），地耳草在全球最大的生态相似度区域分布于 85 个国家，主要为中国、美国、巴西和法国。其中最大生态相似度区域面积最大的国家为中国，为 2436871. 6km²，占全部面积的 30. 2%。

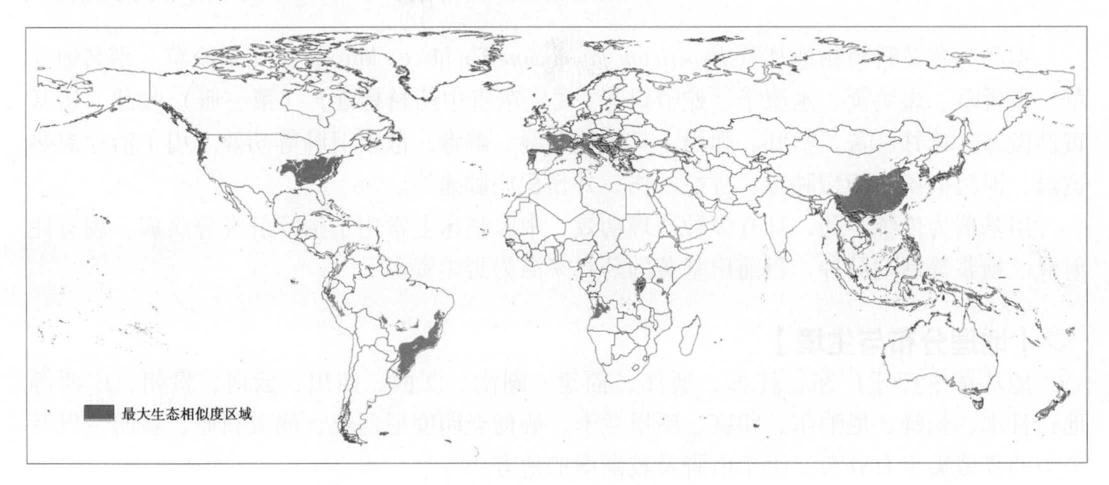

图 21-1　地耳草最大生态相似度区域全球分布图

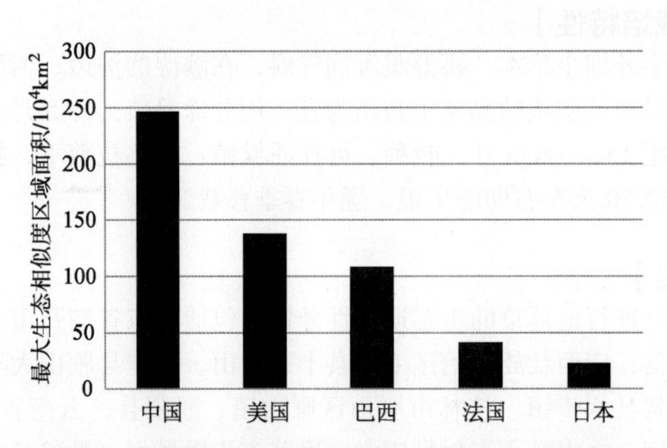

图 21-2　地耳草最大生态相似度主要国家地区面积图

◎【中国产地生态适宜性数值分析】

GMPGIS 系统分析结果显示（图 21-3、图 21-4 和表 21-2），地耳草在我国最大的生态相似度区域主要分布在云南、四川、广西、湖南、湖北、贵州等地。其中最大生态相似度区域面积最大的为云南省，为 324473. 1km²，占全部面积的 13. 1%；其次为四川省，最大生态相似度区域面积为 223710. 2km²，占全部的 9. 0%。所涵盖县（市）个数分别为 126 个和 140 个。

表 21-2　我国地耳草最大生态相似度主要区域

省（区）	县（市）数	主要县（市）	面积/km²
云南	126	玉龙、澜沧、广南、富宁、景洪、勐腊等	324473. 1
四川	140	万源、会理、宜宾、宣汉、青川、盐边等	223710. 2

续表

省（区）	县（市）数	主要县（市）	面积/km²
广西	88	金城江、苍梧、融水、八步、南丹、南宁等	208207.4
湖南	102	安化、石门、浏阳、沅陵、永州、桃源等	190632.4
湖北	77	竹山、房县、武汉、利川、曾都、郧县等	169224.5
贵州	82	遵义、从江、威宁、水城、松桃、黎平等	159742.8

图 21-3 地耳草最大生态相似度区域全国分布图

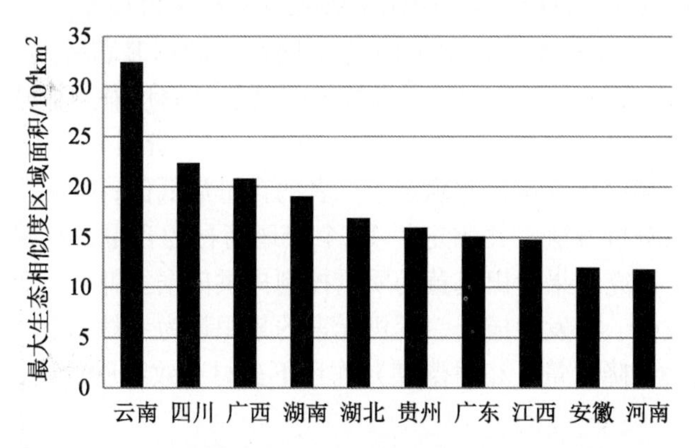

图 21-4 我国地耳草最大生态相似度主要地区面积图

◎【区划与生产布局】

根据地耳草生态适宜性分析结果，结合地耳草生物学特性，并考虑自然条件、社会经济条件、药材主产地栽培和采收加工技术，建议选择引种栽培研究区域主要以中国、美国、巴西、法国等国家（或地区）为宜，在国内主要以云南、四川、广西、湖南、湖北、贵州等省（区）为宜（图21-5）。

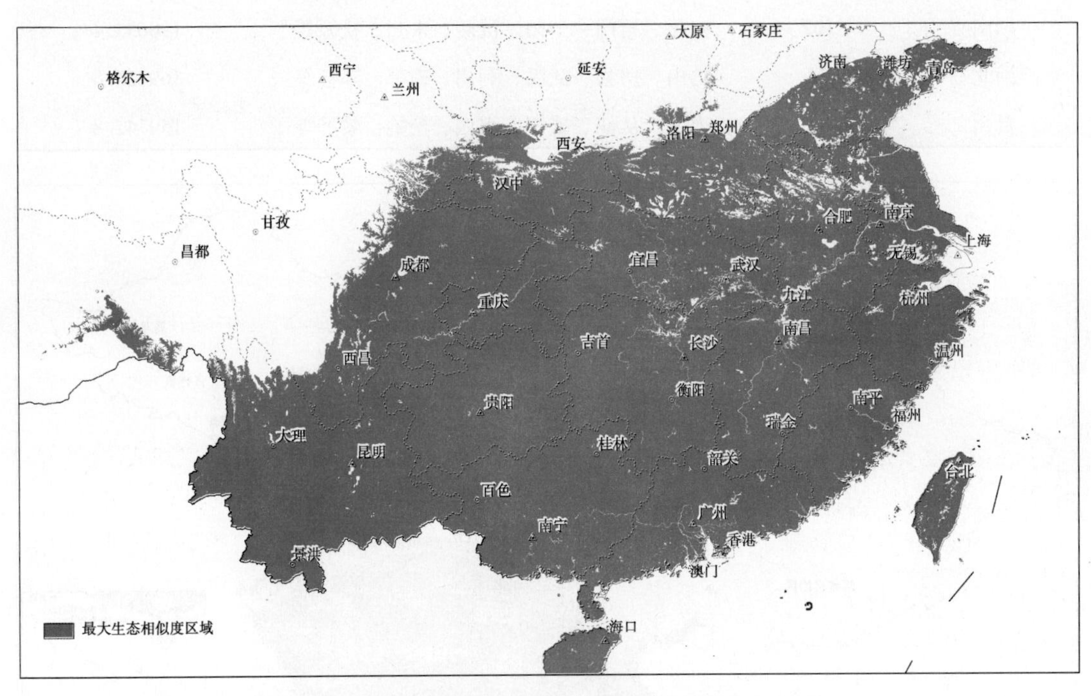

图21-5　地耳草最大生态相似度区域全国局部分布图

◎【品质生态学研究】

我国田基黄使用历史悠久、资源丰富、地理分布广，不同产地的田基黄质量有所差异。研究人员从指纹图谱和含量测定等方面对此做了相应研究。王永刚等（2006）通过30多个不同产地的田基黄药材样品，构建了田基黄药材HPLC指纹图谱；Wei-Na Gao等（2009）采用HPLC-PAD-ESI-MS技术对10个不同产地的田基黄药材进行指纹图谱测定。彭维等（2006）采用HPLC法测定18批田基黄药材的异槲皮苷、槲皮苷含量，发现田基黄中槲皮苷的含量高于异槲皮苷；夏玉吉等（2013）测定贵州省和安徽省共10个产地的田基黄中异槲皮苷、槲皮苷含量，并确定了二者的含量最低值；熊丽等（2008）改进了异巴西红厚壳素的质量分析方法，并测定了16个产地药材的含量，结果以江苏南通购买的药材含量最高。以上研究结果为田基黄的质量控制提供依据。韩乐（2011）以田基黄药材中有效物质黄酮类成分、挥发性成分、无机元素的累积量为考核指标，研究了不同气候因子（气温、光照时数、降水量、相对湿度）作用下药材有效物质的变化及规律，为优质药材的生产提供指导。

◎参考文献

[1] Wei- Na Gao, Jian- Guang Luo, Ling- Yi Kong. Quality evaluation of *Hypericum japomicum* by using high-performance liquid chromatography coupled with photodiode array detector and electrospray ionization tandem

mass spectrometry [J]. Biomedical Chromatography, 2009, 23 (9): 1022- 1030.
[2] 韩乐. 地耳草的品质评价研究 [D]. 南京：南京中医药大学，2011.
[3] 欧淑芬，谭沛，徐冰，等. 田基黄成分及药理应用研究进展 [J]. 药学研究，2015，(05)：296-299.
[4] 彭维，吴钉红，杨立伟，等. 田基黄药材的质量研究 [J]. 中南药学，2006，(05)：340-342.
[5] 王永刚，杨立伟，苏薇薇. 田基黄药材指纹图谱研究 [J]. 南方医科大学学报，2006，26 (7)：1001- 1002.
[6] 夏玉吉，鲍家科，郑丽会，等. 地耳草质量标准研究 [J]. 中国实验方剂学杂志，2013，(11)：105-108.
[7] 熊丽，梁建，陈晓辉，等. 高效液相色谱法测定田基黄中异巴西红厚壳素的含量 [J]. 中国实用医药，2008，3 (19)：8-9.

22. 白花蛇舌草 Baihuasheshecao

HERBA HEDYOTIS DIFFUSAE

白花蛇舌草是茜草科植物白花蛇舌草 *Hedyotis diffusa* Willd 的干燥全草。别名蛇舌草、蛇痢草、鹅哥利、千打锤、羊须草等。《广东省中药材标准》（第一册）收载。白花蛇舌草性微寒，味微苦、微甘，归心、肝、脾经，具清热解毒、消痈散结、利水消肿等功效。用于咽喉肿痛，肺热咳嗽，热淋涩痛，湿热黄疸，疮肿热痛等。

白花蛇舌草始载于《广西中药志》，主产于我国东南沿海，在临床广泛运用于恶性肿瘤的中药治疗。白花蛇舌草主要为野生，近年在河南等地也有栽培。

◎【地理分布与生境】

白花蛇舌草主产于广东、广西、云南、福建、浙江、江苏、安徽等地；广布于热带亚洲，北至日本。生于山坡，路边，田埂和潮湿的旷地草丛中。

◎【生物学及栽培特性】

白花蛇舌草为一年生小草本。喜温暖湿润环境，不耐干旱和积水，对土壤要求不严，但以肥沃的砂质壤土或腐殖质壤土生长较好。

◎【生态因子值】

选取 385 个样点进行白花蛇舌草的生态适宜性分析。国内样点包括广东省湛江市徐闻县、云浮市郁南县、阳江市阳春市，广西壮族自治区南宁市隆安县、横县、梧州市岑溪县，云南省西双版纳州勐腊县、红河州绿春县，四川省雅安市宝兴县、甘孜藏族自治州色达县，浙江省杭州市桐庐县，江西省赣州市上犹县、龙南县，湖南省郴州市宜章县、永州市东安县等 18 省（区）的 221 县（市）。国外样点为日本。

GMPGIS 系统分析结果显示（表 22-1），白花蛇舌草在主要生长区域生态因子范围为：最冷季均温-1. 2~26. 1℃；最热季均温 17. 6~29. 2℃；年均温 9. 3~26. 4℃；年均相对湿度 60. 9%~80. 2%；年均降水量 688~3545mm；年均日照 118. 2~159. 6W/m^2。主要土壤类型为强淋溶土、人为土、始成土、铁铝土等。

表 22-1　白花蛇舌草主要生长区域生态因子值

主要气候因子数值	最冷季均温/℃	最热季均温/℃	年均温/℃	年均相对湿度/%	年均降水量/mm	年均日照/（W/m²）
范围	-1. 2~26. 1	17. 6~29. 2	9. 3~26. 4	60. 9~80. 2	688~3545	118. 2~159. 6
主要土壤类型	强淋溶土、人为土、始成土、铁铝土等					

◎【全球产地生态适宜性数值分析】

GMPGIS 系统分析结果显示（图 22-1 和图 22-2），白花蛇舌草在全国最大的生态相似度区域分布于 96 个国家，主要为巴西、中国、美国和刚果。其中最大生态相似度面积国家为巴西，面积为 3330231. 9km^2，占总面积的 26. 2%。

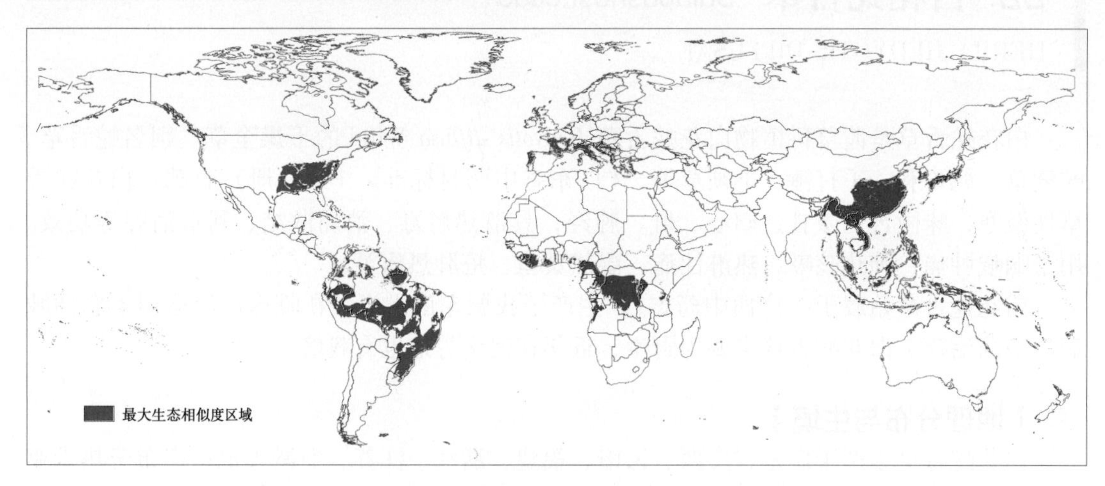

图 22-1　白花蛇舌草最大生态相似度区域全球分布面积

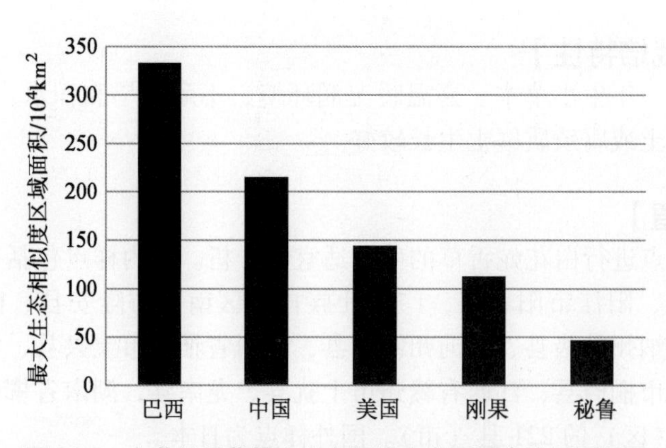

图 22-2　白花蛇舌草最大生态相似度主要国家地区面积图

◎【中国产地生态适宜性数值分析】

GMPGIS 系统分析结果显示（图 22-3、图 22-4 和表 22-2），白花蛇舌草在我国最大的相似度区域主要分布在云南、广西、湖南、湖北、四川、贵州等地。其中最大生态相似度区域面积最大的是云南，为 238314. 9km^2，占全部面积的 11%；其次为广西，最大生态相似度区

域面积为 203453. 9km²，占全部的 12. 1%。所涵盖县（市）个数分别为 108 个和 88 个。

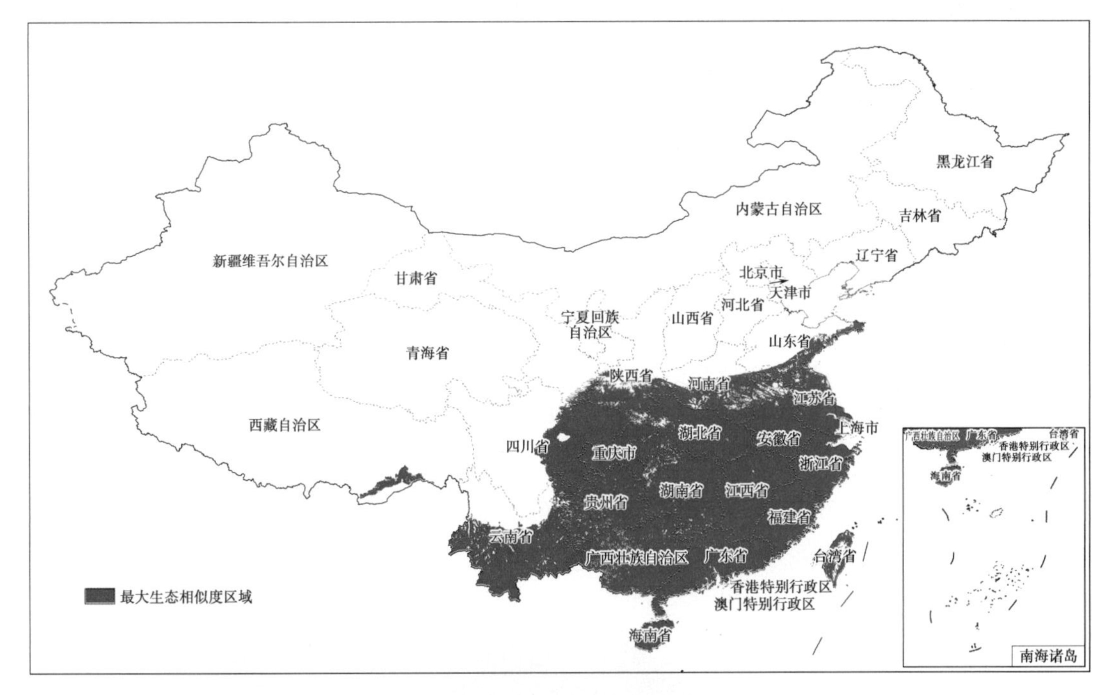

图 22-3　白花蛇舌草最大生态相似度区域全国分布图

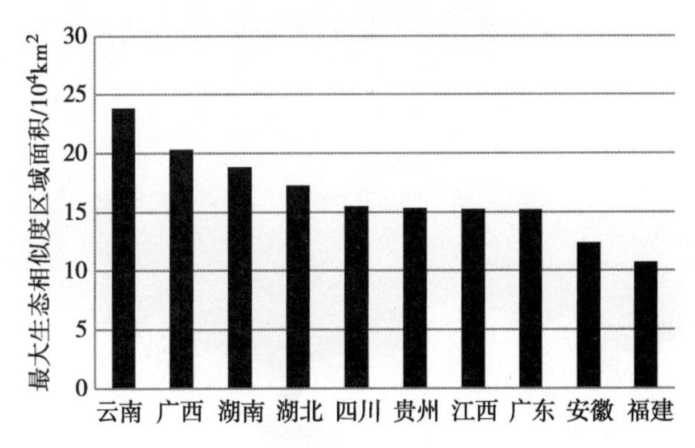

图 22-4　我国白花蛇舌草最大生态相似度主要地区面积图

表 22-2　我国白花蛇舌草最大相似度主要区域

省（区）	省（市）数	主要县（市）	面积 km²
云南	108	澜沧、广南、富宁、勐腊、景洪、墨江等	238314. 9
广西	88	金城江、苍梧、融水、八步、南宁、藤县等	203453. 9
湖南	102	安化、浏阳、沅陵、石门、永州、溆浦等	188215. 4
湖北	77	武汉、房县、曾都、利川、竹山、郧县等	172834. 4
四川	113	万源、宜宾、宣汉、合江、通江、叙永等	154913. 2
贵州	82	遵义、从江、松桃、水城、黎平、习水等	153430. 0

续表

省（区）	省（市）数	主要县（市）	面积 km²
江西	91	遂川、赣县、宁都、鄱阳、武宁、瑞金等	152531.5
广东	88	佛山、梅县、英德、韶关、惠东、阳山等	152311.6
安徽	78	东至、六安、黄山、金寨、霍邱、休宁等	123530.5
福建	68	建阳、上杭、建瓯、古田、浦城、漳平等	107120.3

◎【区划与生产布局】

根据白花蛇舌草生态适宜性分析结果，结合白花蛇舌草生物学特性，并考虑自然条件、社会经济条件、药材主产地栽培和采收加工技术，建议选择引种栽培研究区域主要以巴西、中国、美国和刚果等国家（或地区）为宜，在国内主要以云南、广西、湖南、湖北、四川、贵州等省（区）为宜（图22-5）。

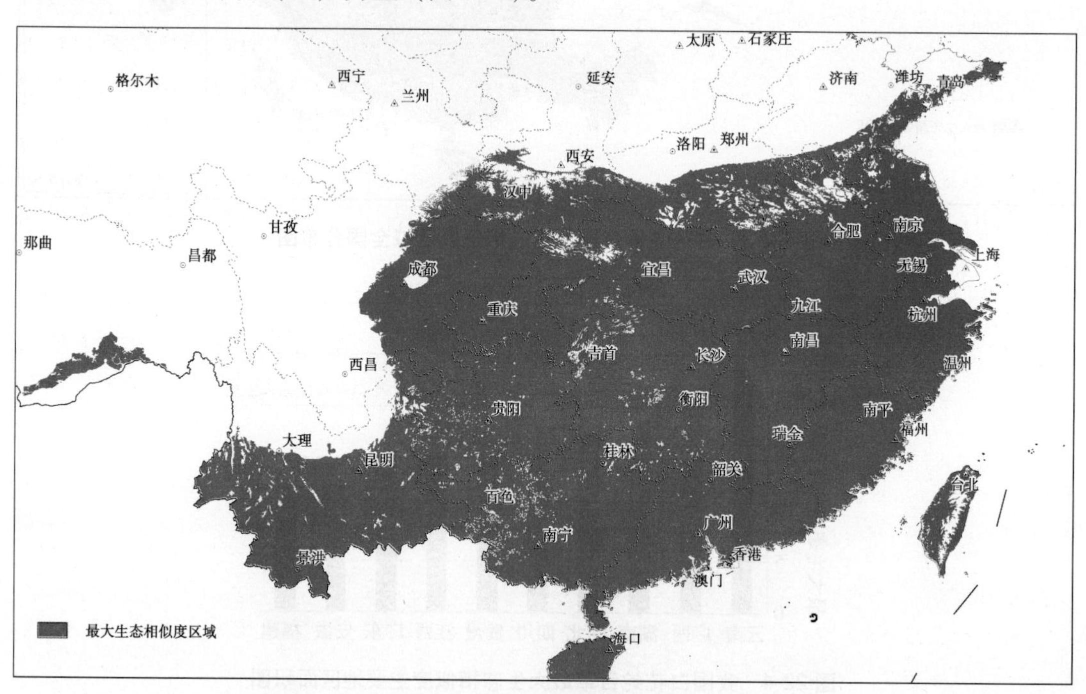

图22-5　白花蛇舌草最大生态相似度区域全国局部分布图

◎【品质生态学研究】

白花蛇舌草分布于我国长江以南地区，为近代新开发的常用中药。刘志刚等（2005）采用水蒸气蒸馏法提取广东、江西不同产地白花蛇舌草挥发油，测定其挥发油出油率，并采用GC-MS法对挥发油中化学成分进行鉴定，发现不同产地白花蛇舌草挥发油出油率为0.25%~0.30%，广东、江西白花蛇舌草挥发油出油率基本相同，但化学成分有所差异；挥发油成分以脂肪酸及脂肪酸酯类为主。李贺敏等（2006）采用苯酚-浓硫酸法测定白花蛇舌草中多糖含量，发现不同产地多糖含量有极显著差异，福建和河南产的白花蛇舌草多糖含量较高；采用RP-HPLC测定白花蛇舌草中氨基酸的含量，氨基酸总量在产地之间差异极显著，进行栽培种植的产地，其白花蛇舌草中氨基酸总量较高，表现为：湖南>河南>广西>江苏>广东>海南>云南>福建，白花蛇舌草野生生长的产地，其白花蛇舌草中必需氨基酸占氨基酸总量的百分比较大。刘志刚等（2008）采用苯酚硫酸法测定江西、广东、广西白花蛇舌草中多糖的含量，结果显示江西产白花蛇舌草中多糖含量略高于广东、广西产药材。唐旭利等（2008）建立了不同产地白花蛇舌草中对香豆酸的高效液相色谱含量测定方法，并测定了6批不同来源的白花蛇舌草药材，发现对香豆酸含量差异较大，以广东、浙江含量较高。李贺敏和周艳（2009）对广东、海南、福建、云南、河南5省12地的白花蛇舌草进行高效液相色谱指纹图谱分析，发现地域临近的野生品相似度较接近，并可对主产区白花蛇舌草栽培和野生品进行区分。张瑜等（2010）采用HPLC法测定江苏、河南、江西三省不同产地白花蛇舌草中熊果酸和齐墩果酸含量，发现江苏白花蛇舌草总体含量较高，品质优良。朱缨等（2010）采用HPLC法测定4个产地白花蛇舌草中槲皮素含量，结果为：福建>广西>湖北>江西。杨香林（2012）进行22批药材及11批配方颗粒中镉的测定，研究显示江苏产白花蛇舌草平均含镉量为0.48mg/kg，安徽产为2.25mg/kg，江西产为3.28mg/kg，河南产为2.41mg/kg。于亮等（2015）采用HPLC法比较不同产地白花蛇舌草中两种香豆素类成分东莨菪亭和耳草酮B的含量，发现江西产药材中两种香豆素类成分的含量明显高于湖北、安徽、广西其他三个产地的药材，而产自广西的药材含量最低且没有检出耳草酮B。李存满等（2015）利用亲水作用液相色谱-电喷雾离子源质谱联用对白花蛇舌草药材中的强极性组分进行考察，发现白花蛇舌草药材中的强极性组分具有明显的地域性。刘红（2016）采用HPLC法对不同产地白花蛇舌草药材中东莨菪亭和耳草酮B含量进行考察，江西产含量均高于其他产地，其次为湖北、安徽，广西最低。刘志勇等（2016）采用原子吸收火焰法进行测定6个不同产地的白花蛇舌草中主要元素的含量，发现Cu、Zn、Mg等元素含量较高，云南产地白花蛇舌草Mn含量最高。

◎ 参考文献

[1] 范崇庆，李娆娆，金艳，等. 白花蛇舌草质量标准［J］. 中国实验方剂学杂志，2014，20（17）：98-101.［2017-08-07］

[2] 李存满，田宝勇，杨晓华，等. 不同产地白花蛇舌草强极性组分的亲水作用液相色谱-质谱联用分析［J］. 时珍国医国药，2015，26（04）：857-860.

[3] 李贺敏，李潮海，高致明，等. 不同产地白花蛇舌草活性成分含量的比较研究［J］. 河南科学，2006，（04）：524-527.

[4] 贺敏，周艳. 不同产地白花蛇舌草的高效液相色谱指纹图谱分析［J］. 河南农业大学学报，2009，43（06）：596-600.

[5] 刘红. 不同产地白花蛇舌草中东莨菪亭和耳草酮B的含量分析比较［J］. 中国医药指南，2016，14（20）：40-41.［2017-08-07］. DOI：10. 15912/j. cnki. gocm. 2016. 20. 029.

[6] 刘志刚，罗佳波，陈飞龙. 不同产地白花蛇舌草挥发性成分初步研究［J］. 中药新药与临床药理，2005，（02）：132-134.

[7] 刘志刚，颜仁梁，罗佳波. 不同产地白花蛇舌草中多糖含量比较［J］. 中国中医药信息杂志，2008，（07）：45-46.

[8] 刘志刚，颜仁梁. 不同产地白花蛇舌草总黄酮含量比较，中药研究与开发. 2009，16（5）：382-383.

[9] 刘志勇，朱根华，顿珠次仁，等. 不同产地白花蛇舌草元素含量测定分析［J］. 实验室研究与探索，2016，35（08）：44-46+51.
[10] 覃郦兰，邓家刚. 中药白花蛇舌草化学成分及有效成分药理活性的研究进展［J］. 内蒙古中医药. 2008，07（4）：42~45.
[11] 唐旭利，刘静，李国强，等. 不同产地白花蛇舌草中对香豆酸含量测定的快速方法［J］. 中国现代应用药学，2008，（05）：408-410.
[12] 杨香林. 不同产地白花蛇舌草含镉量的差异性及镉元素从药材到配方颗粒的转移状况考察［J］. 中成药，2012，34（01）：97-99.
[13] 于亮，吕青涛，黄祝刚，等. HPLC 法比较不同产地白花蛇舌草中两种香豆素类成分的含量［J］. 现代仪器与医疗，2015，21（03）：85-87.
[14] 张海洋，徐秀芳. 抗癌植物白花蛇舌草生物学特性及栽培技术. 北方园艺，2006（6）：112-113.
[15] 张晓翠. 白花蛇舌草的研究概况. 时珍国药研究，1998，9（1）：92.
[16] 张瑜，谈献和，崔小兵，等. HPLC 法测定不同产地白花蛇舌草中熊果酸和齐墩果酸的含量［J］. 北京中医药大学学报，2010，33（04）：274-276.
[17] 朱缨，王琳，朱磊，等. 高效液相色谱法测定 4 个不同产地白花蛇舌草中槲皮素的含量［J］. 海峡药学，2010，22（08）：85-87.

23. 冰片 Bingpian

BORNEOLUM SYNTHETICUM

本品是樟科植物樟 *Cinnamomum camphora*（L.）Presl 的新鲜枝、叶经提取加工制成。别名龙脑冰片、龙脑、梅片、梅冰等。2015 年版《中华人民共和国药典》（一部）收载。冰片性微寒，味辛、苦，具开窍醒神、清热止痛等功效。用于热病神昏、惊厥，中风痰厥，气郁暴厥，中恶昏迷，目赤，口疮，咽喉肿痛，耳道流脓等。

冰片是我国著名的传统中药材，为多种传统中成药的主要成分，有广泛的药理作用和应用范围；此外，冰片为天然香料，广泛用于香料、食品、日化等领域，具有较高的经济价值。由于资源相对稀缺，价格攀升，加之生态环境恶化，1999 年，香樟列入《国家重点保护野生植物名录》，成为国家二级保护植物。主产南方各省区，云南、广东和四川等部分地区有人工栽培。

◎【地理分布与生境】

樟产广东、广西、福建、江西、湖南、贵州、四川、云南。生于海拔 1500 米以下的常绿阔叶林或灌木丛中，后一生境中多呈矮生灌木型，云南南部有利用野生乔木辟为栽培的樟茶混交林。巴基斯坦、印度经马来西亚至印度尼西亚也有。

◎【生物学及栽培特性】

樟为常绿乔木，喜光，稍耐阴；喜温暖湿润气候，耐寒性不强，对土壤要求不严，较耐水湿，但不耐干旱、瘠薄和盐碱土，以肥沃、深厚的酸性或中性砂壤土为好。

◎【生态因子值】

选取 701 个样点进行樟的生态适宜性分析。国内样点包括广东省惠州市博罗县、潮州

市饶平县、肇庆市封开县，广西壮族自治区桂林市兴安县、资源县、梧州市藤县，福建省闽侯县、龙岩市上杭县，江西省抚州市广昌县、南丰县，湖南省益阳市安化县、永州市东安县、邵阳市隆回县，贵州省铜仁市德江县、贵阳市修文县、遵义市赤水市，四川省甘孜州泸定县、乐山市峨眉山，重庆市南川区，云南省大理市永平县、红河州河口县、景洪市勐海县、勐腊县，浙江省杭州市临安区、西湖区，台湾省高雄市、屏东县等 11 省（区）的 393 县（市）。国外样点包括澳大利亚、巴西、日本、美国等 32 个国家。

GMPGIS 系统分析结果显示（表 23-1），樟在主要生长区域生态因子范围为：最冷季均温-1.8～23.7℃；最热季均温 14.4～29.1℃；年均温 9.4～25.2℃；年均相对湿度 54.1%～78.0%；年均降水量 624～3149mm；年均日照 118.4～178.1W/m²。主要土壤类型为强淋溶土、人为土、始成土、高活性强酸土、淋溶土、暗色土等。

表 23-1　樟主要生长区域生态因子值

主要气候因子数值范围	最冷季均温/℃	最热季均温/℃	年均温/℃	年均相对湿度/%	年均降水量/mm	年均日照/（W/m²）
	-1.8～23.7	14.4～29.1	9.4～25.2	54.1～78.0	624～3149	118.4～178.1
主要土壤类型	强淋溶土、人为土、始成土、高活性强酸土、淋溶土、暗色土等					

◎【全球产地生态适宜性数值分析】

GMPGIS 系统分析结果显示（图 23-1 和图 23-2），樟在全球最大的生态相似度区域主要分布于 118 个国家，主要为巴西、中国、美国和刚果。其中最大生态相似度区域面积最大的国家为巴西，为 2436884.1km²，占全部面积的 16.7%。

◎【中国产地生态适宜性数值分析】

GMPGIS 系统分析结果显示（图 23-3、图 23-4 和表 23-2），樟在我国最大的生态相似度区域主要分布在云南、广西、四川、湖南、湖北、贵州等地。其中最大生态相似度区域面积最大的为云南，为 310956.5km²，占全部面积的 13%，其次为广西，最大生态相似度区域面积为 207647.9km²，占全部面积的 8.7%。所涵盖县（市）个数为 126 个和 88 个。

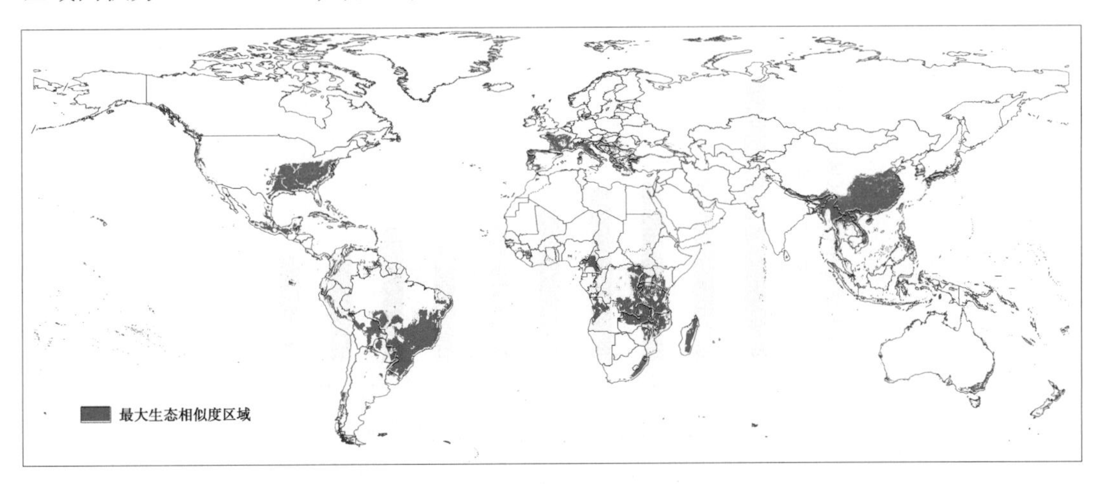

图 23-1　樟最大生态相似度区域全球分布图

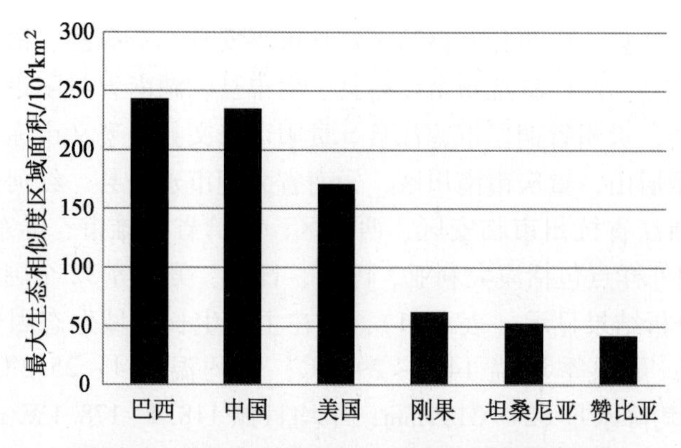

图 23-2 樟最大生态相似度主要国家地区面积图

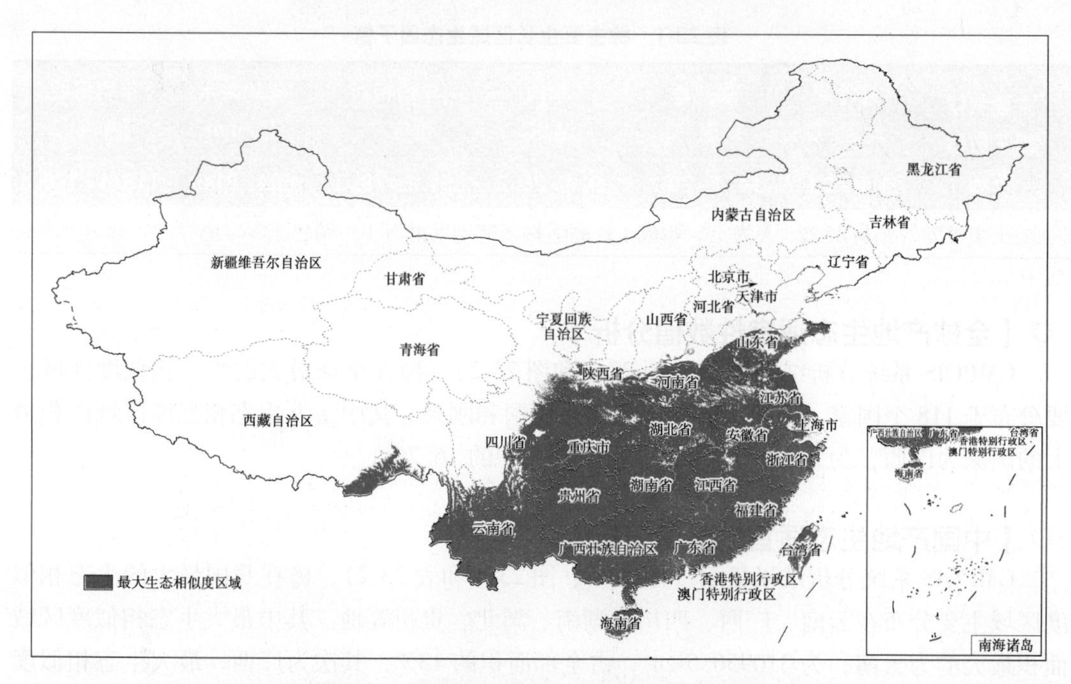

图 23-3 樟最大生态相似度区域全国分布图

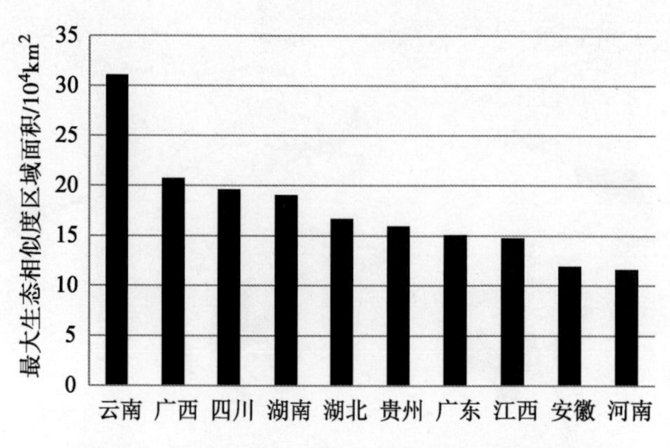

图 23-4 我国樟最大生态相似度主要地区面积图

表 23-2　我国樟最大生态相似度主要区域

省（区）	县（市）数	主要县（市）	面积/km²
云南	126	广南、景洪、玉龙、景东、永善、昌宁等	310956.5
广西	88	苍梧、融水、南宁、全州、田林、西林等	207647.9
四川	139	宜宾、万源、青川、安岳、平昌、宣汉等	196163.1
湖南	102	安化、石门、浏阳、沅陵、永州、桃源等	190616.6
湖北	77	武汉、利川、恩施、宣恩、咸丰、宜昌等	167062.8
贵州	82	遵义、习水、黎平、从江、金沙、贵阳等	159622.5
广东	88	英德、韶关、阳山、怀集、信宜、阳春等	151107.3
江西	91	遂川、武宁、瑞金、会昌、吉安、上饶等	147936.5

◎【区划与生产布局】

根据樟生态适宜性分析结果，结合樟的生物学特性，并考虑自然条件、社会经济条件、药材主产地栽培和采收加工技术，建议选择引种栽培研究区域主要以巴西、中国、美国、刚果等国家（或地区）为宜，在国内主要以云南、广西、四川、湖南、湖北、贵州等省（区）为宜（图 23-5）。

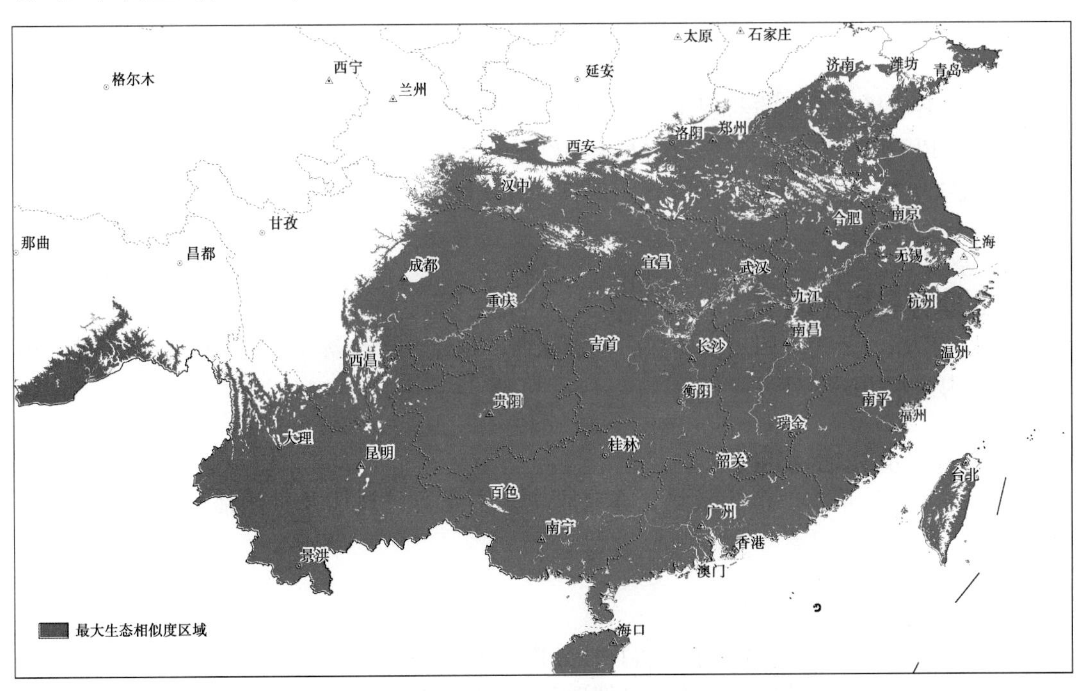

图 23-5　樟最大生态相似度区域全国局部分布图

◎【品质生态学研究】

王玮琴等（2012）对各地区的冰片基原植物樟树进行了气候分析比较，结果表明，不同时间和生长环境对樟树的挥发油含量、成分和积累有一定的影响，4 月、6 月、7 月采集的樟树叶质量最好，3 月、5 月质量比较差。刘海星等（2011）分析了城市污泥好氧堆

肥肥料对香樟树生长的影响，结果表明，随着污泥比例的增加，冰片基原植物樟树叶绿素含量、株高明显增加，且污泥比例为25%、30%时达最大值。

◎参考文献

[1] 陈艳红，冯玉林. 冰片的研究进展［J］. 中国社区医师（医学专业），2013，（06）：10-11.

[2] 李建民，胡世霞，李华擎. 中药冰片的商品种类及其历史源流［J］. 中国现代中药，2013，（06）：531-534.

[3] 刘海星，沈伟. 城市污泥好氧堆肥肥料对绿化土壤特性和香樟树生长的影响［J］. 净水技术，2011，（03）：61-66.

[4] 王玮琴，殷红，王莉霞，等. 樟树挥发油含量及成分在不同时间和生长环境中的变化［J］. 中华中医药学刊，2012，（05）：1140-1142.

24. 红丝线 Hongsixian

本品为爵床科植物山蓝 *Peristrophe roxburghiana*（Schult.）Brem. 的干燥地上部分。别名红蓝、红线草、丝线草等。《广东中药志》（第二卷）收载。红丝线性微寒，味甘、淡，归肺、肝经，具清热止咳、散瘀止血等功效。用于肺热咳嗽，内伤咳血、吐血，外用治跌打瘀肿等。

红丝线有着极其重要的药理作用以及食用价值。珠江三角洲一带民间喜用红丝线和猪瘦肉煲汤饮以治肺热咳嗽。广东台山本地叫红榄，台山人一般将肥猪肉拌上剁碎轻炒的红榄，用来作为“台山鲜肉粽”的香料。而且，红丝线在煮过之后能变成天然深红色，所以可作为食物染色之用。

◎【地理分布与生境】

山蓝产广东、云南、四川南部、广西、江西、福建、台湾等地。主要生长在山坡、山谷林下、沟边水边阴湿处。

◎【生物学及栽培特性】

山蓝为多年生草本，多为栽培，亦有野生。主要通过扦插及种子播种。喜阴，海拔150~2000米。

◎【生态因子值】

选取22个样点进行山蓝的生态适宜性分析。包括福建南平市光泽县、厦门市思明区、三明市建宁县，广东省英德市、惠州市博罗县，广西壮族自治区百色市那坡县，安徽省黄山市、云南省普洱市思茅区等8省（区）的15县（市）。

GMPGIS系统分析结果显示（表24-1），山蓝在主要生长区域生态因子范围为：最冷季均温3.4~24.5℃；最热季均温20.4~28.7℃；年均温14.5~25.8℃；年均相对湿度68.0%~80.5%；年均降水量1190~3067mm；年均日照133.2~157.5W/m^2。主要土壤类型为强淋溶土、人为土、始成土、粗骨土、铁铝土、淋溶土、黏绨土等。

表 24-1　山蓝主要生长区域生态因子值

主要气候因子数值	最冷季均温/℃	最热季均温/℃	年均温/℃	年均相对湿度/%	年均降水量/mm	年均日照/(W/m^2)
范围	3.4~24.5	20.4~28.7	14.5~25.8	68.0~80.5	1190~3067	133.2~157.5
主要土壤类型	强淋溶土、人为土、始成土、粗骨土、铁铝土、淋溶土、黏绨土等					

◎【中国产地生态适宜性数值分析】

GMPGIS 系统分析结果显示（图 24-1、图 24-2 和表 24-2），山蓝在我国最大的生态相似度区域主要分布在广东、江西、福建、湖南、浙江、云南、广西等地。其中最大生态相似度区域面积最大的为广东省，为 136071.8km^2，占全部面积的 18.3%；其次为江西省，最大生态相似度区域面积为 136070.2km^2，占全部的 18.3%。所涵盖县（市）个数分别为 87 个和 91 个。

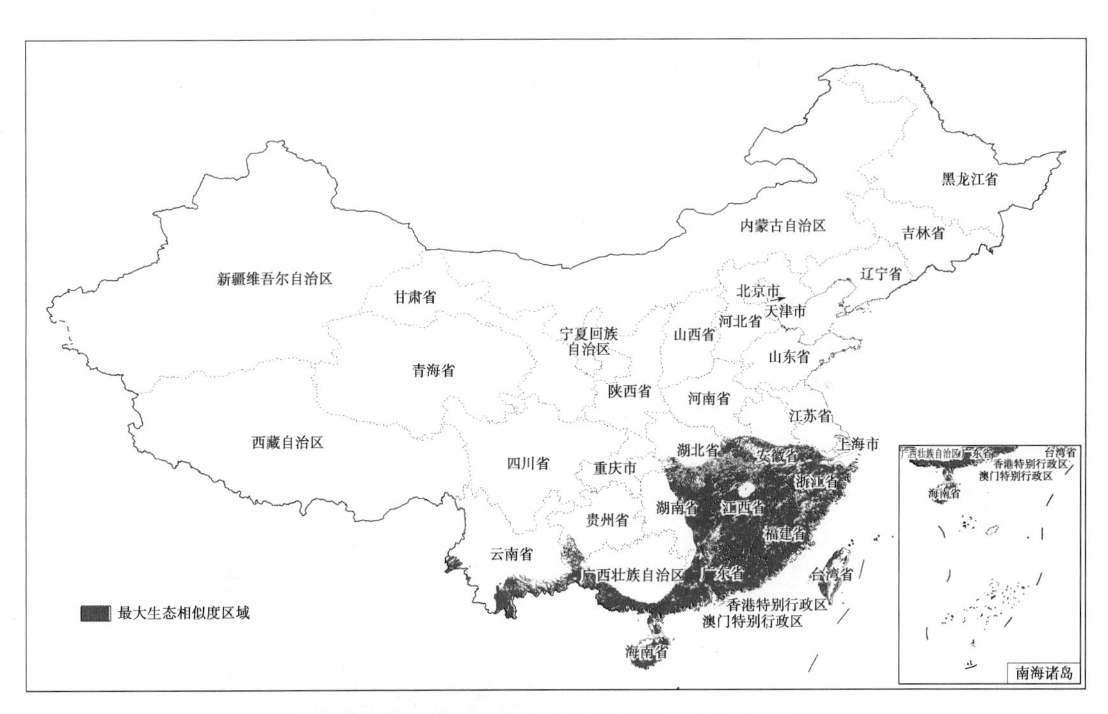

图 24-1　山蓝最大生态相似度区域全国分布图

表 24-2　我国山蓝最大生态相似度主要区域

省（区）	县（市）数	主要县（市）	面积/km^2
广东	87	佛山、梅县、英德、龙川、东源、博罗等	136071.8
江西	91	瑞金、赣县、于都、鄱阳、会昌、永丰等	136070.2
福建	66	建阳、宁化、武平、延平、上杭、尤溪等	99413.6
湖南	62	衡南、浏阳、湘潭、长沙、常德、宁乡等	82823.0

续表

省（区）	县（市）数	主要县（市）	面积/km²
浙江	71	绍兴、衢江区、杭州、富阳、莲都、建德等	72702.9
云南	43	富宁、景洪、勐腊、江城、广南、墨江等	50518.6
广西	31	江州、钦州、大新、扶绥、宁明、德保等	44289.4

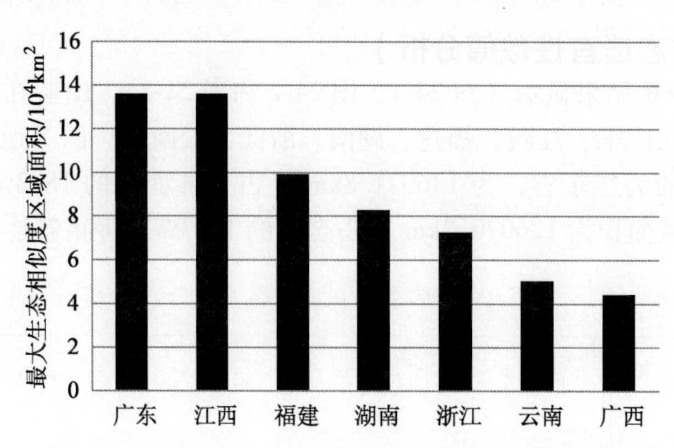

图 24-2　山蓝最大的生态相似度区域主要国家地区面积图

◎【区划与生产布局】

根据山蓝生态适宜性分析结果，结合山蓝的生物学特性，并考虑自然条件、社会经济条件、药材主产地栽培和采收加工技术，建议选择引种栽培研究区域主要以广东、江西、福建、湖南、浙江、云南、广西等省（区）为宜（图 24-3）。

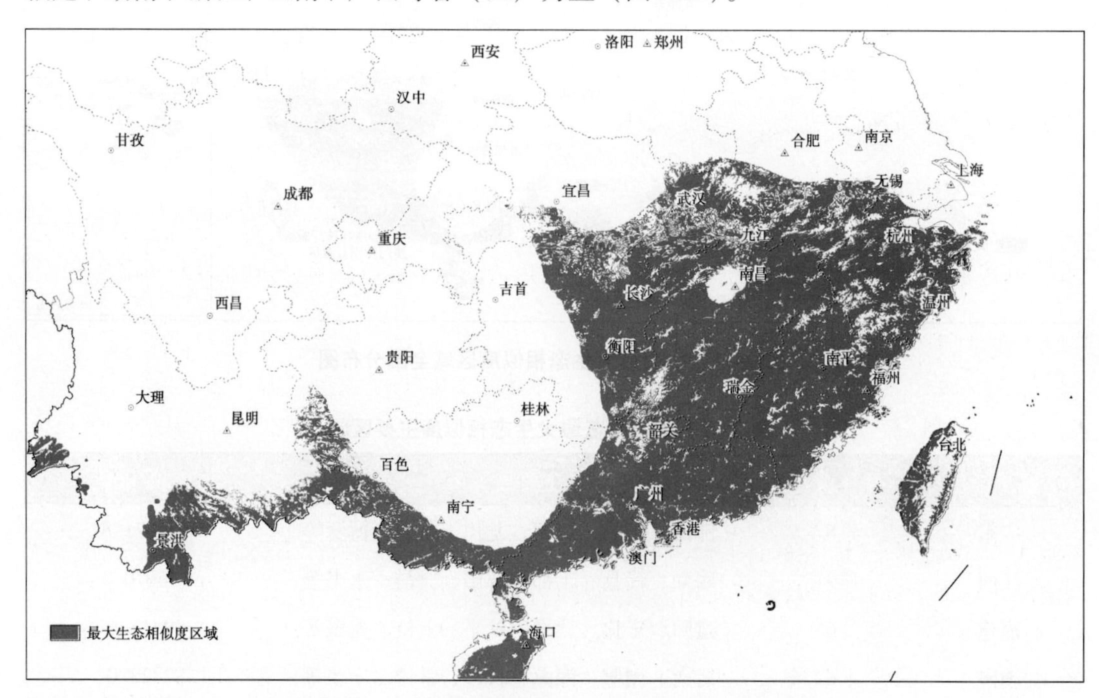

图 24-3　山蓝最大生态相似度区域全国局部分布图

◎ 参考文献

[1] 陈细萍. 红丝线组织培养技术研究 [J]. 福建林业科技，2012，12：77-81.

[2] 蒋小华. 鲜干品红丝线叶挥发油化学成分的 GC_ MS 分析 [J]. 精细化工，2012，04：326-330.

[3] 利红宇. 红丝线不同部位提取物的药效学比较研究 [J]. 广东药学院学报，2003，19（4）：338-339.

[4] 刘同方. 红丝线化学成分及药理活性研究进展 [J]. 广东农业科学，2013，03：116-120.

[5] 朱华. 红丝线生药学研究 [J]. 传统医药，2008，17（16）：65-66.

25. 灯心草 Dengxincao

JUNCI MEDULLA

本品为灯心草科植物灯心草 *Juncus effusus* L. 的干燥茎髓。别名秧草、水灯心、野席草、龙须草、灯草、水葱等。2015 年版《中华人民共和国药典》（一部）收载。灯心草性微寒，味甘、淡，归心、肺、小肠经，具清心火、利小便等功效。用于心烦失眠，尿少涩痛，口舌生疮等。

灯心草是一味传统中药，其清心除烦功效于《本草纲目》中有记载“降心火，止通气，散肿止渴”；近代研究也表明灯心草有抗焦虑的作用，治疗焦虑症等有显著疗效。灯心草除药用外，其茎内白色髓心可做点灯和烛心使用，入药有利尿、清凉、镇静作用；其茎皮纤维可作编织和造纸原料；应用十分广泛。

◎【地理分布与生境】

灯心草产广东、广西、四川、贵州、黑龙江、吉林、辽宁、河北、陕西、甘肃、山东、江苏、安徽、浙江、江西、福建、台湾、河南、湖北、湖南、云南、西藏等地。喜生于海拔 1650~3400 米的河边、池旁、水沟，稻田旁、草地及沼泽湿处。

◎【生物学及栽培特性】

灯心草为多年生草本，高 27~91cm，有时更高；全世界温暖地区均有分布；喜湿润环境，耐寒，忌干旱。对土壤条件要求不严，但宜选潮湿、肥沃疏松土地栽培；种子繁殖。

◎【生态因子值】

选取 1237 个样点进行灯心草的生态适宜性分析。国内样点包括海南省保亭黎族苗族自治县，广东省广州市增城区，广西壮族自治区南宁市武鸣县、百色市那坡县、桂林市阳朔县，重庆市江北区、南川区，四川省都江堰市、广元市广元县、凉山州雷波县等，贵州省铜仁市德江县、黔南州罗甸县，云南省昆明市、西双版纳州勐海县、大理市、怒江州贡山县等，安徽省安庆市岳西县、黄山市黄山区，西藏自治区喀则市亚东县、聂拉木县、林芝市墨脱县，陕西省宝鸡市凤县、汉中市洋县、勉县，甘肃省天水市，北京市密云区，辽宁省本溪市、鞍山市等 26 省（区）的 413 县（市）。国外样点包括美国、英国、瑞典、挪威、法国、比利时、葡萄牙、荷兰 8 个国家。

GMPGIS 系统分析结果显示（表 25-1），灯心草在主要生长区域生态因子范围为：最

冷季均温-19.9~21.0℃；最热季均温 6.1~29.4℃；年均温-1.3~25.3℃；年均相对湿度45.5%~84.2%；年均降水量 169~2471mm；年均日照 72.6~174.5W/m²。主要土壤类型为始成土、淋溶土、强淋溶土、人为土、高活性强酸土、灰壤、潜育土等。

表 25-1 灯心草主要生长区域生态因子值

主要气候因子数值	最冷季均温/℃	最热季均温/℃	年均温/℃	年均相对湿度/%	年均降水量/mm	年均日照/(W/m²)
范围	-19.9~21.0	6.1~29.4	-1.3~25.3	45.5~84.2	169~2471	72.6~174.5
主要土壤类型	始成土、淋溶土、强淋溶土、人为土、高活性强酸土、灰壤、潜育土等					

◎【全球产地生态适宜性数值分析】

GMPGIS 系统分析结果显示（图 25-1 和图 25-2），灯心草在全球最大的生态相似度区域主要分布于 102 个国家，主要为俄罗斯、美国、中国、加拿大和哈萨克斯坦。其中最大的生态相似度区域面积最大的国家为俄罗斯，为 6988263.1km²，占全部面积的 7.6%。

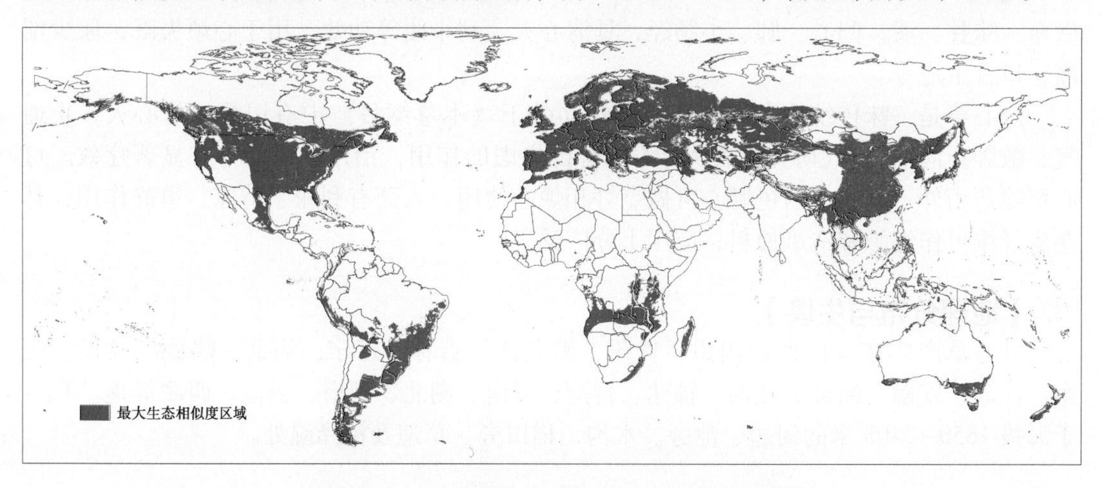

图 25-1 灯心草最大生态相似度区域全球分布图

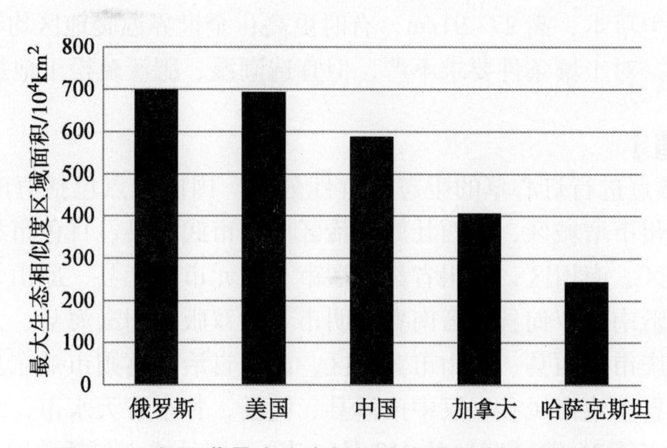

图 25-2 灯心草最大生态相似度主要国家地区面积图

◎【中国产地生态适宜性数值分析】

GMPGIS 系统分析结果显示（图 25-3、图 25-4 和表 25-2），灯心草在我国最大的生态相似度区域主要分布在内蒙古、新疆、四川、西藏、云南、黑龙江等地。其中最大生态相似度区域面积最大的为内蒙古自治区，为 908660.0km^2，占全部面积的 15.3%；其次为新疆维吾尔自治区，最大生态相似度区域面积为 555069.0km^2，占全部的 9.3%。所涵盖县（市）个数分别为 82 个和 81 个。

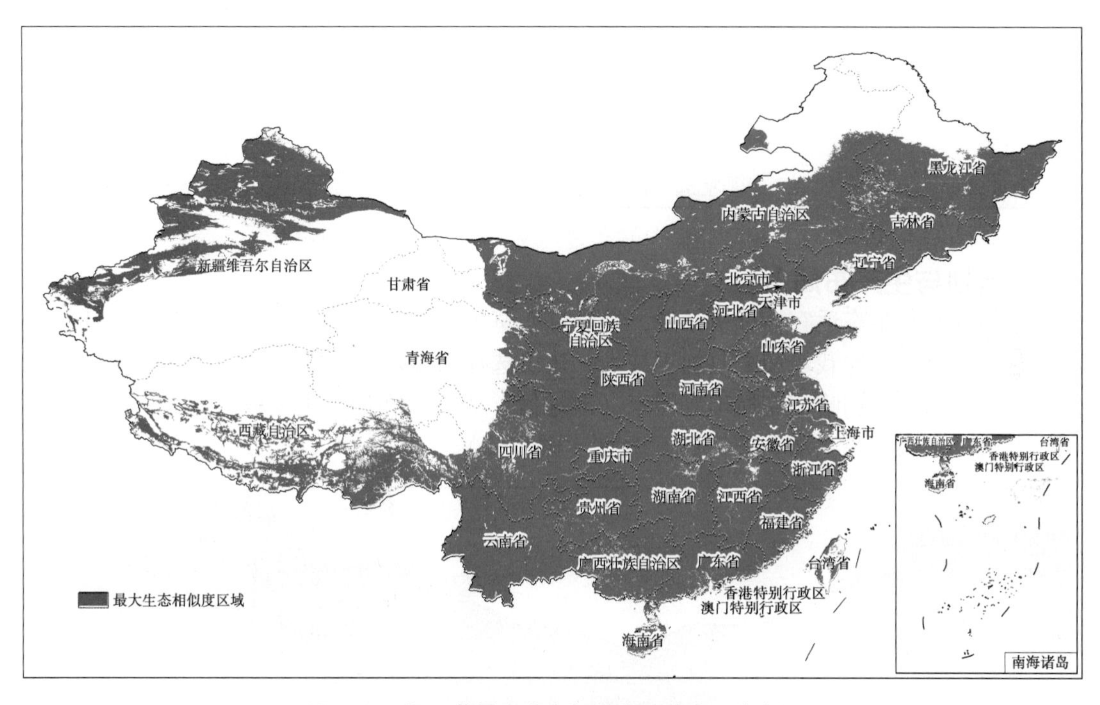

图 25-3　灯心草最大生态相似度区域全国分布图

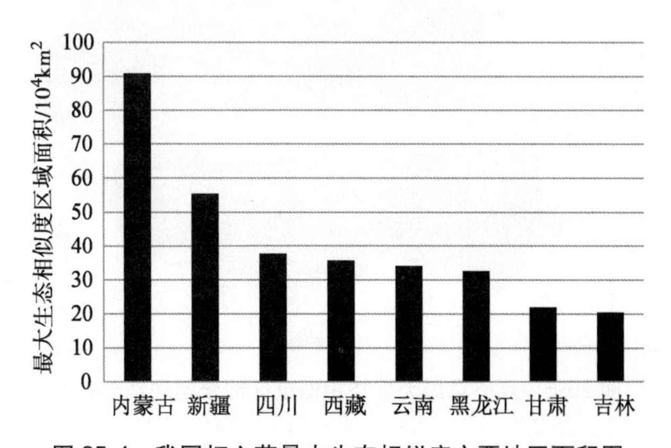

图 25-4　我国灯心草最大生态相似度主要地区面积图

表 25-2　我国灯心草最大生态相似度主要区域

省（区）	县（市）数	主要县（市）	面积/km²
内蒙古	82	阿拉善、阿巴嘎、扎鲁特、科尔沁、苏尼特等	908660.0
新疆	81	福海、富蕴、托里、奇台、青河、巴楚等	555069.0
四川	102	理塘、雅江、阿坝、米易、青川、苍溪等	376791.6
西藏	88	聂拉木、林芝、米林、墨脱、波密、察隅等	356853.1
云南	91	玉龙、德钦、广南、富宁、景洪、勐腊等	340597.3
黑龙江	77	宝清、富锦、尚志、林口、海林、东宁等	326403.5

◎【区划与生产布局】

根据灯心草生态适宜性分析结果，结合灯心草生物学特性，并考虑自然条件、社会经济条件、药材主产地栽培和采收加工技术，建议选择引种栽培研究区域主要以俄罗斯、美国、中国、加拿大和哈萨克斯坦等国家（或地区）为宜，在国内主要以内蒙古、新疆、四川、西藏、云南、黑龙江等省（区）为宜（图 25-5）。

图 25-5　灯心草最大生态相似度区域全国局部分布图

◎【品质生态学研究】

灯心草在我国分布十分广泛，遍及多个省区，各地区产灯心草在其主要化学成分含量存有差异，据报道，郭珍玉等（2014）对比了江西省抚州市荣山镇和湖南省安仁县龙市乡两产地灯心草中菲类化合物的含量比较和积累规律研究；对于科学认识不同产地灯心草药材的品

质和产量，规范化种植灯心草具有十分重要的理论和实践意义，为灯心草药材综合质量分析与评价提供科学支撑，为进一步扩大灯心草药材质量资源的开发和利用提供科学依据。

◎ 参考文献

郭珍玉. 两产地灯心草中非类化合物的含量比较和积累规律研究［D］. 北京：北京中医药大学，2014.

26. 声色草 Shengsecao

POLYCARPAEAE CORYMBOSAE HERBA

本品为石竹科植物白鼓钉 *Polycarpaea corymbosa*（L.）Lam. 的干燥全草。别名广白头翁、满天星草、星色草、白花仔等。《广东省中药材标准》（第二册）收载。声色草性微寒，味甘、淡，归胃、膀胱经，具清热解毒、利湿、化积等功效。用于暑湿泄泻，热毒泻痢，热淋涩痛，腹水鼓胀，小儿疳积，痈疽肿毒等。

声色草在广东、福建、台湾一带作白头翁入药，称为“广白头翁”。目前药材来源主要为野生资源。

◎【地理分布与生境】

白鼓钉分布于广东、广西、海南、福建、云南、江西等地。亚洲、澳洲、美洲热带地区均广为分布。生于沿海空旷沙滩及丘陵、山坡的沙质草地上。

◎【生物学及栽培特性】

白鼓钉为一年生草本。目前尚未有人工栽培研究。

◎【生态因子值】

选取 97 个样点进行白鼓钉的生态适宜性分析。包括四川省乐山市，江西省九江市星子县、庐山区，河南省信阳市新县，海南省乐东黎族自治县，广西壮族自治区北海市海城区、北海市合浦县、柳州市柳北区，广东省珠海市香洲区、揭阳市惠来县、汕尾市海丰县，福建省厦门市同安区，浙江省宁波市北仑区等 10 省（区）的 29 县（市）。

GMPGIS 系统分析结果显示（表 26-1），白鼓钉在主要生长区域生态因子范围为：最冷季均温 3.7~26.1℃；最热季均温 17.0~32.9℃；年均温 12.8~28.4℃；年均相对湿度 36.3%~78.3%；年均降水量 460~2616 mm；年均日照 124.6~211.6W/m^2。主要土壤类型为铁铝土、人为土、强淋溶土、始成土等。

表 26-1　白鼓钉主要生长区域生态因子值

主要气候因子数值	最冷季均温/℃	最热季均温/℃	年均温/℃	年均相对湿度/%	年均降水量/mm	年均日照/（W/m^2）
范围	3.7~26.1	17.0~32.9	12.8~28.4	36.3~78.3	460~2616	124.6~211.6
主要土壤类型	铁铝土、人为土、强淋溶土、始成土等					

◎【中国产地生态适宜性数值分析】

GMPGIS 系统分析结果显示（图 26-1、图 26-2 和表 26-2），白鼓钉在我国最大的生态相似度区域主要分布在云南、广西、湖南、广东、江西、湖北、福建等地。其中最大生态相似度区域面积最大的为云南省，为 233671. 1km²，占全部面积的 15. 5%。其次为广西壮族自治区，最大生态相似度区域面积 191171. 3km²，占全部的 12. 7%。所涵盖县（市）个数分别为 126 个和 88 个。

图 26-1　白鼓钉最大生态相似度区域全国分布图

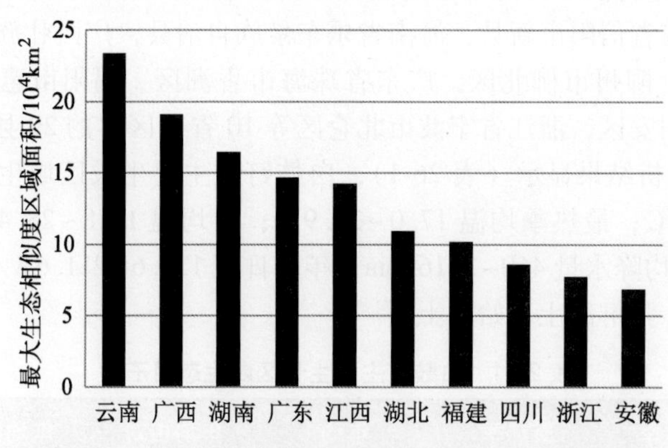

图 26-2　我国白鼓钉最大生态相似度主要地区面积图

表 26-2 我国白鼓钉最大生态相似度主要区域

省（区）	县（市）数	主要县（市）	面积/km²
云南	126	澜沧、墨江、富宁、景洪、广南、砚山等	233671.1
广西	88	金城江、苍梧、南宁、藤县、南丹、兴宾等	191171.3
湖南	102	衡南、永州、浏阳、会同、桂阳、长沙等	164507.5
广东	88	梅县、佛山、英德、韶关、东源、龙川等	146795.5
江西	91	赣县、瑞金、于都、会昌、永丰、宁都等	142455.7
湖北	77	武汉、襄阳、钟祥、仙桃、宜城、天门等	109267.9
福建	68	建阳、宁化、上杭、武平、延平、长汀等	101756.0

◎【区划与生产布局】

根据白鼓钉分析结果，结合白鼓钉生物学特性，并考虑自然条件、社会经济条件、药材主产地栽培和采收加工技术，建议选择引种栽培研究区域主要以云南、广西、湖南、广东、江西、湖北、福建等省（区）为宜（图 26-3）。

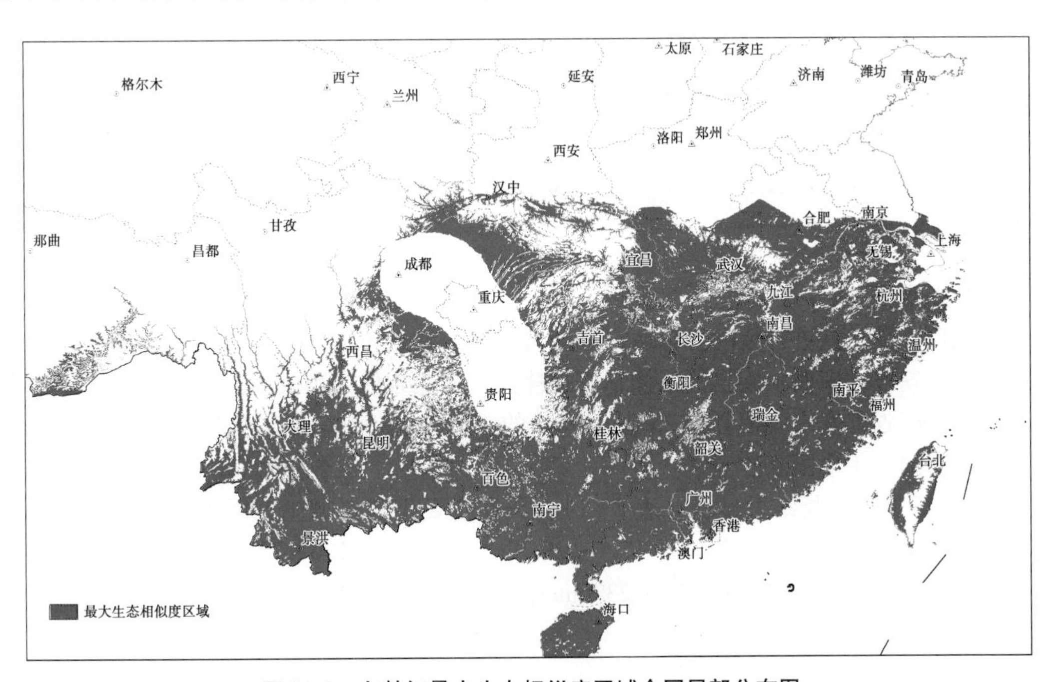

图 26-3 白鼓钉最大生态相似度区域全国局部分布图

27. 芡实 Qianshi

EURYALES SEMEN

本品为睡莲科植物芡 *Euryale ferox* Salisb. 的干燥成熟种仁。别名鸡头米、鸡头、卯菱、鸡癕、鸡头实、雁喙实、雁头、乌头、芳子、鸿头、水流黄、水鸡头、肇实、刺莲藕、刀芡实、鸡头果、苏黄、黄实、鸡咀莲、鸡头苞、刺莲蓬实等。2015 年版《中华人民共和国药典》（一部）收载。芡实性平，味甘、涩，归脾、肾经，具益肾固精、补脾止泻、除湿止带等功效。用于遗精滑精，遗尿尿频，脾虚久泻，白浊，带下等。

芡实是传统的中药材和珍贵的天然补品，营养成分丰富，药理作用和保健作用较为广泛。芡实有南芡和北芡之分。北芡，也称刺芡，有野生和栽培，主产于山东、皖北及苏北一带，全国各地均有种植，其植株茎、叶、果均密生刚刺，多在果实老熟后一次性采收，种子粒小，灰绿色，壳薄，米仁小，性粳，品质差，产量低。南芡也称苏芡，为人工培育而成的栽培种，原产苏州郊区，现全国各地均有引种，主产于湖南、广东、皖南及苏南一带，以江苏省苏州市黄天荡一带栽培的为代表，历史悠久，在国内外享有很高的声誉，被称为南荡芡实，其植株除叶缘和叶背、叶脉上有稀疏刺毛外，果实无刺但密生茸毛，种子粒大，褐黄色，壳较厚且周边厚薄不匀，米仁大，性糯，品质佳，产量较高。

◎【地理分布与生境】

芡产自我国南北各省，从黑龙江至云南、广东。孟加拉国、印度、日本、韩国、俄罗斯（西部）。生在池塘、湖沼中。

◎【生物学及栽培特征】

芡为一年生水生草本，喜温暖湿润气候，阳光充足。芡适宜在池塘、水库、沟渠、沼泽地及湖泊中生长。水底土壤以疏松、中等肥沃的黏泥为好。带沙性的溪流和酸性大的污染水塘不宜栽种。

◎【生态因子值】

选取 201 个样点进行芡的生态适宜性分析。国内样点包括安徽省宣城市广德县，广东省肇庆市鼎湖区，广西壮族自治区桂林市临桂县，河北省保定市安新县，湖北省锦州市十里铺镇、江西省吉安市安福县等 25 省（区）的 103 县（市）。国外样点包括日本、印度、新西兰、韩国等 4 个国家。

GMPGIS 系统分析结果显示（表 27-1），芡在主要生长区域生态因子范围为：最冷季均温 -23.6～18.6℃；最热季均温 17.6～29.9℃；年均温 -1.6～25.1℃；年均相对湿度 54.4%～78.3%；年均降水量 315～2376mm；年均日照 119.1～181.6W/m^2。适宜水深 60～90cm。

表 27-1　芡主要生长区域生态因子值

主要气候因子数值	最冷季均温/℃	最热季均温/℃	年均温/℃	年均相对湿度/%	年均降水量/mm	年均日照/（W/m^2）
范围	-23.6～18.6	17.6～29.9	-1.6～25.1	54.4～78.3	315～2376	119.1～181.6
适应水深	60～90cm					

因芡为水生植物，其生长条件除了与温度、光照等环境因素有关外，还与水深密切相关，而 GMPGIS 系统数据库中没有该项数据，因此不对其做产地生态适宜性分析。

◎【品质生态学研究】

吴启南研究组对芡实药材的质量控制进行了系统研究，利用红外光谱技术，建立了基于近红外（near infrared，NIR）指纹图谱的快速分析方法，可快速无损地对不同产地的芡实进行了聚类分析；并利用高效液相色谱技术建立起14个不同产地芡实的指纹图谱及柚皮素成分的定量分析方法，能够快速稳定鉴别药材的质量；采用X线衍射傅立叶图谱分析法，判别出芡实中所含淀粉属于A型淀粉，制定了标准药材粉末的结晶度，可作为中药芡实的品质评价依据。

◎ 参考文献

[1] 陈蓉，陈伟，吴启南. 基于近红外指纹图谱的芡实药材快速分析［J］. 医药导报，2014，33（05）：653-657.

[2] 陈蓉，吴启南，沈蓓. 不同产地芡实氨基酸组成分析与营养价值评价［J］. 食品科学，2011，32（15）：239-244.

[3] 沈蓓，吴启南，陈蓉，等. 芡实的现代研究进展［J］. 西北药学杂志，2012，27（02）：185-187.

[4] 苏州市蔬菜研究所. 苏州水生蔬菜实用大全［M］. 南京：江苏科学技术出版社，2005.

[5] 杨晓曦，张庆林. 中药芡实的研究进展［J］. 国际药学研究杂志，2015：42（2）：160-164.

[6] 俞乐，袁伟超，周子杰，等. 不同产地芡实种仁中蛋白质与淀粉组分差异性研究［J］. 广东农业科学，2014，41（24）：28-32，2.

[7] 张然，王晶，张悦，等. 不同产地芡实营养成分分析［J］. 粮油加工，2010，（11）：68-71.

28. 杧果核 Mangguohe

本品为漆树科植物杧果 *Mangifera indica* L. 的干燥果核。别名芒果核、芒核、香芒核等。《广东中药志》（第一册）收载。杧果核性平，味酸、涩，归肺、胃、肝经，具行气散结、化痰消滞等功效。用于外感食滞引起的咳嗽痰多，胃脘饱胀，疝气痛等。

杧果为热带著名水果，汁多味美，还可制罐头和果酱或盐渍供调味，亦可酿酒。广东地区用其核入药，具有清热消滞的功效。杧果核于《岭南采药录》记载“能消食滞”，在《南宁市药物志》记载“治疝痛”；故常用于治疗疝气、食滞。叶、果皮亦入药，叶和树皮也可作黄色染料。木材坚硬，耐海水，宜作舟车或家具等。树冠球形，常绿，郁闭度大，为热带良好的庭院和行道树种。本种国内外已广为栽培，并培育出百余个品种，仅我国目前栽培的已达40余个品种之多。

◎【地理分布与生境】

杧果产福建、广东、广西、台湾、云南等地，在印度、孟加拉国、中南半岛和马来西亚等东南亚地区也有分布。喜生于海拔200~1350米的山坡，河谷或旷野的林中。

◎【生物学及栽培特性】

杧果为热带常绿大乔木，性喜温暖，不耐寒霜，喜光；在平均气温20~30℃时生

长良好，气温降到18℃以下时生长缓慢，10℃以下停止生长；最适宜的年降雨量范围为800~2500mm；对土壤要求不严，以土层深厚、地下水位低、有机质丰富、排水良好、质地疏松的壤土和砂质壤土为理想，在微酸性至中性、pH 5.5~7.5的土壤生长良好。

◎【生态因子值】

选取176个样点进行杧果的生态适宜性分析。包括云南省临沧市凤庆县、普洱市景东县、西双版纳州勐腊县、怒江州泸水县，海南省澄迈县、儋州市、乐东县、万宁市，广西壮族自治区玉林市博白县、北海市合浦县、陆川县、百色市那坡县，广东省信宜市、惠州市鼎湖区、湛江市，福建省莆田市仙游县、厦门市集美区、漳州市及台湾台南县等6省(区)的65县(市)。

GMPGIS系统分析结果显示(表28-1)，杧果在主要生长区域生态因子范围为：最冷季均温7.9~26.8℃；最热季均温17.7~31.2℃；年均温13.5~28.2℃；年均相对湿度61.1%~81.4%；年均降水量900~4640mm；年均日照127.7~196.2W/m^2。主要土壤类型为强淋溶土、人为土、铁铝土、始成土、冲积土、潜育土、高活性强酸土等。

表28-1 杧果主要生长区域生态因子值

主要气候因子数值	最冷季均温/℃	最热季均温/℃	年均温/℃	年均相对湿度/%	年均降水量/mm	年均日照/(W/m^2)
范围	7.9~26.8	17.7~31.2	13.5~28.2	61.1~81.4	900~4640	127.7~196.2
主要土壤类型	强淋溶土、人为土、铁铝土、始成土、冲积土、潜育土、高活性强酸土等					

◎【中国产地生态适宜性数值分析】

GMPGIS系统分析结果显示(图28-1、图28-2和表28-2)，杧果在我国最大的生态相似度区域主要分布在云南、广西、广东、福建、贵州、江西等地。其中最大生态相似度区域面积最大的为云南省，为213108.2km^2，占全部面积的26.2%；其次为广西壮族自治区，最大生态相似度区域面积为179195.9km^2，占全部的22%。所涵盖县(市)个数分别为109个和85个。

表28-2 我国杧果最大生态相似度主要区域

省(区)	县(市)数	主要县(市)	面积/km^2
云南	109	澜沧、广南、富宁、景洪、勐腊、墨江等	213108.2
广西	85	金城江、苍梧、南宁、藤县、西林、钦州等	179195.9
广东	88	佛山、梅县、英德、惠东、东源、韶关等	150985.9
福建	68	上杭、漳平、永定、武平、尤溪、延平等	92309.4
贵州	20	兴义、册亨、望谟、安龙、紫云、镇宁等	49423.9
江西	45	瑞金、会昌、赣县、寻乌、于都、信丰等	47475.9

图 28-1　杧果最大生态相似度区域全国分布图

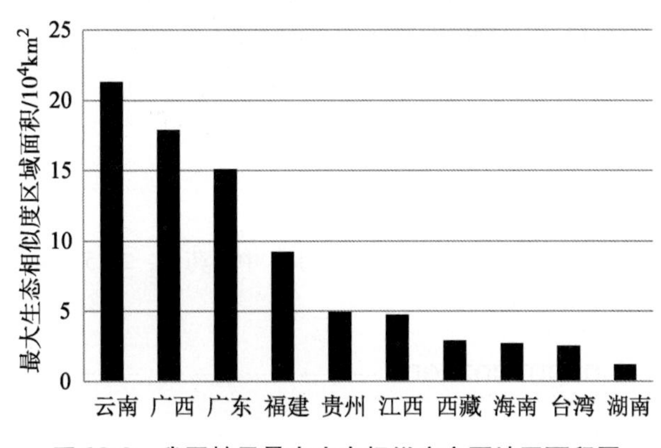

图 28-2　我国杧果最大生态相似度主要地区面积图

◎【区划与生产布局】

根据杧果生态适宜性分析结果，结合杧果生物学特性，并考虑自然条件、社会经济条件、药材主产地栽培和采收加工技术，建议选择引种栽培研究区域主要以云南、广西、广东、福建、贵州、江西、西藏、海南等省（区）为宜（图 28-3）。

◎【品质生态学研究】

我国是杧果种植大国，年产量居世界第二，同时也是世界最大的芒果市场。陈丹等（2015）以广东、湖南等不同批次杧果核药材为研究对象，采用薄层色谱法、高效液相色

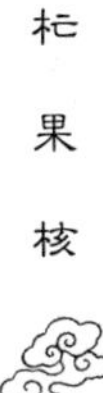

谱法、水分测定法、灰分测定法及浸出物测定法对其进行质量标准的研究，可作为测定杧果核药材质量标准的参考依据。

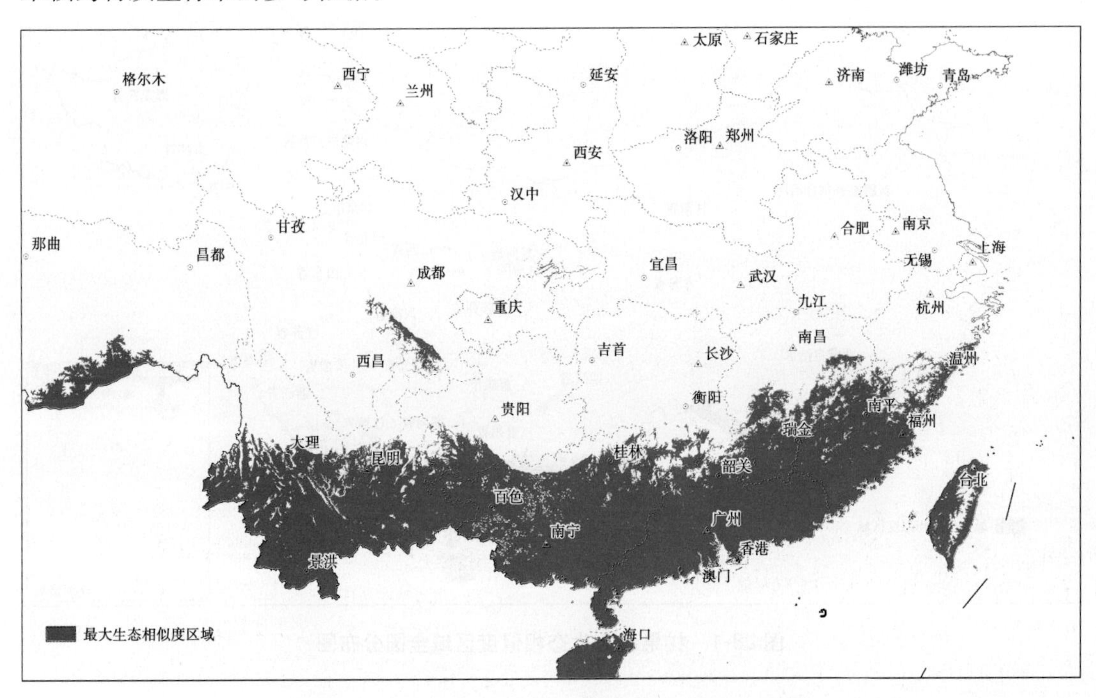

图 28-3　杧果最大生态相似度区域全国局部分布图

◎ 参考文献

陈丹，史蕾喆，李柯，等. 杧果核药材质量标准研究［J］. 中国药业，2015，24（21）：117-119.

29. 两面针 Liangmianzhen

ZANTHOXYLI RADIX

本品为芸香科植物两面针 *Zanthoxylum nitidum*（Roxb.）DC. 的干燥根。别名蔓椒、猪椒、豨椒、金椒、金牛公、山椒、上山虎、出山虎、入山虎等。2015 年版《中华人民共和国药典》（一部）收载。两面针性平，味苦、辛，有小毒，归肝、胃经，具活血化瘀、行气止痛、祛风通络、解毒消肿等功效。用于跌扑损伤，胃痛，牙痛，风湿痹痛，毒蛇咬伤等；外治烧烫伤等。

两面针是我国传统中药，是广西主产的道地药材。《广西中药材标准》1990 年版、1996 年版收载两面针为根、茎或全株入药；《广东省中药材标准》（第二册）收载该药材为“入地金牛（两面针）”，以根及茎入药。两面针有广泛的药理作用和应用范围，据统计，以两面针作为原料的中成药就有 63 种之多，每年需求量高达 2000 吨以上。近年来以两面针为原料的中成药、功能性日化品等的需求量不断增加，致使两面针药材资源紧缺。

长期以来，两面针药材的应用几乎全部靠采挖野生资源，然而由于两面针主要生长在农林用地的交接地段，随着农林产业结构的不断调整，近年来毁林开荒种植经济果林等活动日益频繁，致使两面针生境遭受严重破坏，加上过度采挖，导致资源急剧下降，两面针的人工栽培已刻不容缓。经过多年对两面针的野生变人工栽培、良种选育及规范化种植技术的研究，现已取得一定成果。目前，已在广西南宁市郊区、广东省平远县建设有两面针规范化种植示范基地。

◎【地理分布与生境】

两面针产我国福建、广东、广西、贵州、海南、湖南、台湾、云南、浙江等地。印度、印度尼西亚、日本（琉球群岛）、马来西亚、缅甸、尼泊尔、新几内亚、菲律宾、泰国、越南、澳大利亚，太平洋岛屿有分布。多生于低丘陵坡地灌木丛中、路旁等向阳地，并以湿度较大的溪边或路旁杂灌丛中为多。

◎【生物学及栽培特性】

两面针为多年生攀缘木质藤本植物，喜温暖湿润的气候环境，宜选择排水和透气性能良好、土层疏松深厚、肥沃湿润、土壤 pH 为 5.0~7.0 的砂质壤土或富含腐殖质的砂质黑壤土种植。两面针育苗有种子繁殖、扦插繁殖和组织培养三种方法，种子繁殖是两面针主要繁殖方法。两面针种植宜采用一、四制方式，即育苗一年，移栽后四年收获。两面针 2~3 年生开花，不作种子田的地块应在花蕾期及时摘蕾，防止养分的消耗，增加根系的产量，提高质量。当枝条密集丛生时，应在冬季休眠期将老枝、弱枝、病枝和枯枝剪掉，促其生发新枝，修剪时应尽可能保持有效叶片。两面针是根部入药，当新枝长到 2m 左右时应打顶，以利主茎和根系生长发育，提高药材产量与质量。

◎【生态因子值】

选取 440 个样点进行两面针的生态适宜性分析。国内样点包括云南省文山州富宁县、西双版纳州勐海县勐海镇、勐腊县勐仑镇，广西壮族自治区河池市都安县、崇左市宁明县、玉林市博白县，湖南省武冈市云山、邵阳市新宁县，广东省惠州市博罗县、深圳市盐田区、湛江市徐闻县，贵州省铜仁市江口县等 11 省（区）的 453 县（市）。国外样点包括越南、印度尼西亚和柬埔寨。

GMPGIS 系统分析结果显示（表 29-1），两面针在主要生长区域生态因子范围为：最冷季均温-0.1~24.3℃；最热季均温 16.3~29.4℃；年均温 9.3~25.9℃；年均相对湿度 55.1%~78.3%；年均降水量 836~3551mm；年均日照 122.6~177.9W/m^2。主要土壤类型为强淋溶土、人为土、始成土、铁铝土等。

表 29-1　两面针主要生长区域生态因子值

主要气候因子数值	最冷季均温/℃	最热季均温/℃	年均温/℃	年均相对湿度/%	年均降水量/mm	年均日照/(W/m^2)
范围	-0.1~24.3	16.3~29.4	9.3~25.9	55.1~78.3	836~3551	122.6~177.9
主要土壤类型	强淋溶土、人为土、始成土、铁铝土等					

◎【全球产地生态适宜性数值分析】

GMPGIS 系统分析结果显示（图 29-1 和图 29-2），两面针在全球最大的生态相似度区域分布于 109 个国家，主要为巴西、中国、美国和刚果。其中最大生态相似度区域面积最大的国家为巴西，为 2701750. 1km²，占全部面积的 20. 1%。

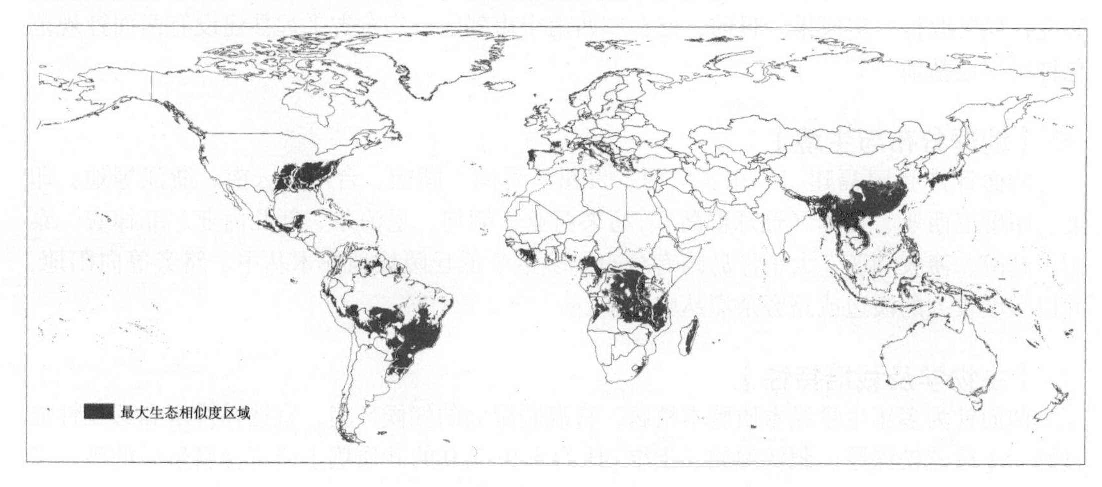

图 29-1　两面针最大生态相似度区域全球分布图

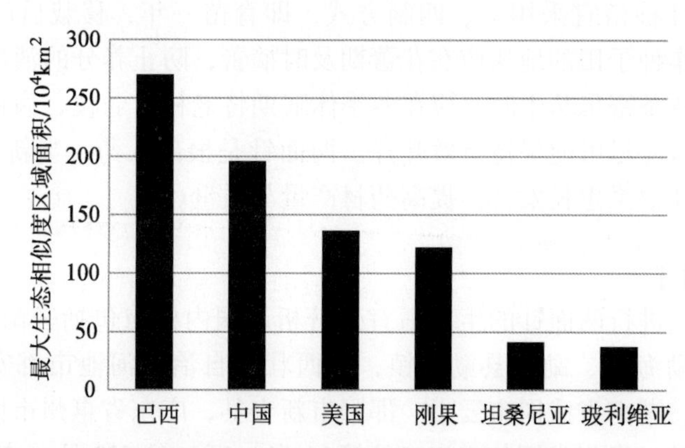

图 29-2　两面针最大生态相似度主要国家地区面积图

◎【中国产地生态适宜性数值分析】

GMPGIS 系统分析结果显示（图 29-3、图 29-4 和表 29-2），两面针在我国最大的生态相似度区域主要分布在云南、广西、湖南、湖北、广东、江西、贵州、四川等地。其中最大生态相似度区域面积最大的为云南省，为 292385. 8km²，占全部面积的 14. 6%；其次为广西壮族自治区，最大生态相似度区域面积为 207569. 7km²，占全部的 10. 4%。所涵盖县（市）个数分别为 125 个和 88 个。

表 29-2　我国两面针最大生态相似度主要区域

省（区）	县（市）数	主要县（市）	面积/km²
云南	125	澜沧、广南、富宁、景洪、勐腊、墨江等	292385. 8
广西	88	金城江、苍梧、融水、八步区、南丹、南宁等	207569. 7

续表

省（区）	县（市）数	主要县（市）	面积/km^2
湖南	102	安化、浏阳、石门、沅陵、桃源、永州等	189470.1
湖北	77	利川、武汉、曾都区、房县、竹山、恩施等	156003.0
广东	88	梅县、佛山、英德、韶关、惠东、阳山等	149418.9
江西	91	遂川、宁都、武宁、赣县、瑞金、修水等	144963.5
贵州	81	从江、水城、松桃、黎平、习水、天柱等	143782.6
四川	111	万源、宜宾、宣汉、合江、叙永、达县等	143537.3

图 29-3　两面针最大生态相似度区域全国分布图

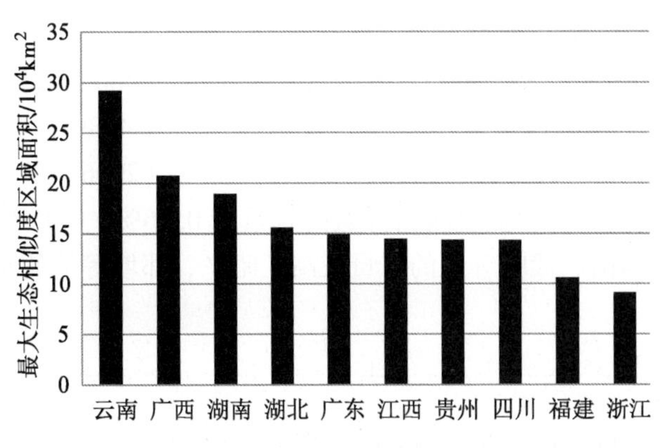

图 29-4　我国两面针最大生态相似度主要地区面积图

◎【区划与生产布局】

根据两面针生态适宜性分析结果，结合两面针生物学特性，并考虑自然条件、社会经济条件、药材主产地栽培和采收加工技术，建议选择引种栽培研究区域主要以巴西、中国、美国、刚果等国家（或地区）为宜，在国内主要以云南、广西、湖南、湖北、广东、江西、贵州、四川等省（区）为宜（图 29-5）。

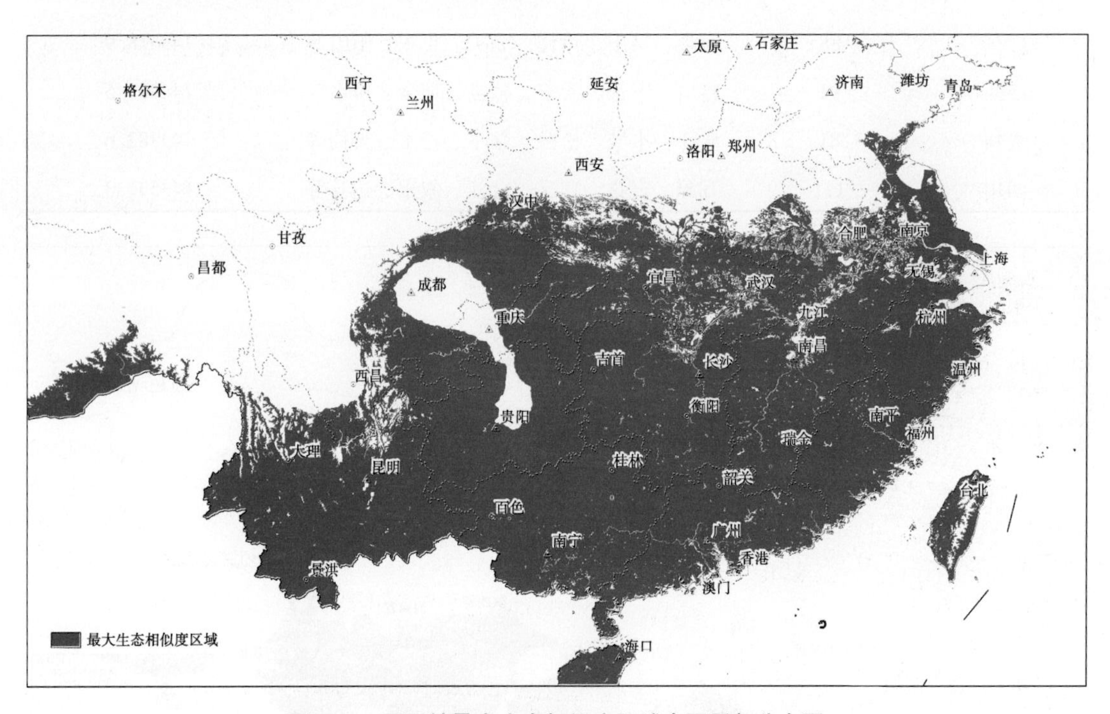

图 29-5　两面针最大生态相似度区域全国局部分布图

◎【品质生态学研究】

两面针分布于我国热带及亚热带地区，为我国药用植物，该植物在岭南地区分布较广泛，适应性强，虽不属于濒危物种，但目前资源量已明显减少。刘绍华等（2005a）对广西 10 个不同产地的两面针进行活性成分检测，发现氯化两面针碱和 L-芝麻脂素的含量差别都较大，广西百色的两面针中氯化两面针碱含量（0.467%）和 L-芝麻脂素（0.160%）的含量均最高，广西金秀的两面针中氯化两面针碱含量（0.0490%）和 L-芝麻脂素（0.0370%）的含量均最低。又对不同产地两面针根中的新棒状花椒酰胺进行了含量测定（2005b），结果发现采自广西金秀的样品含量最高，为 0.468%，其次是百色样品，为 0.156%，含量最低的是桂林样品，为 0.009%。覃兰芳等（2006）的研究结果表明，广西省内 10 个不同产地的两面针，氯化两面针碱的含量为 0.36%~1.03%，含量差异比较大，其中以邕宁、靖西、马山、武鸣等地的含量较高，昭平、那坡等地的含量较低。

◎ 参考文献

[1] 冯洁，黄文琦，王冬梅，等. 不同产地两面针根药材中微量元素的含量测定［J］. 光谱实验室，2012，29（03）：1696-1701.

[2] 韩正洲，谈英，覃兰芳，等. 两面针野生品与栽培品质量比较研究［J］. 现代中药研究与实践，2013，27（2）：65-66.
[3] 雷欣潮，杨焕琪，赖茂祥，等. 广西不同产区两面针 HPLC 指纹图谱研究［J］. 中草药，2012，43（05）：1003-1008.
[4] 刘绍华，覃青云，方堃，等. 广西十个不同产地的两面针中活性成分的分析［J］. 广西植物，2005a，（06）：591-595.
[5] 刘绍华，覃青云，唐献兰，等. HPLC 法测定广西十个不同产地两面针中新棒状花椒酰胺的含量［J］. 天然产物研究与开发，2005b，（03）：337-339.
[6] 谈英. 三九胃泰主要原料"两面针"资源的科学合理开发利用研究［D］. 广州：广州中医药大学，2011.
[7] 向巧彦，黄夕洋，李虹，等. 广西药用植物两面针遗传多样性的 ISSR 分析［J］. 广西科学，2014，21（5）：541-549.
[8] 余丽莹. 中药材两面针种质资源的研究［D］. 北京：中国协和医科大学，2007.

30. 连钱草 Lianqiancao

GLECHOMAE HERBA

本品为唇形科植物活血丹 *Glechoma longituba*（Nakai）Kupr. 的干燥地上部分。别名透骨消、活血丹、金钱草、驳骨消、通骨消等。2015 年版《中华人民共和国药典》（一部）收载。连钱草性微寒，味辛、微苦，归肝、肾、膀胱经，具利湿通淋、清热解毒、散瘀消肿等功效。用于热淋，石淋，湿热黄疸，疮痈肿痛，跌打损伤等。

连钱草始载于《本草纲目拾遗》，赵学敏取名为金钱草，此后《植物名实图考》作者吴其浚又取名为活血丹。目前，由于其生长环境的破坏和过度开采，野生活血丹已不能满足市场需求。我国陕西南部、湖北西部地区有人工栽培。

◎【地理分布与生境】

活血丹除青海、甘肃、新疆及西藏外，全国各地均产。喜生于林缘、疏林下、草地中、溪边等阴湿处，海拔 50~2000 米。俄罗斯、朝鲜也有分布。

◎【生物学及栽培特性】

活血丹为多年生草本，喜温暖潮湿，耐寒，生于田野、林缘、路边、林间草地、溪边河畔或村旁阴湿草丛中；对土壤要求不严，但以疏松、肥沃、排水良好的砂质壤土为佳，不宜黏土种植，喜光喜肥，怕积水；适宜在温暖、湿润的气候条件下生长。

◎【生态因子值】

选取 598 个样点进行活血丹的生态适宜性分析。包括陕西省安康市宁陕县、汉中市黄陵县、宝鸡市眉县，广东省韶关市乳源县，安徽省池州市青阳县、宣城市泾县，辽宁省丹东市凤城市，福建省三明市将乐县，广西壮族自治区柳州市融水县、百色市那坡县，贵州省铜仁市松桃县、江口县，贵阳市南明区等 22 省（区）的 231 县（市）。

GMPGIS 系统分析结果显示（表 30-1），活血丹在主要生长区域生态因子范围为：最

冷季均温-22.4~17.1℃；最热季均温8.8~29.0℃；年均温-0.7~23.3℃；年均相对湿度50.7%~77.0%；年均降水量356~3551mm；年均日照117.6~157.5W/m²。主要土壤类型为淋溶土、强淋溶土、始成土、人为土、高活性强酸土、冲积土、黏磐土等。

表30-1 活血丹主要生长区域生态因子值

主要气候因子数值范围	最冷季均温/℃	最热季均温/℃	年均温/℃	年均相对湿度/%	年均降水量/mm	年均日照/(W/m²)
	-22.4~17.1	8.8~29.0	-0.7~23.3	50.7~77.0	356~3551	117.6~157.5
主要土壤类型	淋溶土、强淋溶土、始成土、人为土、高活性强酸土、冲积土、黏磐土等					

◎【全球产地生态适宜性数值分析】

GMPGIS系统分析结果显示（图30-1和图30-2），活血丹在全球最大的生态相似度区域分布于75个国家，主要为中国、美国、俄罗斯和加拿大。其中最大生态相似度区域面积最大的国家为中国，为3922681.1km²，占全部面积的28.5%。

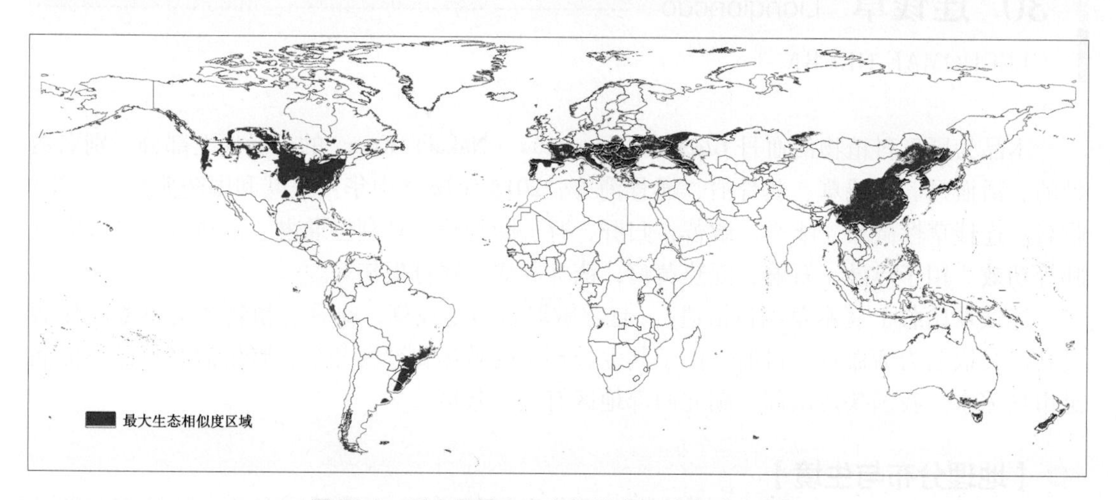

图30-1 活血丹最大生态相似度区域全球分布图

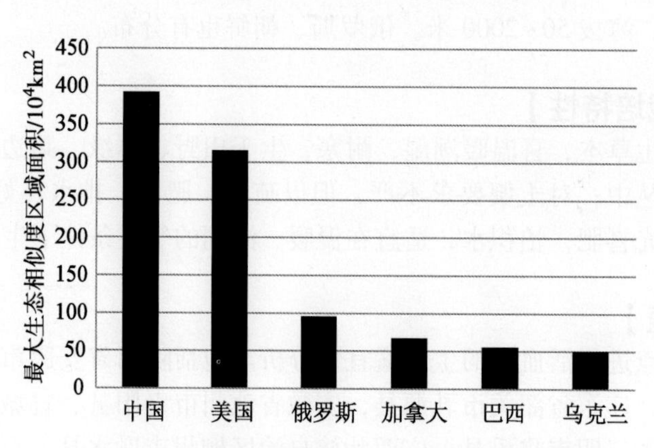

图30-2 活血丹最大生态相似度主要国家地区面积图

◎【中国产地生态适宜性数值分析】

GMPGIS 系统分析结果显示（图 30-3、图 30-4 和表 30-2），活血丹在我国最大的生态相似度区域主要分布在黑龙江、云南、四川、广西、吉林、湖南等地。其中最大生态相似度区域面积最大的为黑龙江省，为 356863.8km^2，占全部面积的 9.1%；其次为云南省，最大生态相似度区域面积为 329910.8km^2，占全部面积的 8.4%。所涵盖县（市）个数为 76 个和 126 个。

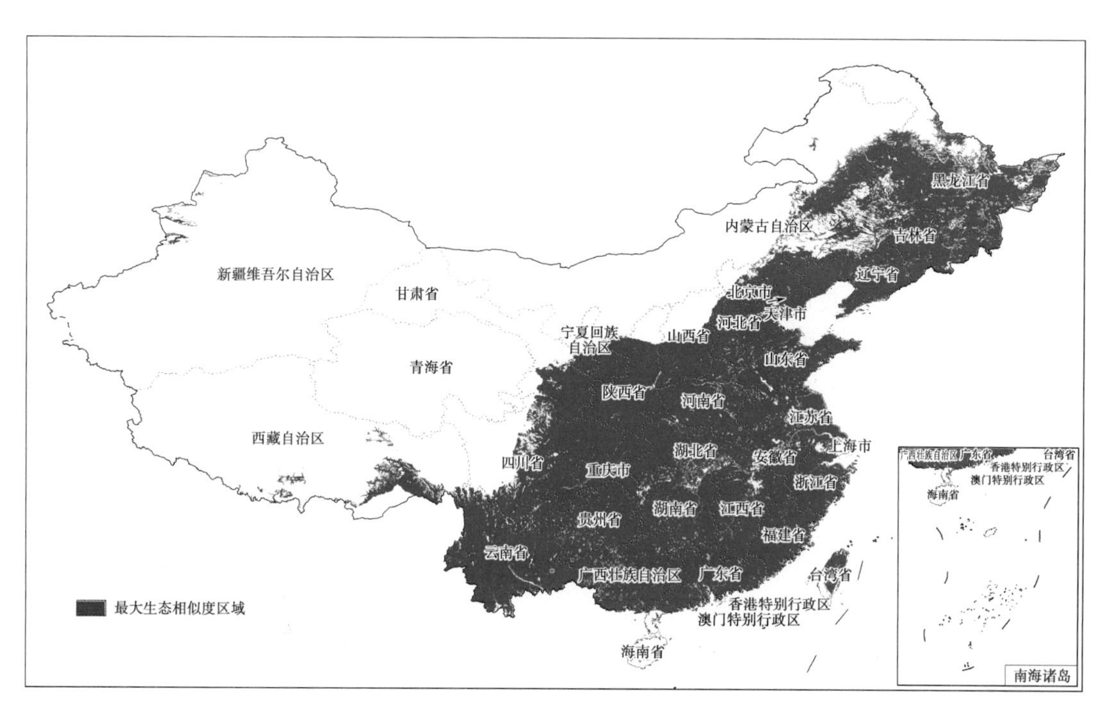

图 30-3　活血丹最大生态相似度区域全国分布图

表 30-2　我国活血丹最大生态相似度主要区域

省（区）	县（市）数	主要县（市）	面积/km^2
黑龙江	76	五常、宝清、虎林、尚志、林口、海林等	356863.8
云南	126	玉龙、广南、澜沧、富宁、宁蒗、云龙等	329910.8
四川	148	盐源、万源、木里、会理、青川、平武等	269520.7
广西	88	金城江、苍梧、融水、八步区、南宁、西林等	201515.0
吉林	49	敦化、汪清、安图、永吉、珲春、桦甸等	187677.1
湖南	102	安化、浏阳、石门、沅陵、永州、溆浦等	184038.6

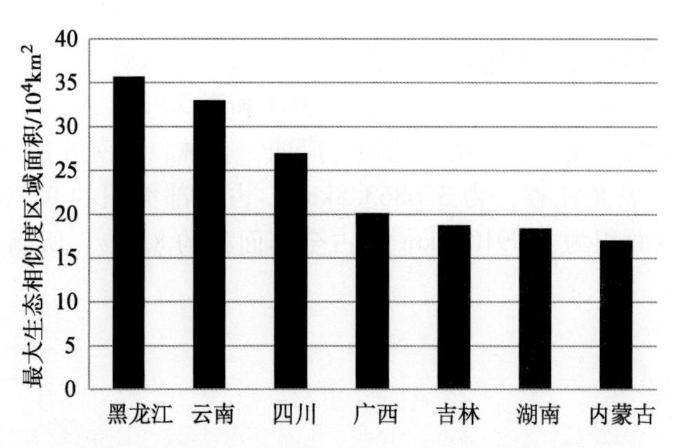

图 30-4　我国活血丹最大生态相似度主要地区面积图

◎【区划与生产布局】

根据活血丹生态适宜性分析结果，结合活血丹生物学特性，并考虑自然条件、社会经济条件、药材主产地栽培和采收加工技术，建议选择引种栽培研究区域主要以中国、美国、俄罗斯、加拿大等国家（或地区）为宜，在国内主要以黑龙江、云南、四川、广西、吉林、湖南等省（区）为宜（图 30-5）。

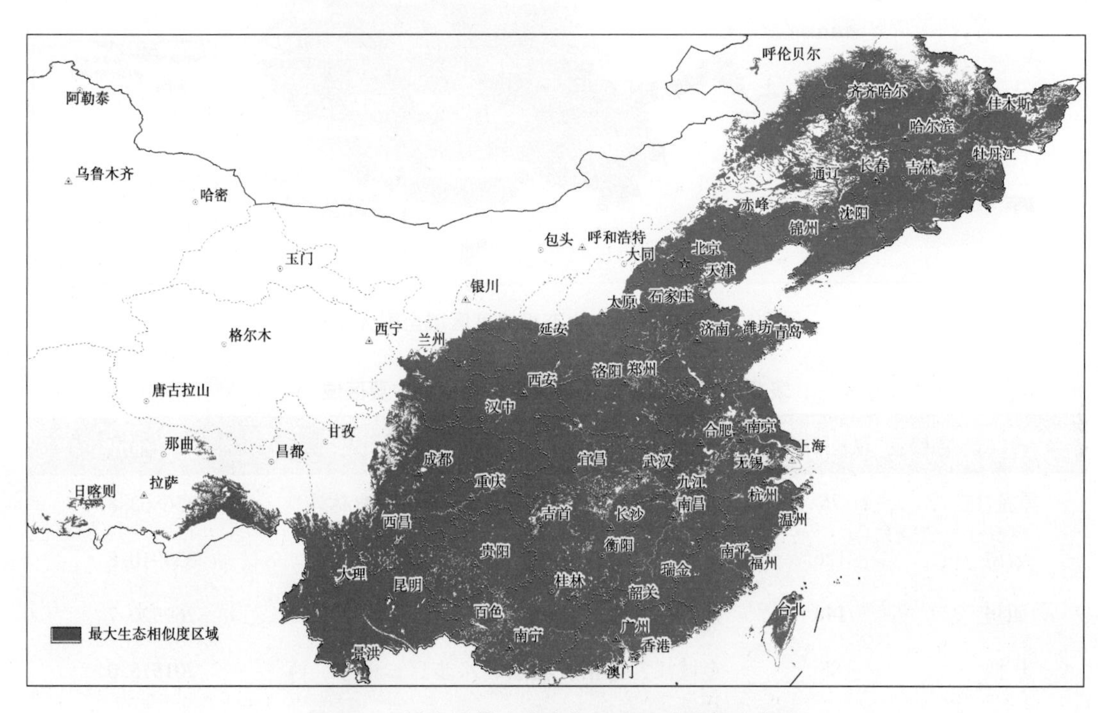

图 30-5　活血丹最大生态相似度区域局部分布图

◎【品质生态学研究】

刘丽（2012）对全国 20 个省市 58 份不同种质资源连钱草进行种质资源和药材品质评价。对植株形态进行统计，发现有一定差异，其叶片直径与叶柄长度、茎节直径显著相关，茎节数与叶柄长度显著相关，茎节长度与和芽数显著相关。ISSR 分子标记和 AFLP 分子标记显示连钱草居群具有丰富的遗传多样性。测定全国 41 个连钱草居群药材水分、灰

分、酸不溶性灰分、醇溶性浸出物、总黄酮、熊果酸、齐墩果酸等活性成分，发现不同连钱草种质活性成分含量差异明显，江南江淮丘陵山地一带和云贵高原两个药材区划区域种质资源浸出物、总黄酮和熊果酸三种活性成分平均含量均显著高于全国其他药材区划区域种植资源，为优良种质资源区；检测5种重金属，结果显示西南地区、江淮地区连钱草种质安全性较高。以3种基本营养成分（可溶性蛋白、可溶性糖、脂肪）、10种营养元素、6种微量元素为指标，对分布于我国的连钱草居群从营养品质角度进行了评价。发现基本营养成分南方高于北方，东部高于西部；Ca、Mg和K三种常量元素在不同连钱草居群间的差异特征基本一致；微量元素在不同连钱草居群中的表现为：Zn和Cu含量变化特征一致、Fe和Al元素含量变化特征一致、Mn和B元素含量变化特征基本一致。该研究为药材连钱草种质保存、优良种质筛选等工作提供依据。

◎ 参考文献

[1] 陈光登，黎云祥，韩素菊，等. 活血丹组织培养与快速繁殖技术研究［J］. 广西植物，2007，(02)：265-271.

[2] 高春奇. 野菜透骨消的人工栽培［J］. 四川农业科技，2006，(10)：23.

[3] 李品汉. 人工栽培野菜透骨消［J］. 云南农业，2006，(09)：17.

[4] 刘丽. 活血丹种质资源及其药材品质评价［D］. 南京：南京农业大学，2012.

[5] 刘艳玲，倪学明，徐立铭，等. 3种野生耐阴地被植物的调查与评价［J］. 草业科学，2004，(09)：77-79.

[6] 王庆. 野生与栽培连钱草中熊果酸含量测定及质量评价［A］. 全国第六届天然药物资源学术研讨会论文集，2004：3.

[7] 王修堂，田野. 连钱草的药用价值与科学栽培［J］. 中草药，1995，(10)：557.

[8] 王哲，姜大成，朱建勋，等. 吉林省伊通县中药资源调查研究［J］. 吉林中医药，2013，33(01)：63-65.

31. 岗梅 Gangmei

RADIX ET CAULIS ILICIS ASPRELLAE

本品为冬青科植物梅叶冬青 *Ilex asprella*（Hook. et Arn.）Champ. ex Benth. 的干燥根及茎。别名苦梅、山梅、点秤星、梅叶冬青、土甘草等。《广东省中药材标准》（第一册）收载。岗梅性凉，味苦、微甘，归肺、脾、胃经，具清热解毒、生津止渴、利咽消肿、散瘀止痛等功效。用于感冒发热，肺热咳嗽、热病津伤，口渴，咽喉肿痛，跌打瘀痛等。

岗梅为广东、广西等岭南地区习用中药，具有珍贵的药用价值。岗梅是王老吉等凉茶的主药，也是两广地区防治四季感冒凉茶中的主要药味。随着药用需求的日益剧增，野生资源蕴藏量呈下降趋势，国内药材供不应求。近年来，为了确保岗梅药材资源的可持续利用，国内学者开展了岗梅野生转家栽的试验研究。目前，广东平原县已建立了面积300亩的岗梅规范化生产示范基地。

◎【地理分布与生境】

梅叶冬青产于广东、广西、浙江、江西、福建、台湾、湖南、香港等地；分布于菲律宾群岛。生于海拔400~1000米的山地疏林中或路旁灌丛中。

◎【生物学及栽培特性】

梅叶冬青是落叶灌木，喜温暖湿润的气候；对土壤要求不严，除盐碱地和渍水地外，在肥沃或瘦瘠的地方均可生长，但需要荫蔽，适宜在疏松、排水良好的砂质壤土上栽培。

◎【生态因子值】

选取687个样点进行梅叶冬青的生态适宜性分析。国内样点包括广东省梅州市、清远市、潮州市饶平县、河源市东源县，广西壮族自治区梧州市苍梧县、南宁市横县、桂林市兴安县，湖南省郴州市、邵阳市，浙江省丽水市龙泉市、丽水市景宁畲族自治县，福建省福州市永泰县、龙岩市连城县，江西省赣州市崇义县、大余县、吉安市遂川县、太和县，云南省西双版纳州勐腊县等11省（区）的165县（市）。国外样点为菲律宾。

GMPGIS系统分析结果显示（表31-1），梅叶冬青在主要生长区域生态因子范围为：最冷季均温1.6~22.3℃；最热季均温18.1~29.0℃；年均温10.2~23.7℃；年均相对湿度69.9%~79.4%；年均降水量1142~4320mm；年均日照128.0~151.7W/m^2。主要土壤类型为强淋溶土、人为土、始成土等。

表31-1 梅叶冬青主要生长区域生态因子值

主要气候因子数值	最冷季均温/℃	最热季均温/℃	年均温/℃	年均相对湿度/%	年均降水量/mm	年均日照/（W/m^2）
范围	1.6~22.3	18.1~29.0	10.2~23.7	69.9~79.4	1142~4320	128.0~151.7
主要土壤类型	强淋溶土、人为土、始成土等					

◎【全球产地生态适宜性数值分析】

GMPGIS系统分析结果显示（图31-1和图31-2），梅叶冬青在全球最大的生态相似度区域分布于43个国家，主要为中国、巴西和越南。其中最大生态相似度区域面积最大的国家为中国，为1108943.1km^2，占全部面积的59.7%。

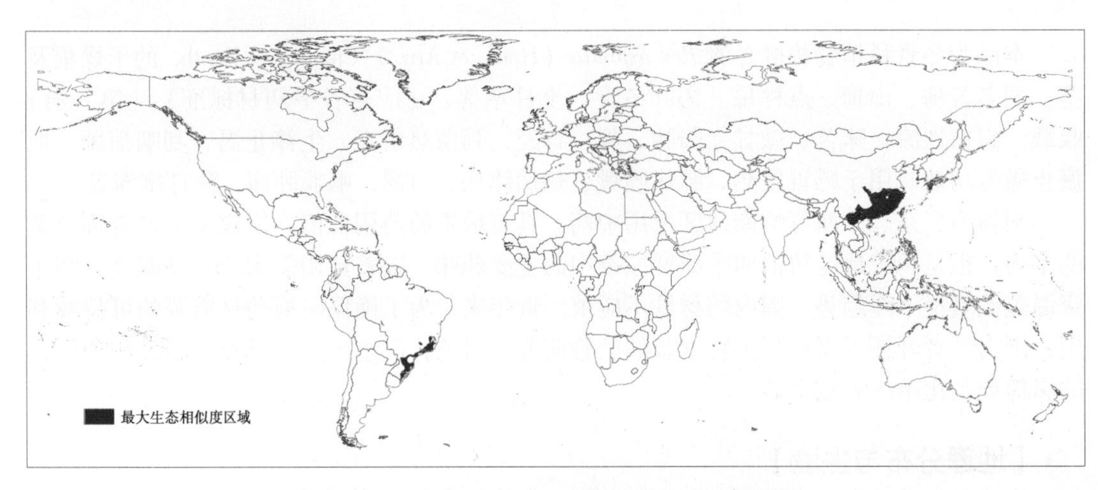

图31-1 梅叶冬青最大生态相似度区域全球分布图

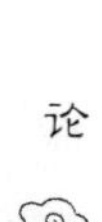

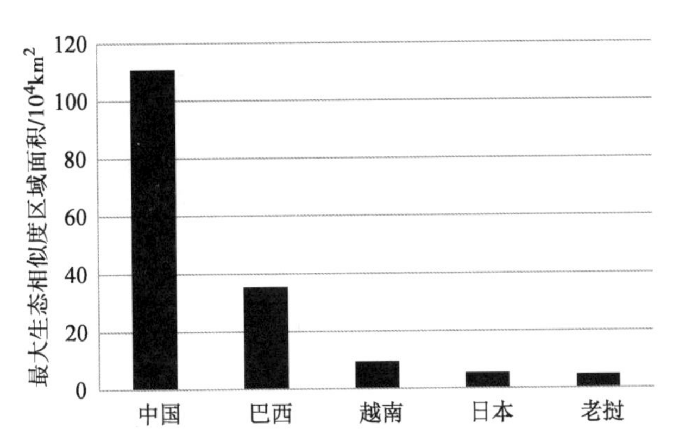

图 31-2　梅叶冬青最大生态相似度主要国家地区面积图

◎【中国产地生态适宜性数值分析】

GMPGIS 系统分析结果显示（图 31-3、图 31-4 和表 31-2），梅叶冬青在我国最大的生态相似度区域主要分布在广西、湖南、广东、江西、福建等地。其中最大生态相似度区域面积最大的为广西壮族自治区，为 185887.4km^2，占全部面积的 16.8%；其次为湖南省，最大生态相似度区域面积为 170474.0km^2，占全部的 15.4%。所涵盖县（市）个数分别为 74 个和 59 个。

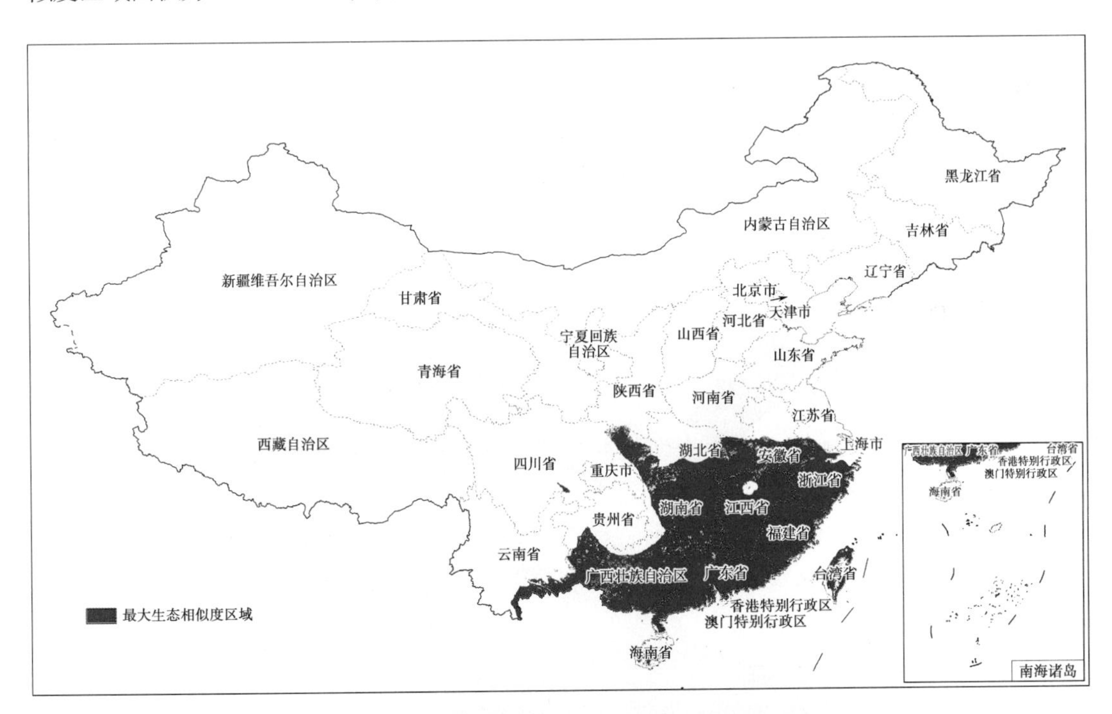

图 31-3　梅叶冬青最大生态相似度区域全国分布图

表 31-2　我国梅叶冬青最大生态相似度主要区域

省（区）	县（市）数	主要县（市）	面积/km^2
广西	74	金城江、苍梧、八步、南宁、藤县、钦州等	185887.4
湖南	59	安化、沅陵、浏阳、永州、桃源、衡南等	170474.0

续表

省（区）	县（市）数	主要县（市）	面积/km^2
广东	156	佛山、梅县、英德、韶关、惠东、阳山等	152119.1
江西	24	遂川、赣县、宁都、潘阳、瑞金、于都等	146599.9
福建	107	建阳、上杭、建瓯、福鼎、古田、浦城等	107295.9

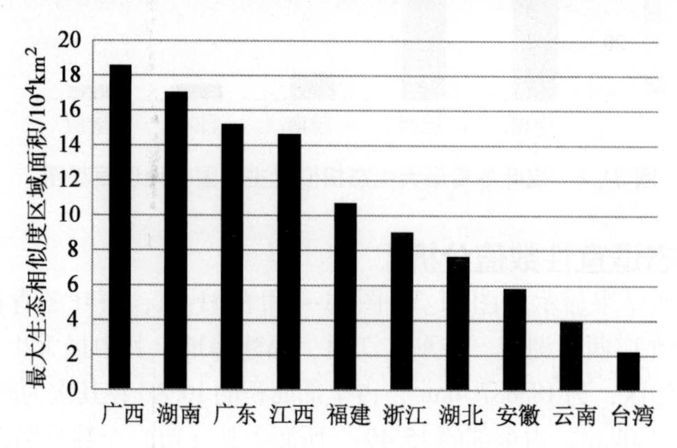

图 31-4　我国梅叶冬青最大生态相似度主要地区面积图

◎【区划与生产布局】

根据梅叶冬青生态适宜性分析结果，结合梅叶冬青生物学特性，并考虑自然条件、社会经济条件、药材主产地栽培和采收加工技术，建议选择引种栽培研究区域主要以中国、巴西和越南等国家（或地区）为宜，在国内主要以广西、湖南、广东、江西、福建等省（区）为宜（图 31-5）。

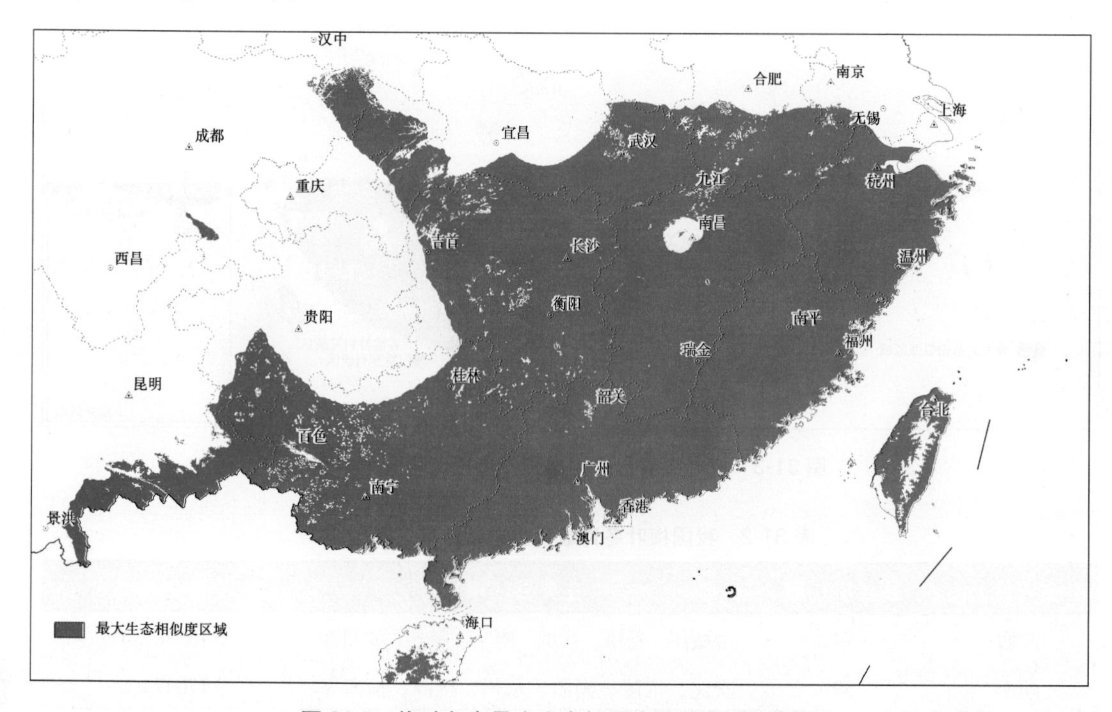

图 31-5　梅叶冬青最大生态相似度区域全国分布图

◎【品质生态学研究】

岗梅为岭南地区习用中药。黄锦茶（2011）在对主产区广东、广西的岗梅资源进行实地调查的基础上，对不同产地岗梅药材进行质量评价，发现各产地岗梅药材质量相差较大。不同产地岗梅根、岗梅茎总皂苷含量差异较明显，岗梅根总皂苷含量在2.3%~7.4%之间，岗梅茎总皂苷含量在0.9%~2.3%之间；采用高效液相色谱法测定不同产地岗梅药材中坡模酸的含量，不同产地岗梅根、岗梅茎坡模酸含量差异较明显，岗梅根坡模酸含量在0.23%~0.59%之间，岗梅茎坡模酸含量在0.011%~0.14%之间。陈海明和陈丰连（2013）建立了岗梅根、茎中赪酮甾醇3-*O*-β-D葡萄糖苷的含量测定方法，不同产地岗梅根赪酮甾醇3-*O*-β-D葡萄糖苷的含量在0.114~0.303mg/g之间，岗梅茎中含量在0.061~0.224mg/g之间。同一株岗梅，根中皂苷含量比茎高。

◎ 参考文献

[1] 陈海明，陈丰连. 不同产地岗梅根茎中赪酮甾醇3-*O*-β-D葡萄糖苷的含量测定［J］. 中国中医药信息杂志，2013，(05)：58-59.

[2] 黄锦茶. 岗梅化学成分与药材质量研究［D］. 广州：广州中医药大学，2011.

[3] 祁银德，任玉凤. 岭南地区习用中药岗梅研究进展［J］. 亚太传统医药，2009，05（03）：0029-0032.

[4] 曾坤，陈良华，丘琴，等. 岗梅根的研究进展［J］. 2012，18：28.

32. 岗稔 Gangren

RADIX RHODOMYRTI

本品为桃金娘科植物桃金娘 *Rhodomyrtus tomentosa*（Ait.）Hassk. 的干燥根。别名桃金娘、山稔、当梨等。《广东省中药材标准》（第一册）收载。岗稔性平，味微涩，归肝、肾经，具疏肝通络、止痛等功效。用于肝气郁滞之胸肋疼痛，风湿骨痛，腰肌劳损等。

桃金娘利用价值很多，除了根药用外，其叶和果实均具有药用价值，干燥成熟果实为药材岗稔子。其果实营养丰富、矿物质含量高，含有大量可以提取的红色色素，可用于饮料及食品的着色剂、医药保健和化妆品行业等，开发价值大；此外，该树种还具有酸性土壤指示、绿化等生态作用。目前，岗稔的药材主要来源于野生资源。

◎【地理分布与生境】

桃金娘主产于广东、广西、湖南、贵州、云南、福建、台湾等地；野生于丘陵、旷野间、山坡地及山岗等灌木丛中。

◎【生物学及栽培特性】

桃金娘为灌木，喜温暖湿润气候，阳性喜光，抗炎热，稍耐阴，但开花结实会减少；耐干旱、瘠薄，不耐水湿，在贫瘠干旱的土壤中依然能生长良好，但在肥沃深厚

疏松的酸性山地红壤及光照充足的环境生长最为茂盛，为南方常见的酸性土指示植物之一。

◎【生态因子值】

选取444个样点进行桃金娘的生态适宜性分析。包括广东省梅州市、广州市白云区、从化区、深圳市宝安区、惠州市博罗县、河源市和平县，广西壮族自治区百色市那坡县、崇左市龙州县、贵港市平南县、桂林市临桂县，湖南省郴州市汝城县、吉首市、永州市、邵阳市，贵州省黔南州独山县、荔波县，云南省昆明市富民县、文山市、景洪市，福建省龙岩市、厦门市、漳州市，台湾台南市等15省（区）的70县（市）。

GMPGIS系统分析结果显示（表32-1），桃金娘在主要生长区域生态因子范围为：最冷季均温4.9~26.6℃；最热季均温20.5~33.5℃；年均温14.5~27.3℃；年均相对湿度49.3%~80.3%；年均降水量592~3659mm；年均日照121.8~196.0W/m^2。主要土壤类型为强淋溶土、人为土、铁铝土、始成土、淋溶土、高活性强酸土等。

表32-1　桃金娘主要生长区域生态因子值

主要气候因子数值范围	最冷季均温/℃	最热季均温/℃	年均温/℃	年均相对湿度/%	年均降水量/mm	年均日照/（W/m^2）
	4.9~26.6	20.5~33.5	14.5~27.3	49.3~80.3	592~3659	121.8~196.0
主要土壤类型	强淋溶土、人为土、铁铝土、始成土、淋溶土、高活性强酸土等					

◎【中国产地生态适宜性数值分析】

GMPGIS系统分析结果显示（图32-1、图32-2和表32-2），桃金娘在我国最大的生态相似度区域主要分布在广西、云南、湖南、广东、江西、贵州、四川等地。其中最大生态相似度区域面积最大的为广西壮族自治区，为200049.7km^2，占全部面积的14.1%；其次为云南省，最大生态相似度区域面积为185355.6km^2，占全部的13%。所涵盖县（市）个数分别为88个和125个。

表32-2　我国桃金娘最大生态相似度主要区域

省（区）	县（市）数	主要县（市）	面积/km^2
广西	88	苍梧、南丹、南宁、融水、钦州、田林等	200049.7
云南	125	广南、富宁、勐腊、景洪、勐海、建水等	185355.6
湖南	102	衡南、桂阳、永州、湘潭、宜章、祁东等	156572.2
广东	88	梅县、佛山、英德、韶关、惠东、信宜等	151642.5
江西	91	赣县、瑞金、宁都、会昌、永丰、吉安等	136548.2
贵州	82	从江、遵义、平塘、贵阳、惠水、罗甸等	113445.5
四川	121	宜宾、达县、富顺、苍溪、翠屏、大竹等	109959.4

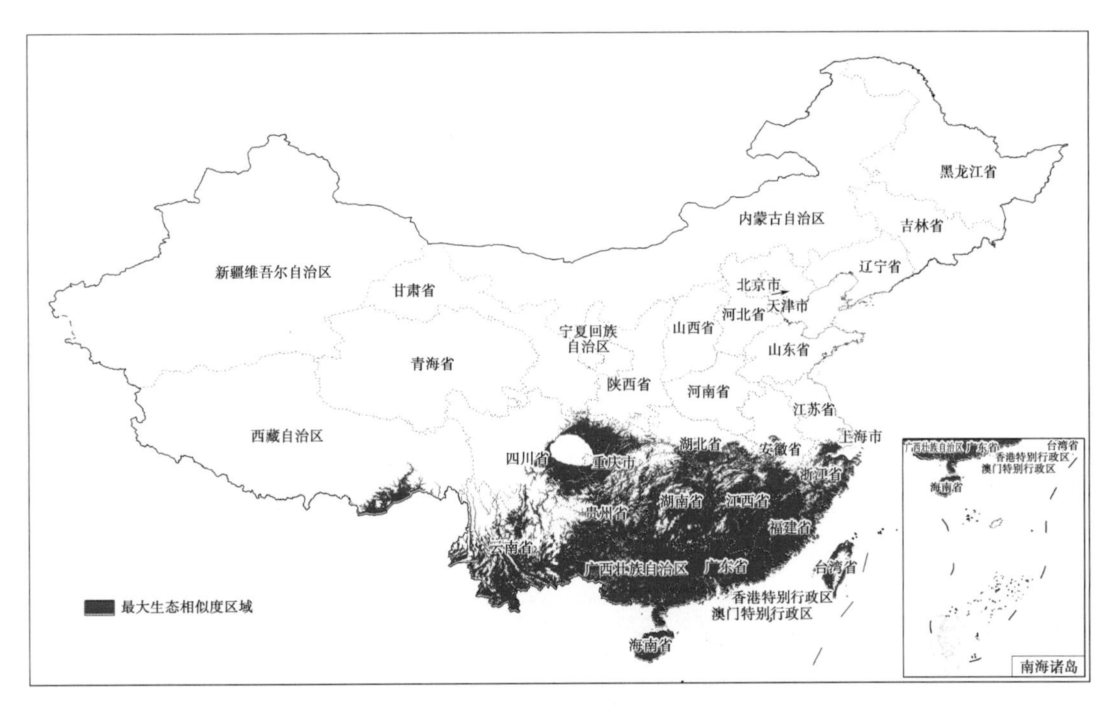

图 32-1　桃金娘最大生态相似度区域全国分布图

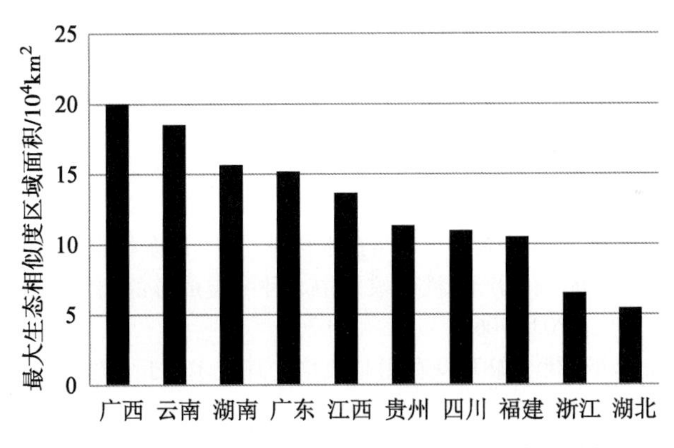

图 32-2　我国桃金娘最大生态相似度主要地区面积图

◎【区划与生产布局】

根据桃金娘生态适宜性分析结果，结合桃金娘的生物学特性，并考虑自然条件、社会经济条件、药材主产地栽培和采收加工技术，建议选择引种栽培研究区域主要以广西、云南、湖南、广东、江西、贵州、四川等省（区）为宜（图 32-3）。

◎【品质生态学研究】

肖婷等（2014）采用 DPPH 法测定 6 种不同产地桃金娘中 5 个酚类成分：没食子酸、原儿茶酸、儿茶素、鞣花酸、白藜芦醇，发现 6 种不同产地的桃金娘中没食子酸和鞣花酸的量较高，其中云南产地桃金娘果中 5 种酚类成分的量整体较高，没食子酸、鞣花酸、白藜芦醇的量为 6 个产地中最高，5 种酚类物质量具有显著的地域差异性。

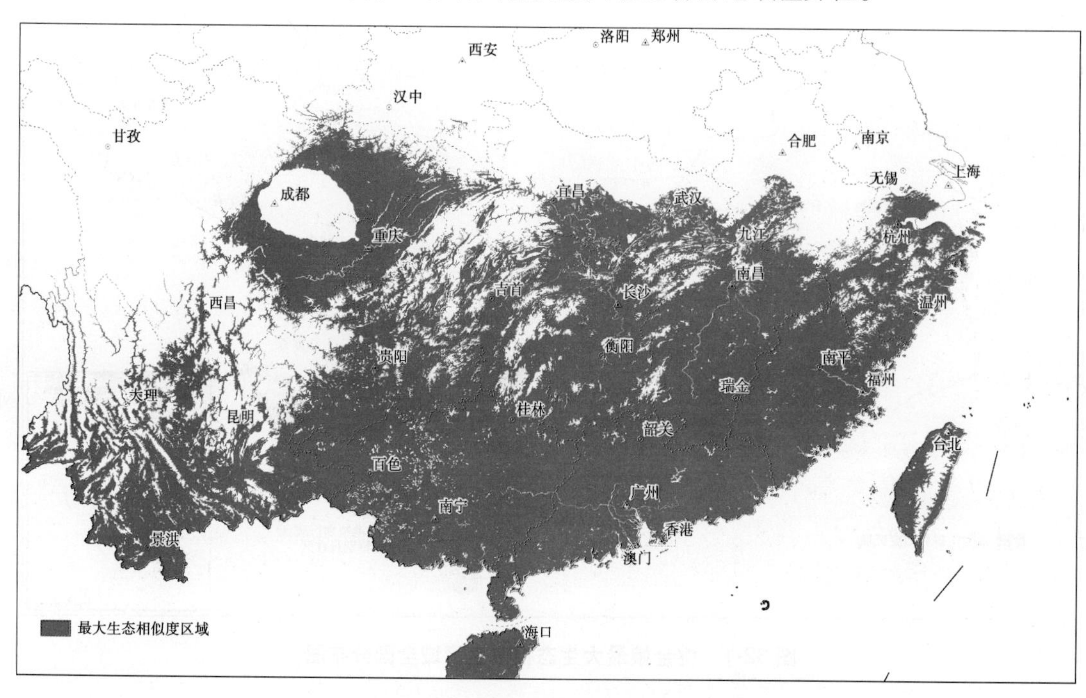

图 32-3　桃金娘最大生态相似度区域全国局部分布图

◎ 参考文献

[1] 刘连海，代色平，贺漫媚. 桃金娘繁殖与栽培技术初探［J］. 广东林业科技，2013，(02)：49-52.

[2] 肖婷，崔炯谟，郭正红，等. 不同产地桃金娘果中 5 种酚类成分的测定及其抗氧化作用研究［J］. 中草药，2014，45（18）：2703-2706.

[3] 叶才华，晏小霞，王祝年. 桃金娘开发利用与栽培管理技术［J］. 热带农业科学，2015，（01）：22-25.

[4] 赵志刚，程伟，郭俊杰. 桃金娘的资源利用与人工培育［J］. 广西林业科学，2006，(02)：70-72.

33. 何首乌 Heshouwu

POLYGONI MULTIFLORI RADIX

本品为蓼科植物何首乌 *Fallopia multiflora*（Thunberg）Harald. 的干燥块根。别名首乌、红内消等。2015 年版《中华人民共和国药典》（一部）收载。在临床应用上，何首乌分为生首乌和制首乌。生首乌性平，味苦、涩，具解毒、消痈、截疟、润肠通便等功效，归肝、心、肾经，用于疮痈、瘰疬、风疹瘙痒、久疟体虚、肠燥便秘等；制首乌性温，味微苦、辛，归肝、脾、肾经，具祛风除湿、舒筋活络等功效，用于关节酸痛、屈伸不利等。

何首乌为大宗常用中药，产于广东德庆的何首乌质量高、疗效好，为道地药材，“德庆首乌”也为十大南药之一。除了药用价值外，何首乌还广泛用于食品、保健、美容、化工等

行业。目前何首乌的市场需求主要来源于野生资源。虽然何首乌在我国为一广布种，野生资源丰富，然而野生何首乌生长慢、产量低，过度采挖、种质资源退化、生态环境破坏等原因造成何首乌资源紧缺。在野生资源无法满足需求的情况下，栽培何首乌将成为市场的主流。

◎【地理分布与生境】

何首乌产陕西南部、甘肃南部、华东、华中、华南、四川、云南及贵州等地；日本也有分布。喜生于生山谷灌丛、山坡林下、沟边石隙，海拔 200~3000 米。

◎【生物学及栽培特性】

何首乌为多年生缠绕藤本，属半阴性植物，喜温暖湿润气候，有较强的耐寒性；对土壤要求不高，以土层深厚、疏松肥沃、富含腐殖质、湿润的砂质壤土为佳。

◎【生态因子值】

选取 381 个样点进行何首乌的生态适宜性分析。包括广东省肇庆市德庆县、云浮市郁南县、清远市连南县，广西壮族自治区百色市德保县、桂林市临桂县、崇左市江州区，云南省昆明市富民县、临沧市凤庆县，贵州省兴义市、毕节市大方县、安顺市平坝县，四川省广元市、乐山市、攀枝花市盐边县，湖北省恩施州咸丰县、宜昌市秭归县等 17 个省（区）的 227 个县（市）。

GMPGIS 系统分析结果显示（表 33-1），何首乌在主要生长区域生态因子范围为：最冷季均温-5.9~19.1℃；最热季均温 8.9~29.2℃；年均温 1.9~24.9℃；年均相对湿度 49.5%~75.9%；年均降水量 505~2006mm；年均日照 117.6~152.7W/m^2。主要土壤类型为强淋溶土、人为土、始成土、铁铝土、潜育土等。

表 33-1 何首乌主要生长区域生态因子值

主要气候因子数值	最冷季均温/℃	最热季均温/℃	年均温/℃	年均相对湿度/%	年均降水量/mm	年均日照/(W/m^2)
范围	-5.9~19.1	8.9~29.2	1.9~24.9	49.5~75.9	505~2006	117.6~152.7
主要土壤类型	强淋溶土、人为土、始成土、铁铝土、潜育土等					

◎【全球产地生态适宜性数值分析】

GMPGIS 系统分析结果显示（图 33-1 和图 33-2），何首乌在全球最大的生态相似度区域分布于 69 个国家，主要为中国、美国、巴西、乌克兰和法国。其中最大生态相似度区域面积最大的国家为中国，为 2489911.4km^2。占全部面积的 31.9%。

◎【中国产地生态适宜性数值分析】

GMPGIS 系统分析结果显示（图 33-3、图 33-4 和表 33-2），何首乌在我国最大的生态相似度区域主要分布在云南、四川、广西、湖南、湖北、贵州、江西等地，其中最大生态相似度区域面积最大的为云南省，为 314831.9km^2，占全部面积的 12.6%；其次为四川省，最大生态相似度区域面积为 273112.8km^2，占全部的 11.0%。所涵盖县（市）个数分别为 124 个和 154 个。

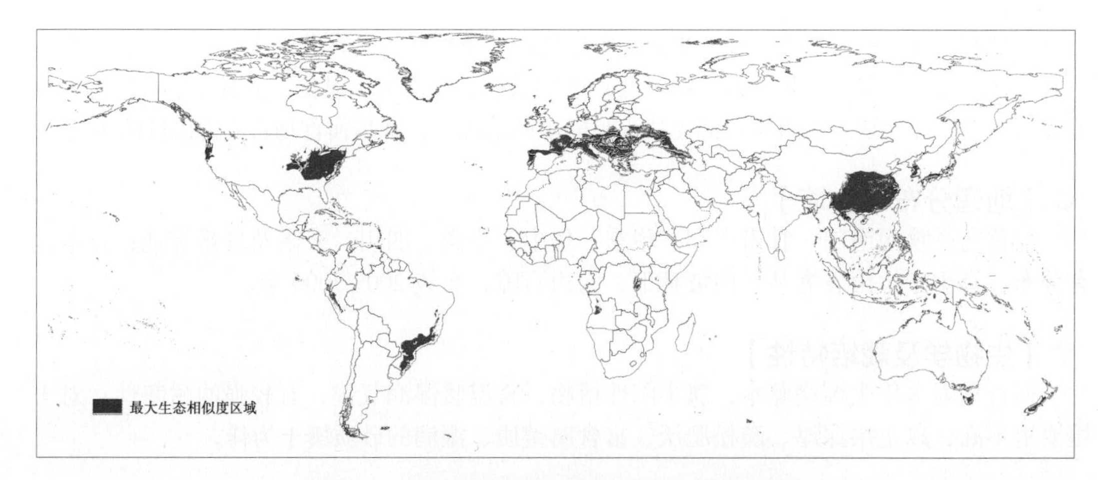

图 33-1　何首乌最大生态相似度区域全球分布图

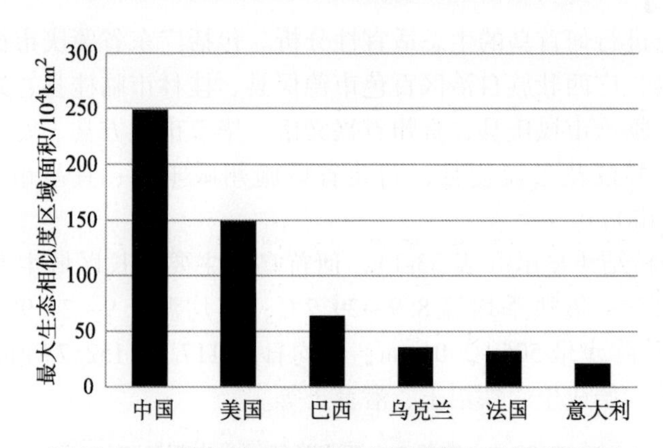

图 33-2　何首乌最大生态相似度主要国家地区面积图

图 33-3　何首乌最大生态相似度区域全国分布图

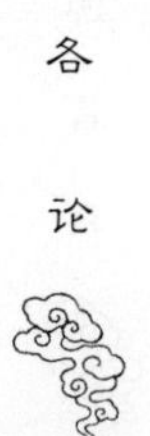

表 33-2　我国何首乌最大生态相似度主要区域

省（区）	县（市）数	主要县（市）	面积/km^2
云南	124	玉龙、广南、宁蒗、富宁、云龙、香格里拉等	314831.9
四川	154	盐源、木里、万源、会理、青川、宜宾等	273112.8
广西	87	金城江、苍梧、融水、八步、南丹、南宁等	201579.1
湖南	102	安化、石门、浏阳、沅陵、桃源、永州等	189485.4
湖北	77	竹山、房县、武汉、利川、曾都、郧县等	168004.2
贵州	82	遵义、从江、威宁、水城、松桃、黎平等	159742.8
江西	91	遂川、宁都、武宁、赣县、瑞金、修水等	145026.8

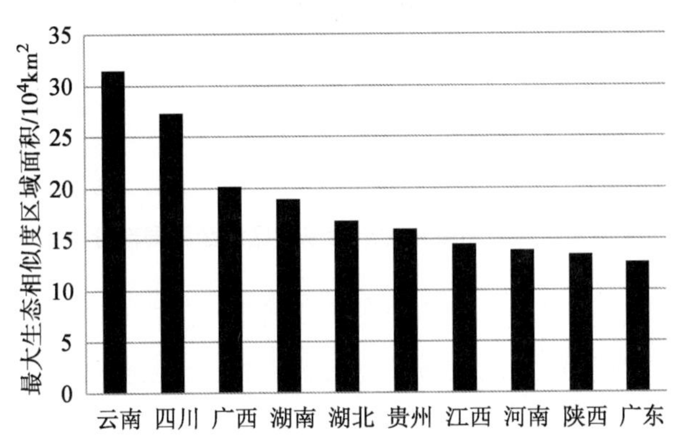

图 33-4　我国何首乌最大生态相似度主要地区面积图

◎【区划与生产布局】

根据何首乌生态适宜性分析结果，结合何首乌生物学特性，并考虑自然条件、社会经济条件、药材主产地栽培和采收加工技术，建议选择引种栽培研究区域主要以中国、美国、巴西、乌克兰、法国等国家（或地区）为宜，在国内主要以云南、四川、广西、湖南、湖北、贵州、江西、河南、陕西、广东等省（区）为宜（图 33-5）。

◎【品质生态学研究】

多个研究对不同产地何首乌的有效成分含量进行检测，包括不同省份（陈亚，2013；王凌晖，2005；李帅锋等，2015；蔡丽芬等，2011），或者同一省份不同地区（薛咏梅等，2004；黄权芳等，2011），研究结果显示，不同产地何首乌有效成分含量差别较大，一些产地何首乌样品有效成分含量低于《中国药典》要求，表明何首乌质量较差。除直接对有效成分进行检测外，严寒静和房志坚（2008）、罗益远等（2015）对不同产地何首乌的无机元素含量进行了测定，建立何首乌无机元素指纹图谱；王凌晖（2005）构建了何首乌不同种质资源的 DNA 指纹图谱；李帅锋等（2015）建立不同产地何首乌 HPLC 指纹图谱；以上研究从不同角度为何首乌药材的质量控制及安全性评价提供依据。

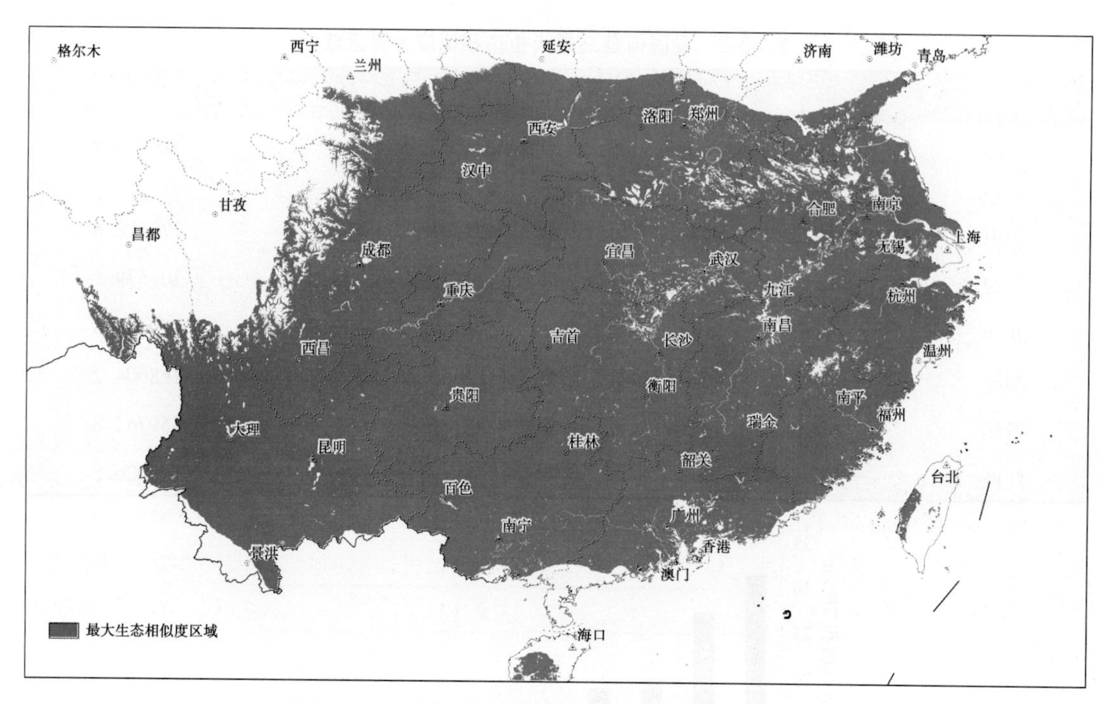

图 33-5　何首乌最大生态相似度区域全国局部分布图

◎ 参考文献

［1］蔡丽芬，钟国跃，张倩，等. 不同产地与市场生何首乌和制何首乌的质量评价研究［J］. 中药新药与临床药理，2011，(02)：204-208.

［2］陈亚. 何首乌质量评价及产地适宜区划研究［D］. 广州：广州中医药大学，2013.

［3］黄权芳，伍小燕，韦振源，等. 广西不同产地何首乌中蒽醌类成分的含量考察［J］. 中国医药科学，2011，(22)：28-30.

［4］黄志海，徐文，张靖，等. 中药何首乌全球生态适宜性分析［J］. 世界中医药，2017，(05)：982-985.

［5］李帅锋，郑传柱，张丽，等. 不同产地何首乌药材的质量分析［J］. 江苏中医药，2015，(08)：69-71.

［6］罗益远，刘娟秀，侯娅，等. 何首乌不同产地及商品药材中无机元素的 ICP-MS 分析［J］. 中草药，2015，(07)：1056-1064.

［7］王凌晖. 何首乌野生种质资源地理变异与种源初步选择［D］. 南京：南京林业大学，2005.

［8］薛咏梅，马莎，郎雪松，等. 云南不同产地何首乌中蒽醌的含量测定［J］. 云南中医学院学报，2004，(01)：42-43，45.

［9］严寒静，房志坚. 不同产地何首乌无机元素的含量测定和主成分分析［J］. 中国中药杂志，2008，(04)：416-419.

34. 佛手 Foshou

CITRI SARCODACTYLIS FRUCTUS

本品为芸香科植物佛手 *Citrus medica* L. var. *sarcodactylis* Swingle 的干燥果实。别名佛手

柑、手柑等。2015年版《中华人民共和国药典》（一部）收载。佛手性温，味辛、苦、酸，归肝、脾、胃、肺经，具有疏肝理气、和胃止痛、燥湿化痰等功效。用于肝胃气滞，胸胁胀痛，胃脘痞满，食少呕吐，咳嗽痰多等。

佛手是“金佛止痛丸”“佛手咳喘灵”等中药成方制剂的主要原料。佛手其花、叶、果实都有浓郁的香味。成熟的佛手，果皮鲜黄、其味清香淡雅，留香持久，而且果型奇特，是闻香赏果的花卉珍品。此外，佛手根、茎、叶、花、果均可入药，在药用、盆景市场、食品和化妆品方面，具有较高的观赏价值和药用价值。主产于广东省高要、肇庆、德庆等地的称为“广佛手”，果大质佳，品质最优，为“十大广药”之一。佛手开采利用大，同时自身繁殖率低，导致野生资源逐渐减少。长江以南各地有栽种。广东、广西、福建、云南、四川、浙江、安徽等部分地区有人工栽培。

◎【地理分布与生境】

佛手在长江以南各地均有栽种，主产于广东高要，集散于肇庆市；次产于广西凌乐、灌阳。多生长于温暖、湿润、雨水充足的平原、谷地、丘陵等地。喜生于热带、亚热带。多种植在海拔300~500米的丘陵平原开阔地带，而在四川则多分布于海拔400~700米的丘陵地带，尤其在丘陵顶较多。

◎【生物学及栽培特性】

佛手为常绿小乔木或灌木，喜温暖湿润气候，怕严霜、干旱，耐阴、耐瘠、耐涝。最适生长温度22~24℃，越冬温度5℃以上，能忍受极端最低温度-8~-7℃。年降水量以1000~1200mm最适宜。喜阳光，年日照时数1200~1800小时，以土层深厚、疏松肥沃、富含腐殖质、排水良好的微酸性砂质壤土栽培为佳，黄红砂土次之。

◎【生态因子值】

选取33个样点进行佛手的生态适宜性分析。包括广东省阳江市阳春市、肇庆市高要市禄步镇、肇庆市鼎湖山，广西壮族自治区钦州市灵山县旧州镇、崇左市宁明县公母山，海南省儋州市，四川省乐山市沐川县，云南省楚雄州禄丰县、红河州屏边苗族自治县，重庆市北碚区缙云山、浙江省金华市等7省（区）的26县（市）。

GMPGIS系统分析结果显示（表34-1），佛手在主要生长区域生态因子范围为：最冷季均温6.8~17.1℃；最热季均温20.0~29.0℃；年均温15.3~23.1℃；年均相对湿度62.5%~75.8%；年均降水量867~1932mm；年均日照118.4~153.3W/m^2。主要土壤类型为强淋溶土、始成土、淋溶土、高活性强酸土、铁铝土、粗骨土等。

表34-1 佛手主要生长区域生态因子值

主要气候因子数值	最冷季均温/℃	最热季均温/℃	年均温/℃	年均相对湿度/%	年均降水量/mm	年均日照/(W/m^2)
范围	6.8~17.1	20.0~29.0	15.3~23.1	62.5~75.8	867~1932	118.4~153.3
主要土壤类型	强淋溶土、始成土、淋溶土、高活性强酸土、铁铝土、粗骨土等					

◎【全球产地生态适宜性数值分析】

GMPGIS 系统分析结果显示（图 34-1 和图 34-2），佛手在全球最大的生态相似度区域分布于 18 个国家，主要为中国、巴西、美国和老挝。其中最大生态相似度区域面积最大的国家为中国，为 898868.3km²，占全部面积的 64.4%。

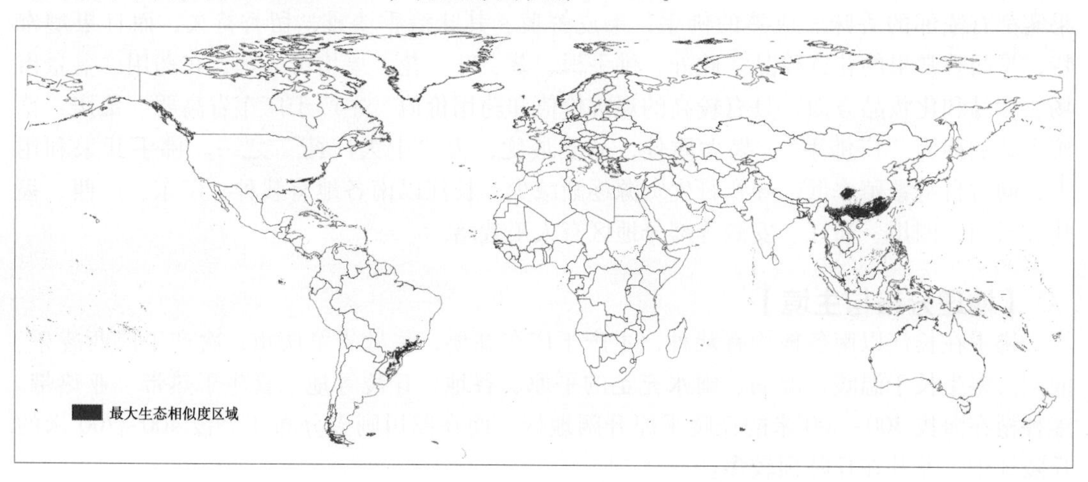

图 34-1　佛手最大生态相似度区域全球分布图

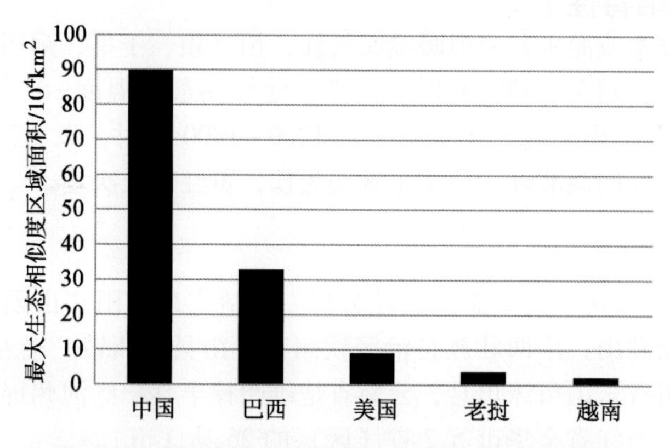

图 34-2　佛手最大生态相似度主要国家地区面积图

◎【中国产地生态适宜性数值分析】

GMPGIS 系统分析结果显示（图 34-3、图 34-4，表 34-2），佛手在我国最大的生态相似度区域主要分布在广西、云南、广东、江西、四川、福建等地。其中最大生态相似度区域面积最大的为广西壮族自治区，为 185979.6km²，占全部面积的 20.7%，其次为云南省，最大生态相似度区域面积为 150356.3km²，占全部的 16.7%。所涵盖县（市）个数为 86 个和 98 个。

表 34-2　我国佛手最大生态相似度主要区域

省（区）	县（市）数	主要县（市）	面积/km²
广西	86	金城江、苍梧、南宁、藤县、西林、八步区等	185979.6
云南	98	广南、富宁、墨江、勐腊、砚山、景谷等	150356.3

续表

省（区）	县（市）数	主要县（市）	面积/km^2
广东	78	佛山、梅县、韶关、英德、高要、龙川等	117325.0
江西	81	赣县、瑞金、于都、会昌、寻乌、吉水等	101930.2
四川	108	宜宾、安岳、南部、富顺、南充、泸州等	98222.6
福建	67	上杭、漳平、宁化、延平、尤溪、武平等	95219.3

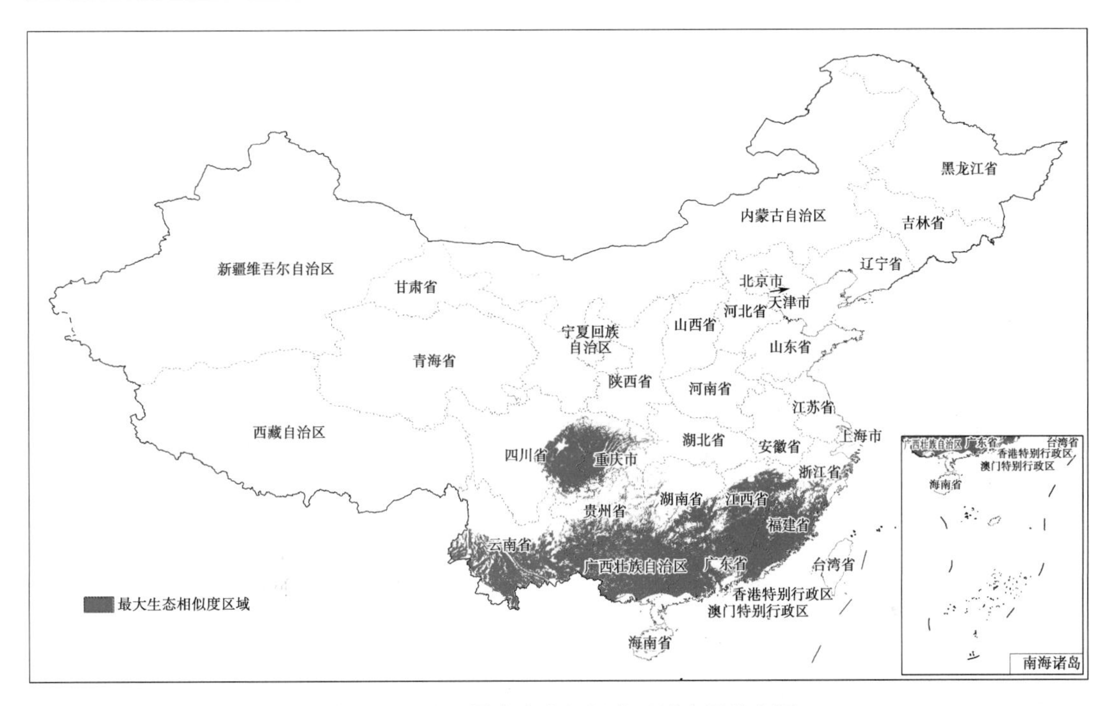

图 34-3　佛手最大生态相似度区域全国分布图

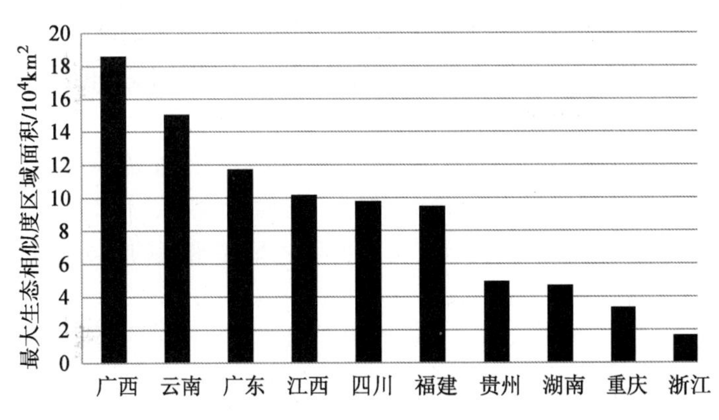

图 34-4　我国佛手最大生态相似度主要地区面积图

◎【区划与生产布局】

根据佛手生态适宜性分析结果，结合佛手生物学特性，并考虑自然条件、社会经济条件、药材主产地栽培和采收加工技术，建议选择引种栽培研究区域主要以中国、巴西、美国和老挝等国家（或地区）为宜，在国内主要以广西、云南、广东、江西、四川、福建等省（区）为宜（图 34-5）。

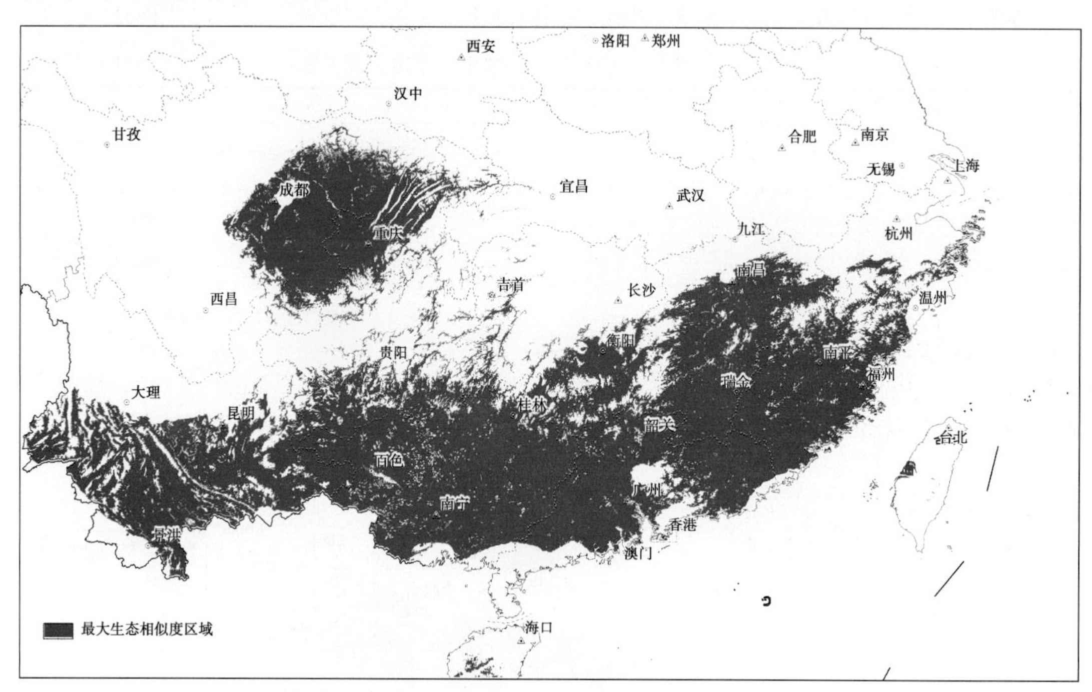

图 34-5　佛手最大生态相似度区域全国局部分布图

◎【品质生态学研究】

佛手分布于我国热带、亚热带地区，为十大广药之一，其遗传基础较为狭窄，野生种质类型难以找到，而有限的种质类型仍在散失，其野生资源逐渐减少。金晓玲等（2002）对不同产地的佛手进行了土壤分析比较，结果表明，相同提取方法但产地不同的佛手挥发油的化学成分和含量有所不同。土壤颗粒的大小和分布（质地）直接影响佛手挥发油的产量和与香味有关成分的含量。高砂质含量的土壤对佛手挥发油的质量有明显的负面影响，降低了芳樟醇和乙酸芳樟酯的百分含量而增加了柠檬烯含量，但与挥发油的香味关系不大。粉沙和黏土的作用刚好相反，提高了芳樟醇和乙酸芳樟酯的百分含量而降低了柠檬烯含量。

◎参考文献

［1］金晓玲. 佛手挥发油的研究进展［J］. 香料香精化妆品，2002，(02)：20-23+19.

［2］梁永枢，许楚炜，段启. 佛手研究进展［J］. 中国现代中药，2006，(05)：24-27.

［3］王婷婷，谭红军，张和平，等. 佛手的研究与应用开发［J］. 重庆中草药研究，2011，(01)：38-40+44.

［4］张桂芳，徐鸿华. 佛手种质资源研究概况［J］. 广州中医药大学学报，2007，(01)：69-72.

35. 伸筋草 Shenjincao

LYCOPODII HERBA

本品为石松科植物石松 *Lycopodium japonicum* Thunb. 的干燥全草。别名石松、过山龙、宽筋藤、火炭葛等。2015 年版《中华人民共和国药典》（一部）收载。伸筋草性温，味微苦、辛，归肝、脾、肾经，具祛风除湿、舒筋活络等功效。用于关节酸痛，屈伸不利等。

伸筋草因有舒筋活络作用，故得此名。伸筋草含有多种生物碱、三萜类等化学成分，临床应用广泛。除用于治疗类风湿关节炎、颈椎病、强直性脊柱炎外，还用于治疗急性软组织损伤、高血压性眩晕、带状疱疹等，有长期的临床应用实践，值得进一步研究与开发。伸筋草在我国分布广泛，资源丰富。

◎【地理分布与生境】

石松分布于东北、华东、华南、西南及内蒙古、河南等地。主产浙江、湖北、江苏等地，湖南、四川亦产。生于海拔 100~3300 米的林下、灌丛下、草坡、路边或岩石上。

◎【生物学及栽培特性】

石松为多年生土生植物。喜于疏林、湿地生长，喜低温，栽培土壤要求肥厚、疏松、排水良好，一般在 1/3~1/2 光照时间和强度下有利于其生长。

◎【生态因子值】

选取 570 个样点进行石松的生态适宜性分析。包括安徽省安庆市宜秀区、黄山市祁门县、宣城市绩溪县，福建省福州市永泰县、龙岩市长汀县，广东省广州市、梅州市丰顺县、清远市阳山县、茂名市信宜市，广西壮族自治区桂林市、百色市德保县、贵港市桂平市，贵州省安顺市平坝县、毕节市织金县、六盘水市水城县，四川省雅安市汉源县、凉山彝族自治州德昌县、乐山市夹江县，湖南省郴州市桂东县，湖北省黄石市铁山区，吉林省四平市梨树县等 20 省（区）的 385 县（市）。

GMPGIS 系统分析结果显示（表 35-1），石松在主要生长区域生态因子范围为：最冷季均温-21.2~18.5℃；最热季均温 7.8~29.0℃；年均温-4.8~23.2℃；年均相对湿度 42.2%~76.5%；年均降水量 196~4749mm；年均日照 117.4~162.2W/m^2。主要土壤类型为强淋溶土、淋溶土、高活性强酸土、人为土等。

表 35-1 石松主要生长区域生态因子值

主要气候因子数值范围	最冷季均温/℃	最热季均温/℃	年均温/℃	年均相对湿度/%	年均降水量/mm	年均日照/(W/m^2)
	-21.2~18.5	7.8~29.0	-4.8~23.2	42.2~76.5	196~4749	117.4~162.2
主要土壤类型	强淋溶土、淋溶土、高活性强酸土、人为土等					

◎【中国产地生态适宜性数值分析】

GMPGIS 系统分析结果显示（图 35-1、图 35-2 和表 35-2），石松在我国最大的生态相似度区域主要分布在四川、云南、西藏、广西、湖南、陕西等地。其中最大生态相似度区域面积最大的为四川省，为 365293.3km^2，占全部面积的 8.5%；其次为云南省，最大生态相似度区域面积为 337314.9km^2，占全部的 7.9%。所涵盖县（市）个数分别为 162 个和 126 个。

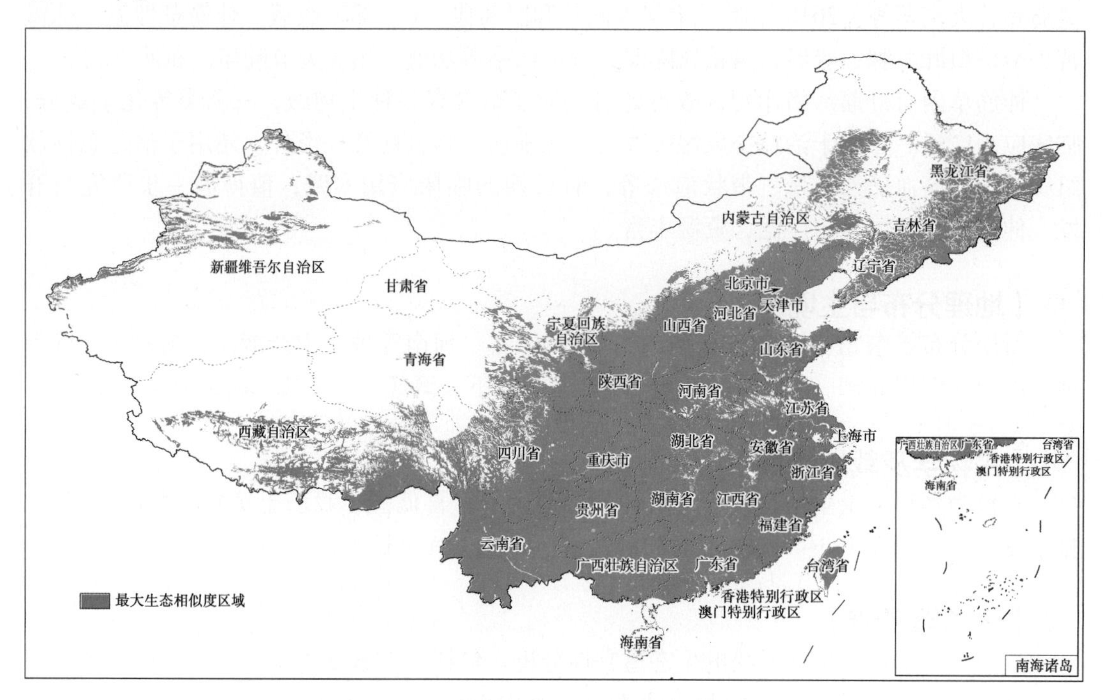

图 35-1　石松最大生态相似度区域全国分布图

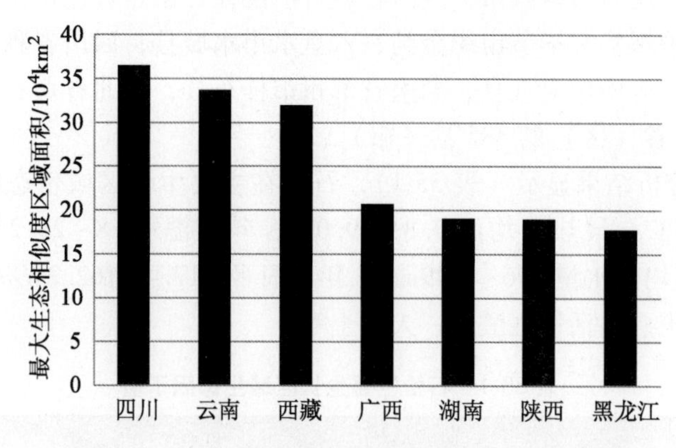

图 35-2　我国石松最大生态相似度主要地区面积图

表 35-2　我国石松最大生态相似度主要区域

省（区）	县（市）数	主要县（市）	面积/km²
四川	162	理塘、石渠、木里、色达、阿坝、康定等	365293.3
云南	126	玉龙、德钦、香格里拉、澜沧、宁蒗、广南等	337314.9
西藏	73	尼玛、班戈、改则、日土、革吉、仲巴等	319834.7
广西	88	金城江、苍梧、融水、八步、南宁、南丹等	207191.3
湖南	102	安化、石门、沅陵、浏阳、桃源、溆浦等	190617.0
陕西	98	榆阳、定边、神木、靖边、吴起、横山等	189962.0

◎【区划与生产布局】

根据石松生态适宜性分析结果，结合石松生物学特性，并考虑自然条件、社会经济条件、药材主产地栽培和采收加工技术，建议选择引种栽培研究区域主要以四川、云南等省（区）为宜（图 35-3）。

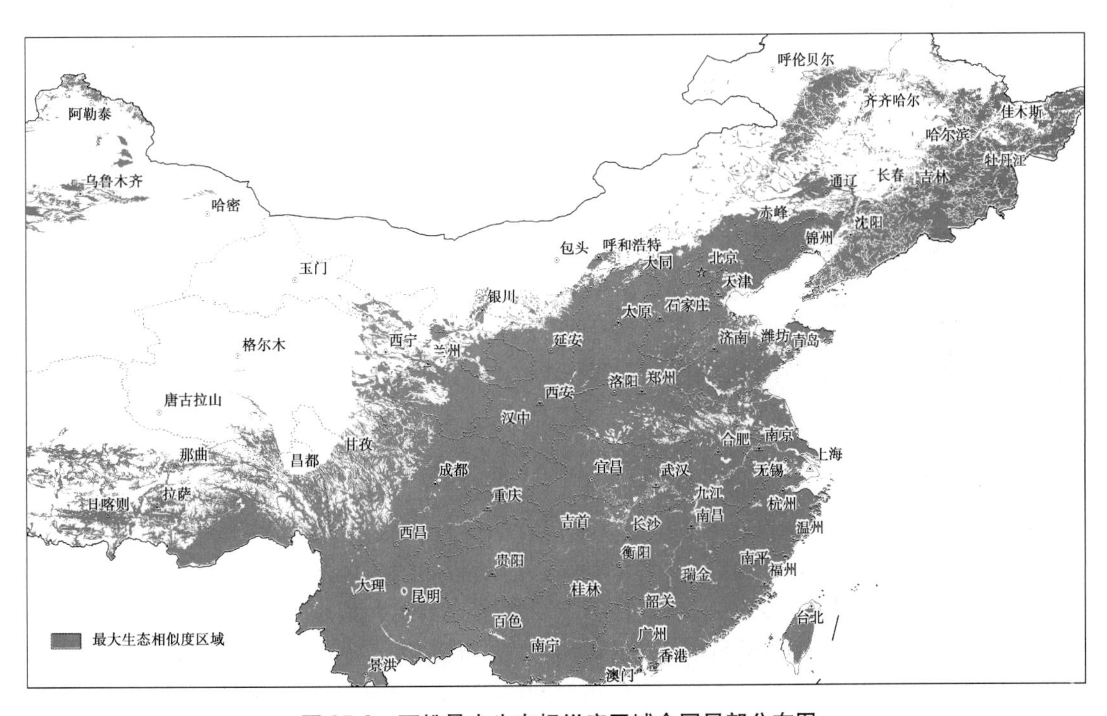

图 35-3　石松最大生态相似度区域全国局部分布图

◎参考文献

[1] 程景福，徐声修. 江西石松类植物的分类与地理分布［J］. 江西科学，1993，(03)：164-170.

[2] 罗迎春，赵能武，赵俊华，等. 黔产石杉科、石松科药用蕨类植物的种类和分布研究［J］. 安徽农业科学，2008，(29)：12729，12752.

[3] 叶茂宗，叶升儒. 石松生物学特性及生境特点的观察. 生态学杂志. 1993，12（3）：19-22.
[4] 尤献民，闫玉军，邹桂欣，等. 伸筋草药材质量标准研究［J］. 辽宁中医药大学学报，2012，14（12）：15-17.

36. 余甘子 Yuganzi

PHYLLANTHI FRUCTUS

本品为大戟科植物余甘子 *Phyllanthus emblica* L. 的干燥成熟果实。别名油甘子、牛甘子、喉甘子、杨甘、回甘子、滇橄榄、圆橄榄、油甘、山柚甘、余甘果等。2015 年版《中华人民共和国药典》（一部）收载。余甘子性凉，味甘、酸、涩，归肺、胃经，具清热凉血、消食健胃、生津止咳等功效。用于血热血瘀，消化不良，腹胀，咳嗽，喉痛，口干等。

余甘子具有较高食用和药用价值，其药用历史悠久，在近 20 个国家或民族传统药物体系中使用。我国南方余甘子野生资源丰富，在广东、福建、广西等省份有栽培。

◎【地理分布与生境】

余甘子产于江西、福建、台湾、广东、海南、广西、四川、贵州和云南等地。分布于印度、斯里兰卡、印度尼西亚、马来西亚和菲律宾等，南美洲有栽培。生于海拔 200～2300 米山地疏林、灌丛、荒地或山沟向阳处。

◎【生物学及栽培特性】

余甘子为散生乔木，喜光喜温，忌寒霜，对气温要求较高，年均温 20℃左右、年降雨量要求在 1000mm 左右才能满足其生长发育。余甘子耐旱耐瘠，适应性强，在砂质壤土、土层浅薄瘦瘠的山腰或山顶均能正常生长，但以土层深厚的酸性赤红壤土生长较好。

◎【生态因子值】

选取 462 个样点进行余甘子的生态适宜性分析。国内样点包括海南省儋州市、东方市、陵水黎族自治县、乐东黎族自治县尖峰镇，广东省潮州市饶平县、惠州市博罗县、江门市恩平市，广西壮族自治区钦州市灵山县、百色市凌云县、崇左市大新县、桂林市平乐县，福建省泉州市德化县、漳州市云霄县，云南省玉溪市、临沧市，四川省凉山市宁南县、金阳县，贵州省贵阳市修文县、铜仁市江口县等 7 省（区）的 338 县（市）。国外样点包括老挝和泰国。

GMPGIS 系统分析结果显示（表 36-1），余甘子在主要生长区域生态因子范围为：最冷季均温 2.4～26.1℃；最热季均温 15.1～29.4℃；年均温 9.3～27.5℃；年均相对湿度 53.6%～78.5%；年均降水量 592～2634mm；年均日照 122.7～178.2W/m^2。主要土壤类型为强淋溶土、暗色土、始成土、淋溶土、铁铝土等。

表 36-1　余甘子主要生长区域生态因子值

主要气候因子数值	最冷季均温/℃	最热季均温/℃	年均温/℃	年均相对湿度/%	年均降水量/mm	年均日照/（W/m²）
范围	2.4~26.1	15.1~29.4	9.3~27.5	53.6~78.5	592~2634	122.7~178.2
主要土壤类型	强淋溶土、暗色土、始成土、淋溶土、铁铝土等					

◎【全球产地生态适宜性数值分析】

GMPGIS 系统分析结果显示（图 36-1 和图 36-2），余甘子在全球最大的生态相似度区域主要分布在巴西、中国、刚果和美国。其中最大生态相似度区域面积最大的国家为巴西，为 4255632.7km²，占全部面积的 21.8%。

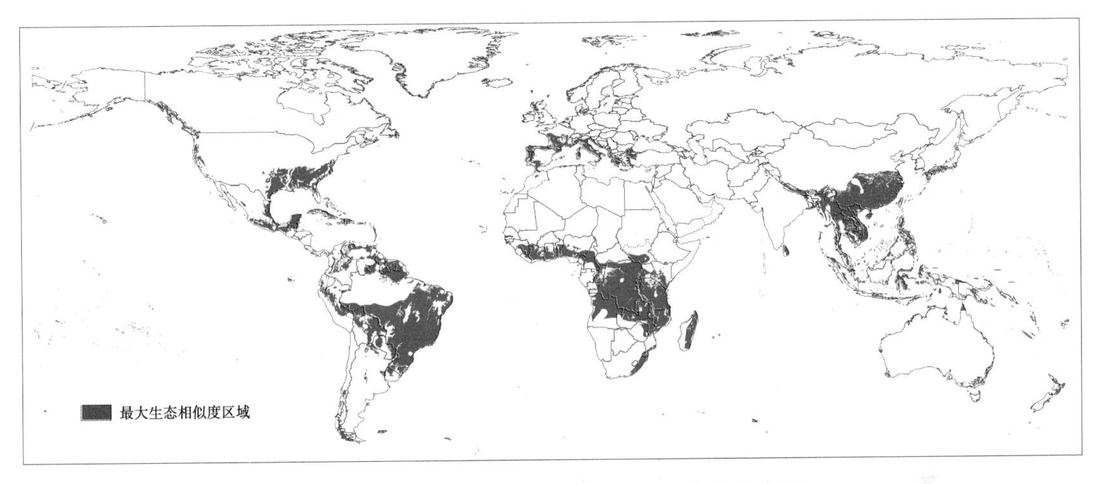

图 36-1　余甘子最大生态相似度区域全球分布图

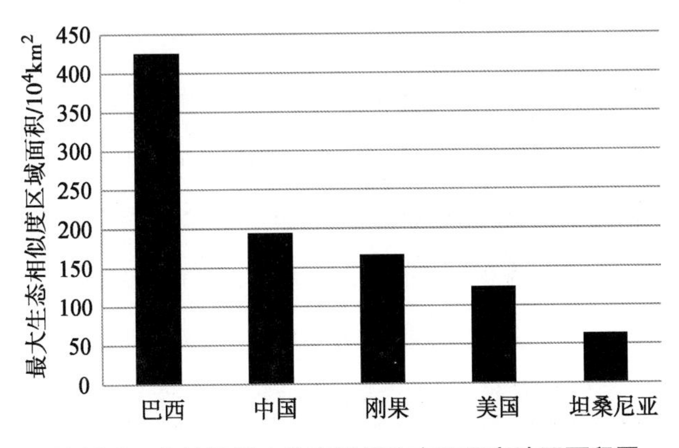

图 36-2　余甘子最大生态相似度主要国家地区面积图

◎【中国产地生态适宜性数值分析】

GMPGIS 系统分析结果显示（图 36-3、图 36-4 和表 36-2），余甘子在我国最大的生态相似度区域主要分布在云南、广西、湖南、四川、广东、江西、湖北等地。其中最大生态

相似度区域面积最大的为云南省，为 310461.3km²，占全部面积的 15.5%；其次为广西壮族自治区，最大生态相似度区域面积为 202476.9km²，占全部面积的 10.1%。所涵盖县（市）个数分别为 126 个和 88 个。

图 36-3　余甘子最大生态相似度区域全国分布图

表 36-2　我国余甘子最大生态相似度主要区域

省（区）	县（市）数	主要县（市）	面积/km²
云南	126	澜沧、广南、富宁、景洪、勐腊、墨江等	310461.3
广西	88	金城江、苍梧、融水、八步、南宁、西林等	202476.9
湖南	102	安化、沅陵、浏阳、桃源、永州、衡南等	187933.6
四川	115	宜宾、会理、合江、盐边、宣汉、叙永等	150992.7
广东	88	梅县、佛山、英德、韶关、惠东、阳山等	149870.6
江西	91	宁都、赣县、遂川、瑞金、于都、永丰等	145084.4
湖北	77	武汉、曾都、利川、钟祥、咸丰、郧县等	138216.0

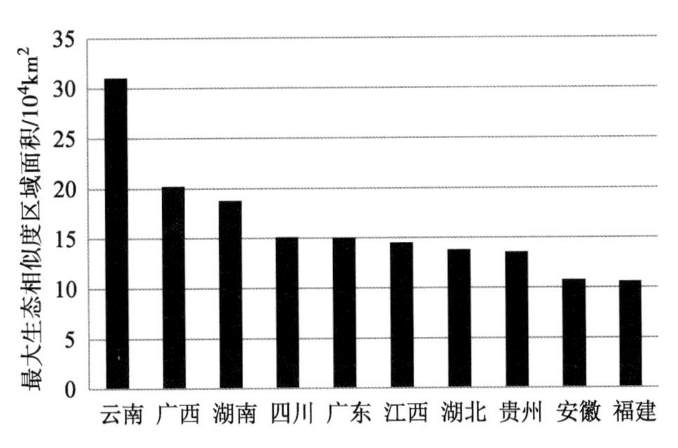

图 36-4　我国余甘子最大生态相似度主要地区面积图

◎【区划与生产布局】

根据余甘子生态适宜性分析结果，结合余甘子生物学特性，并考虑自然条件、社会经济条件、药材主产地栽培和采收加工技术，建议选择引种栽培研究区域主要以巴西、中国、刚果、美国等国家（或地区）为宜，在国内主要以云南、广西、湖南、四川、广东、江西、湖北等省（区）为宜（图 36-5）。

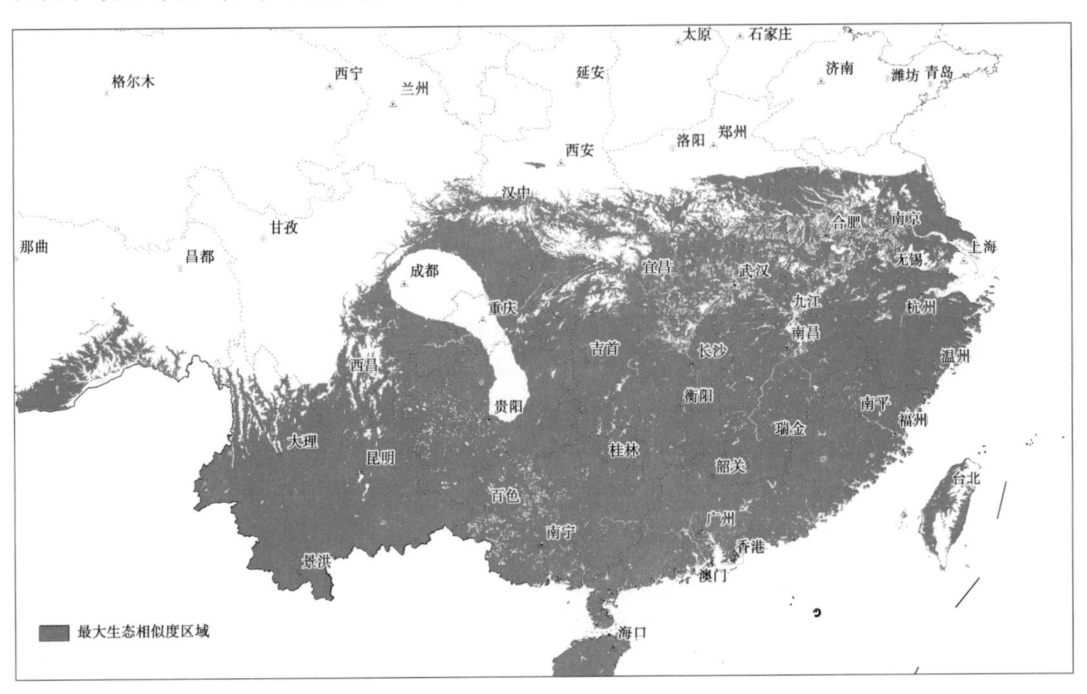

图 36-5　余甘子最大生态相似度区域全国局部分布图

◎【品质生态学研究】

郭建民等（2013）采用高效液相色谱法测定广东、贵州、福建三省 7 个产地的余甘子中没食子酸和槲皮素含量。吴玲芳等（2013）建立了余甘子中总鞣质含量的分光光度测定法，并对 8 个不同省份及国家的余甘子进行测定，结果显示余甘子药材总鞣质含量差别较大，印度和尼泊尔产余甘子中总鞣质含量最高。王飞等（2014）建立了不同产地余甘子黄

酮类成分高效液相色谱指纹图谱，10 个不同产地余甘子黄酮类成分有 18 个共有峰。赵琼玲等（2015）研究测定不同地区余甘子的主要品质指标，并采用主成分分析和聚类分析法进行分析，最终将品质指标简化为：单果重、粗纤维、回甘度、维生素 C 4 个主要因子。

◎ 参考文献

[1] 蔡英卿，张新文. 余甘子的生物学特性及其应用［J］. 三明师专学报，2000，(01)：72-74.

[2] 郭建民，王建科，李玮，等. 不同产地余甘子中没食子酸与槲皮素含量的测定［J］. 贵州农业科学，2013，(05)：61-63.

[3] 王飞，王帅，孟宪生，等. 不同产地余甘子黄酮类成分指纹图谱研究［J］. 中药材，2014，(11)：1984-1986.

[4] 吴玲芳，张鸿雁，王坤风，等. 不同产地藏药余甘子总鞣质含量测定［J］. 中国实验方剂学杂志，2013，(15)：61-63.

[5] 许嵘，郭幼红，黄清茹. 余甘子研究概况［J］. 海峡药学，2012，(01)：45-46.

[6] 杨顺楷，杨亚力，杨维力. 余甘子资源植物的研究与开发进展［J］. 应用与环境生物学报，2008，(06)：846-854.

[7] 赵琼玲，马开华，张永辉，等. 余甘子果实品质评价因子的选择［J］. 中国农学通报，2015，(16)：140-145.

37. 沉香 Chenxiang

AQUILARIAE LIGNUM RESIMATUM

本品为瑞香科植物白木香 *Aquilaria sinensis*（Lour.）Gilg 含有树脂的木材。别名白木香、土沉香、女儿香等。2015 年版《中华人民共和国药典》（一部）收载。沉香性微温，味辛、苦，归脾、胃、肾经，具行气止痛、温中止呕、纳气平喘等功效。用于胸腹胀闷疼痛，胃寒呕吐呃逆，肾虚气逆喘急等。

沉香是我国传统中药，是“十大广药”之一。沉香为多种传统中成药的主要成分，有广泛的药理作用和应用范围；此外，沉香为一天然香料，广泛用于香料、医药、工艺品雕刻等领域，具有较高的经济价值。由于国际贸易量大，价格攀升，沉香资源遭到掠夺式开发，加之生态环境的恶化以及白木香自然繁殖率低等原因，导致我国野生白木香资源枯竭。1999 年，白木香列入《国家重点保护野生植物名录》，成为国家二级重点保护植物，2005 年被列为《濒危野生动植物种国际贸易公约》（CITES）附录Ⅱ。广东省茂名市、江门市等地区，海南岛各市县，云南的西双版纳和普洱，广西壮族自治区及福建省等部分地区有人工栽培。

◎【地理分布与生境】

白木香产广东、海南、广西、福建等地。喜生于低海拔的山地、丘陵以及路边阳处疏林中。

◎【生物学及栽培特性】

白木香喜高温，在平均气温 20℃以上，最高气温约 37℃以上才能发育良好，能耐受低温和霜冻。偏爱湿润的环境，年降水量1500~2000mm较为适宜，相对湿度为80%~88%。对土壤要求不高，在酸性（pH 5~6.5）的红壤、砖红壤、山地黄棕壤、石砾土上都能生长。

◎【生态因子值】

选取92个样点进行白木香的生态适宜性分析。包括广东省恩平市、肇庆市、清远市、阳江市、江门市，广西壮族自治区北海市合浦县、玉林市博白县、钦州市灵山县，海南省乐东县、万宁市、文昌市、琼海市，福建省厦门市，香港特别行政区尖山咀、沙田区等5省（区）的65县（市）。

GMPGIS系统分析结果显示（表37-1），白木香在主要生长区域生态因子范围为：最冷季均温12.0~22.0℃；最热季均温22.6~29.0℃；年均温19.3~25.9℃；年均相对湿度71.9%~77.9%；年均降水量594~2452mm；年均日照130.8~147.6W/m^2。主要土壤类型为强淋溶土、人为土、铁铝土、始成土、黏绨土、高活性强酸土等。

表37-1　白木香全球范围内主要生长区域生态因子值

主要气候因子数值	最冷季均温/℃	最热季均温/℃	年均温/℃	年均相对湿度/%	年均降雨量/mm	年均日照/（W/m^2）
范围	12.0~22.0	22.6~29.0	19.3~25.9	71.9~77.9	594~2452	130.8~147.6
主要土壤类型	强淋溶土、人为土、铁铝土、始成土、黏绨土、高活性强酸土等					

◎【全球产地生态适宜性数值分析】

GMPGIS系统分析结果显示（图37-1和图37-2），白木香在全球最大的生态相似度区域分布于21个国家，主要为中国、巴西、越南和老挝。其中最大生态相似度区域面积最大的国家为中国，为258086.1km^2，占全部面积的64.5%。

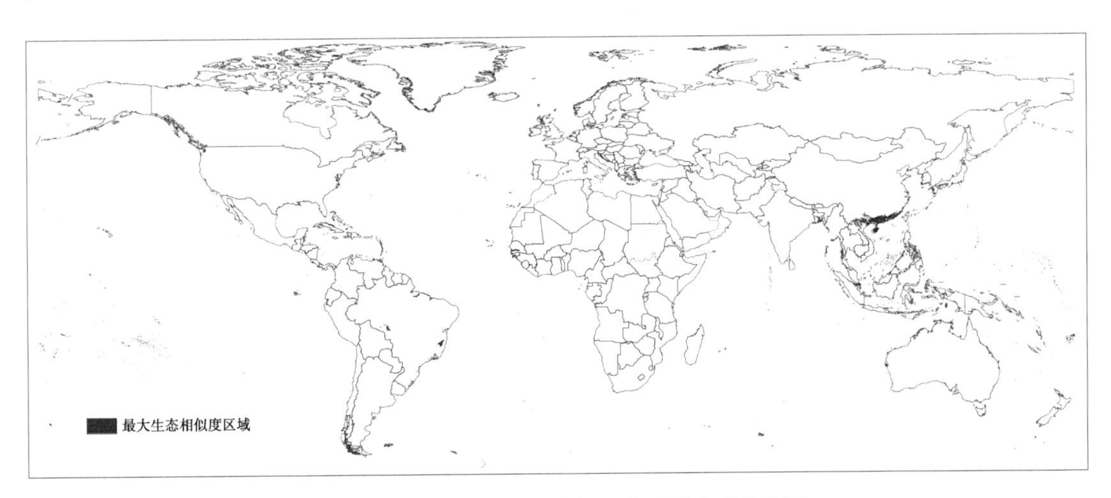

图37-1　白木香最大生态相似度区域全球分布图

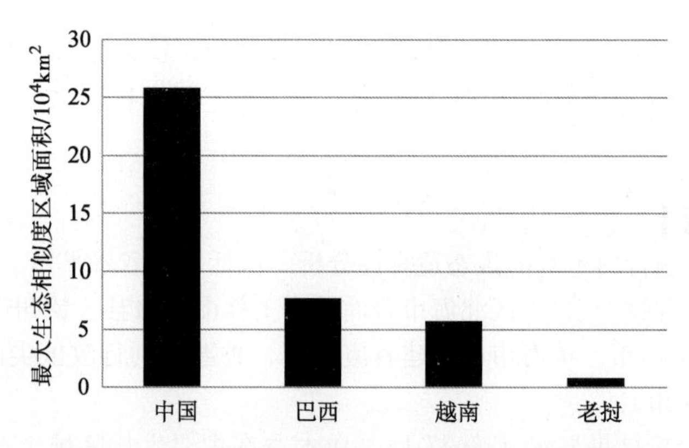

图 37-2　白木香最大生态相似度主要国家地区面积图

◎【中国产地生态适宜性数值分析】

GMPGIS 系统分析结果显示（图 37-3、图 37-4 和表 37-2），白木香在我国最大的生态相似度区域主要分布在广东、广西、海南、福建等地。其中最大生态相似度区域面积最大的为广东省，为 109702. 6km^2，占全部面积的 42. 6%；其次为广西壮族自治区，最大生态相似度区域面积为 83503. 5km^2，占全部的 32. 4%。所涵盖县（市）个数分别为 79 个和 54 个。

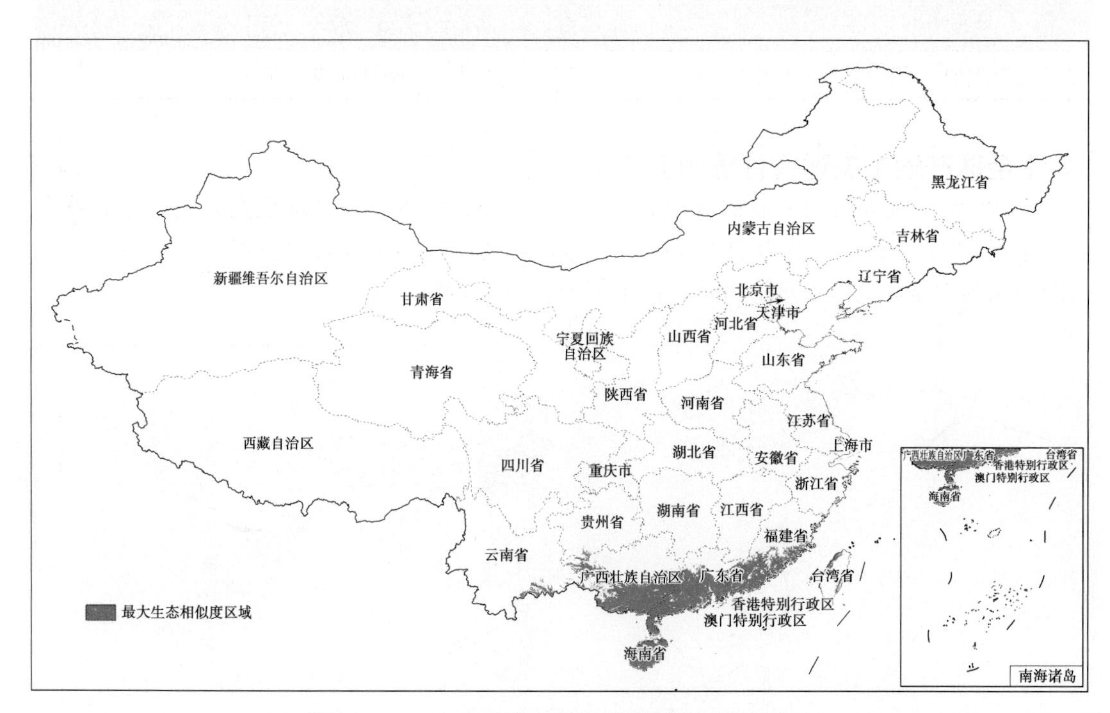

图 37-3　白木香最大生态相似度区域全国分布图

表 37-2　白木香全国最大生态相似度主要区域

省（区）	县（市）数	主要县（市）	面积/km^2
广东	79	佛山、梅县、惠州、高要、博罗、廉江等	109702.6
广西	54	南宁、钦州、苍梧、博白、灵山、藤县等	83503.5
海南	18	白沙、保亭、昌江、澄迈、儋州、定安等	26987.5
福建	33	龙海、南安、平和、永定、南靖、诏安等	19274.1

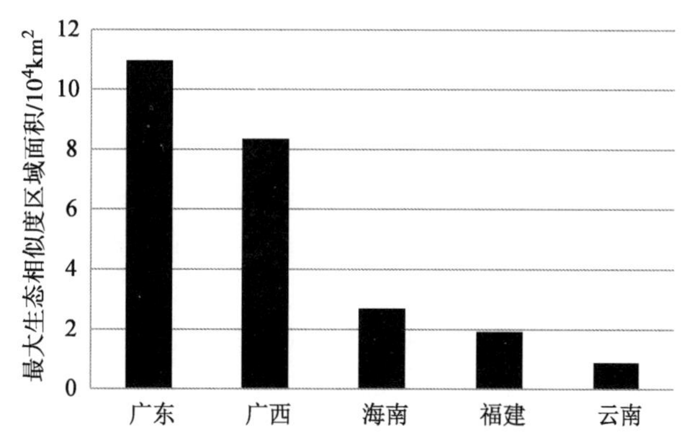

图 37-4　我国白木香最大生态相似度主要地区面积图

◎【区划与生产布局】

根据白木香生态适宜性分析结果，结合白木香生物学特性，并考虑自然条件、社会经济条件、药材主产地栽培和采收加工技术，建议选择引种栽培研究区域主要以中国、巴西、越南、老挝等国家（或地区）为宜，在国内主要以广东、广西、海南、福建等省（区）为宜（图 37-5）。

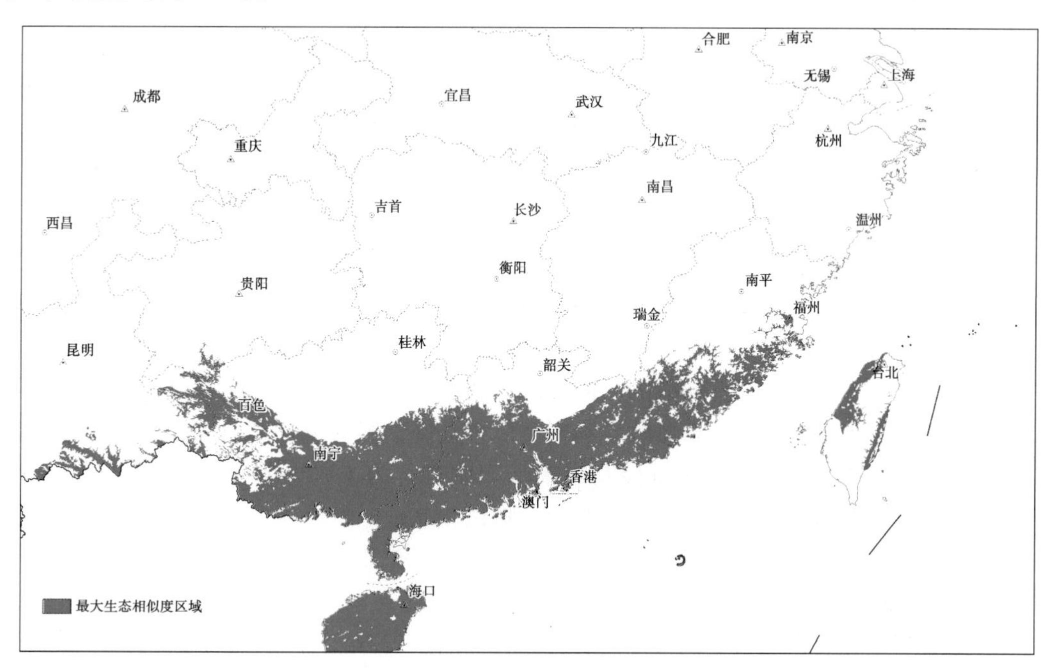

图 37-5　白木香最大生态相似度区域全国局部分布图

◎【品质生态学研究】

白木香分布于我国热带及亚热带地区，为我国特有的珍贵药用植物，其野生资源几乎被破坏殆尽。据报道，基于“白木香防御反应诱导结香假说”发明的“通体结香技术”可极大提高沉香产量（Liu et al.，2013）。刘洋洋等（2014）分析和评价在海南省琼中县、海南省海口市、广东省廉江市和广东省化州市不同产地白木香树上所产沉香药材的质量，发现 4 个产地的沉香药材的性状、显微鉴别、理化鉴别、薄层鉴别和浸出物等考察指标均符合药典规定。揭示了该技术在沉香资源有效利用中可能的积极作用。

◎ 参考文献

[1] Liu YY，Chen HQ Yang Y，et al. Whole-tree agarwood-inducing technique：An efficient novel technique for producing high-quality agarwood in cultivated Aquilaria sinensis trees [J]. Molecules，2013，18：3086-3106.

[2] 李红念，梅全喜，吴惠妃，等. 沉香的资源、栽培与鉴别研究进展 [J]. 亚太传统医药，2011，02：134-136.

[3] 刘洋洋，杨云，魏建和，等. 不同产地通体香沉香药材的质量分析 [J]. 中国现代中药，2014，03：183-186.

[4] 徐江，汪鹏，谭瑞湘，等. 基于 GMPGIS 的沉香全球产地适宜性分析 [J]. 世界中医药，2017，(05)：979-981+985.

38. 鸡血藤 Jixueteng

SPATHOLOBI CAULIS

本品为豆科植物密花豆 *Spatholobus suberectus* Dunn 的干燥藤茎。别名大血藤、血风藤、三叶鸡血藤、九层风等。2015 年版《中华人民共和国药典》（一部）收载。鸡血藤性温，味苦、甘，归肝、肾经，具活血补血、调经止痛、舒筋活络等功效。用于月经不调，痛经，经闭，风湿痹痛，麻木瘫痪，血虚萎黄等。

中药鸡血藤，是中医常用的一味中药，是许多方剂的主要原料，广泛用于妇科、风湿痹痛等类型中成药生产和配方用药中。鸡血藤耐贫瘠，适应性强，有时长达数十米，也是城市绿化和石漠化、荒漠化治理的理想藤本植物种。近年来，由于药用需求量的不断增加，鸡血藤野生药材资源量不断减少。同样的，随着临床使用量的不断增加，其野生资源远远满足不了药用需求。由于鸡血藤异物同名品种甚多，容易混用，且受生长年限、产地等诸多因素限制较多，给药材质量控制带来一定困难，为了确保其药材资源的可持续利用，广东已建立了鸡血藤野生转家栽规范化种植试验基地。

◎【地理分布与生境】

密花豆分布于云南、广西、广东和福建等地。生于海拔 800～1700 米的山地疏林或密林沟谷或灌丛中。

◎【生物学及栽培特性】

密花豆为亚热带大型藤本。喜温暖、喜光也稍耐阴。栽培土壤要求肥厚、疏松、排水良好的山土或腐叶土为宜，较耐旱，管理较粗放，适应性强。

◎【生态因子值】

选取89个样点进行密花豆的生态适宜性分析。国内样点包括福建省漳州市华安县、南靖县，广东省广州市从化区、肇庆市怀集县、清远市英德市、梅州市平远县，广西壮族自治区百色市凌云县、隆林县、玉林市北流市，云南红河州绿春县、普洱市景东彝族自治县等5省（区）的54县（市）。国外样点为美国。

GMPGIS系统分析结果显示（表38-1），密花豆在主要生长区域生态因子范围为：最冷季均温7.2~18.7℃；最热季均温18.7~29.2℃；年均温14.3~24.8℃；年均相对湿度55.1%~76.2%；年均降水量816~2471mm；年均日照127.3~153.8W/m^2。主要土壤类型为强淋溶土、人为土、高活性强酸土、淋溶土等。

表38-1 密花豆主要生长区域生态因子值

主要气候因子数值	最冷季均温/℃	最热季均温/℃	年均温/℃	年均相对湿度/%	年均降水量/mm	年均日照/(W/m^2)
范围	7.2~18.7	18.7~29.2	14.3~24.8	55.1~76.2	816~2471	127.3~153.8
主要土壤类型	强淋溶土、人为土、高活性强酸土、淋溶土等					

◎【全球产地生态适宜性数值分析】

GMPGIS系统分析结果显示（图38-1和图38-2），密花豆在全球最大的生态相似度区域分布于44个国家，主要为中国、巴西和美国。其中最大生态相似度区域面积最大的国家为中国，为807747.5km^2，占全部面积的50.7%。

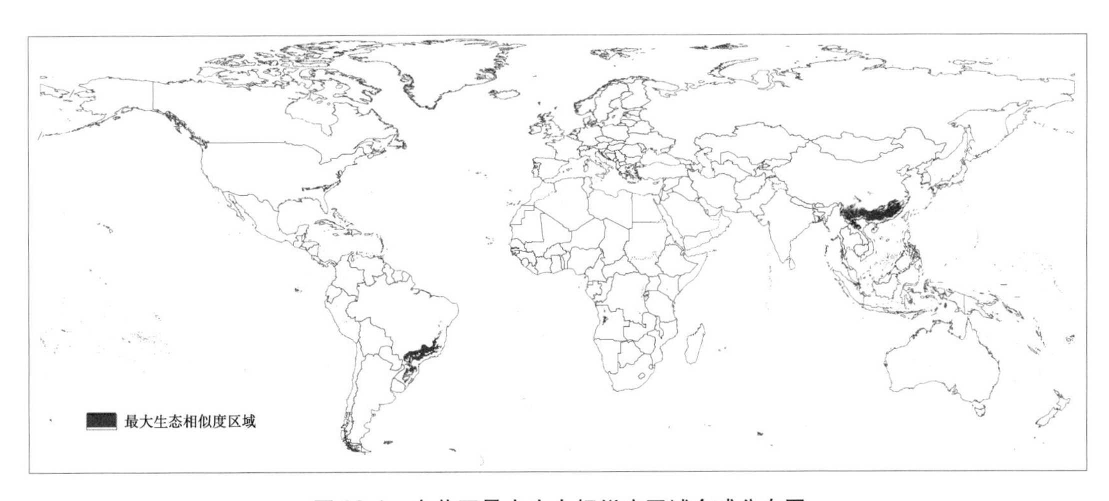

图38-1 密花豆最大生态相似度区域全球分布图

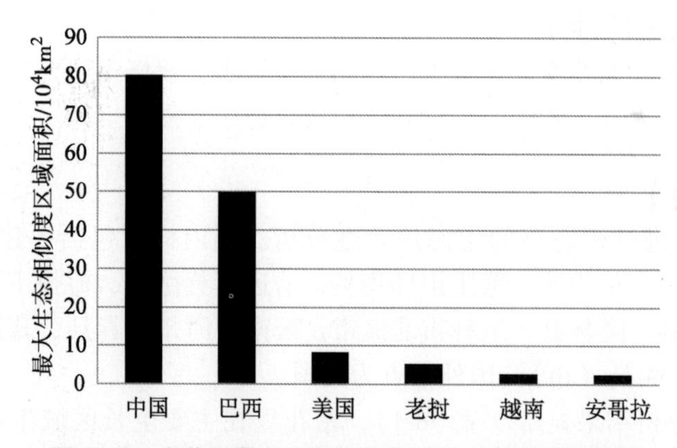

图 38-2 密花豆最大生态相似度主要国家地区面积图

◎【中国产地生态适宜性数值分析】

GMPGIS 系统分析结果显示（图 38-3、图 38-4 和表 38-2），密花豆在我国最大的生态相似度区域主要分布在云南、广西、广东、福建、江西、湖南、四川等地。其中最大生态相似度区域面积最大的为云南省，为 215945.7km^2，占全部面积的 26.7%；其次为广西壮族自治区，最大生态相似度区域面积为 180591.1km^2，占全部的 22.3%。所涵盖县（市）个数分别为 125 个和 87 个。

图 38-3 密花豆最大生态相似度区域全国分布图

表 38-2 我国密花豆最大生态相似度主要区域

省（区）	县（市）数	主要县（市）	面积/km²
云南	125	广南、富宁、勐腊、墨江、景谷、江城等	215945.7
广西	87	金城江、苍梧、西林、南宁、藤县、八步等	180591.1
广东	80	梅县、英德、佛山、惠东、韶关、信宜等	129181.6
福建	67	漳平、上杭、永定、延平、武平、尤溪等	95655.7
江西	67	瑞金、赣县、会昌、于都、寻乌、信丰等	83120.4
湖南	35	衡南、宜章、耒阳、桂阳、江华、永兴等	31887.7
四川	55	宜宾、盐边、攀枝花、翠屏、高县、金阳等	26443.5

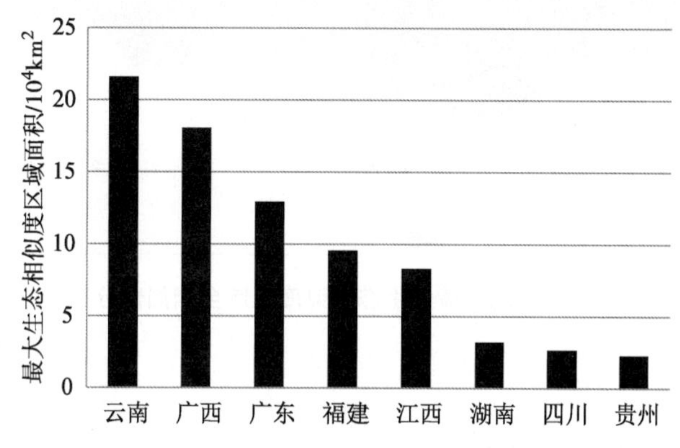

图 38-4 我国密花豆最大生态相似度主要地区面积图

◎【区划与生产布局】

根据密花豆生态适宜性分析结果，结合密花豆生物学特性，并考虑自然条件、社会经济条件、药材主产地栽培和采收加工技术，建议选择引种栽培研究区域主要以中国、巴西、美国等国家（或地区）为宜，在国内主要以云南、广西、广东、福建、江西、湖南、四川等省（区）为宜（图 38-5）。

◎【品质生态学研究】

鸡血藤是许多方剂的主要原料，广泛用于妇科、风湿痹痛等类型中成药生产和配方用药中。一直以来都是靠采集野生资源供应市场，多年的采收导致野生资源已呈渐危稀缺状态。黄颖瑜等（2013）关于不同产地鸡血藤叶的质量分析表明，不同产地鸡血藤叶的总黄酮含量较低，具有明显差异。鸡血藤叶中没食子酸的含量相对较高，但不同产地样品中的含量差异较大，且栽培品的含量普遍高于野生品。吕惠珍等（2010）关于不同产地及生长年限鸡血藤药材质量研究表明，鸡血藤药材随着生长年限的增加，浸出物含量增加，但是小枝条的含量低；鸡血藤人工栽培切实可行，栽培 4 年浸出物即能达到《中国药典》的标准，但是与野生药材比质量较差，而且产量比较低，生产上应当栽培 5 年以上才采收；不同饮片类型浸出物含量也有所不同，薄片明显比厚片高，生产上提倡加工成薄片。为此，在加大对鸡血藤植物资源保护的同时，应加大人工栽培及繁育选育研究工作，制定相关标准，大力推广人工栽培，以缓解鸡血藤药材供不应求现象，使鸡血藤资源得以永续利用。

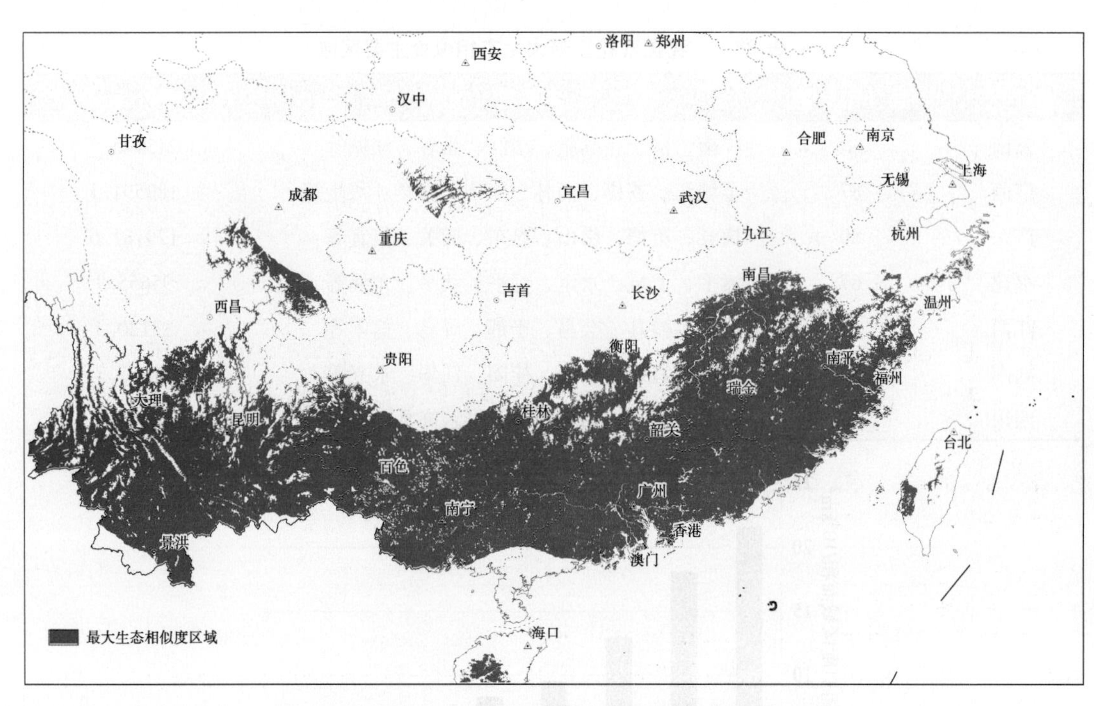

图 38-5　密花豆最大生态相似度区域全国局部分布图

◎ 参考文献

[1] 黄颖瑜，钟小清，刘军民，等. 不同产地鸡血藤叶的质量分析 [J]. 广州中医药大学学报，2013，30（03）：394-398.

[2] 吕惠珍，黄宝优，吴庆华，等. 不同产地及生长年限鸡血藤药材质量研究 [J]. 广东农业科学，2010，37（09）：63-64.

[3] 吴蔓，刘军民，翟明. 不同产地鸡血藤藤茎挥发性成分的 GC-MS 分析 [J]. 中国中医药现代远程教育，2011，9（09）：149-150.

39. 鸡骨草 Jigucao

ABRI HERBA

本品为豆科植物广州相思子 *Abrus cantoniensis* Hanca 的干燥全株。*Flora of China* 收录该物种为广州相思子 *Abrus pulchellus* subsp. *cantoniensis*（Hance）Verdcourt Kew Bull.。别名红母鸡草、石门坎、黄食草、细叶龙鳞草、大黄草、黄仔蕴、假牛甘子、猪腰草、小叶龙鳞草等。2015 年版《中华人民共和国药典》（一部）收载。鸡骨草性凉，味甘、微苦，归肝、胃经，具利湿退黄、清热解毒、舒肝止痛等功效。用于湿热黄疸，胁肋不舒，胃脘胀痛，乳痈肿痛等。

鸡骨草是用量较大的常用中药材，是“鸡骨草丸”“鸡骨草冲剂”等重要成方制剂的主要原料，也是广州凉茶成分之一，为广东、广西等省区的主要创汇药材之一。目前群落结构和鸡骨草野生资源日遭受人为破坏较严重，加之市场需求量的增加，近年来已经逐渐开始人工栽培，且相关技术日渐成熟。广西壮族自治区是鸡骨草的重要栽培地。

◎【地理分布与生境】

广州相思子主要分布于我国湖南、广东、广西，泰国和越南也有分布。生于疏林、灌丛或山坡，海拔约 200 米。

◎【生物学及栽培特征】

广州相思子为木质藤木。喜弱光和较干燥的环境，不耐寒、不耐高温，主要分布于最冷月平均温度大于 10℃的部分南亚热带和热带地区，呈星散分布。广州相思子适合生长在弱酸性土壤。光照也是影响广州相思子生长发育的气候条件之一，栽培地最好有 10%～20%的荫蔽度。土质疏松深厚、通透性好的水田或旱地可种植，以土质疏松肥沃、排水良好的砂质壤土或腐殖质壤土为佳。

◎【生态因子值】

选取 32 个样点进行广州相思子的生态适宜性分析。包括广东省广州市白云区、深圳市南山区、梧桐山国家级风景区、惠州市惠阳区，广西壮族自治区百色市凌云县、玉林市陆川县、南宁市兴宁区、崇左市宁明县、梧州市万秀区及海南省琼海市等 3 省（区）的 27 县（市）。

GMPGIS 系统分析结果显示（表 39-1），广州相思子在主要生长区域生态因子范围为：最冷季均温 10.4～19.6℃；最热季均温 24.5～29.0℃；年均温 18.3～24.8℃；年均相对湿度 72.1%～76.3%；年均降水量 1279～2478mm；年均日照 131.1～145.1W/m^2。主要土壤类型为强淋溶土、人为土、铁铝土、始成土、冲积土、淋溶土等。

表 39-1　广州相思子主要生长区域生态因子值

主要气候因子数值	最冷季均温/℃	最热季均温/℃	年均温/℃	年均相对湿度/%	年均降水量/mm	年均日照/（W/m^2）
范围	10.4～19.6	24.5～29.0	18.3～24.8	72.1～76.3	1279～2478	131.1～145.1
主要土壤类型	强淋溶土、人为土、铁铝土、始成土、冲积土、淋溶土等					

◎【全球产地生态适宜性数值分析】

GMPGIS 系统分析结果显示（图 39-1 和图 39-2），广州相思子在全球最大的生态相似度区域分布于 4 个国家，分别为中国、越南、巴西和日本。其中最大生态相似度区域面积最大的国家为中国，为 227600.5km^2，占全部面积的 91.8%。

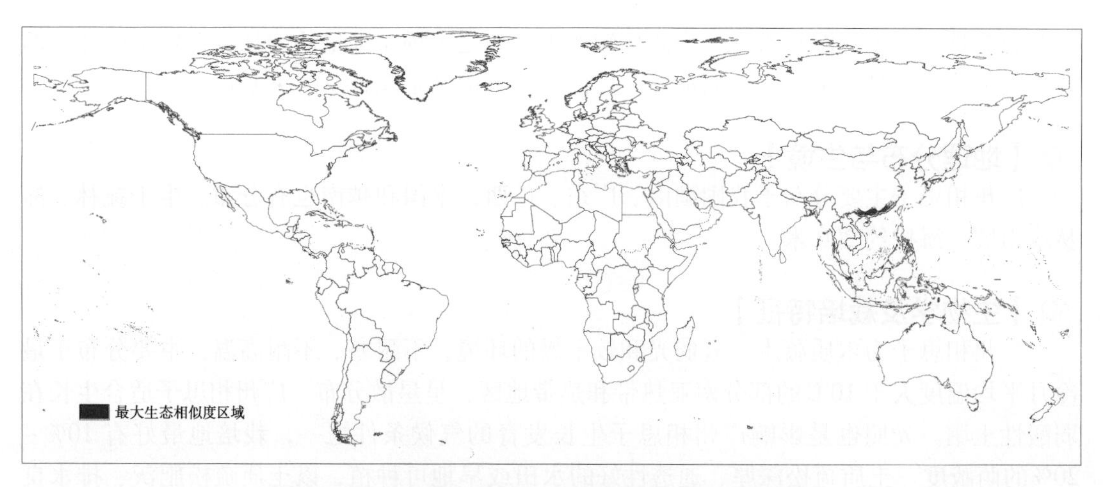

图 39-1　广州相思子最大生态相似度区域全球分布图

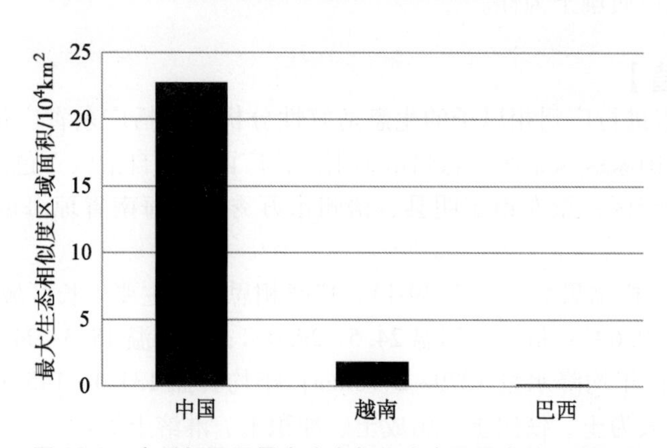

图 39-2　广州相思子最大生态相似度主要国家地区面积图

◎【中国产地生态适宜性数值分析】

GMPGIS 系统分析结果显示（图 39-3、图 39-4 和表 39-2），广州相思子在我国最大的生态相似度区域主要分布在广东、广西、福建、海南、云南等地。其中最大生态相似度区域面积最大的为广东省，为 96543.6km^2，占全部面积的 42.4%；其次为广西壮族自治区，最大生态相似度区域面积为 83234.4km^2，占全部的 36.6%。所涵盖县（市）个数分别为 72 个和 53 个。

表 39-2　我国广州相思子最大生态相似度主要区域

省（区）	县（市）数	主要县（市）	面积/km^2
广东	72	佛山、梅县、高要、惠州、博罗、惠东等	96543.6
广西	53	苍梧、南宁、钦州、灵山、藤县、江州等	83234.4
福建	102	永定、龙海、上杭、平和、安溪、南靖等	34965.4
海南	137	屯昌、儋州、琼中、澄迈、定安、白沙等	5280.1
云南	88	金平、河口、富宁、马关、麻栗坡、屏边等	3481.0

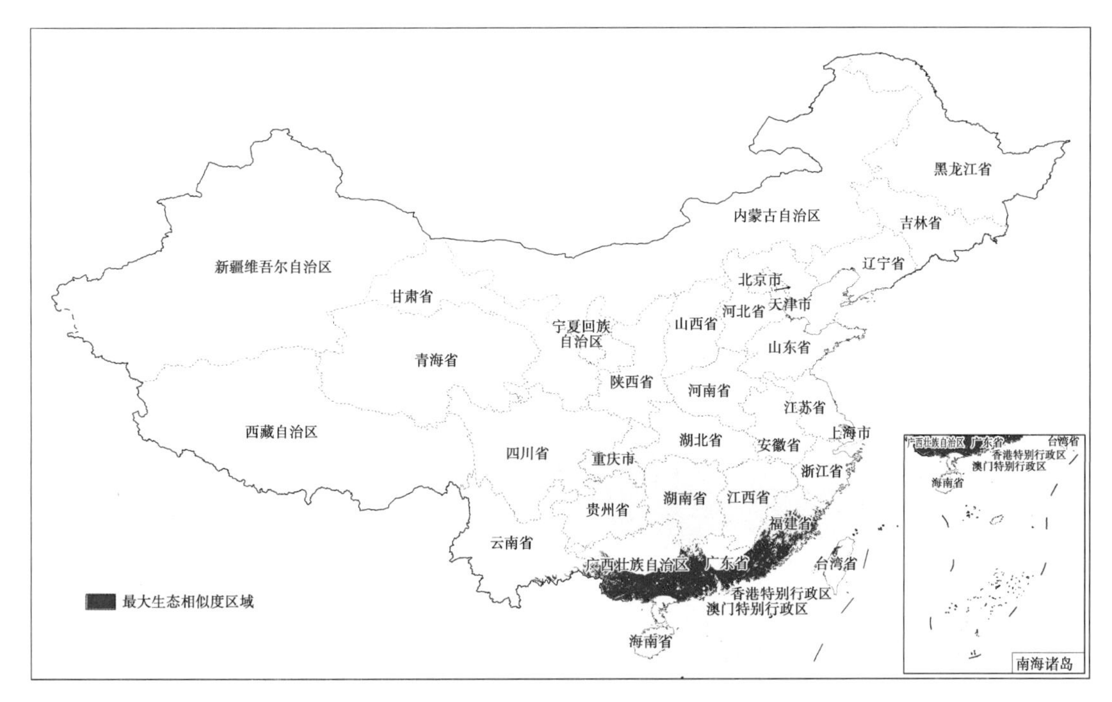

图 39-3　广州相思子最大生态相似度区域全国分布图

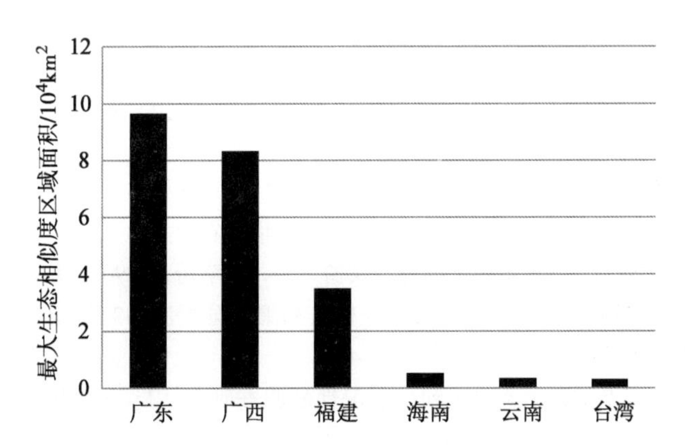

图 39-4　我国广州相思子最大生态相似度主要地区面积图

◎【区划与生产布局】

根据广州相思子生态适宜性分析结果，结合广州相思子生物学特性，并考虑自然条件、社会经济条件、药材主产地栽培和采收加工技术，建议选择引种栽培研究区域主要以中国、越南、巴西等国家（或地区）为宜，在国内主要以广东、广西、福建、海南、云南等省（区）为宜（图 39-5）。

◎【品质生态学研究】

孔德鑫等（2010）应用 FTIR 技术对广西不同地区鸡骨草红外指纹特征进行分析，结果显示同一产地栽培鸡骨草化学成分较相似，认为双指标分析法和聚类分析法分析鸡骨草红外指纹光谱数据可将不同产地鸡骨草药材区分开来。

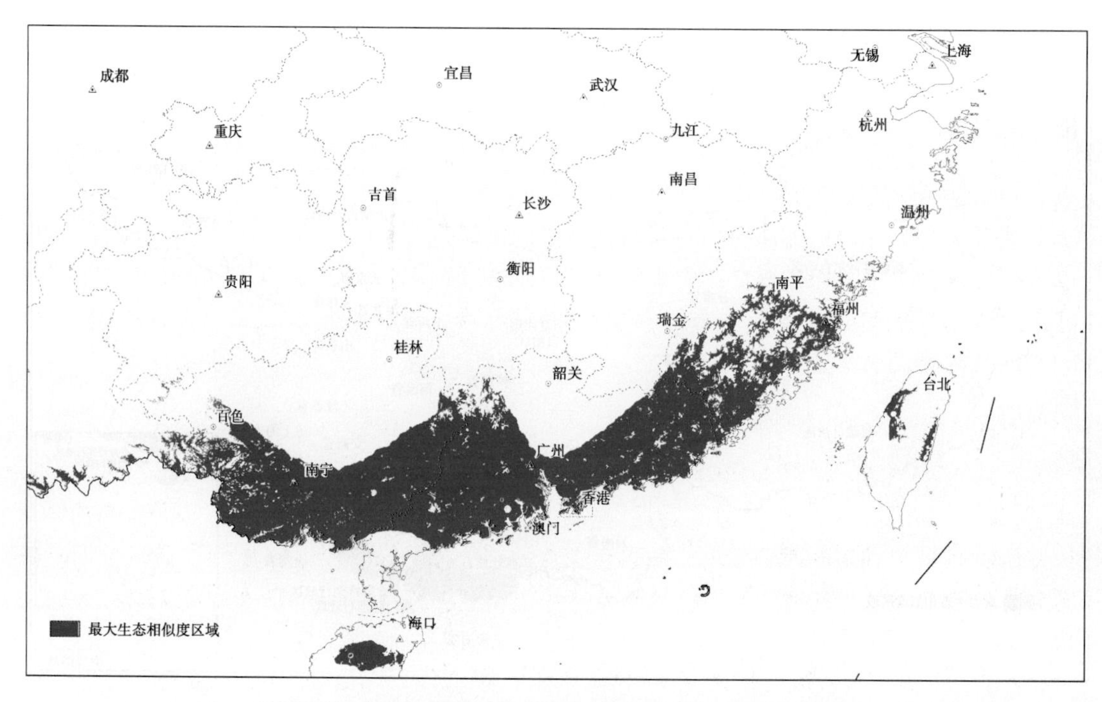

图 39-5 广州相思子最大生态相似度区域全国局部分布图

◎ 参考文献

[1] 白隆华，董青松，蒲瑞翎. 中药鸡骨草研究概况 [J]. 广西农业科学，2005，36 (5)：476-478.
[2] 陈芳清，徐祥浩. 药用植物鸡骨草的生态学研究 [J]. 华南农业大学学报，1993，14 (2)：24-31.
[3] 何茂金，胡廷松，曾佩玲. 鸡骨草种子的发芽实验 [J]. 中草药，1990，21 (7)：33-35.
[4] 孔德鑫，黄庶识，黄荣韶，等. 基于双指标分析法和聚类分析法的鸡骨草红外指纹图谱比较研究 [J]. 光谱学与光谱分析，2010，30 (01)：45-49.
[5] 徐祥浩，黎敏萍. 鸡骨草的原植物鉴定和生态习性的调查研究 [J]. 中国药学杂志，1960，(04)：192-194.

40. 鸡蛋花 Jidanhua

FLOS PLUMERIA

鸡蛋花为夹竹桃科植物鸡蛋花 *Plumeria rubra* L. 的干燥花朵。*Flora of China* 收录该物种为红鸡蛋花 *Plumeria rubra* Linnaeus。别名蛋黄花、擂捶花、大季花、缅栀子等。《广东省中药材标准》(第一册) 收载。鸡蛋花性凉，味甘、淡，归胃、肠经，具清热利湿、润肺解毒等功效。用于湿热下痢，里急后重，肺热咳嗽等。

鸡蛋花作为岭南地区地方药材被广泛使用在凉茶制品中。此外，鸡蛋花还可用于炒食、煲汤、提炼天然香料和化妆品成分，其树皮也可入药，具有很好的药用、食用和经济价值。鸡蛋花药材为引入品种，在我国主要来源于栽培品。

◎【地理分布与生境】

鸡蛋花主产于我国福建、广东、广西、云南等地，亚洲热带及亚热带地区的庭院、花圃广泛栽培。

◎【生物学及栽培特性】

鸡蛋花为小乔木，阳性树种，喜高温、湿润和阳光充足的环境，但也能在半阴的环境下生长。鸡蛋花耐寒性差，最适宜生长的温度为20~26℃，越冬期间长时间低于8℃易受冷害。鸡蛋花耐干旱，忌涝渍，抗逆性好。栽培土壤以深厚肥沃、通透良好、富含有机质的酸性沙壤土为佳。

◎【生态因子值】

选取1343个样点进行鸡蛋花的生态适宜性分析。国内样点包括广东省肇庆市端州区、鼎湖区、广州市黄埔区、白云区、湛江市雷州市，云南省普洱市宁洱县、临沧市双江县、西双版纳州勐腊县，广西壮族自治区崇左市龙州县、宁明县，福建省厦门市思明区、漳州市龙文区等7省（区）的51县（市）。国外样点包括墨西哥、西班牙、新加坡、印度、法国等36个国家。

GMPGIS系统分析结果显示（表40-1），鸡蛋花在主要生长区域生态因子范围为：最冷季均温4.5~27.7℃；最热季均温14.1~31.2℃；年均温10.0~28.5℃；年均相对湿度39.8%~83.0%；年均降水量276~4827mm；年均日照118.9~217.2W/m^2。主要土壤类型为粗骨土、浅层土、始成土、强淋溶土等。

表40-1　鸡蛋花主要生长区域生态因子值

主要气候因子数值	最冷季均温/℃	最热季均温/℃	年均温/℃	年均相对湿度/%	年均降水量/mm	年均日照/（W/m^2）
范围	4.5~27.7	14.1~31.2	10.0~28.5	39.8~83.0	276~4827	118.9~217.2
主要土壤类型	粗骨土、浅层土、始成土、强淋溶土等					

◎【全球产地生态适宜性数值分析】

GMPGIS系统分析结果显示（图40-1和图40-2），鸡蛋花在全球最大的生态相似度区域主要分布在巴西、美国、澳大利亚和中国。其中最大生态相似度区域面积最大的国家为巴西，为6553869.2km^2，占全部面积的13.8%。

◎【中国产地生态适宜性数值分析】

GMPGIS系统分析结果显示（图40-3、图40-4，表40-2），鸡蛋花在我国最大的生态相似度区域主要分布在云南、广西、四川、湖南、山东、广东等地。其中最大生态相似度区域面积最大的为云南省，为285242.6km^2，占全部面积的11.5%；其次为广西壮族自治区，最大生态相似度区域面积为191919.4km^2，占全部的7.7%。所涵盖县（市）个数分别为126个和88个。

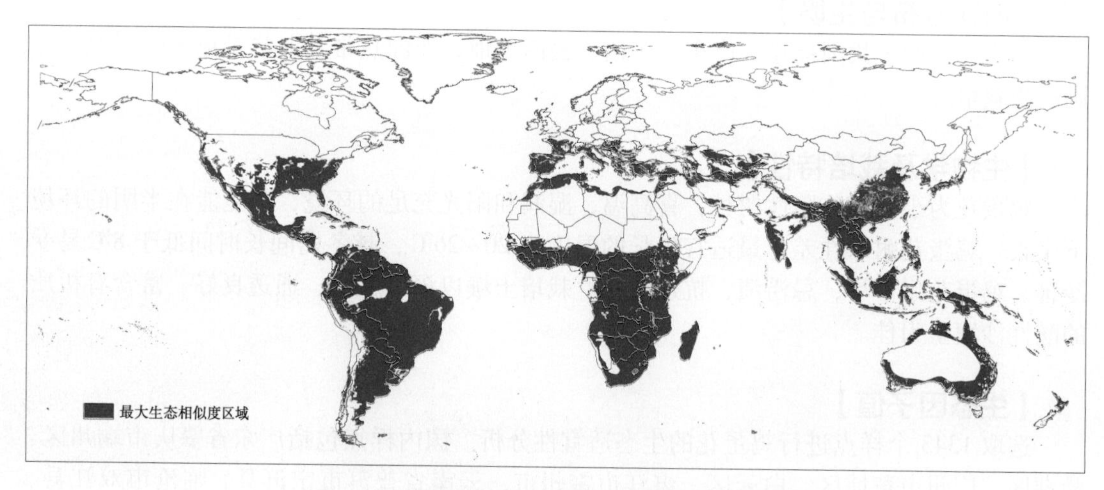

图 40-1　鸡蛋花最大生态相似度区域全球分布图

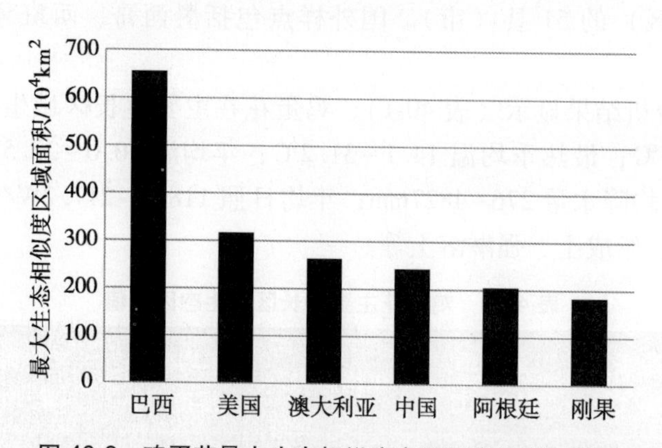

图 40-2　鸡蛋花最大生态相似度主要国家地区面积图

表 40-2　我国鸡蛋花最大生态相似度主要区域

省（区）	县（市）数	主要县（市）	面积/km^2
云南	126	澜沧、勐腊、景洪、墨江、富宁、镇沅等	285242.6
广西	88	金城江、苍梧、南宁、钦州、藤县、南丹等	191919.4
四川	151	宜宾、会理、万源、剑阁、安岳、盐源等	176580.6
湖南	102	浏阳、衡南、永州、石门、会同、桂阳等	168925.5
山东	109	东营、枣庄、沂水、无棣、莒县、淄博等	151204.3
广东	87	梅县、佛山、英德、惠东、台山、雷州等	147919.2

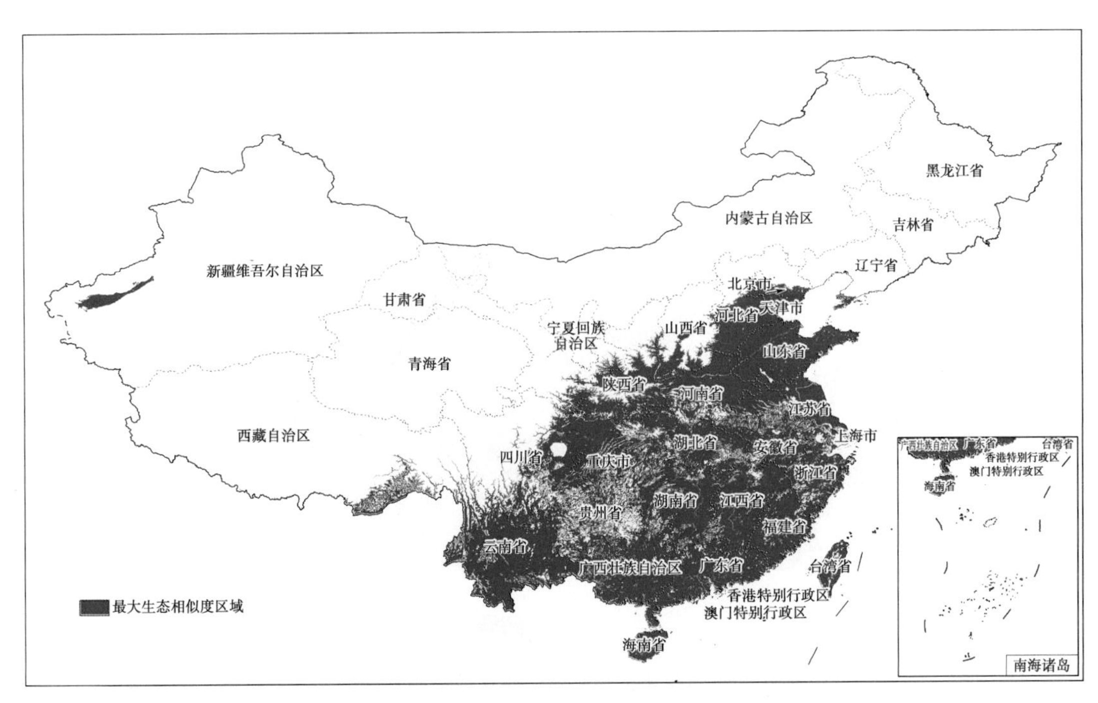

图 40-3　鸡蛋花最大生态相似度区域全国分布图

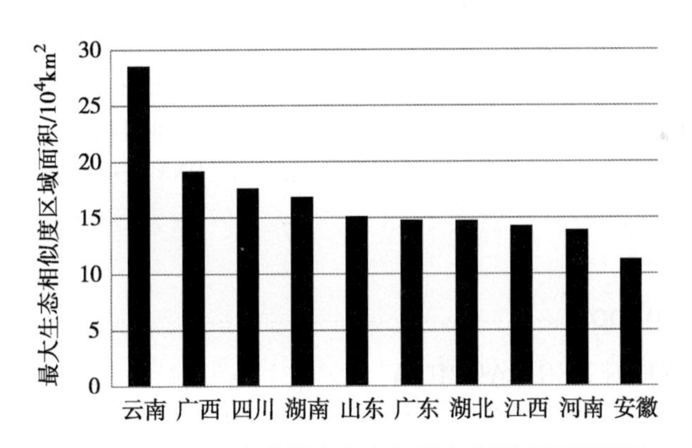

图 40-4　我国鸡蛋花最大生态相似度主要地区面积图

◎【区划与生产布局】

根据鸡蛋花生态适宜性分析结果，结合鸡蛋花生物学特性，并考虑自然条件、社会经济条件、药材主产地栽培和采收加工技术，建议选择引种栽培研究区域主要以巴西、美国、澳大利亚等国家（或地区）为宜，在国内主要以云南、广西、四川等省（区）为宜（图 40-5）。

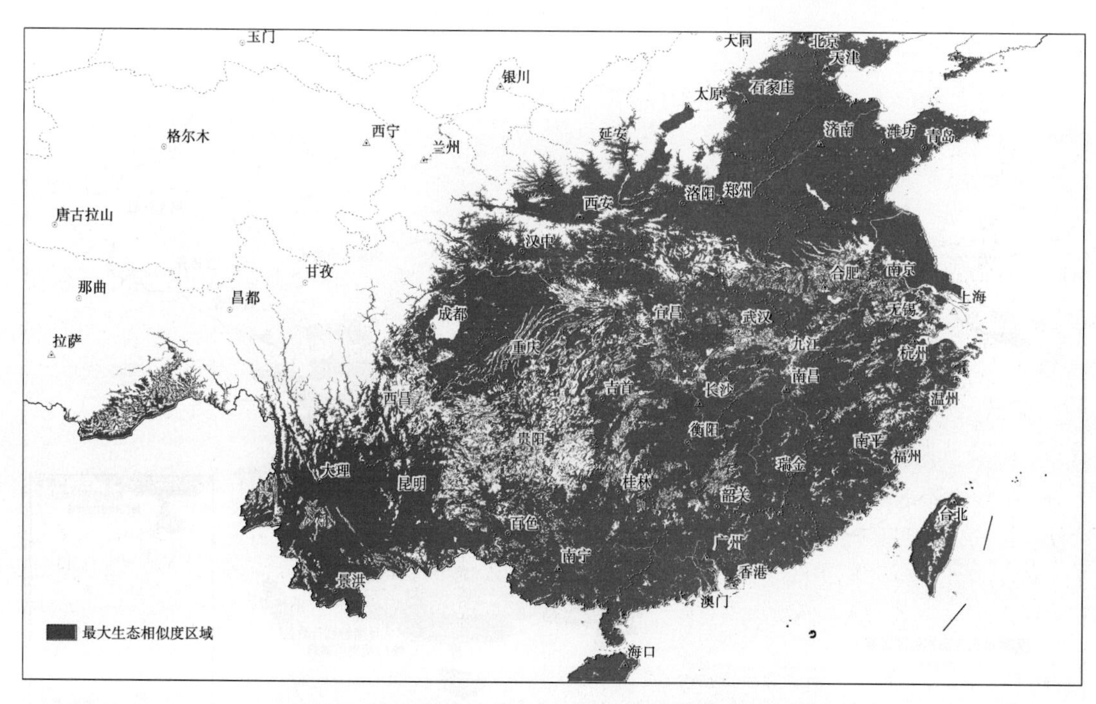

图 40-5　鸡蛋花最大生态相似度区域全国局部分布图

◎ 参考文献

[1] 邓仙梅，刘敬，谢文琼，等. 凉茶常用药材鸡蛋花的研究进展［J］. 时珍国医国药，2014，(01)：198-200.

[2] 李土荣，邓旭，武丽琼，等. 鸡蛋花的引种及繁育技术［J］. 林业科技开发，2010，(02)：106-108.

[3] 师玉华，孙伟，方广宏，等. 凉茶药材鸡蛋花及其混伪品的 DNA 条形码鉴定［J］. 中国中药杂志，2014，(12)：2199-2203.

41. 陈皮 Chenpi

CITRI RETICULATAE PERICARPIUM

本品为芸香科植物橘 *Citrus reticulate* Blanco 及其栽培变种的干燥成熟果皮。别名橘皮等。2015 年版《中华人民共和国药典》（一部）收载。陈皮性温，味苦、辛，归肺、脾经，具理气健脾、燥湿化痰等功效。用于脘腹胀满，食少吐泻，咳嗽痰多等。

陈皮是我国著名的传统中药材，以广东新会、四会、广州近郊产者质佳，以四川、重庆等地产量大。广东陈皮又称广陈皮，位列“十大广药”之首。陈皮为多种传统中成药的主要成分，有广泛的药理作用和应用范围；此外，陈皮也是一种重要的药食两用植物资源。我国长江以南各地区有人工栽培橘，以四川、重庆等地产量大。

◎【地理分布与生境】

橘分布于我国长江以南，广东、福建、四川、重庆、浙江、江西、湖南等地。栽培于丘陵、低山地带、江河湖泊沿岸或平原。

◎【生物学及栽培特性】

橘为常绿小乔木或灌木，喜光，喜温暖湿润，不耐寒，适宜于富含腐殖质、疏松肥沃和排水良好的中性土壤。以土质深厚 70cm 者为好。除陡坡地外，其他坡地都可栽种，但必须通风通光、蓄水、排水良好。太黏重和沙粒、石头多的地段不宜种植。

◎【生态因子值】

选取 281 个样点进行橘的生态适宜性分析。国内样点包括福建省福州市仓山区、漳州市南靖县、云霄县，广东省潮州市潮安区、广州市番禺区、江门市新会区，广西壮族自治区桂林市雁山区、河池市巴马县、梧州市苍梧县、永州市祁阳县，贵州省贵阳市息烽县等 17 省（区）的 217 县（市）。国外样点包括圭亚那、哥斯达黎加、巴拿马、厄瓜多尔、美国、巴西、新西兰、墨西哥等 8 个国家。

GMPGIS 系统分析结果显示（表 41-1），橘在主要生长区域生态因子范围为：最冷季均温 -2.2～20.1℃；最热季均温 14.4～29.1℃；年均温 6.8～25.0℃；年均相对湿度 41.3%～77.7%；年均降水量 592～2409mm；年均日照 116.0～155.1W/m^2。主要土壤类型为强淋溶土、人为土、始成土、高活性强酸土、冲积土、淋溶土、粗骨土等。

表 41-1　橘主要生长区域生态因子值

主要气候因子数值	最冷季均温/℃	最热季均温/℃	年均温/℃	年均相对湿度/%	年均降水量/mm	年均日照/(W/m^2)
范围	-2.2～20.1	14.4～29.1	6.8～25.0	41.3～77.7	592～2409	116.0～155.1
主要土壤类型	强淋溶土、人为土、始成土、高活性强酸土、冲积土、淋溶土、粗骨土等					

◎【全球产地生态适宜性数值分析】

GMPGIS 系统分析结果显示（图 41-1 和图 41-2），橘在全球最大的生态相似度区域分布于 76 个国家，主要为中国、美国和巴西。其中最大生态相似度区域面积最大的国家为中国，为 2463825.0km^2，占全部面积的 35.8%。

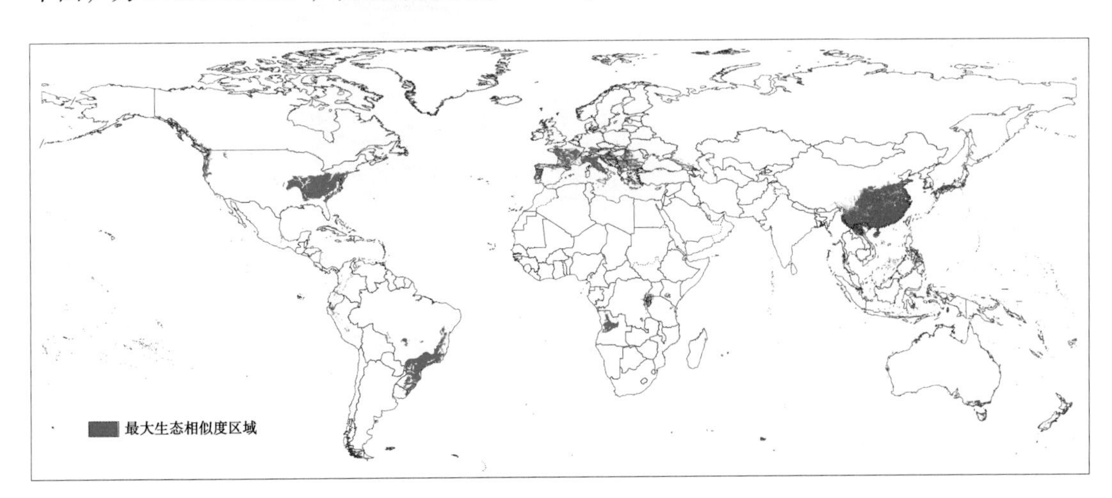

图 41-1　橘最大生态相似度区域全球分布图

陈
皮

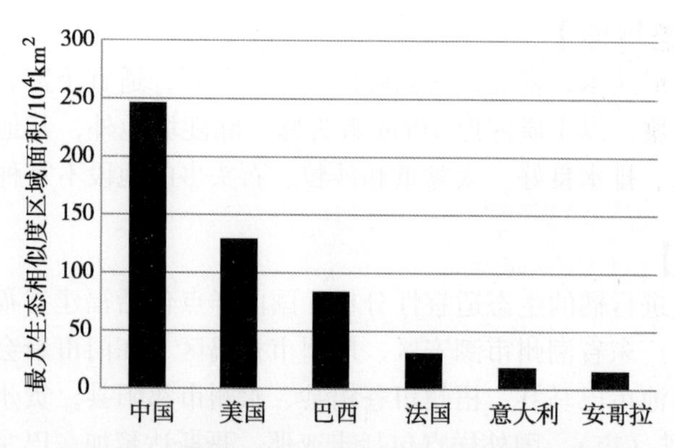

图 41-2　橘最大生态相似度主要国家地区面积图

◎【中国产地生态适宜性数值分析】

GMPGIS 系统分析结果显示（图 41-3、图 41-4 和表 41-2），橘在我国最大的生态相似度区域主要分布在云南、四川、广西、湖南、湖北、广东、贵州等地。其中最大生态相似度区域面积最大的为云南省，为 313452.4km^2，占全部面积的 12.7%，其次为四川省，最大生态相似度区域面积为 227948.7km^2，占全部面积的 9.3%。所涵盖县（市）个数为 126 个和 158 个。

图 41-3　橘最大生态相似度区域全国分布图

表 41-2　我国橘最大生态相似度主要区域

省（区）	县（市）数	主要县（市）	面积/km^2
云南	126	澜沧、广南、玉龙、富宁、勐腊、墨江等	313452.4
四川	158	万源、盐源、宜宾、宣汉、会理、合江等	227948.7
广西	88	金城江、苍梧、融水、八步区、南宁、西林等	207127.3
湖南	102	安化、石门、浏阳、沅陵、桃源、溆浦等	189122.7
湖北	77	竹山、武汉、房县、利川、郧县、曾都等	167378.1
广东	87	博罗、潮安、从化、大浦、德庆、电白等	149703.2
贵州	82	从江、威宁、松桃、遵义、黎平、习水等	148397.0

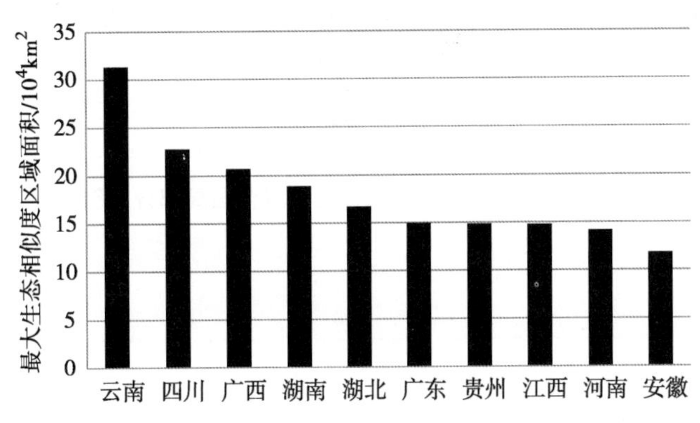

图 41-4　我国橘最大生态相似度主要地区面积图

◎【区划与生产布局】

根据橘生态适宜性分析结果，结合橘生物学特性，并考虑自然条件、社会经济条件、药材主产地栽培和采收加工技术，建议选择引种栽培研究区域主要以中国、美国、巴西等国家（或地区）为宜，在国内主要以云南、四川、广西、湖南、湖北、广东、贵州等省（区）为宜（图 41-5）。

◎【品质生态学研究】

陈皮分布于我国广东、福建、四川、重庆、浙江、江西、湖南等地。对各地区的广陈皮进行了气候分析比较，结果表明，气温和日照对广陈皮的含糖量和酸量的合成和积累有一定的影响，日照好、热量丰富的华南产区与日照少的重庆产区相比，糖含量高，酸含量低，糖酸比高。

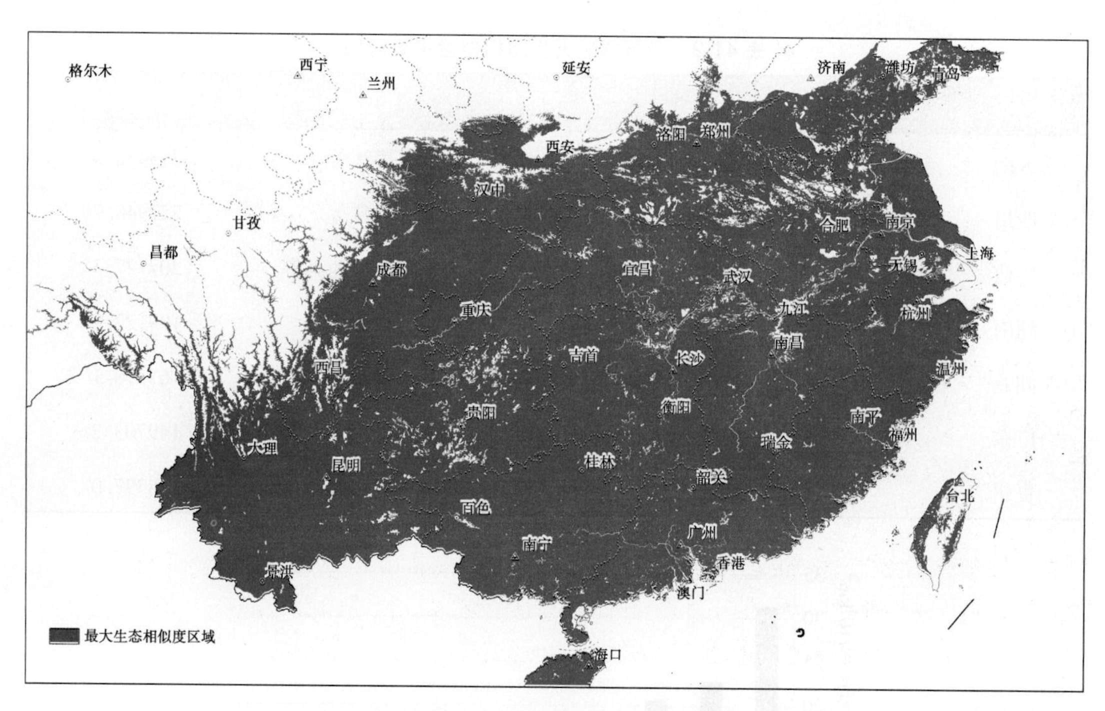

图 41-5　橘最大生态相似度区域全国局部分布图

◎ 参考文献

[1] 林乐维，蒋林，郑国栋，等. 广陈皮基地生态环境质量评价 [J]. 今日药学，2009，19 (03)：42-44.
[2] 潘靖文. GC-MS 分析不同采收期广陈皮中挥发油成分的变化 [J]. 中国医药指南，2011，(21)：258-259.
[3] 唐维，叶勇树，王国才，等. 广陈皮水提物的化学成分分析 [J]. 中国实验方剂学杂志，2015，21 (04)：30-33.
[4] 王洋. 不同采收期及贮存时间广陈皮药材主要成分含量的动态变化研究 [D]. 南京：南京中医药大学，2009.
[5] 杨宜婷，罗琥捷，叶勇树，等. 不同储存年限广陈皮的多甲氧基黄酮提取研究 [J]. 食品工业科技，2011，(09)：258-260.
[6] 张鑫，贺仪，刘素娟，等. 陈皮“陈久者良”原因探究 [J]. 食品科技，2017，42 (01)：90-95.
[7] 周欣，黄庆华，莫云燕，等. GC/MS 对不同年份新会陈皮挥发油的分析 [J]. 中药材，2009，32 (01)：24-26.

42. 青天葵 Qingtiankui

HERBA NERVILIAE PLICATAE

本品为兰科植物毛唇芋兰 *Nervilia plicata* (Andr.) Schltr. 的干燥全草。别名独叶莲、独脚莲、珍珠叶、坠千斤、铁帽子等。《广东省中药材标准》(第一册) 收载。青天葵性凉，味甘，归心、肺、肝经，具润肺止咳、清热凉血、散瘀解毒等功效。用于肺痨咳嗽，痰火咯血，热病发热，血热斑疹，热毒疮疖等。

青天葵为两广地区的特产药材，是我国传统中药，也是我国出口创汇的主要药材之一，远销东南亚国家。目前药材主要来源于野生资源；但由于过度采挖利用以及青天葵自身生长、自然条件下依靠球茎繁殖慢等原因，青天葵野生资源临近枯竭，加大人工栽培力度势在必行。目前在广东、广西有人工栽培，广东省平远县已建成青天葵规范化种植基地。

◎【地理分布与生境】

毛唇芋兰主产于广东、香港、广西和四川中部至西部。生于海拔 220~1000 米的山坡或沟谷林下阴湿处。

◎【生物学及栽培特性】

毛唇芋兰为多年生宿根小草本，喜生长在背阴的石缝、草丛或林下潮湿的腐殖土中，喜阴湿环境，适宜生长于肥沃富含腐殖质的微碱性砂质土地，水源条件良好，年均温度在 19~22℃。球茎繁殖。适生环境的荫蔽度要求 60%~70%，无荫蔽不易存活。

◎【生态因子值】

选取 59 个样点进行毛唇芋兰的生态适宜性分析。国内样点包括广东省连州市、韶关市乳源县、肇庆市封开县、怀集县，广西壮族自治区南宁市邕宁区、武鸣县、河池市都安县，云南省红河州河口县及海南省海口市等 4 省（区）的 37 县（市）。国外样点为越南。

GMPGIS 系统分析结果显示（表 42-1），毛唇芋兰在主要生长区域生态因子范围为：最冷季均温 8.0~20.8℃；最热季均温 23.4~29.4℃；年均温 18.0~24.9℃；年均相对湿度 71.5%~77.6%；年均降水量 1123~1850mm；年均日照 126.4~150.3W/m^2。主要土壤类型为强淋溶土、淋溶土、人为土、始成土、粗骨土、铁铝土、浅层土、黏绨土等。

表 42-1 毛唇芋兰主要生长区域生态因子值

主要气候因子数值	最冷季均温/℃	最热季均温/℃	年均温/℃	年均相对湿度/%	年均降水量/mm	年均日照/（W/m^2）
范围	8.0~20.8	23.4~29.4	18.0~24.9	71.5~77.6	1123~1850	126.4~150.3
主要土壤类型	强淋溶土、淋溶土、人为土、始成土、粗骨土、铁铝土、浅层土、黏绨土等					

◎【全球产地生态适宜性数值分析】

GMPGIS 系统分析结果显示（图 42-1 和图 42-2），毛唇芋兰在全球最大的生态相似度区域分布于 11 个国家；主要为中国、巴西、越南和老挝。其中最大生态相似度区域面积最大的国家为中国，面积为 406980.1km^2，占全部面积的 69.2%。

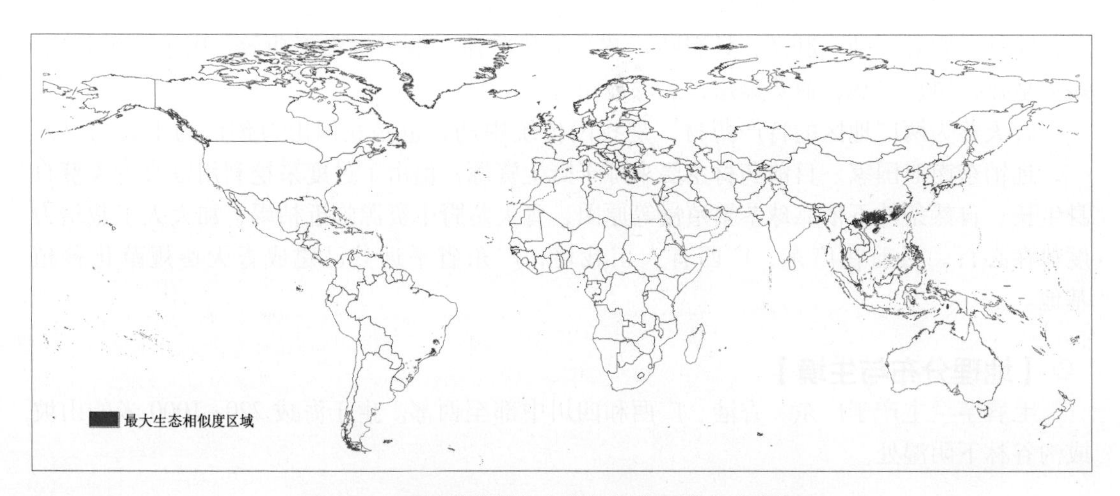

图 42-1 毛唇芋兰最大生态相似度区域全球分布图

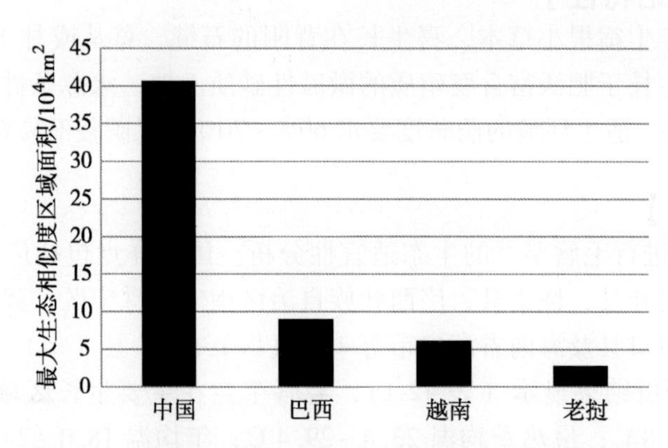

图 42-2 毛唇芋兰最大生态相似度主要国家地区面积图

◎【中国产地生态适宜性数值分析】

GMPGIS 系统分析结果显示（图 42-3、图 42-4 和表 42-2），毛唇芋兰在我国最大的生态相似度区域主要分布在广西、广东、福建、海南、江西、云南等地。其中最大生态相似度区域面积最大的为广西壮族自治区，为 170947.5km^2，占全部面积的 42%。其次为广东省，最大生态相似度区域面积为 99143.1km^2，占全部面积的 24.4%。所涵盖县（市）个数分别为 86 个和 80 个。

表 42-2 我国毛唇芋兰最大生态相似度主要区域

省（区）	县（市）数	主要县（市）	面积/km^2
广西	86	金城江、苍梧、南宁、藤县、兴宾、大化等	170947.5
广东	80	梅县、佛山、高要、封开、化州、龙川等	99143.1
福建	67	永定、上杭、南安、平和、武平、安溪等	61222.4
海南	18	琼中、定安、海口、澄迈、白沙、屯昌等	19799.8
江西	30	寻乌、瑞金、石城、宁都、吉安、泰和等	17922.0
云南	18	富宁、河口、马关、金平、广南、麻栗坡等	13204.34

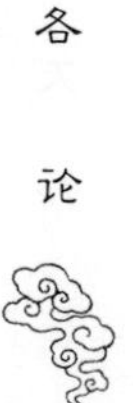

图 42-3　毛唇芋兰最大生态相似度区域全国分布图

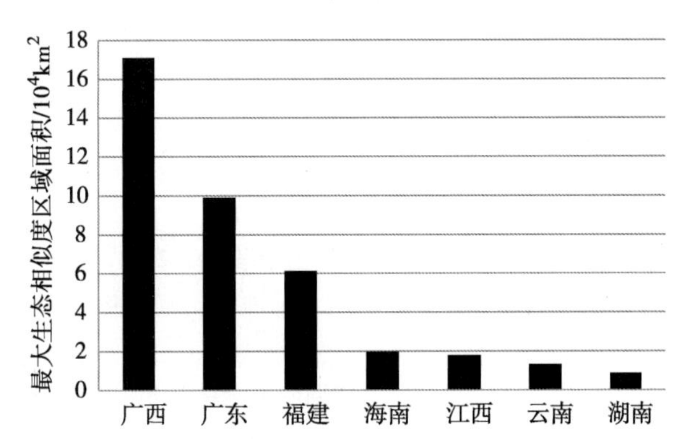

图 42-4　我国毛唇芋兰最大生态相似度主要地区面积

◎【区划与生产布局】

根据毛唇芋兰生态适宜性分析结果，结合毛唇芋兰生物学特性，并考虑自然条件、社会经济条件、药材主产地栽培和采收加工技术，建议选择引种栽培研究区域主要以中国、巴西、越南、老挝等国家（或地区）为宜，在国内主要以广西、广东、福建、海南、江西、云南等省（区）为宜（图 42-5）。

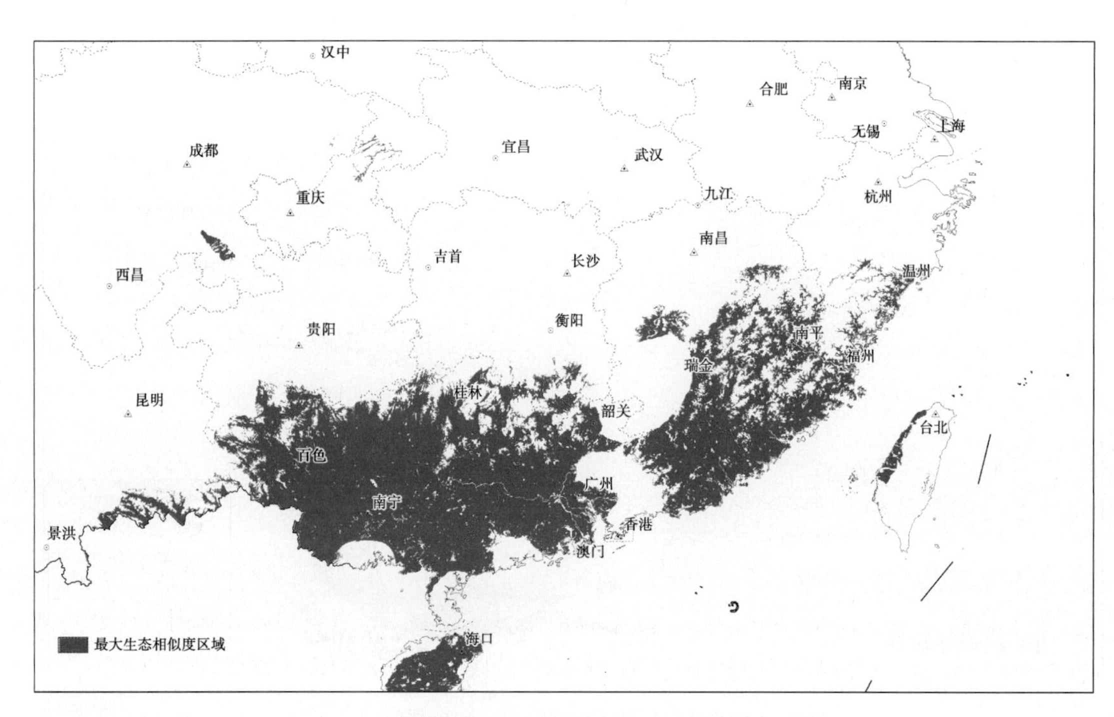

图 42-5　毛唇芋兰最大生态相似度区域全国局部分布图

◎ 参考文献

[1] 邓六勤. 青天葵的研究进展［A］. 中国药理学会、同济医院《医药导报》编辑部.《医药导报》第八届编委会成立大会暨2009年度全国医药学术交流会和临床药学与药学服务研究进展培训班论文集［C］. 中国药理学会、同济医院《医药导报》编辑部：2009：2.

[2] 梅全喜. 青天葵的资源、栽培与鉴别研究进展［J］. 中国药房，2008，(18)：1426-1428.

[3] 王振华，杜勤，徐鸿华. 不同品种青天葵药材质量标准的比较研究［J］. 广州中医药大学学报，2007，(01)：59-61.

[4] 魏智强，杜勤. 青天葵组织培养研究进展［J］. 江西中医学院学报，2007，(05)：96-98.

[5] 谢月英，谭小明，吴庆华，等. 广西青天葵野生资源现状［J］. 广西植物，2009，29 (06)：783-787.

[6] 朱华，林芳花，黄茂春，等. 青天葵的研究进展［J］. 时珍国医国药，2005，(10)：1042-1043.

43. 肿节风 Zhongjiefeng

SARCANDRAE HERBA

肿节风为金粟兰科植物草珊瑚 *Sarcandra glabra*（Thunb.）Nakai 的干燥全草。别名接骨金粟兰、九节花、九节风、竹节茶、接骨莲、草珊瑚、九节茶、接骨木等。2015 年版《中华人民共和国药典》（一部）收载。肿节风性温，味辛、苦，归心、肝、脾经，具活血定痛、消肿生肌等功效。用于胸痹心痛，胃脘疼痛，痛经经闭，产后瘀阻，癥瘕腹痛，风湿痹痛，筋脉拘挛，跌打损伤，痈肿疮疡等。

肿节风是一种具有广谱抗菌作用的中草药。分布广，资源的蕴藏量较大，再生力强，可人工种植，可持续发展性强。其成分多样，药理作用广泛，不良反应小，为纯天然医药用品，可用于治疗多种人、畜疾病，是一种值得深入开发利用的中草药再生资源。以肿节风为主要原料的中成药肿节风浸膏片、清热消炎宁胶囊、草珊瑚注射液以及复方草珊瑚含片等已在临床上广泛应用。《广东省中药材标准》（第一册）收载草珊瑚的地上部分为九节茶。

◎【地理分布与生境】

草珊瑚产于广东、安徽、浙江、江西、福建、台湾、广西、湖南、四川、贵州和云南。国外分布于日本、朝鲜、马来西亚、菲律宾、越南、柬埔寨、印度、斯里兰卡。常生于山坡、沟谷林下阴湿处，海拔 420~1500 米。

◎【生物学及栽培特征】

草珊瑚为多年生草本或亚灌木，喜温暖潮湿的气候环境，忌强光直射和长时间的高温干燥。栽培时应尽量选择坡位较低的地段，通常在腐殖质多、郁闭度 80%以上林下或灌木丛中生长茂盛。

◎【生态因子值】

选取 1859 个样点进行草珊瑚的生态适宜性分析。国内样点包括安徽省黄山市休宁县五城镇，福建省泉州市德化县、龙岩市连城县，广东省韶关市乐昌市沙坪镇、仁化县长江镇，广西壮族自治区梧州市苍梧县等 13 省（区）的 1297 县（市）。国外样点包括日本、印度尼西亚、泰国、巴布亚新几内亚 4 个国家。

GMPGIS 系统分析结果显示（表 43-1），草珊瑚在主要生长区域生态因子范围为：最冷季均温-2. 0~26. 4℃；最热季均温 13. 4~29. 4℃；年均温 6. 0~26. 9℃；年均相对湿度 60. 2%~78. 6%；年均降水量 824~4687mm；年均日照 120. 8~177. 9W/m^2。主要土壤类型为强淋溶土、人为土、高活性强酸土、淋溶土、始成土、粗骨土、铁铝土等。

表 43-1　草珊瑚主要生长区域生态因子值

主要气候因子数值	最冷季均温/℃	最热季均温/℃	年均温/℃	年均相对湿度/%	年均降水量/mm	年均日照/（W/m^2）
范围	-2. 0~26. 4	13. 4~29. 4	6. 0~26. 9	60. 2~78. 6	824~4687	120. 8~177. 9
主要土壤类型	强淋溶土、人为土、高活性强酸土、淋溶土、始成土、粗骨土、铁铝土等					

◎【全球产地生态适宜性数值分析】

GMPGIS 系统分析结果显示（图 43-1 和图 43-2），草珊瑚在全球最大的生态相似度区域主要分布于 114 个国家，主要为巴西、中国、美国、刚果和印度。其中最大生态相似度区域面积最大的国家为巴西，为 3702203. 8km^2，占全部面积的 20. 9%。

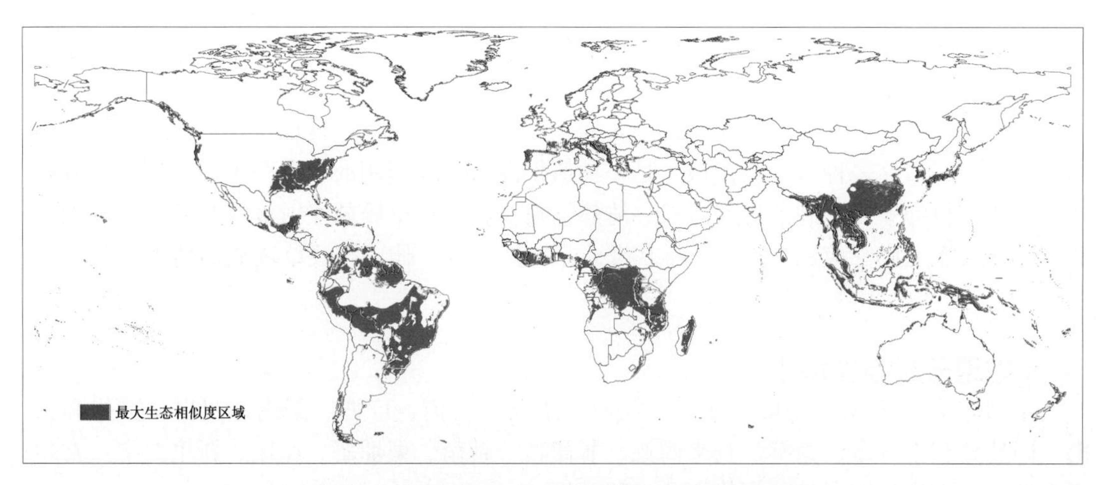

图 43-1　草珊瑚最大生态相似度区域全球分布图

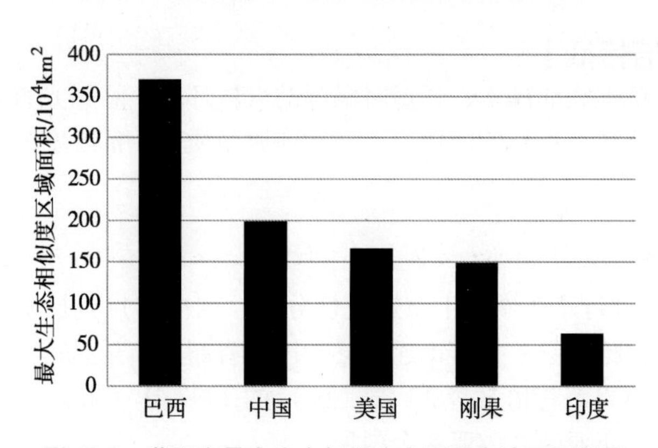

图 43-2　草珊瑚最大生态相似度主要国家地区面积图

◎【中国产地生态适宜性数值分析】

GMPGIS 系统分析结果显示（图 43-3、图 43-4 和表 43-2），草珊瑚在我国最大的生态相似度区域主要分布在云南、广西、湖南、湖北、贵州、广东、四川等地。其中最大生态相似度区域面积最大的为云南省，为 255402. 6km^2，占全部面积的 12. 7%；其次为广西壮族自治区，最大生态相似度区域面积为 208172. 3km^2，占全部的 10. 3%。所涵盖县（市）个数分别为 113 个和 88 个。

表 43-2　我国草珊瑚最大生态相似度主要区域

省（区）	县（市）数	主要县（市）	面积/km^2
云南	113	澜沧、广南、富宁、景洪、勐腊、墨江等	255402. 6
广西	88	金城、苍梧、融水、八步、南丹、南宁等	208127. 3
湖南	102	安化、石门、浏阳、沅陵、永州、桃园等	190603. 3
湖北	77	竹山、房县、利川、武汉、曾都、恩施等	152435. 3
贵州	82	遵义、从江、水城、松桃、黎平、习水等	159466. 6
广东	88	梅县、佛山、英德、韶关、惠东、阳山等	142454. 1
四川	103	万源、宜宾、宣汉、合江、叙永、通江等	133535. 9

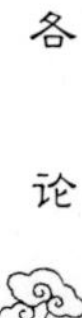

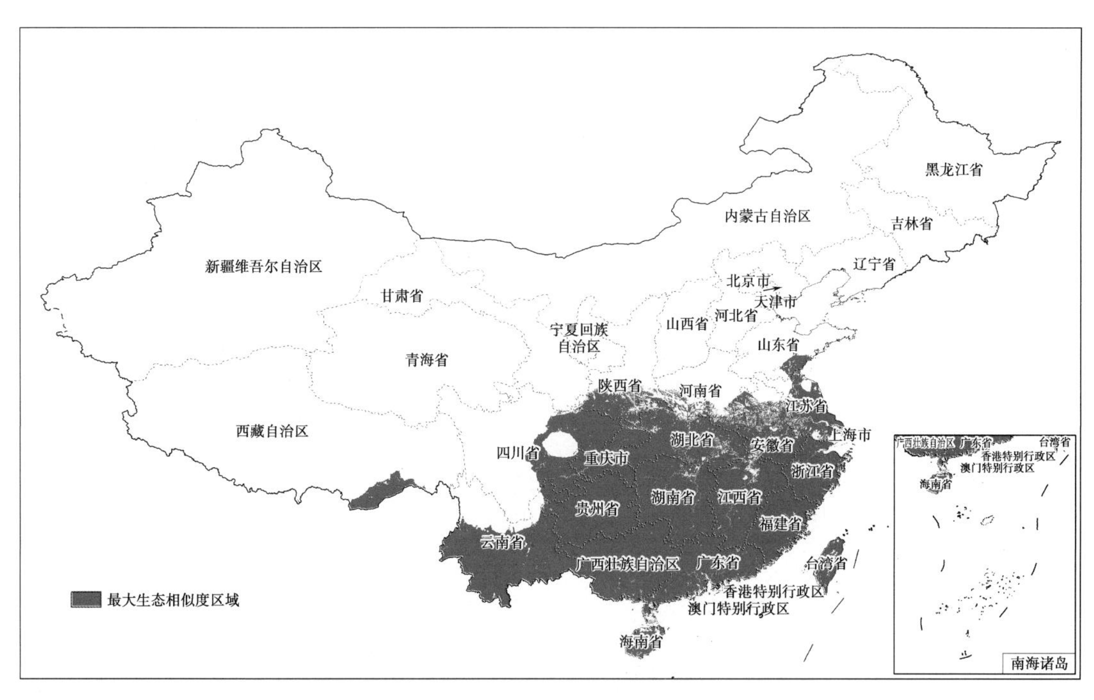

图 43-3　草珊瑚最大生态相似度区域全国分布图

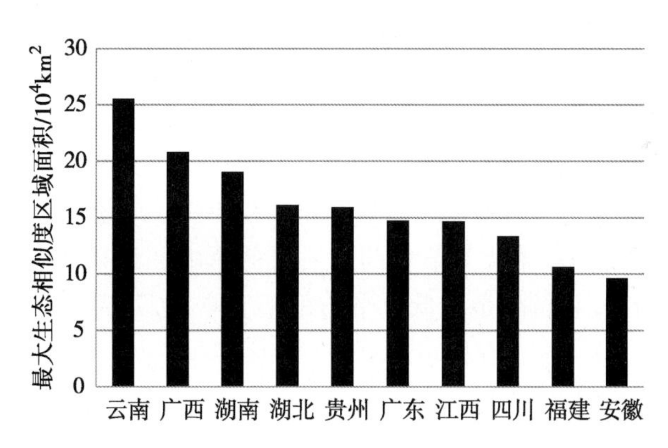

图 43-4　我国草珊瑚最大生态相似度主要地区面积图

◎【区划与生产布局】

根据草珊瑚生态适宜性分析结果，结合草珊瑚生物学特性，并考虑自然条件、社会经济条件、药材主产地栽培和采收加工技术，建议选择引种栽培研究区域主要以巴西、中国、美国、刚果和印度等国家（或地区）为宜，在国内主要以云南、广西、湖南、湖北、贵州、广东、江西、四川等省（区）为宜（图 43-5）。

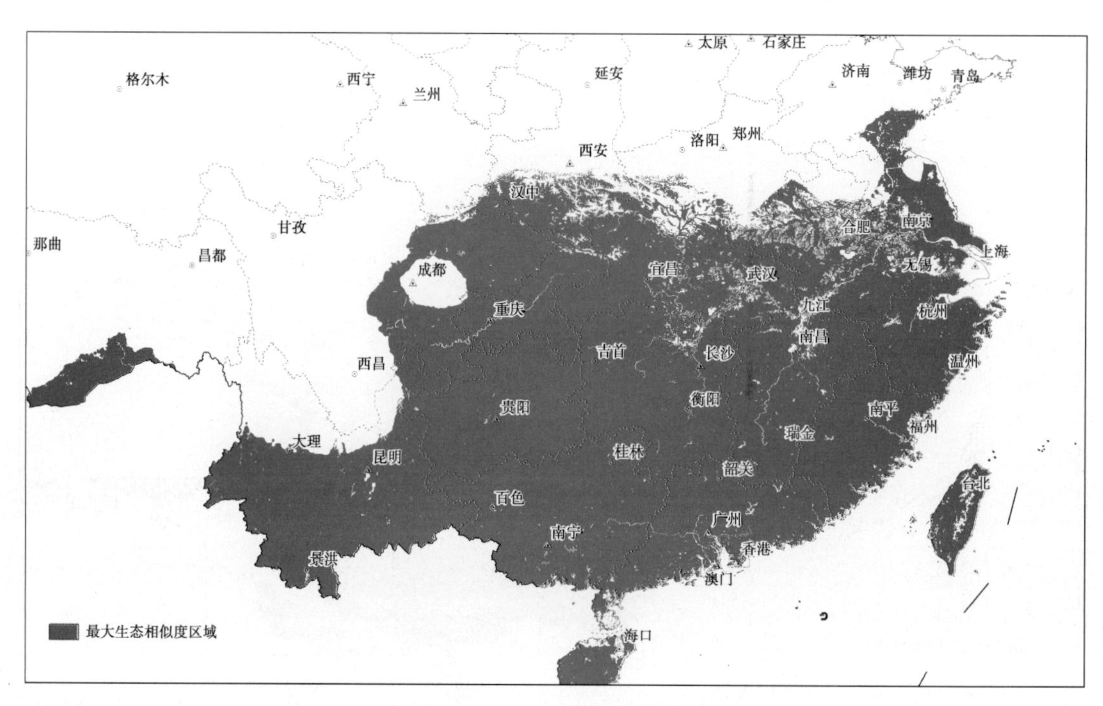

图 43-5 草珊瑚最大生态相似度区域全国局部分布图

◎【品质生态学研究】

李石蓉（2005）等对江西崇义、上犹、信丰、新干、贵溪和福建武平 6 个产地 10 月份的野生草珊瑚总黄酮和异秦皮啶进行测定，结果表明总黄酮和异秦皮啶量的变化趋势大体一致，总黄酮量以江西新干最高（0.693%），异秦皮啶量以江西上犹最高（0.077%），两种评价指标均显示福建武平草珊瑚质量最差（总黄酮 0.381%，异秦皮啶 0.021%），江西信丰质量也较差（总黄酮 0.453%，异秦皮啶 0.035%），其余产地差异较小。郁建生等（2007）考察自然存放时间和采收季节对药材质量的影响，结果表明总黄酮的量以 10~12 月最高；存放时间越长，总黄酮量越低，平均每年下降 24.74%。

◎ 参考文献

[1] 黄芳英. 草珊瑚林下栽培研究进展 [J]. 绿色科技，2014，12（12）：78-80.
[2] 李石蓉，夏绘晶，康丽洁，等. 中药草珊瑚中异嗪皮啶和总黄酮含量的分析研究 [J]. 中南药学，2005，(06)：327-329.
[3] 林燕华，韩静，周春权，等. 福建省建阳区草珊瑚资源分布特性调查 [J]. 中国民族民间医药，2016，25（01）：149-152，154.
[4] 潘超美，徐鸿华，彭红英，等. 九节茶资源调查与开发前景 [J]. 中药材，2004，(08)：556-557.
[5] 王生华. 草珊瑚实生苗年生长规律和分级标准研究 [J]. 福建农业学报，2013，28（10）：993-998.
[6] 郁建生，郁建平. 草珊瑚总黄酮提取工艺及其含量动态变化 [J]. 中国中药杂志，2007，56（2）：16-18.

44. 狗肝菜 Gougancai

HERBA DICLIPTERAE

本品为爵床科植物狗肝菜 *Dicliptera chinensis*（L.）Ness 的干燥全草。别名青蛇、路边青、麦穗红、青蛇仔、羊肝菜等。《广东省中药材标准》（第一册）收载。狗肝菜性微寒，味甘、苦，归肝、小肠经，具清热解毒、凉血止血、生津、利尿等功效。用于感冒发热，暑热烦渴，乳蛾，疔疮，便血，尿血，小便不利等。

狗肝菜为岭南地区常用中草药，同时也是保健用的野菜。目前狗肝菜主要来源于野生资源，随着野生资源短缺，人工栽培势在必行。

◎【地理分布与生境】

狗肝菜主产于福建、台湾、广东、广西等地，越南也有分布。半阴生，生于疏林下、溪旁、路旁、草丛中。

◎【生物学及栽培特性】

狗肝菜为草本植物，易生长，易管理，具有耐阴、耐旱、耐寒、耐湿、耐肥、耐瘦的特性，但在半阴、土壤肥沃湿润情况下生长较好。

◎【生态因子值】

选取 169 个样点进行狗肝菜的生态适宜性分析。包括云南省文山市富宁县、玉溪市易门县，广东省梅州市大埔县、肇庆市怀集县，广西壮族自治区南宁市马山县、百色市田林县，四川省乐山市马边县，湖南省郴州市汝城县，湖北省武汉市武昌区，贵州省贵阳市修文县等 10 省（区）的 115 县（市）。

GMPGIS 系统分析结果显示（表 44-1），狗肝菜在主要生长区域生态因子范围为：最冷季均温-2.9～21.3℃；最热季均温 10.7～29.4℃；年均温 4.4～25.3℃；年均相对湿度 51.3%～77.6%；年均降水量 859～4293mm；年均日照 121.5～192.6W/m²。主要土壤类型为强淋溶土、人为土、高活性强酸土、始成土、淋溶土、粗骨土等。

表 44-1 狗肝菜主要生长区域生态因子值

主要气候因子数值	最冷季均温/℃	最热季均温/℃	年均温/℃	年均相对湿度/%	年均降水量/mm	年均日照/（W/m²）
范围	-2.9～21.3	10.7～29.4	4.4～25.3	51.3～77.6	859～4293	121.5～192.6
主要土壤类型	强淋溶土、人为土、高活性强酸土、始成土、淋溶土、粗骨土等					

◎【中国产地生态适宜性数值分析】

GMPGIS 系统分析结果显示（图 44-1、图 44-2 和表 44-2），狗肝菜在我国最大的生态相似度区域主要分布在云南、广西、四川、湖南、湖北、贵州等地。其中最大生态相似度区域面积最大的为云南省，为 316667.4km²，占全部面积的 14.9%；其次为广西壮族自治

区，最大生态相似度区域面积为 207191.7km²，占全部的 9.8%。所涵盖县（市）个数分别为 126 个和 88 个。

图 44-1　狗肝菜最大生态相似度区域全国分布图

表 44-2　我国狗肝菜最大生态相似度主要区域

省（区）	县（市）数	主要县（市）	面积/km²
云南	126	玉龙、澜沧、广南、富宁、宁蒗、云龙等	316667.4
广西	88	金城江、苍梧、融水、八步、南丹、南宁等	207191.7
四川	126	盐源、万源、宜宾、宣汉、合江、通江等	193478.3
湖南	102	安化、浏阳、石门、沅陵、永州、溆浦等	184038.6
湖北	77	武汉、房县、利川、曾都、竹山、恩施等	162033.2
贵州	82	遵义、从江、水城、松桃、黎平、习水等	157782.2

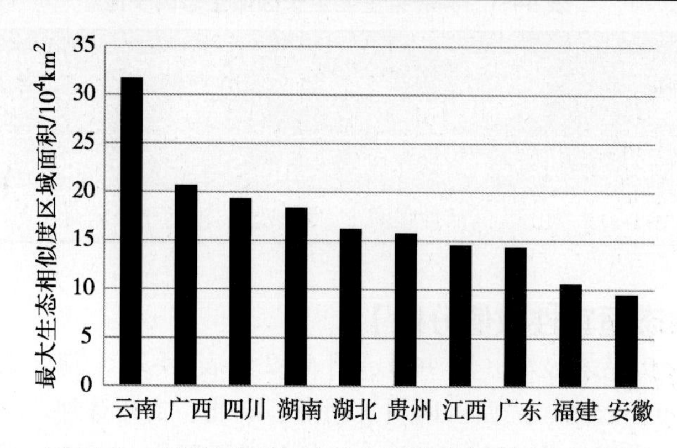

图 44-2　我国狗肝菜最大生态相似度主要地区面积图

◎【区划与生产布局】

根据狗肝菜生态适宜性分析结果，结合狗肝菜生物学特性，并考虑自然条件、社会经济条件、药材主产地栽培和采收加工技术，建议选择引种栽培研究区域主要以云南、广西、四川、湖南、湖北、贵州等省（区）为宜（图 44-3）。

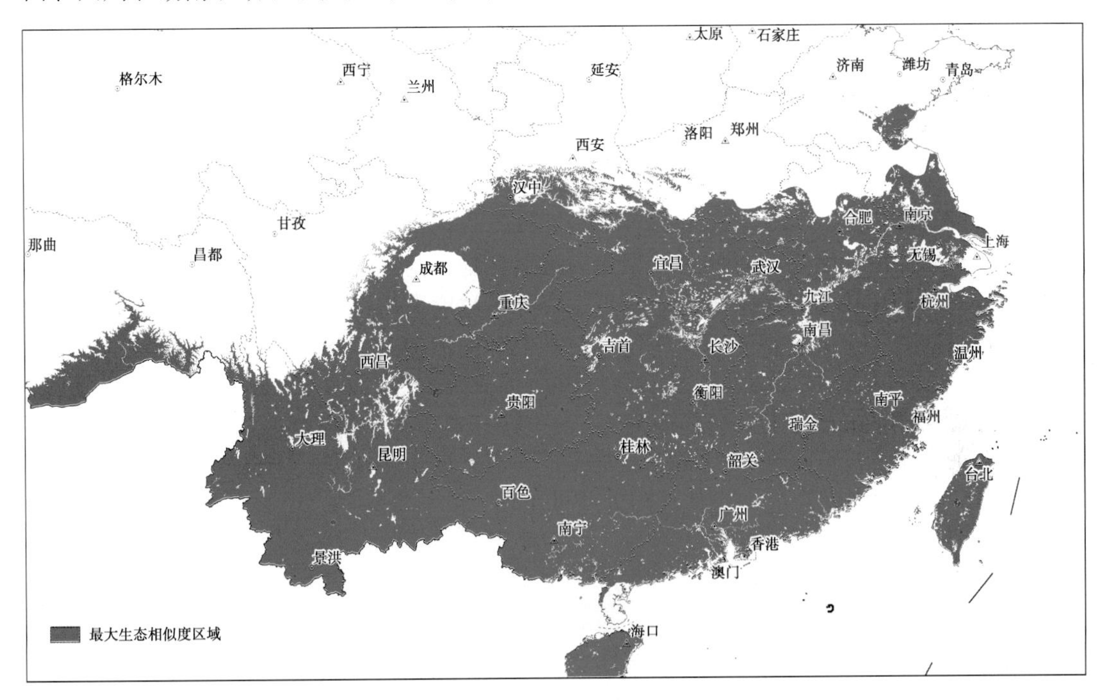

图 44-3 狗肝菜最大生态相似度区域全国局部分布图

◎【品质生态学研究】

傅鹏等（2010）采用蒽酮-硫酸比色法测定了来自广东和广西 12 个产地的狗肝菜中多糖含量，结果发现不同产地狗肝菜多糖含量差异较大，野生品多糖含量高于栽培品，12 个产地中以广西桂林产狗肝菜中多糖含量为最高。

◎ 参考文献

[1] 陈显双. 狗肝菜及其栽培技术［J］. 广西热带农业，2005，(01)：41-42.

[2] 冯小映. 狗肝菜的生药学研究［D］. 广州：广州中医药大学，2005.

[3] 傅鹏，朱华，杨世联，等. 不同产地狗肝菜中多糖的含量测定［J］. 中华中医药杂志，2010，(04)：626-628.

[4] 叶碧颜，张宜勇，何伟珍. 南药狗肝菜的研究进展［J］. 中国实用医药，2011，(20)：235-237.

45. 狗脊 Gouji

CIBOTII RHIZOMA

本品为蚌壳蕨科植物金毛狗脊 *Cibcnium barometz*（L.）J. Sm. 的干燥根茎。别名金毛狗脊、金毛狗、金狗脊、金毛狮子、猴毛头、黄狗头等。2015 年版《中华人民共和国药典》（一部）收载。狗脊性温，味苦、甘，归肝、肾经，具祛风湿、补肝肾、强腰膝等功效。用于风湿痹痛，腰膝酸软，下肢无力等。

金毛狗脊为国家二级保护植物，是列入国际贸易保护的品种之一，长期以来作为重点保护的品种。同时，金毛狗脊作为大型室内观赏植物，姿态优美，很受人们青睐。由于金毛狗脊巨大的药用价值和经济价值，其野生资源被过度采挖，同时人工繁育技术与栽培管理方法相对滞后，金毛狗脊资源连年锐减，其引种保护和人工栽培迫在眉睫。

◎【地理分布与生境】

金毛狗脊主产广东、四川、福建、浙江，广西、贵州、江西、湖北等地亦产。生于海拔 300~1500 米的山脚沟边，或林下阴处酸性土壤。

◎【生物学及栽培特性】

金毛狗脊为多年生树蕨，喜温暖、潮湿、荫蔽的环境；畏严寒；忌直射光照射；对土壤要求不严，但在肥沃、排水良好的酸性土壤中生长良好。

◎【生态因子值】

选取 705 个样点进行金毛狗脊的生态适宜性分析。国内样点包括福建省武夷山市武夷山、宁德市古田县、三明市大田县、宁化县东华山，安徽省黄山市黄山、池州市贵池县，广东省惠州市博罗县罗浮山、龙门县、梅州市大埔县大帽山，广西壮族自治区上思县十万大山、贵港市平南县、桂林市龙胜县，贵州省安顺市平坝县、毕节市纳雍县、黔西南州册亨县，湖南省新宁县紫云山，江苏省常州市溧阳市，江西省赣州市石城县，四川省广安市岳池等 15 省（区）的 407 县（市）。国外样点为日本。

GMPGIS 系统分析结果显示（表 45-1），金毛狗脊在主要生长区域生态因子范围为：最冷季均温 0~18.2℃；最热季均温 14.9~29.4℃；年均温 9.3~23.3℃；年均相对湿度 59.9%~76.6%；年均降水量 913~2837mm；年均日照 119.3~156.2W/m^2。主要土壤类型为强淋溶土、人为土、高活性强酸土、淋溶土等。

表 45-1 金毛狗脊主要生长区域生态因子值

主要气候因子数值	最冷季均温/℃	最热季均温/℃	年均温/℃	年均相对湿度/%	年均降水量/mm	年均日照/（W/m^2）
范围	0~18.2	14.9~29.4	9.3~23.3	59.9~76.6	913~2837	119.3~156.2
主要土壤类型	强淋溶土、人为土、高活性强酸土、淋溶土等					

◎【全球产地生态适宜性数值分析】

GMPGIS 系统分析结果显示（图 45-1 和图 45-2），金毛狗脊在全球最大的生态相似度区域分布于 67 个国家，主要为中国、美国、巴西和法国。其中最大生态相似度区域面积最大的国家为中国，为 2126662.5km²，占全部面积的 39.6%。

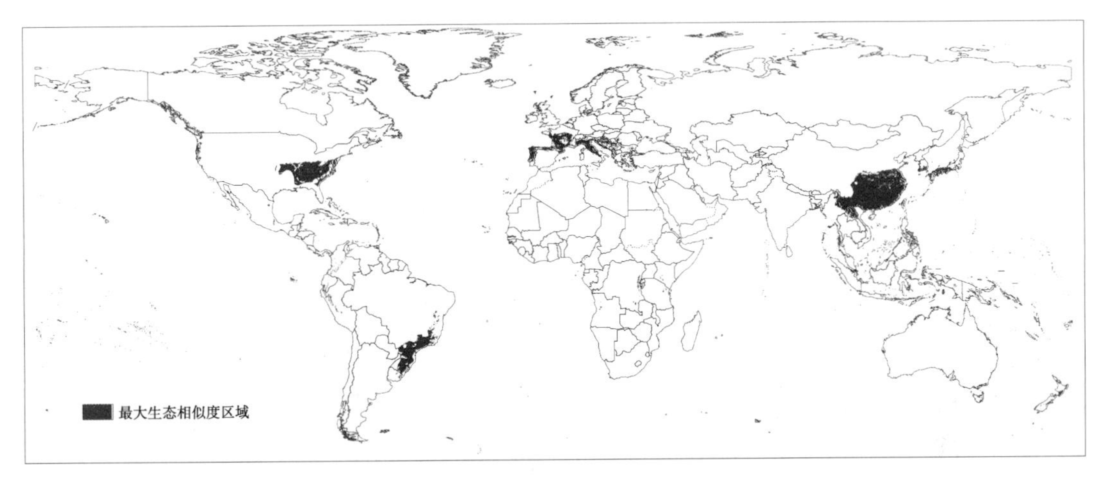

图 45-1　金毛狗脊最大生态相似度区域全球分布图

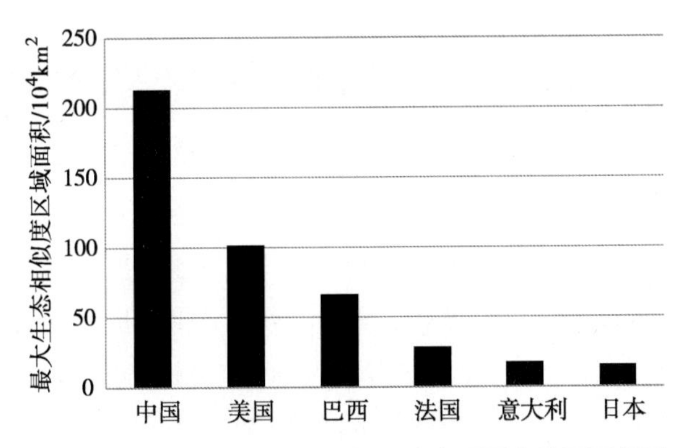

图 45-2　金毛狗脊最大生态相似度主要国家地区面积图

◎【中国产地生态适宜性数值分析】

GMPGIS 系统分析结果显示（图 45-3、图 45-4 和表 45-2），金毛狗脊在我国最大的生态相似度区域主要分布在云南、广西、湖南、湖北、贵州、四川等地。其中最大生态相似度区域面积最大的为云南省，为 270377.1km²，占全部面积的 12.7%；其次为广西壮族自治区，最大生态相似度区域面积为 207995.8km²，占全部的 9.8%。所涵盖县（市）个数分别为 44 个和 26 个。

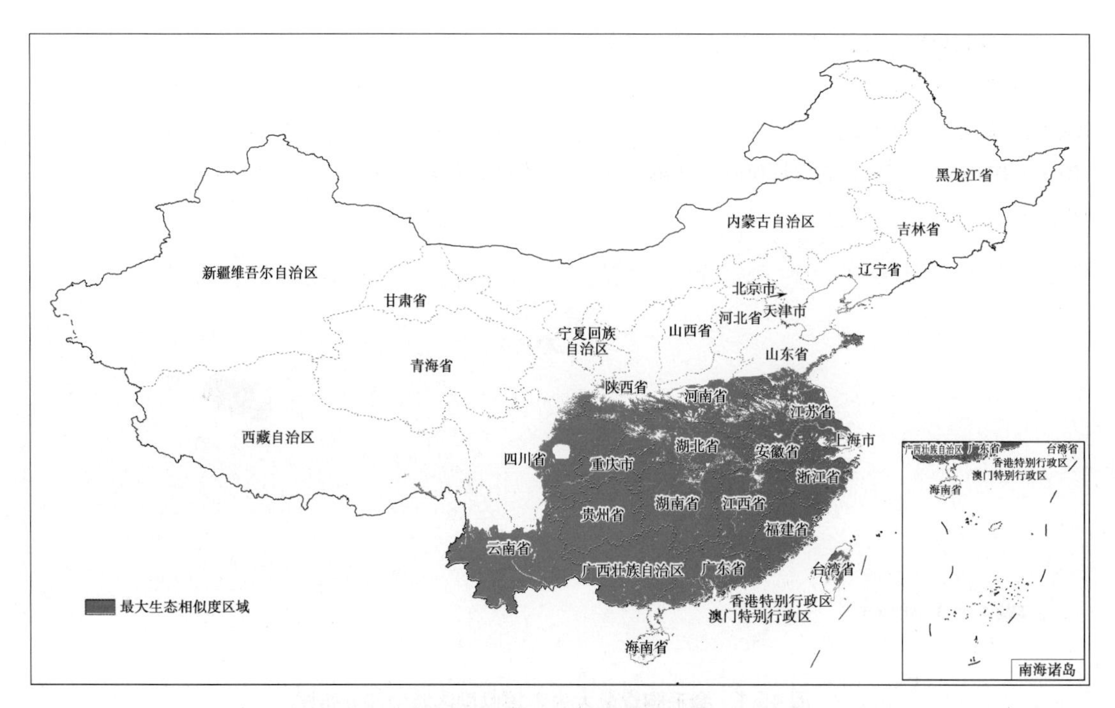

图 45-3　金毛狗脊最大生态相似度区域全国分布图

表 45-2　我国金毛狗脊最大生态相似度主要区域

省（区）	县（市）数	主要县（市）	面积/km²
云南	44	澜沧、广南、富宁、景洪、勐腊、镇沅等	270377. 1
广西	26	金城江、苍梧、融水、八步、南丹、南宁等	207995. 8
湖南	49	安化、浏阳、石门、沅陵、永州、桃源等	190612. 4
湖北	97	武汉、利川、曾都、郧县、竹山、房县等	165981. 7
贵州	5	遵义、从江、威宁、水城、松桃、黎平等	159638. 9
四川	38	万源、宜宾、宣汉、合江、通江、叙永等	153406. 1

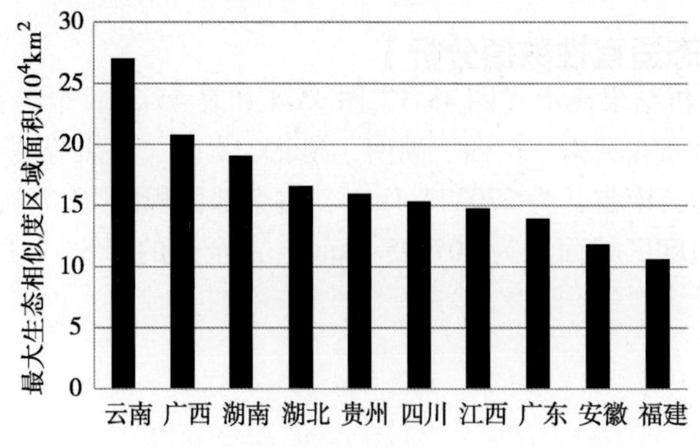

图 45-4　我国金毛狗脊最大生态相似度主要地区面积图

◎【区划与生产布局】

根据金毛狗脊生态适宜性分析结果，结合金毛狗脊生物学特性，并考虑自然条件、社会经济条件、药材主产地栽培和采收加工技术，建议选择引种栽培研究区域主要以中国、美国、巴西、法国等国家（或地区）为宜，在国内主要以云南、广西、湖南、湖北、贵州、四川等省（区）为宜（图 45-5）。

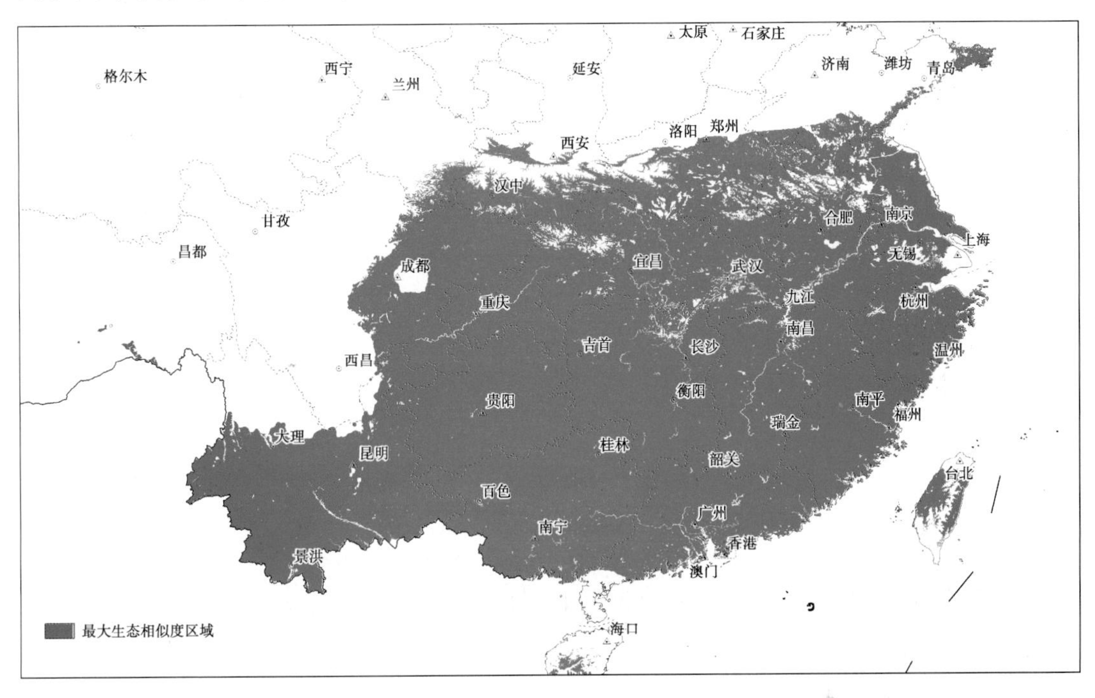

图 45-5　金毛狗脊最大生态相似度区域全国局部分布图

◎【品质生态学研究】

马泽清（2008）研究了狗脊蕨生物量相关的各种参数后发现，认为土壤湿度很可能是狗脊蕨类生长的限制性因子。蕨类对光照强度要求较低，更容易在潮湿的环境中萌发。鞠成国（2011）对不同产地生制狗脊进行比较分析发现，不同产地狗脊中多糖的含量差异较大，其中以福建产狗脊多糖含量最高，狗脊经砂烫炮制后多糖含量均有比较显著的升高；不同产地狗脊中总酚酸的含量也存在一定差异。以土壤为基质进行的常规孢子繁殖，采用裂区试验设计考察了不同光照度、不同基质的配比和播种密度，初步探究出适宜金毛狗脊孢子萌发、配子体发育和幼孢子体生长的光照温度、最佳培养基质和播种密度：在培养箱（25℃，2000~2500lx 光照 12 小时）中，金毛狗脊孢子萌发和配子体发育最好；混合土（营养土、腐殖土、沙土=1：1：1）是其孢子萌发和配子体发育的理想基质；播种密度为 2mg/营养穴盘，是金毛狗脊合适的播种密度，有利于配子体向孢子体转化。罗锐（2011）对不同产地狗脊中原儿茶酸和原儿茶醛进行含量测定发现，不同产地的狗脊中，原儿茶酸和原儿茶醛的含量差异较大，其中原儿茶酸的含量以福建的含量最高，广东的含量最低，两者相差约 8 倍；原儿茶醛的含量也相差较大，最高值和最低值相差约为 3 倍。

◎ 参考文献

[1] 鞠成国，章琦，于海涛，等. 不同产地生制狗脊中多糖的比较分析 [J]. 中国实验方剂学杂志，1005-9903（2011）24-0046-03.

[2] 罗锐，何智建. 不同产地狗脊中原儿茶酸和原儿茶醛的含量测定 [J]. 临床医学工程，2011，18（07）：1100-1101.

[3] 马泽清，刘琪璟，徐雯佳，等. 江西千烟洲人工针叶林下狗脊蕨群落生物量 [J]. 植物生态学报，2008，32（1）：88-94.

[4] 蒲立立. 金毛狗脊繁育技术的研究 [D]. 广州：广州中医药大学，2015.

[5] 杨成梓，刘小芬，蔡沓栗，等. 狗脊的资源调查及质量评价 [J]. 中国中药杂志，2015，40（10）：1919-1924.

46. 荔枝核 Lizhihe

LITCHI SEMEN

荔枝核为无患子科植物荔枝 *Litchi chinensis* Sonn. 的干燥成熟种子。别名荔仁、枝核、大荔核、荔核等。2015 年版《中华人民共和国药典》（一部）收载。荔枝核性温，味甘、微苦，归肝、肾经。具行气散结，祛寒止痛等功效。用于寒疝腹痛，睾丸肿痛等。

荔枝是岭南佳果之一，与香蕉、菠萝、龙眼并称“南国四大果品”。其果核为我国传统中药，具有抗炎、理气、退热、散结、止痛之功效，现代药理研究也表明荔枝核有降血脂、降血糖、抑制肿瘤、抗氧化等功效。其商品来源主要为栽培品。

◎【地理分布与生境】

荔枝原产我国南方，主产于广东、广西、海南，四川、云南、贵州和福建等地。适宜生长于山地、平原或堤岸。

◎【生物学及栽培特性】

荔枝喜光，喜水，喜暖热湿润气候及富含腐殖质的酸性土壤，菌根好气，怕霜冻。所以需注意给土壤疏松通气，提高肥力。

◎【生态因子值】

选取 273 个样点进行荔枝的生态适宜性分析。包括福建省漳州市、福清市、泉州市安宁市，海南省三亚市、海口市琼山区、澄迈县，贵州省遵义市习水县、黔南州罗甸县，四川省雅安市雨城区、峨眉山市、宜宾市等 8 省（区）的 95 县（市）。

GMPGIS 系统分析结果显示（表 46-1），荔枝在主要生长区域生态因子范围为：最冷季均温 4. 7 ~ 26. 9℃；最热季均温 16. 1 ~ 29. 4℃；年均温 10. 6 ~ 27. 5℃；年均相对湿度 48. 7% ~ 80. 4%；年均降水量 306 ~ 4360mm；年均日照 118. 1 ~ 187. 8W/m^2。主要土壤类型为强淋溶土、高活性强酸土、暗色土、人为土等。

表 46-1　荔枝主要生长区域生态因子值

主要气候因子数值范围	最冷季均温/℃	最热季均温/℃	年均温/℃	年均相对湿度/%	年均降水量/mm	年均日照/(W/m²)
	4.7~26.9	16.1~29.4	10.6~27.5	48.7~80.4	306~4360	118.1~187.8
主要土壤类型	强淋溶土、高活性强酸土、暗色土、人为土等					

◎【中国产地生态适宜性数值分析】

GMPGIS 系统分析结果显示（图 46-1、图 46-2 和表 46-2），荔枝在我国最大的生态相似度区域包括云南、广西、湖南、四川、广东等地。其中最大生态相似度区域面积最大的为云南省，为 292563.5km²，占全部面积的 17.1%；其次为广西壮族自治区，最大生态相似度区域面积为 201357.4km²，占全部的 11.7%。所涵盖县（市）个数分别为 126 个和 88 个。

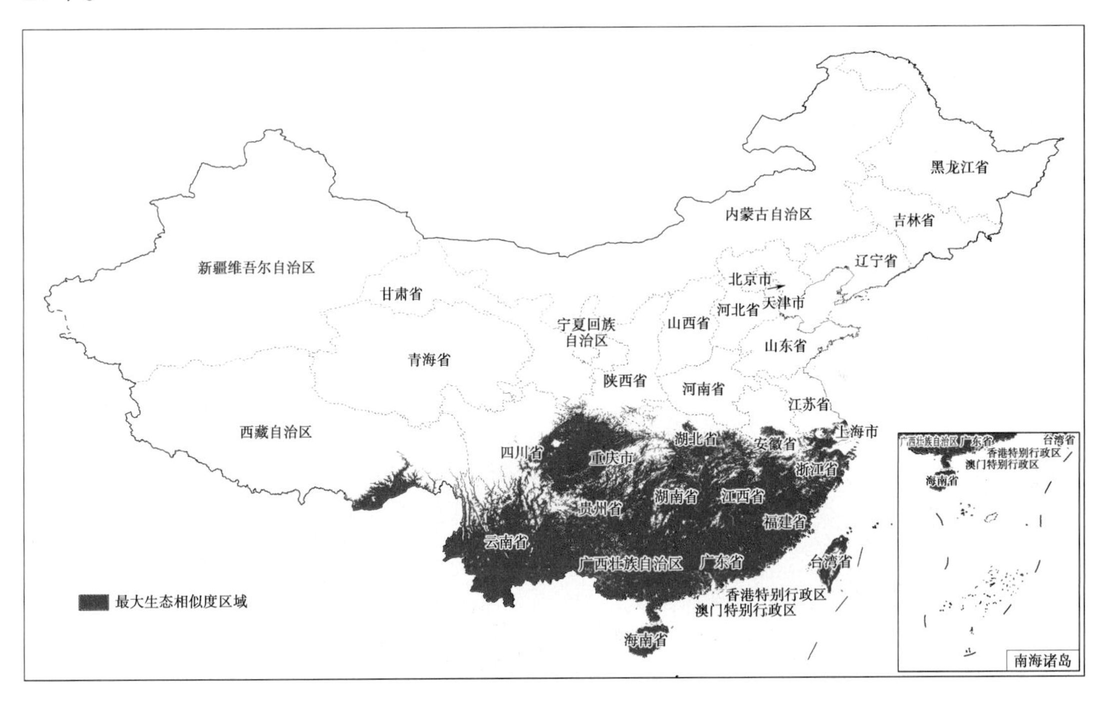

图 46-1　荔枝最大生态相似度区域全国分布图

表 46-2　我国荔枝最大生态相似度主要区域

省（区）	县（市）数	主要县（市）	面积/km²
云南	126	澜沧、广南、富宁、景洪、勐腊、墨江等	292563.5
广西	88	金城江、苍梧、融水、八步、南宁、西林等	201357.4
湖南	102	永州、衡南、桂阳、宜章、会同、江华等	171926.4
四川	143	宜宾、会理、合江、达县、剑阁、盐边等	167733.7
广东	88	梅县、佛山、英德、韶关、惠东、东源等	150809.3

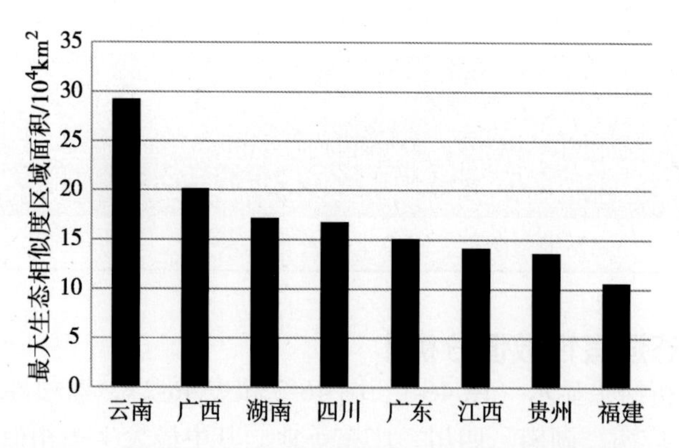

图 46-2　荔枝最大的生态相似度区域主要国家地区面积图

◎【区划与生产布局】

根据荔枝生态适宜性分析结果，结合荔枝的生物学特性，并考虑自然条件、社会经济条件、药材主产地栽培和采收加工技术，建议选择引种栽培研究区域主要以云南、广西、湖南、四川、广东等省（区）为宜（图 46-3）。

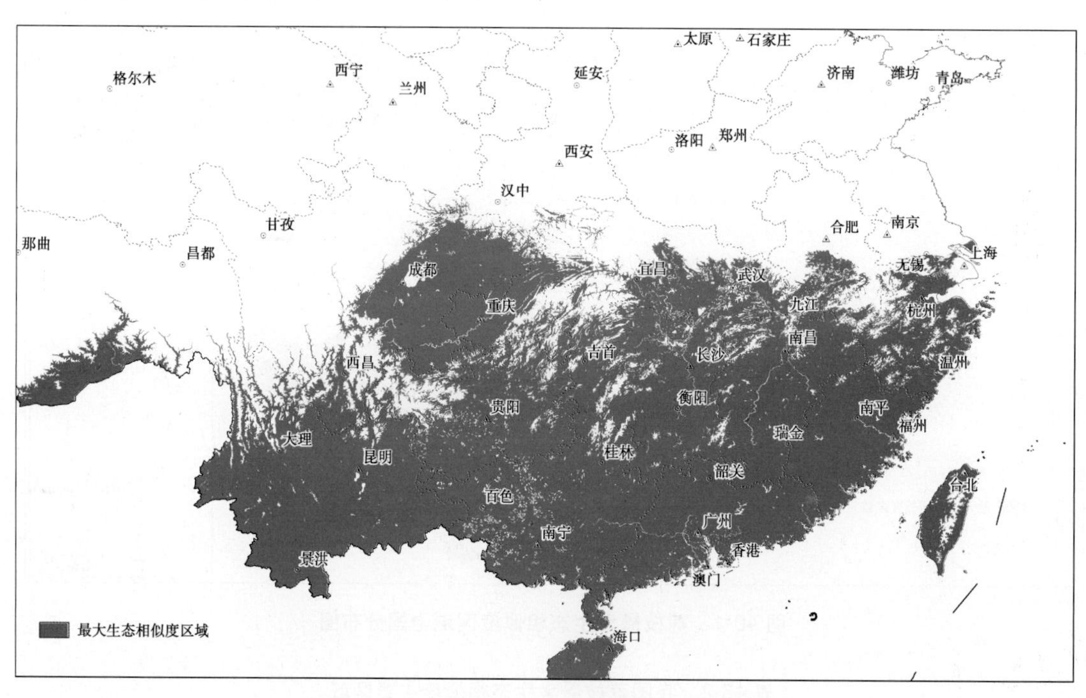

图 46-3　荔枝最大生态相似度区域局部分布图

◎【品质生态学研究】

荔枝为亚热带常绿植物，其产量取决于花卉的开放。研究表明，低温是荔枝花卉开花的必须条件，在冬天或早春暴露于寒冷的温度下，会促进荔枝花的开放，而环境温度高于20℃则显著降低了荔枝开花。黄晓兵等（2014）分别采用 DPPH 法、ABTS 法和总抗氧化能力测试法（T-AOC）对 5 个产地荔枝核的 90% 乙醇提取物进行抗氧化活性测定，结果表明广东惠东荔枝核中多酚和黄酮含量最高，其次为阳西荔枝核，广西灵山荔枝核多酚和黄

酮含量均最低；阳西荔枝核中皂苷含量最高，其他产地皂苷含量从高到低依次为广东惠东、从化、东莞和广西灵山。

◎ 参考文献

[1] 白慧卿，吴建国，潘学标. 影响我国荔枝分布的关键气候要素分析［J/OL］. 果树学报，2016，33（04）：436-443.

[2] 陈业渊. 海南荔枝种质资源考察收集、鉴定评价及分析［D］. 海口：海南大学，2012.

[3] 黄晓兵，李积华，彭芍丹，等. 五个产地荔枝核中药饮片抗氧化活性研究［J/OL］. 食品工业科技，2014，35（22）：91-94.

[4] 李焕苓，王家保，孙进华，等. 海南荔枝资源补充调查与优株介绍［J］. 中国果树，2015，（05）：31-35+86.

[5] 刘忠，廖明安，任雅君，等. 岷江下游四川地区荔枝资源调查［J］. 果树学报，2011，28（05）：903-908.

[6] 陆志科，黎深. 荔枝核活性成分分析及其提取物抗氧化性能研究［J］. 食品科学，2009，30（23）：110-113.

[7] 庞秋勇. 探索荔枝栽培技术的关键问题［J］. 现代园艺，2015，（05）：48-49.

[8] 彭宏祥，朱建华，黄宏明. 广西野生荔枝资源的研究价值及其保护对策［J］. 资源开发与市场，2005，（01）：57-58.

[9] 王江波. 福建荔枝（*Litchi chinensis* Sonn.）种质资源的 ISSR 分析［D］. 福州：福建农林大学，2009.

[10] 杨佳珍，王刚，杭朝平. 贵州省荔枝、龙眼资源调查及区划［J］. 贵州农业科学，1991，（04）：41-46.

[11] 张新明，王建武，陈厚彬，等. 增城市荔枝园土壤肥力状况调查与分析［J］. 福建果树，2004，（02）：29-30.

[12] 朱建华，彭宏祥，谭建国，等. 广西钦北区实生荔枝资源调查及优良单株筛选［J］. 中国南方果树，2006，（01）：25-26.

47. 南板蓝根 Nanbanlangen

BAPHICACANTHIS CUSIAE RHIZOMA ET RADIX

南板蓝根为爵床科植物马蓝 *Baphicacanthus cusia*（Nees）Bremek. 的干燥根茎和根。*Flora of China* 收录该物种为板蓝 *Strobilanthes cusia*（Nees）Kuntze。别名大蓝根、大青根等。2015 年版《中华人民共和国药典》（一部）收载。南板蓝根性寒，味苦，归心、胃经，具清热解毒、凉血消斑等功效。用于瘟疫时毒，发热咽痛，温毒发斑，丹毒等。

南板蓝根作为一种常用的清热解毒类中药材，其疗效好、毒副作用低，在我国南方，特别是广东、广西一带有着较好的群众用药基础，使用范围广泛。此外，马蓝的茎叶在华南、西南等地区做大青叶药用，又称南大青叶、马蓝叶。南板蓝根主要分布在华南、西南、华东等省份。现南板蓝根野生资源少，而人工种植的尚少，栽培面积小，且其种植区域分散，远远不能满足市场需求。

◎【地理分布与生境】

马蓝产广东、海南、香港、台湾、广西、云南、贵州、四川、福建、浙江等地。孟加

拉国、印度东北部、缅甸、喜马拉雅山至中南半岛均有分布。常生于潮湿的地方。

◎【生物学及栽培特性】

马蓝为多年生草本植物，喜阳光，喜温暖，半阴生，耐阴亦耐旱，喜潮湿但又忌涝，其适宜生长温度为15℃~33℃，空气适宜湿度为70%以上，土壤适宜含水量为22%~33%，以疏松、肥沃、排水良好的弱酸性及中性砂质壤土和壤土为宜。

◎【生态因子值】

选取175个样点进行马蓝的生态适宜性分析。包括福建省漳州市南靖县、南平市，广东省广州市、肇庆市，广西壮族自治区百色市，海南省澄迈县，江西省上饶市，山西省太原市，四川省雅安市，云南省保山市、楚雄市，浙江省舟山市，重庆市渝中区及台湾嘉义县等11省（区）的40县（市）。

GMPGIS系统分析结果显示（表47-1），马蓝在主要生长区域生态因子范围为：最冷季均温1.8~22.1℃；最热季均温15.7~29.4℃；年均温10.2~25.9℃；年均相对湿度54.6%~77.9%；年均降水量872~4316mm；年均日照121.8~155.4W/m²。主要土壤类型为强淋溶土、人为土、高活性强酸土、铁铝土等。

表47-1 马蓝主要生长区域生态因子值

主要气候因子数值范围	最冷季均温/℃	最热季均温/℃	年均温/℃	年均相对湿度/%	年均降水量/mm	年均日照/（W/m²）
	1.8~22.1	15.7~29.4	10.2~25.9	54.6~77.9	872~4316	121.8~155.4
主要土壤类型	强淋溶土、人为土、高活性强酸土、铁铝土等					

◎【中国产地生态适宜性数值分析】

GMPGIS系统分析结果显示（图47-1、图47-2和表47-2），马蓝在我国最大的生态相似度区域主要分布在云南、广西、湖南、贵州、广东、江西、四川等地。其中最大生态相似度区域面积最大的为云南省，为290303.0km²，占全部面积的15.5%。其次为广西壮族自治区，最大生态相似度区域面积202444.1km²，占全部的10.8%。所涵盖县（市）个数分别为126个和88个。

表47-2 我国马蓝最大生态相似度主要区域

省（区）	县（市）数	主要县（市）	面积/km²
云南	126	广南、澜沧、富宁、墨江、富源、镇沅等	290303.0
广西	88	金城江、苍梧、融水、八步区、南宁、藤县等	202444.1
湖南	102	安化、沅陵、浏阳、永州、桃源、衡南等	183540.5
贵州	82	遵义、从江、水城、松桃、黎平、习水等	154404.9
广东	88	佛山、梅县、英德、韶关、阳山、东源等	151496.7
江西	91	遂川、赣县、宁都、瑞金、于都、永丰等	148279.0
四川	116	宜宾、合江、宣汉、万源、叙永、达县等	146243.6

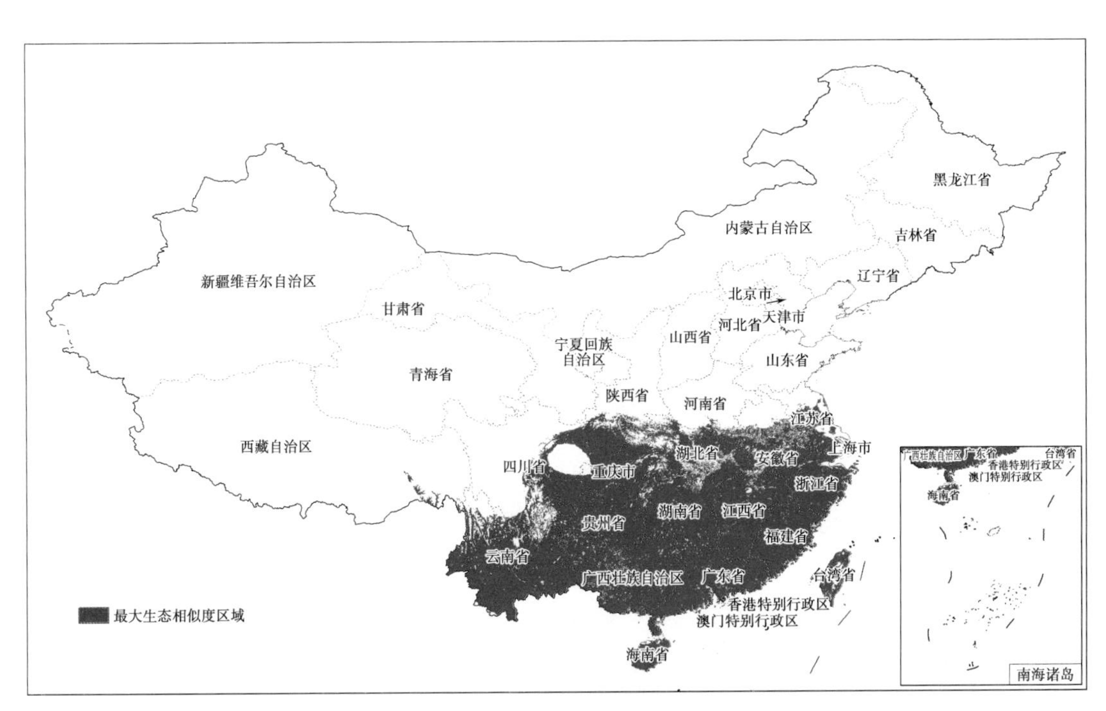

图 47-1　马蓝最大生态相似度区域全国分布图

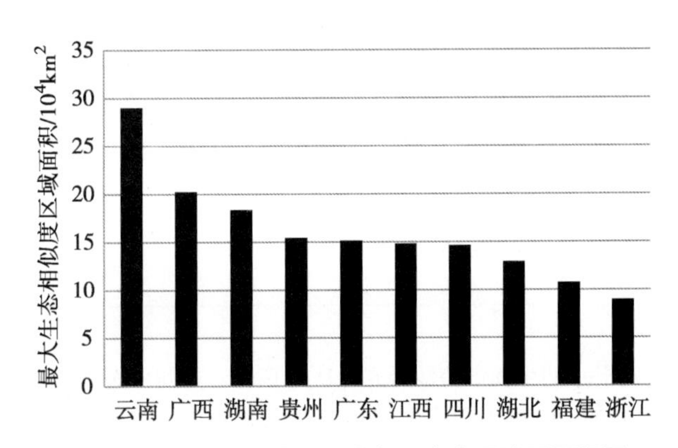

图 47-2　我国马蓝最大生态相似度主要地区面积图

◎【区划与生产布局】

根据马蓝生态适宜性分析结果，结合马蓝生物学特性，并考虑自然条件、社会经济条件、药材主产地栽培和采收加工技术，建议选择引种栽培研究区域主要以云南省、广西壮族自治区、湖南省等省（区）为宜（图 47-3）。

◎【品质生态学研究】

杜沛欣（2008）考察不同光照条件对马蓝株高与分枝数的影响，结果显示光照对马蓝生长影响较大。汪晓辉（2009）对全国南板蓝根主产地 5 省 22 份样品进行了靛玉红和靛蓝、凝集素、重金属和有害元素含量测定。罗霄山等（2011；2012）建立了广东省江门、湛江、梅州、韶关四地南板蓝根药材的 HPLC 指纹图谱，通过大鼠和小鼠实验对比研究了广东省江门、湛江、梅州、韶关四地所产南板蓝根解热、抗炎、免疫调节效应以及抗病毒

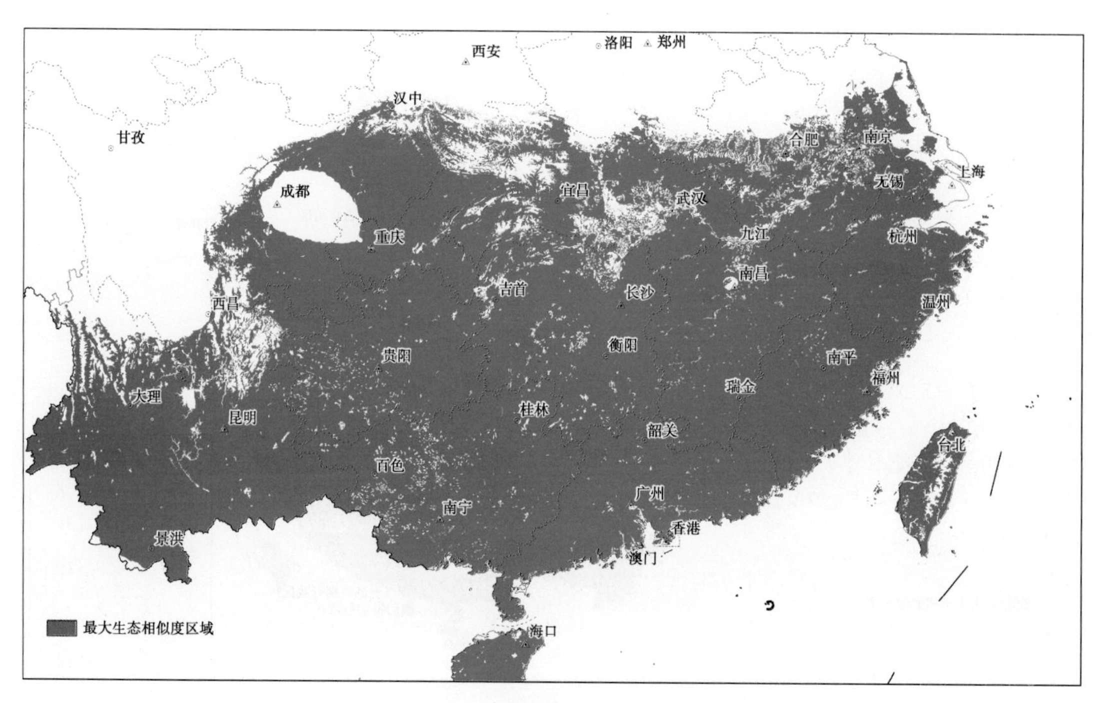

图 47-3　马蓝最大生态相似度区域全国局部分布图

的异同，结果显示广东省四地所产南板蓝根均具有一定的解热、抗炎、免疫调节效应，具有抗病毒作用，其中以韶关产药理作用最强。李世杰等（2012）测定了广东 7 个产地南板蓝根药材中有效成分腺苷的含量；杨丹等（2012）对贵州不同产地南板蓝根中腺苷的含量进行了测定研究。

◎ 参考文献

[1] 杜沛欣. 马蓝（南板蓝根）的生物学特性研究［D］. 广州：广州中医药大学，2008.

[2] 李世杰，陈奕龙，张丹雁. 广东不同产地南板蓝根药材中腺苷含量的测定［J］. 安徽农业科学，2012，(26)：12852-12854.

[3] 罗霄山，杜铁良，陈玉兴，等. 广东省不同产地南板蓝根解热、抗炎、免疫调节效应的对比研究［J］. 新中医，2011，(11)：113-116.

[4] 罗霄山，杜铁良，张丹雁，等. 不同产地南板蓝根抗病毒作用的研究［J］. 中医药导报，2011，(09)：66-69.

[5] 罗霄山，孙冬梅，李素梅，等. 不同产地南板蓝根药材脂溶性成分的 HPLC 指纹图谱研究［J］. 现代中药研究与实践，2012，(06)：64-67.

[6] 孙翠萍. 南板蓝根品质评价研究［D］. 成都：成都中医药大学，2012.

[7] 汪晓辉. 南板蓝根质量评价研究及马蓝愈伤组织培养研究［D］. 成都：成都中医药大学，2009.

[8] 杨丹，张丽艳，罗君，等. 贵州不同产地南板蓝根中腺苷的含量研究［J］. 中国民族民间医药，2012，(05)：35-36.

48. 砂仁 Sharen

AMOMI FRUCTUS

砂仁为姜科植物阳春砂 *Amomum villosum* Lour.、绿壳砂 *Amomum villosum* Lour. var. *xanthioides* T. L. Wu et Senjen、海南砂 *Amomum longiligulare* T. L. Wu 的干燥成熟果实。别名缩砂仁、缩砂密等。2015 年版《中华人民共和国药典》（一部）收载。砂仁性温，味辛，具化湿开胃、温脾止泻、理气安胎等功效。用于湿浊中阻，脘痞不饥，脾胃虚寒，呕吐泄泻，妊娠恶阻，胎动不安等。

来源于植物阳春砂的干燥成熟果实称为阳春砂仁。阳春砂为砂仁的主流品种，是“四大南药”与“十大广药”之一。广东省阳春县为道地产区，所产阳春砂质量好、产量大。除药用外，阳春砂又可作为食品、调味剂、保健品、药膳、制茶、造纸原料、兽药等使用。阳春砂野生资源稀少，近些年来道地产区广东阳春也因城市经济发展，山地资源不断遭到人为开发与破坏，导致阳春砂的生长环境严峻，药材资源受到严重威胁。目前市场上药材主要来自于人工栽培品。

阳 春 砂

Amomum villosum Lour.

◎【地理分布与生境】

阳春砂产福建、广东、广西和云南等地。喜生于山地阴湿之处。

◎【生物学及栽培特性】

阳春砂喜热带南亚热带季雨林温暖湿润气候，不耐寒，能耐暂短低温，-3℃受冻死亡。生产区年平均气温 19~22℃；水量在 1000mm 以上，空气相对湿度在 90%以上，怕干旱，忌水涝。需适当荫蔽，喜漫射光。宜选森林保持完整的山区沟谷林，有长流水的溪沟两旁，传粉昆虫资源丰富的环境，宜在上层深厚、疏松、保水保肥力强的壤土和砂壤上栽培，不宜在黏土、沙土栽种。

◎【生态因子值】

选取 108 个样点进行阳春砂的生态适宜性分析。国内样点包括广东省阳春市蟠龙镇、春湾镇、茂名市高州市、信宜市、云浮市，云南省西双版纳州景洪市、勐腊县、勐海县，广西壮族自治区防城港市、南宁市隆安县、百色市、崇左市扶绥县、钦州市及福建省漳州市长泰县、厦门市同安区等 4 省（区）的 27 县（市）。国外样点包括老挝、泰国和越南。

GMPGIS 系统分析结果显示（表 48-1），阳春砂在主要生长区域生态因子范围为：最冷季均温 8.1~24.6℃；最热季均温 19.2~25.9℃；年均温 15.9~26.8℃；年均相对湿度 66.4%~76.2%；年均降水量 1081~3247mm；年均日照 130.0~165.1W/m^2。主要土壤类型为强淋溶土、人为土、铁铝土、高活性强酸土、淋溶土、黏绨土、始成土等。

表 48-1 阳春砂主要生长区域生态因子值

主要气候因子数值范围	最冷季均温/℃	最热季均温/℃	年均温/℃	年均相对湿度/%	年均降水量/mm	年均日照/（W/m^2）
	8.1~24.6	19.2~25.9	15.9~26.8	66.4~76.2	1081~3247	130.0~165.1
主要土壤类型	强淋溶土、人为土、铁铝土、高活性强酸土、淋溶土、黏绨土、始成土等					

◎【全球产地生态适宜性数值分析】

GMPGIS 系统分析结果显示（图 48-1 和图 48-2），阳春砂在全球最大的生态相似度区域分布于 57 个国家，主要为巴西、刚果、中国和缅甸。其中最大生态相似度区域面积最大的国家为巴西，为 1324950.4km^2，占全部面积的 30%。

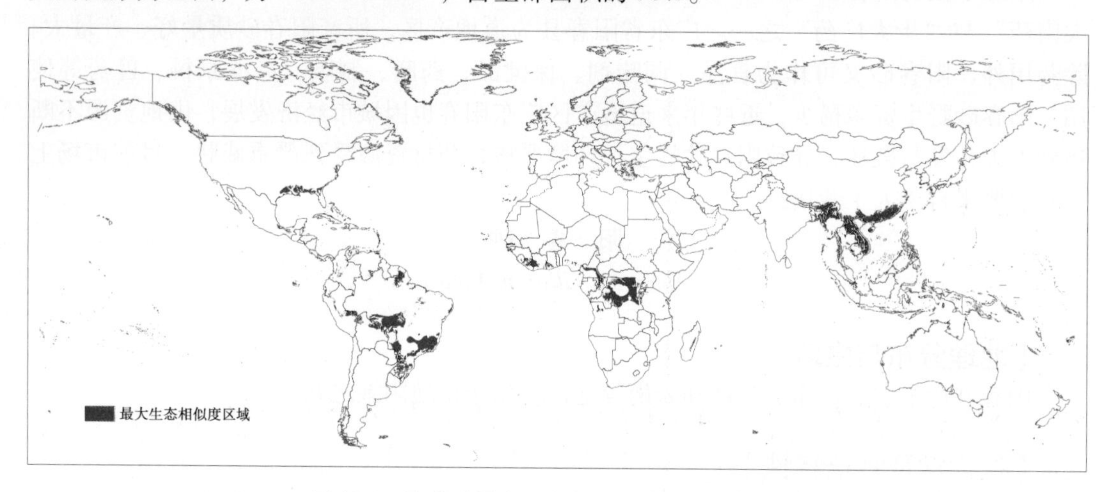

图 48-1 阳春砂最大生态相似度区域全球分布图

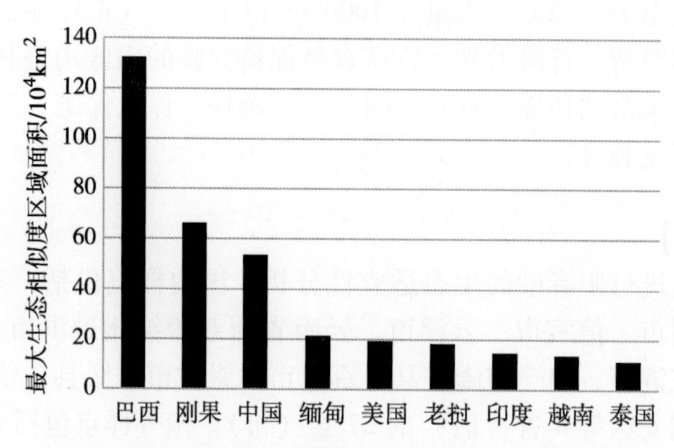

图 48-2 阳春砂最大生态相似度主要国家地区面积图

◎【中国产地生态适宜性数值分析】

GMPGIS 系统分析结果显示（图 48-3、图 48-4 和表 48-2），阳春砂在我国最大的生态相似度区域主要分布在广西、广东、云南、福建、江西、海南等地，其中最大生态相似度区域面积最大的为广西壮族自治区，为 132157.1km^2，占全部面积的 24%；其次为广东省，最大生态相似度区域面积为 131970.4km^2，占全部的 23.9%。所涵盖县（市）个数分别为 71 个和 83 个。

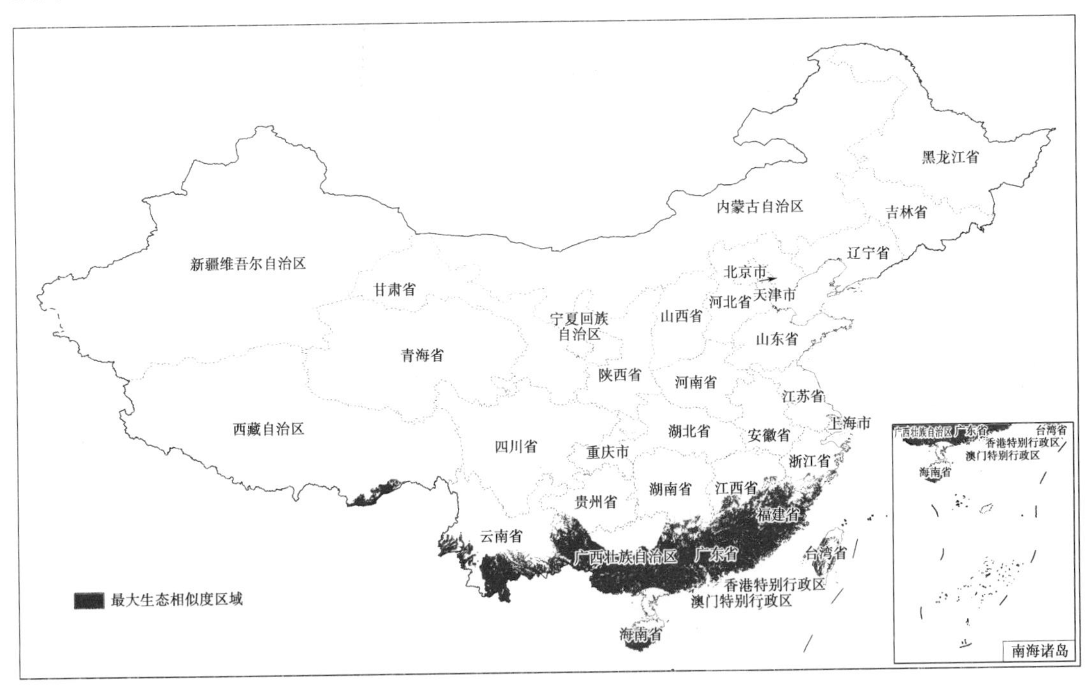

图 48-3 阳春砂最大生态相似度区域全国分布图

表 48-2 我国阳春砂最大生态相似度主要区域

省（区）	县（市）数	主要县（市）	面积/km²
广西	71	苍梧、南宁、西林、藤县、田林、八步区等	132157.1
广东	83	梅县、佛山、英德、惠东、东源、信宜等	131970.4
云南	58	富宁、勐腊、景洪、广南、墨江、江城等	89976.4
福建	68	上杭、武平、永定、漳平、延平、尤溪等	84719.5
江西	36	瑞金、会昌、寻乌、于都、赣县、信丰等	38379.6
海南	16	琼中、白沙、儋州、保亭、乐东、三亚等	18683.4

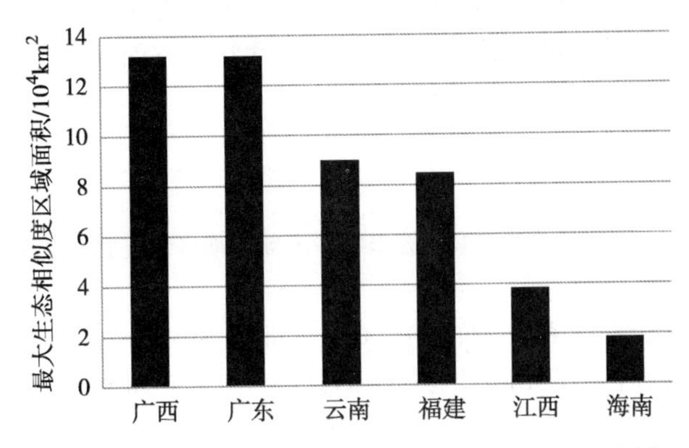

图 48-4 我国阳春砂最大生态相似度主要地区面积图

◎【区划与生产布局】

根据阳春砂生态适宜性分析结果，结合阳春砂生物学特性，并考虑自然条件、社会经济条件、药材主产地栽培和采收加工技术，建议选择引种栽培研究区域主要以巴西、刚果、中国、缅甸、美国、老挝等国家（或地区）为宜，在国内主要以广西、广东、云南、福建、江西、海南等省（区）为宜（图 48-5）。

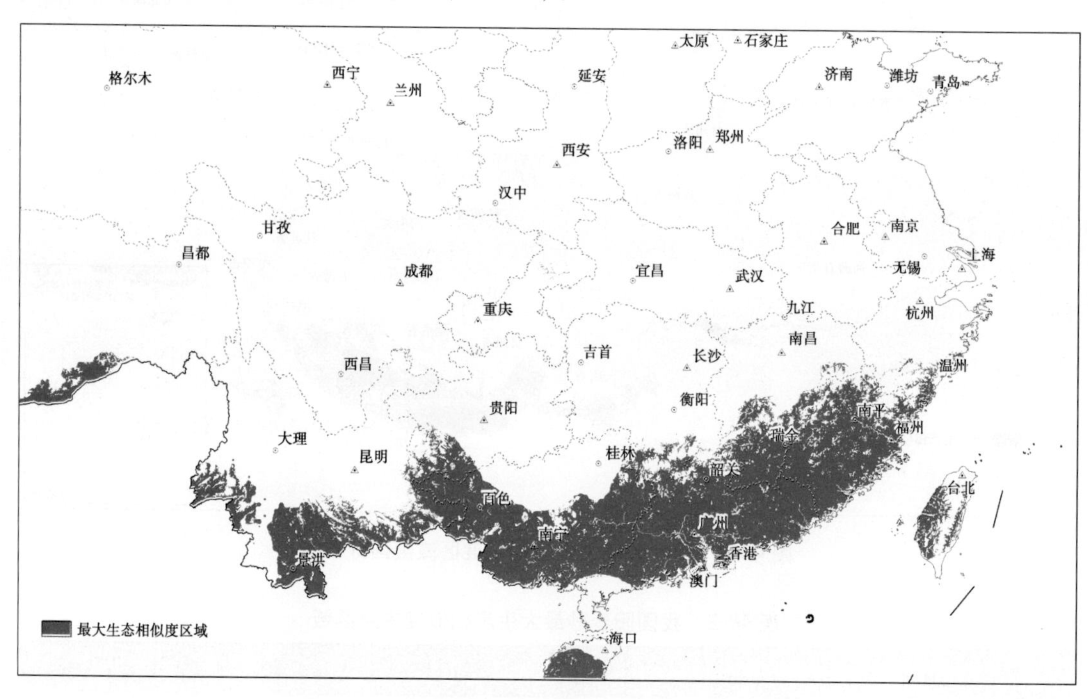

图 48-5　阳春砂最大生态相似度区域全国局部分布图

◎【品质生态学研究】

产自道地产区广东阳春的阳春砂被认为质量较其他区域更好，赵红宁等（2016）采用气相色谱法测定广东、广西、云南、福建等不同产地阳春砂样品中樟脑、龙脑、乙酸龙脑酯有效成分的质量分数，研究结果显示，这 3 种成分的质量分数有明显差异，产自于广东阳春的样品中质量分数均较高。张丹雁等（2008）在对广东、云南等阳春砂主产区的生产栽培现状调查研究中发现，由于栽培的气候、土壤、水分等生态条件的不同以及栽培技术上的差异，致使阳春砂在株型、成品性状、农艺学性状等方面存在着差别。

◎ 参考文献

[1] 宫璐，叶育石，吴杰，等. 基于 GMPGIS 的阳春砂全球产地区划［J］. 世界中医药，2017，(05)：989-991+995

[2] 欧阳霄妮. 阳春砂资源调查与品质评价研究［D］. 广州：广州中医药大学，2010.

[3] 张丹雁，刘军民，熊清平，等. 阳春砂资源调查与分析［J］. 广州中医药大学学报，2008，(01)：77-80.

[4] 张丹雁. 阳春砂种质资源研究［D］. 广州：广州中医药大学，2008.

[5] 赵红宁，黄柳芳，刘喜乐，等. 不同产地阳春砂仁药材的质量差异研究［J］. 广东药学院学报，2016，(02)：176-180.

49. 钩藤 Gouteng

UNCARIAE RAMULUS CUM UNCIS

钩藤为茜草科植物钩藤 *Uncaria rhynchophylla*（Miq.）Miq. ex Havil.、大叶钩藤 *Uncaria macrophylla* Wall.、毛钩藤 *Uncaria hirsuta* Havil.、华钩藤 *Uncaria sinensis*（Oliv.）Havil. 或无柄果钩藤 *Uncaria sessilifructus* Roxb. 的干燥带钩茎枝。别名双钩藤、鹰爪风、吊风根、金钩草、倒挂刺、吊藤、钩藤钩子、钓钩藤、嫩钩钩、金钩藤、挂钩藤、钩丁、倒挂金钩、钩耳等。2015 年版《中华人民共和国药典》（一部）收载。钩藤性凉，味甘，归肝、心包经，具息风定惊、清热平肝等功效。用于肝风内动，惊痫抽搐，高热惊厥，感冒夹惊，小儿惊啼，妊娠子痫，头痛眩晕等。

钩藤为常用中药材，商品主要来源于野生资源。由于钩藤生长周期长、民间又多采用根及老茎药用，导致资源破坏、面临濒危，不能满足市场需求。目前，在贵州省剑河县、三都县、锦屏县、天柱县等地已经有钩藤的人工栽培。

钩　藤

Uncaria rhynchophylla（Miq.）Miq. ex Havil.

◎【地理分布与生境】

钩藤产于广东、广西、云南、贵州、福建、湖南、湖北、江西等地。国外分布于日本。常生于山谷溪边的疏林或灌丛中。

◎【生物学及栽培特征】

钩藤为常绿木质藤本，生于热带、亚热带地区，喜温暖湿润的气候环境，不耐严寒，种子萌发和幼苗生长期均需要阴凉湿润的环境，阳光直射可导致幼苗死亡。野生钩藤资源主要生长在林下，人工栽培时，应选择林药套作的模式，林以乔木为主。钩藤对土壤要求不严，但以土层深厚、疏松、肥沃、富含腐殖质、排水良好的坡地背阴面或沟谷两边栽培为宜。

◎【生态因子值】

选取 574 个样点进行钩藤的生态适宜性分析。国内样点包括广东省乐昌市大瑶山、惠州市龙门县，广西壮族自治区百色市那坡县、桂林市恭城县，湖北省咸宁市崇阳县，湖南省永州市宁远县等 7 省（区）的 64 县（市）。国外样点为日本。

GMPGIS 系统分析结果显示（表 49-1），钩藤在主要生长区域生态因子范围为：最冷季均温 1.0～18.5℃；最热季均温 18.3～29.4℃；年均温 9.6～23.9℃；年均相对湿度 58.5%～77.2%；年均降水量 870～2682mm；年均日照 122.6～154.3W/m^2。主要土壤类型为强淋溶土、人为土、高活性强酸土、淋溶土、始成土、粗骨土、低活性淋溶土等。

表 49-1　钩藤主要生长区域生态因子值

主要气候因子数值	最冷季均温/℃	最热季均温/℃	年均温/℃	年均相对湿度/%	年均降水量/mm	年均日照/(W/m^2)
范围	1.0~18.5	18.3~29.4	9.6~23.9	58.5~77.2	870~2682	122.6~154.3
主要土壤类型	强淋溶土、人为土、高活性强酸土、淋溶土、始成土、粗骨土、低活性淋溶土等					

◎【全球产地生态适宜性数值分析】

GMPGIS 系统分析结果显示（图 49-1 和图 49-2），钩藤在全球最大的生态相似度区域主要分布于 53 个国家，分别为中国、美国和巴西。其中最大生态相似度区域面积最大的国家为中国，为 1828314.9km^2，占全部面积的 46%。

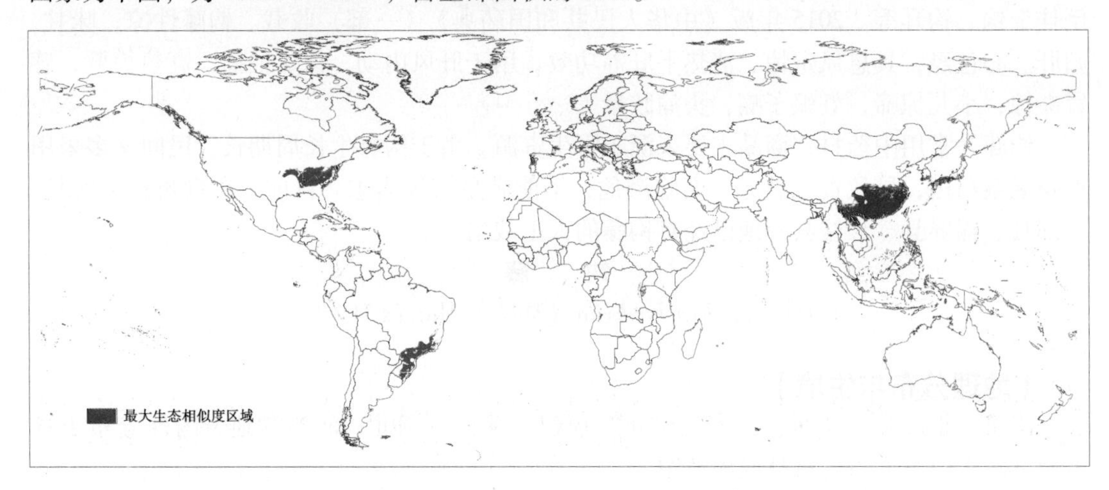

图 49-1　钩藤最大生态相似度区域全球分布图

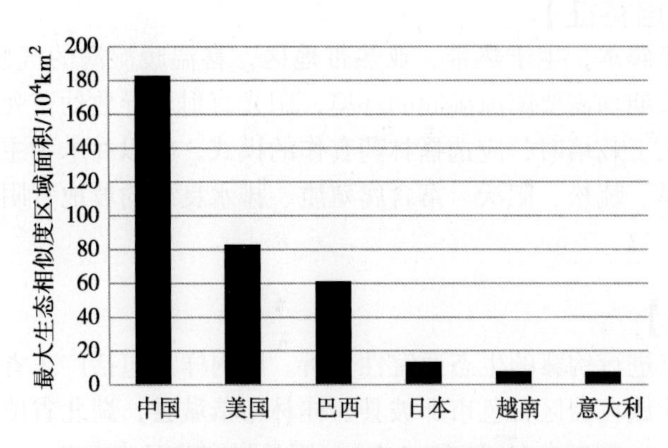

图 49-2　钩藤最大生态相似度主要国家地区面积图

◎【中国产地生态适宜性数值分析】

GMPGIS 系统分析结果显示（图 49-3、图 49-4 和表 49-2），钩藤在我国最大的生态相似度区域主要分布在云南、广西、湖南、湖北、江西、贵州、广东等地。其中最大生态相似度区域面积最大的为云南省，为 246886.4km^2，占全部面积的 13.5%；其次为广西壮族自治区，最大生态相似度区域面积为 208127.3km^2，占全部的 11.4%。所涵盖县（市）个

数分别为 121 个和 88 个。

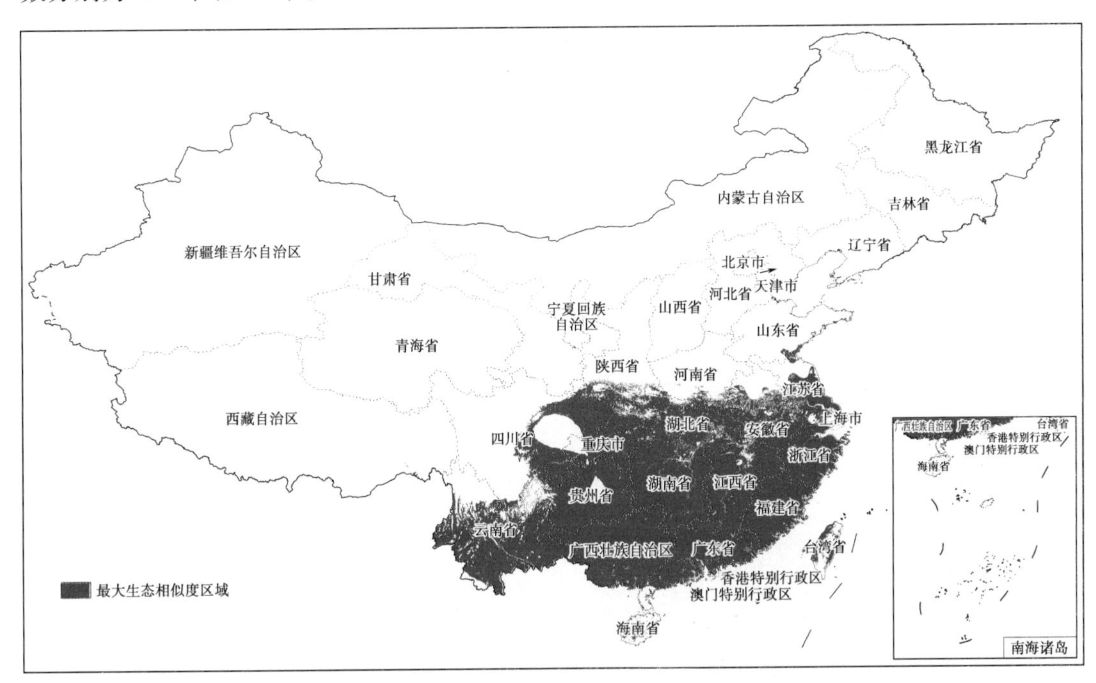

图 49-3　钩藤最大生态相似度区域全国分布图

表 49-2　我国钩藤最大生态相似度主要区域

省（区）	县（市）数	主要县（市）	面积/km²
云南	121	广南、富宁、勐腊、墨江、砚山、澜沧等	246886.4
广西	88	金城、苍梧、融水、八步、南丹、南宁等	208127.3
湖南	102	安化、浏阳、沅陵、石门、永州、桃园等	190603.3
湖北	77	武汉、利川、曾都、恩施、房县、竹山等	152435.3
江西	91	遂川、宁都、武宁、赣县、瑞金、修水等	146393.8
贵州	82	从江、松桃、水城、黎平、习水、遵义等	145013.7
广东	84	梅县、佛山、英德、韶关、惠东、阳山等	142454.1

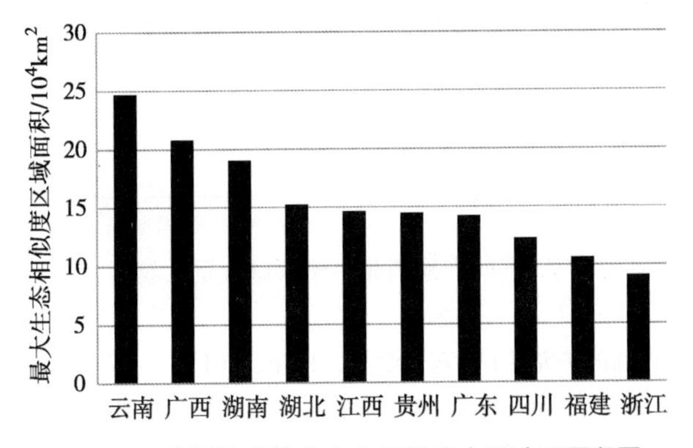

图 49-4　我国钩藤最大生态相似度主要地区面积图

◎【区划与生产布局】

根据钩藤生态适宜性分析结果，结合钩藤生物学特性，并考虑自然条件、社会经济条件、药材主产地栽培和采收加工技术，建议选择引种栽培研究区域主要以中国、美国、巴西等国家（或地区）为宜，在国内主要以云南、广西、湖南、湖北、江西、贵州、广东等省（区）为宜（图 49-5）。

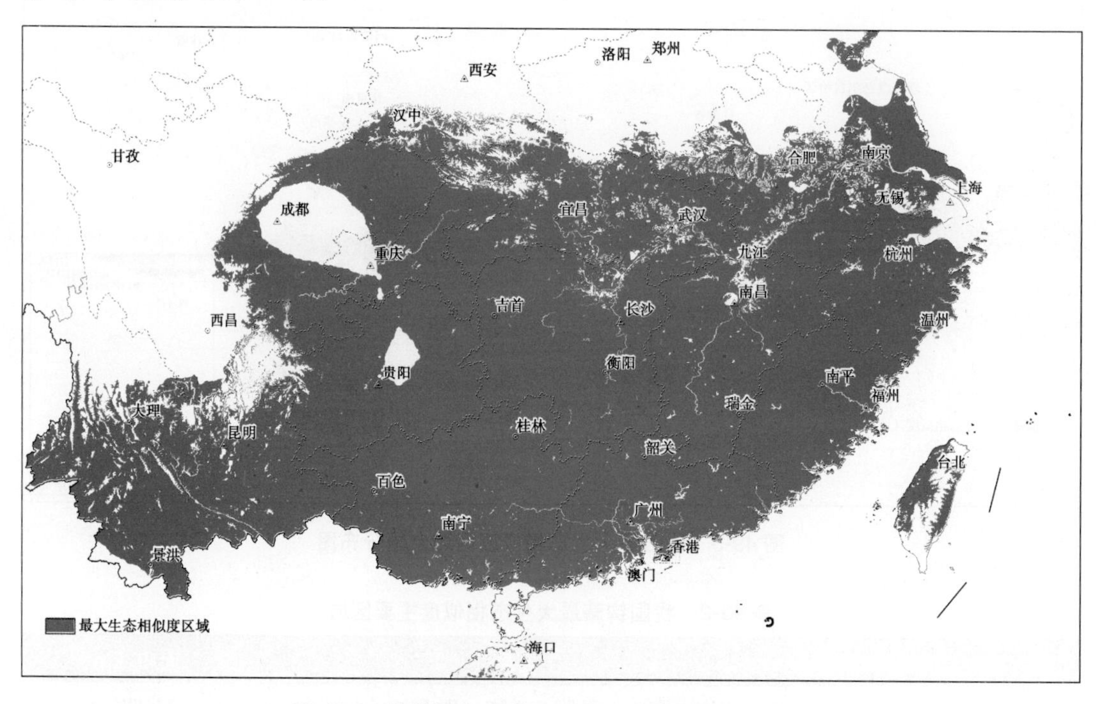

图 49-5　钩藤最大生态相似度区域全国局部分布图

◎【品质生态学研究】

付金娥等（2013）应用 HPLC 比较了 15 批不同产地的钩藤中主要化学成分钩藤碱的含量，发现不同产地钩藤中钩藤碱含量有一定差异，以广西融水产的钩藤碱含量最高。李金玲等（2013）对贵州野生钩藤生长环境、气候状况、土壤理化特性等进行了调查，结果表明，贵州野生钩藤资源分布于海拔 450～1250m 范围内，喜温暖、湿润的环境，大部分分布在阴坡，主要生长在林下 30°～70°的坡地，多有岩石；伴生植物主要是高大乔木，其次是灌木；土壤类型属于壤土，含水量高，有机质含量较低，pH 为酸性，有效氮缺乏，有效磷较低，速效钾丰富。

◎ 参考文献

［1］付金娥，龙海荣，谷筱玉，等. 不同产地钩藤中钩藤碱含量比较研究［J］. 时珍国医国药，2013，24（12）：3000-3001.

［2］侯宽昭. 中药钩藤原植物的研究［J］. 药学学报，1956，（01）：7-16，97-98.

［3］李金玲，赵致，龙安林，等. 贵州不同来源钩藤药材品质分析与评价［J］. 贵州农业科学，2013，41（03）：40-42.

[4] 李金玲，赵致，龙安林，等. 贵州野生钩藤生长环境调查研究［J］. 中国野生植物资源，2013，32（04）：58-60.
[5] 余再柏，舒光明，秦松云，等. 国产钩藤类中药资源调查研究［J］. 中国中药杂志，1999，（04）：6-10+62.

50. 香附 Xiangfu

CYPERI RHIZOMA

香附为莎草科植物莎草 *Cyperus rotundus* L. 的干燥根茎。别名莎草、香附子、雷公头、三棱草、香头草、回头青、雀头香等。2015 年版《中华人民共和国药典》（第一部）收载。香附性平，味辛、微苦、微甘，归肝、脾、三焦经，具疏肝解郁、理气宽中、调经止痛等功效。用于肝郁气滞，胸胁胀痛，疝气疼痛，乳房胀痛，脾胃气滞，脘腹痞闷，胀满疼痛，月经不调，经闭痛经等。

香附是我国传统中药，为中医常用中药材，又是香精提取原料，出口数量很大，其年需求量约在 500 万~600 万公斤。香附目前尚无家种，商品全系野生，资源分布全国，尤其以海南货量大质优，产量约占全国总产量的三分之二。目前，生态环境受到破坏的程度愈来愈严重，药材量亦日趋减少。以“汶香附”为例，目前主产区如山东的汶河、胶莱河两岸已无采收，仅诸城还有少量分布。因此，在加强香附野生资源保护、合理开发利用的同时，还应加强香附驯化栽培技术的研究，逐渐建立规范化的种植基地，使香附药材的质量得以保证。

◎【地理分布与生境】

莎草产安徽、重庆、东沙群岛、福建、甘肃、广东、广西、贵州、海南、河北、河南、湖北、湖南、江苏、江西、辽宁、南沙群岛、陕西、山东、山西、四川、台湾、西沙群岛、西藏、云南、浙江等地。生于地埂、路旁、沟边、河滩、湖岸的河地或水湿地，适宜栽种在气候温和、土壤湿润、土质疏松的砂质壤土中。广布于世界各地。

◎【生物学及栽培特性】

莎草为多年生草本，喜潮湿环境，耐严寒，适宜疏松的砂性土栽培。香附以种子或分株法繁殖。种子繁殖，每年 4 月育苗，条播，行距 1.5~2.5 寸，开浅沟播入，覆土以稍稍盖没种子为好。苗出齐后，当苗高 2~3 寸，即可移植大田，行距 6~7 寸，株距 3~5 寸，栽后应及时浇水。分株繁殖，每年早春（清明谷雨间）将植株挖出穴栽，每穴 2~4 株，行距 6~7 寸，株距 3~5 寸，栽后浇水。

◎【生态因子值】

选取 2303 个样点进行莎草的生态适宜性分析。国内样点包括云南省文山市麻栗坡县、西双版纳州勐海县、临沧市镇康县，甘肃省陇南市文县、康县，四川省绵阳市梓潼县、雅安市天全县、达州市宣汉县，陕西省安康市石泉县、汉中市南郑县，广西壮族自治区梧州市苍梧县、桂林市灵川县等 24 省（区）的 327 县（市）。国外样点包括日本、西班牙、墨西哥、法国、澳大利亚、巴基斯坦、土耳其等 106 个国家。

GMPGIS 系统分析结果显示（表 50-1），莎草在主要生长区域生态因子范围为：最冷

季均温-12.4~28.2℃；最热季均温 9.6~34.1℃；年均温-0.6~29.6℃；年均相对湿度 25.3%~83.4%；年均降水量 1~3953mm；年均日照 96.7~247.0W/m²。主要土壤类型为始成土、强淋溶土、淋溶土等。

表 50-1　莎草主要生长区域生态因子值

主要气候因子数值	最冷季均温/℃	最热季均温/℃	年均温/℃	年均相对湿度/%	年均降水量/mm	年均日照/(W/m²)
范围	-12.4~28.2	9.6~34.1	-0.6~29.6	25.3~83.4	1~3953	96.7~247.0
主要土壤类型	始成土、强淋溶土、淋溶土等					

◎【全球产地生态适宜性数值分析】

GMPGIS 系统分析结果显示（图 50-1 和图 50-2），莎草在全球最大的生态相似度区域分布于 240 个国家，主要为美国、巴西、澳大利亚和中国。其中最大生态相似度区域面积最大的国家为美国，为 7541539.0km²，占全部面积的 9.4%。

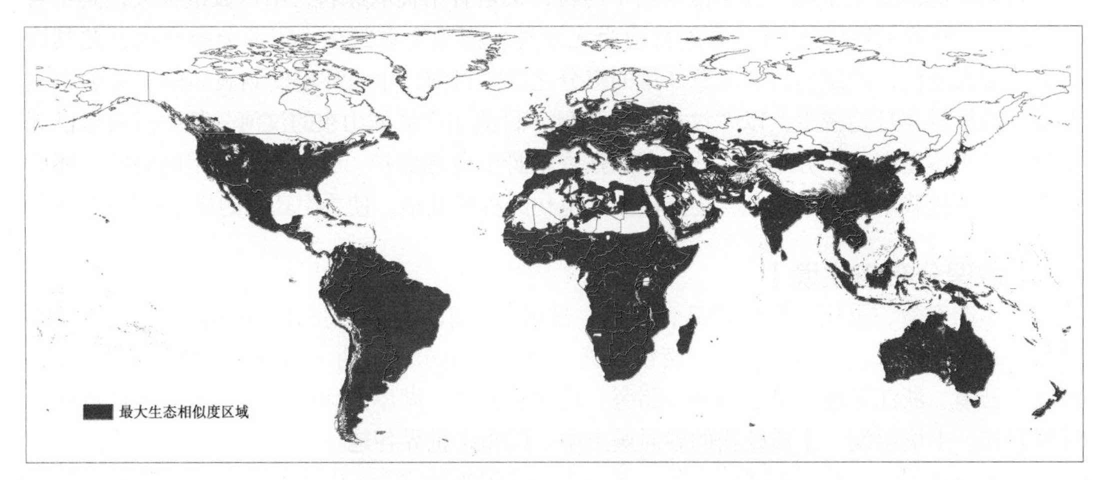

图 50-1　莎草最大生态相似度区域全球分布图

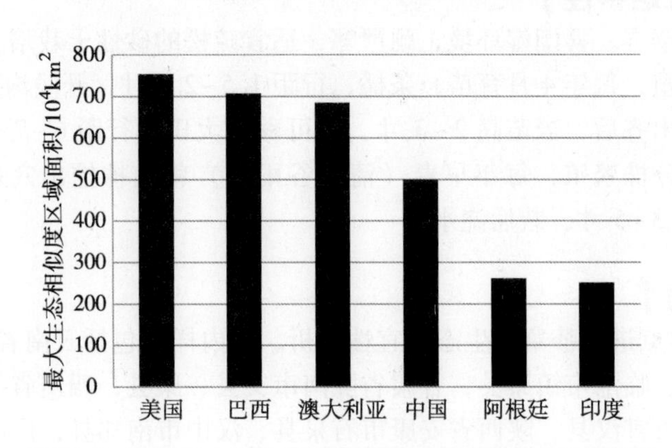

图 50-2　莎草最大的生态相似度区域主要国家地区面积图

◎【中国产地生态适宜性数值分析】

GMPGIS 系统分析结果显示（图 50-3、图 50-4 和表 50-2），莎草在我国最大的生态相似度区域主要分布在新疆、内蒙古、云南、甘肃、四川、陕西、广西等地。其中最大生态相似度区域面积最大的为新疆维吾尔自治区，为 832748. 7km^2，占全部面积的 16. 4%。其次为内蒙古自治区，最大生态相似度区域面积 394887. 2km^2，占全部的 7. 8%。所涵盖县（市）个数分别为 71 个和 37 个。

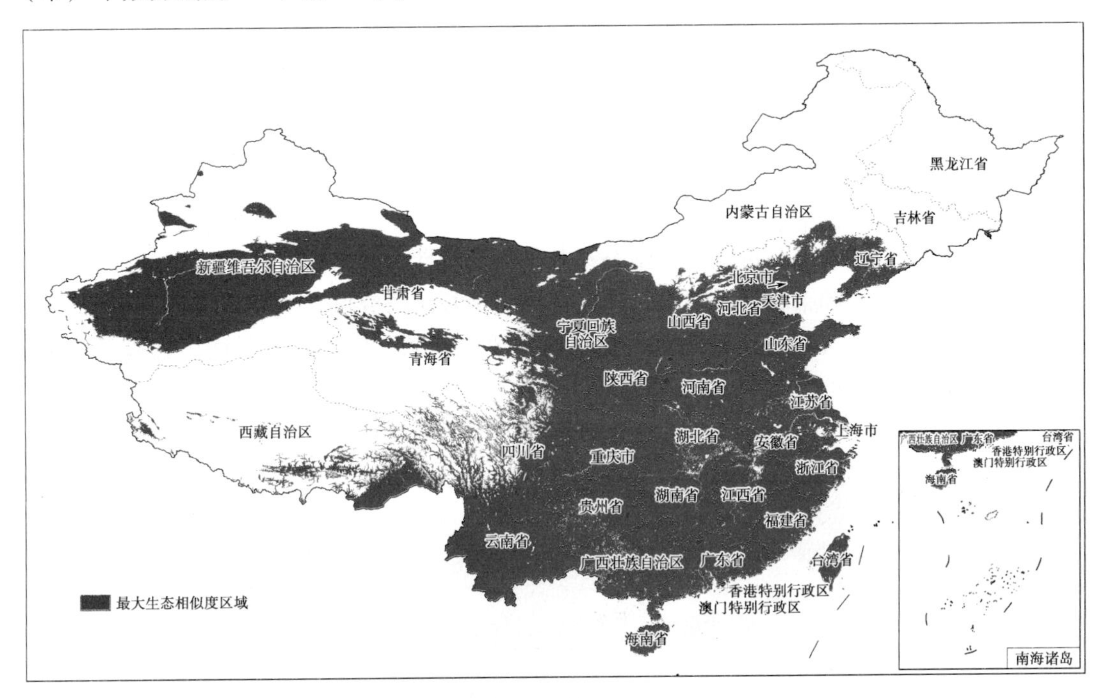

图 50-3　莎草最大生态相似度区域全国分布图

表 50-2　我国莎草最大生态相似度主要区域

省（区）	县（市）数	主要县（市）	面积/km^2
新疆	71	若羌、尉犁、巴楚、阿克苏、且末、哈密等	832748. 7
内蒙古	37	阿拉善右旗、阿拉善左旗、额济纳旗、鄂托克旗、乌审旗、鄂托克前旗等	394887. 2
云南	126	玉龙、广南、宁蒗、澜沧、富宁、云龙等	336164. 0
甘肃	82	敦煌、肃北、民勤、金塔、环县、天祝等	330755. 1
四川	162	盐源、木里、万源、会理、青川、宜宾等	322349. 6
陕西	98	榆阳、定边、神木、靖边、吴起、横山等	203333. 2
广西	88	金城江、苍梧、融水、八步、南宁、西林等	203314. 4

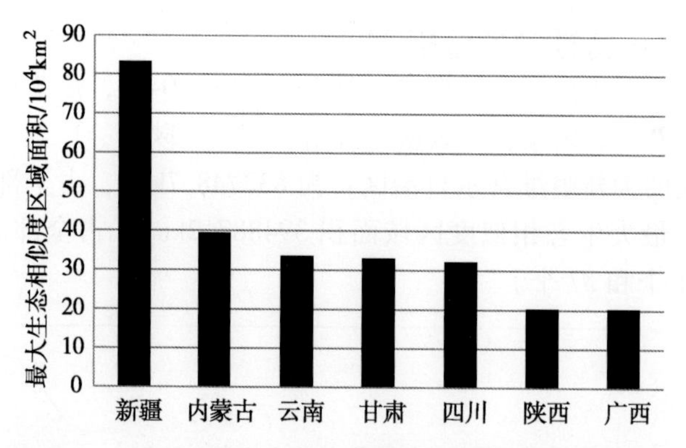

图 50-4 莎草最大的生态相似度区域主要国家地区面积图

◎【区划与生产布局】

根据莎草生态适宜性分析结果，结合莎草生物学特性，并考虑自然条件、社会经济条件、药材主产地栽培和采收加工技术，建议选择引种栽培研究区域主要以美国、巴西、澳大利亚、中国等国家（或地区）为宜，在国内主要以新疆、内蒙古、云南、甘肃、四川、陕西、广西等省（区）为宜（图 50-5）。

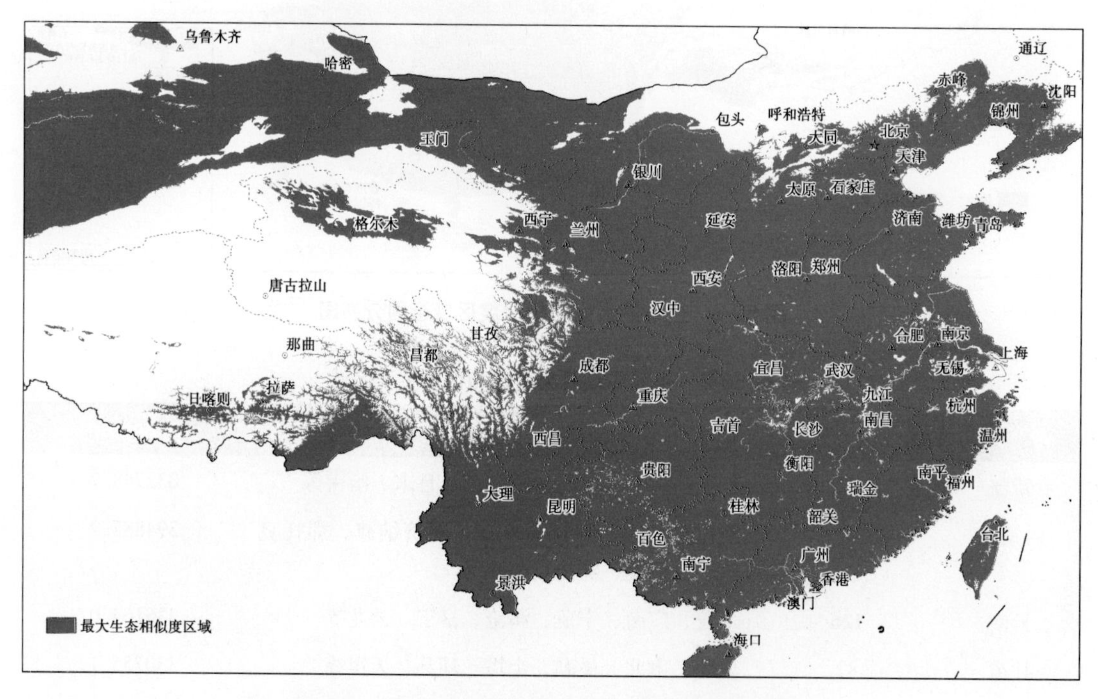

图 50-5 莎草最大生态相似度区域全国局部分布图

◎【品质生态学研究】

香附分布于我国大部分地区，然而其野生资源日渐减少。赵新慧等（2008）以 GC-MS 分析鉴定了香附挥发油中 22 个化合物；以 HPLC 法建立了不同产地香附甲醇提取物化学成分的特征图谱；相似度评价与聚类分析结果表明山东产香附与安徽、海南、浙江、江苏产香附距离较近，聚为一类，而河南与河北产香附与上述产地香附距离较远。

陈艳红等（2010）对全国各地17批不同产地香附药材进行了有效成分的含量测定，结果表明α-香附酮含量在0.131%~0.585%之间，含量相差较大，认为有必要对其栽培条件进行考察，建立香附的规范化种植基地，以保证香附的质量。李英霞等（2011）对8个产地香附生品中的木犀草素进行含量测定，结果显示山东泰安的含量最高，达57.35μg/g，云南含量最低，为17.82μg/g。王雪婷等（2013）对不同产地香附药材进行了有效成分的含量测定，结果表明α-香附酮含量在0.0326%~0.1715%之间，以产地山东（潍坊）的含量最高（0.1715%），其次为海南（琼海）、浙江、河南（中牟）、广东（湛江），含量一般均在0.1%以上，河北产的含量最低（0.0326%）。曹玫等（2015）对不同产地香附总黄酮含量进行测定，结果依次是河南>四川>广东>安徽>海南>山东。王世宇等（2015）在实验所取11批不同产地的香附药材中均能同时检测香附烯酮、圆柚酮、α-香附酮3种特征性成分的量，不同产地香附中香附烯酮、圆柚酮、α-香附酮的含有量差异较大，其中香附烯酮为1.52~4.80mg/g、圆柚酮为0.04~0.20mg/g、α-香附酮为0.70~1.99mg/g；同一产地的香附中3种成分的含有量也不同，且均呈现如下规律：香附烯酮量>α-香附酮量>圆柚酮量。

◎ 参考文献

[1] 曹玫，欧阳露. 不同产地香附中总黄酮含量比较研究［J］. 中国药师，2015，18（5）：773-774.

[2] 陈艳红，吴秋云，蔡佳仲. 17批不同产地香附中有效成分的含量测定［J］. 临床医学工程，2010，17（11）：41-42.

[3] 李英霞. 我国香附资源及产销现状分析［J］. 内蒙古中医药，2013，4：87-88.

[4] 李英霞，陆永辉，冯文等. HPLC测定不同产地香附及醋炙香附中木犀草素的含量［J］. 中国实验方剂学杂志，2011，17（1）：56-58.

[5] 王世宇，李文兵，卢君蓉等. HPLC法同时测定不同产地香附药材中香附烯酮、圆柚酮和α-香附酮［J］. 中成药，2015，37（3）：588-591.

[6] 王雪婷，王磊，宋德成等. 不同产地香附中α-香附酮含量测定［J］. 创新技术，2013，（1）：28-29.

[7] 赵新慧，宿树兰，段金廒. 香附药材质量相关性分析研究［J］. 药物分析杂志，2008，28（2）：187-192.

51. 香薷 Xiangru

MOSLAE HERBA

本品为唇形科植物石香薷 *Mosla chinensis* Maxim. 或江香薷 *Mosla chinensis* ‘Jiangxiangru’的干燥地上部分。别名香茹、香草等。2015年版《中华人民共和国药典》（一部）收载。香薷性微温，味辛，归肺、胃经，具发汗解表、化湿和中等功效。用于暑湿感冒，恶寒发热，头痛无汗，腹痛吐泻，水肿，小便不利等。

香薷属植物用途广泛，具有较高的药用价值，是中医和民间常用的传统的广谱抗菌和抗病毒中药，为夏季解表之药。该属植物目前处于野生状态。

石 香 薷

Mosla chinensis Maxim.

◎【地理分布与生境】

石香薷产于辽宁、河北、山东、河南、安徽、江苏、浙江、江西、湖北、四川、贵州、云南、陕西、甘肃等地。野生于草坡或林下，海拔至1400m。

◎【生物学及栽培特性】

石香薷为直立草本，茎高55~65cm，一般的土壤都可以栽培，但最好选择背风向阳、土质疏松肥沃壤土或砂壤土地块作为栽植地，碱土、沙土不宜栽培。怕旱，不宜重茬，前茬谷类、豆类、蔬菜为好。喜温旺湿润和阳光充足、雨量充沛环境，地上部分不耐寒。种子繁殖。

◎【生态因子值】

选取277个样点进行石香薷的生态适宜性分析。国内样点包括广西壮族自治区百色市、桂林市兴安县、贵港市平南县、南宁市马山县，广东省增城市、惠州市博罗县、惠东县、龙门县、韶关市乐昌市、仁化县、乳源县，贵州省黔东南州雷山县、铜仁市德江县、遵义市赤水市、凤冈县，湖北省恩施市巴东县、黄冈市罗田县、十堰市竹溪县，湖南省邵阳市洞口县、湘西州凤凰县、永州市东安县，江西省九江市修水县、上饶市上饶县、赣州市崇义县，云南省昭通市永富县，安徽省黄山市黄山区、休宁县、池州市石台县、宿松县等14省（区）的226县（市）。国外样点包括日本和美国。

GMPGIS系统分析结果显示（表51-1），石香薷在主要生长区域生态因子范围为：最冷季均温-0.4~15.7℃；最热季均温17.5~29.0℃；年均温9.6~22.6℃；年均相对湿度64.0%~77.0%；年均降水量705~2186mm；年均日照121.9~152.2W/m^2。主要土壤类型为强淋溶土、人为土、淋溶土、高活性强酸土、始成土、冲积土、粗骨土等。

表51-1 石香薷主要生长区域生态因子值

主要气候因子数值范围	最冷季均温/℃	最热季均温/℃	年均温/℃	年均相对湿度/%	年均降水量/mm	年均日照/（W/m^2）
	-0.4~15.7	17.5~29.0	9.6~22.6	64.0~77.0	705~2186	121.9~152.2
主要土壤类型	强淋溶土、人为土、淋溶土、高活性强酸土、始成土、冲积土、粗骨土等。					

◎【全球产地生态适宜性数值分析】

GMPGIS系统分析结果显示（图51-1和图51-2），石香薷在全球最大的生态相似度区域分布于45个国家，主要为中国、美国、巴西和法国。其中最大生态相似度区域面积最大的国家为中国，为1898977.9km^2，占全部面积的54.3%。

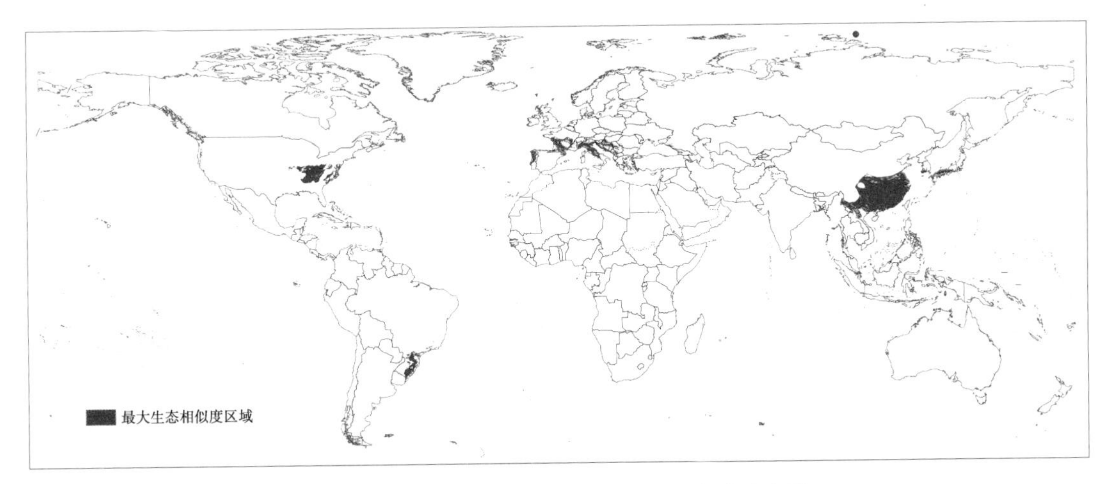

图 51-1　石香薷最大生态相似度区域全球分布图

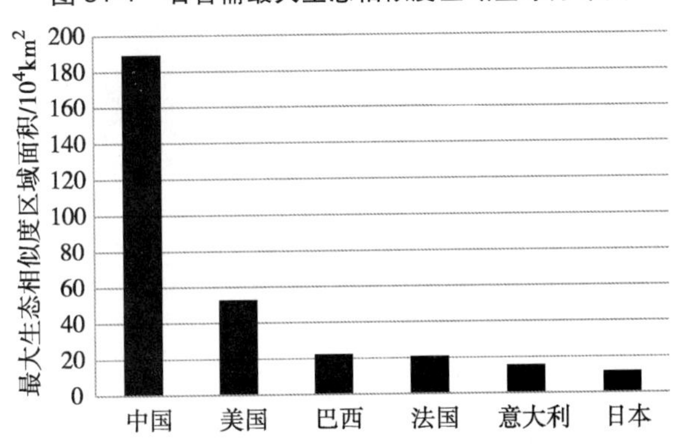

图 51-2　石香薷最大生态相似度主要国家地区面积图

◎【中国产地生态适宜性数值分析】

GMPGIS 系统分析结果显示（图 51-3、图 51-4 和表 51-2），石香薷在我国最大的生态相似度区域主要分布在广西、湖南、云南、湖北、江西、贵州、广东、安徽等地。其中最大生态相似度区域面积最大的为广西壮族自治区，为 197281.7km^2，占全部面积的 10.4%；其次为湖南省，最大生态相似度区域面积为 193649.0km^2，占全部的 10.2%。所涵盖县（市）个数分别为 88 个和 102 个。

表 51-2　我国石香薷最大生态相似度主要区域

省（区）	县（市）数	主要县（市）	面积/km^2
广西	88	苍梧、融水、八步、西林、全州、南丹等	197281.7
湖南	102	安化、浏阳、沅陵、石门、桃源、永州等	193649.0
云南	92	广南、富宁、富源、墨江、昌宁、罗平等	174544.9
湖北	77	利川、郧县、房县、竹山、恩施、咸丰等	172061.3
江西	91	遂川、赣县、宁都、鄱阳、武宁、瑞金等	152384.3
贵州	82	遵义、从江、习水、桐梓、兴义、贵阳等	151869.0
广东	82	佛山、梅县、英德、韶关、惠东、阳山等	134725.4
安徽	77	东至、六安、黄山、霍邱、金寨、休宁等	119397.9

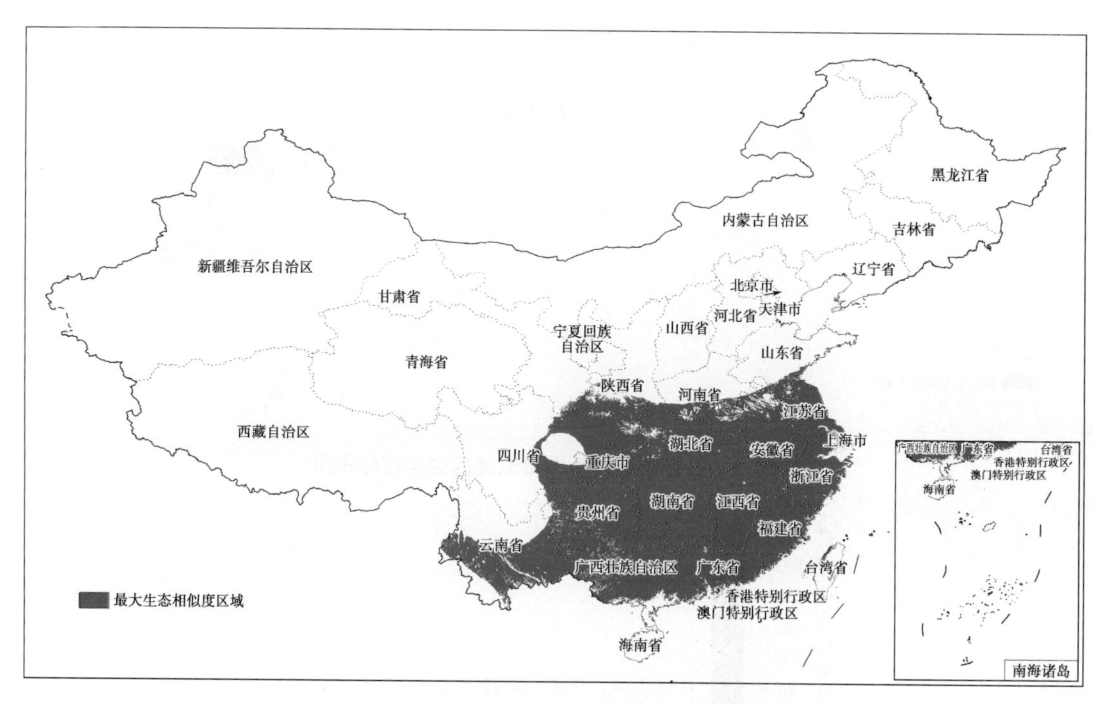

图 51-3　石香薷最大生态相似度区域全国分布图

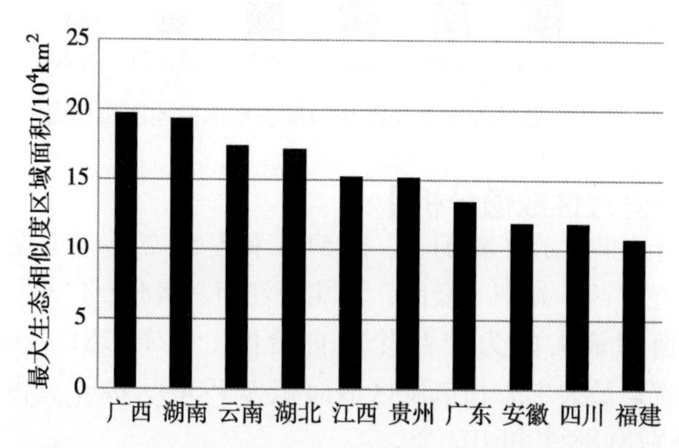

图 51-4　我国石香薷最大生态相似度主要地区面积图

◎【区划与生产布局】

根据石香薷生态适宜性分析结果，结合石香薷生物学特性，并考虑自然条件、社会经济条件、药材主产地栽培和采收加工技术，建议选择引种栽培研究区域主要以中国、美国、巴西、法国等国家（或地区）为宜，在国内主要以广西、湖南、云南、湖北、江西、贵州、广东、安徽等省（区）为宜（图 51-5）。

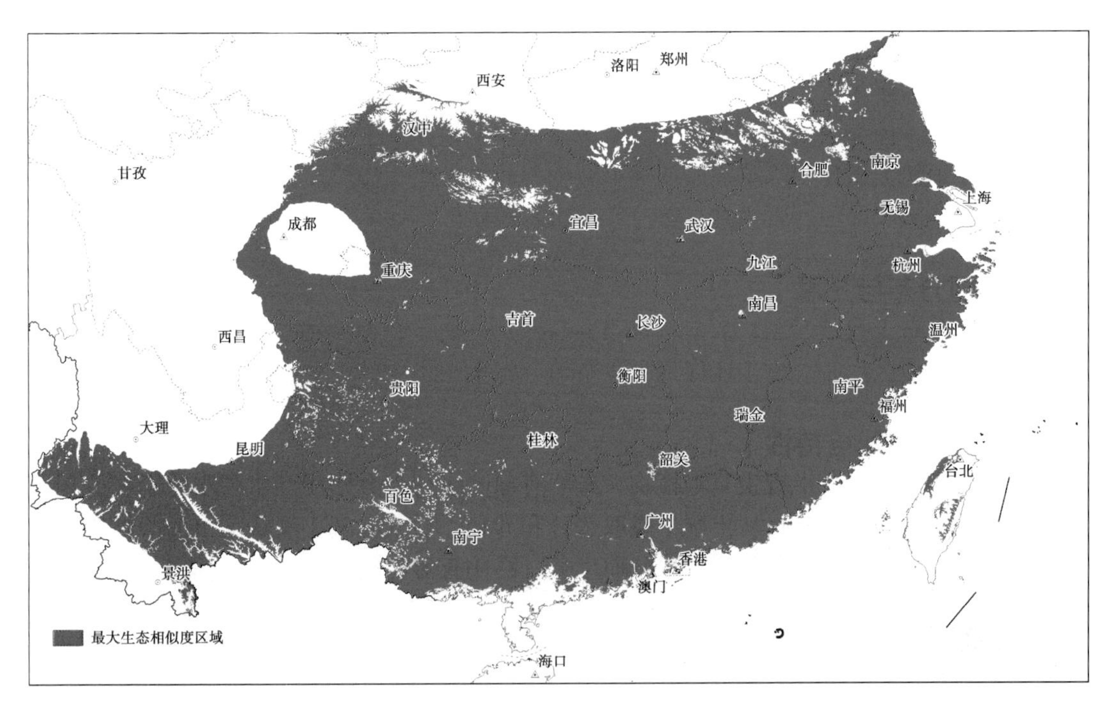

图 51-5　石香薷最大生态相似度区域全国局部分布图

◎【品质生态学研究】

香薷用药种类颇多，不同种属间、不同产地药材存有差异。据研究，张忠华等（2008）对唇形科香薷属植物化学成分药理作用及开发应用的研究进展表明：不同种属、不同产地的香薷的挥发油成分构成和含量有所不同，但其挥发油成分基本上都是以百里香酚和（或）香荆芥酚为主。常秋等（2013）不同地区香薷各部位总黄酮及游离黄酮的分析研究表明：江西产的香薷总黄酮含量最高，然后依次是湖北、河南、浙江。

◎ 参考文献

[1] 常秋，蒋华军，罗敏燕，等. 不同地区香薷各部位总黄酮及游离黄酮的分析研究［J］. 中成药，2013，(03)：580-584.

[2] 张忠华，殷建忠. 唇形科香薷属植物化学成分药理作用及开发应用研究进展［J］. 云南中医中药杂志，2008，(08)：48-50.

52. 独脚金 Dujiaojin

HERBA STRIGAE

本品为玄参科植物独脚金 *Striga asiatica*（L.）Kuntze 的干燥全草。别名独脚疳、独脚柑、细独脚马骝、地丁草、疳积草等。《广东省中药材标准》（第一册）收载。独脚金性平，味甘，归肝、脾、肾经，具健脾、平肝消积、清热利尿等功效。用于小儿伤食，疳积，小便不利等。

独脚金是我国南方民间传统的药用植物。独脚金有广泛的药理作用及一定的观赏价值。独脚金为一年生寄生草本植物，多寄生在禾本科作物，如玉米、水稻、高粱、小麦、甘蔗等的根上，掠夺大量养料和水分，常被当做病害根除，由于采挖和其生长地被大面积开荒，平原地块大量使用除草剂，使独脚金生态环境发生了变化，分布地域不断缩小导致野生资源逐渐减少，原有野生独脚金分布地区资源已经枯竭或濒临枯竭。

◎【地理分布与生境】

独脚金分布于我国广东、云南、贵州、广西、湖南、江西、福建、台湾等地。亚洲热带和非洲热带地区广布。生于庄稼地和荒草地，寄生于寄主的根上。

◎【生物学及栽培特性】

独脚金为一年生、半寄生草本植物，虽然有绿叶进行光合作用产生碳水化合物，但其根上无根毛，因而不能自行从土壤中吸取水分和养料，以根先端小瘤状突出的吸器附在寄生植物根上窃夺寄主的营养物质和水分而生长。喜阴喜湿润气候。

◎【生态因子值】

选取 186 个样点进行独脚金的生态适宜性分析。包括广西壮族自治区河池市罗城县、柳州市柳北区沙塘、南宁市武鸣县，云南省曲靖市富源县、罗平县，贵州省黔东南州榕江县，广东省韶关市新丰县、河源市龙川县、惠州市博罗县、清远市阳山县，福建省福州市仓山区、龙岩市新罗区、莆田市荔城区、厦门市湖里区、漳州市云霄县，台湾地区花莲市、兰屿岛、桃园县等 10 个省（区）的 84 县（市）。

GMPGIS 系统分析结果显示（表 52-1），独脚金在主要生长区域生态因子范围为：最冷季均温 5.5~22.1℃；最热季均温 22.5~29.4℃；年均温 14.9~25.9℃；年均相对湿度 72.8%~77.7%；年均降水量 824~2452mm；年均日照 122.1~147.3W/m^2。主要土壤类型为强淋溶土、人为土、铁铝土、始成土、粗骨土、冲积土、潜育土、高活性强酸土等。

表 52-1　独脚金主要生长区域生态因子值

主要气候因子数值	最冷季均温/℃	最热季均温/℃	年均温/℃	年均相对湿度/%	年均降水量/mm	年均日照/（W/m^2）
范围	5.5~22.1	22.5~29.4	14.9~25.9	72.8~77.7	824~2452	122.1~147.3
主要土壤类型	强淋溶土、人为土、铁铝土、始成土、粗骨土、冲积土、潜育土、高活性强酸土等					

◎【全球产地生态适宜性数值分析】

GMPGIS 系统分析结果显示（图 52-1 和图 52-2），独脚金在全球最大的生态相似度区域主要分布于 26 个国家，主要为中国、巴西和越南。其中最大生态相似度区域面积最大的国家为中国，为 1091518.2km^2，占全部面积的 79.8%。

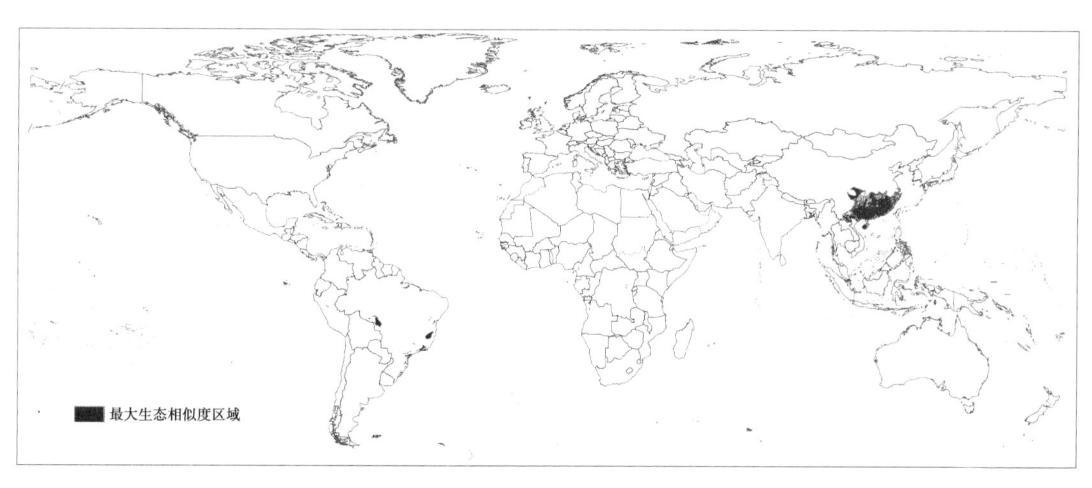

图 52-1　独脚金最大生态相似度区域全球分布图

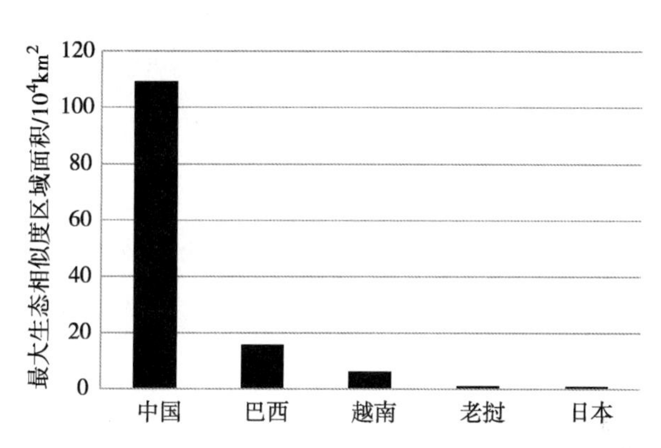

图 52-2　独脚金最大生态相似度主要国家地区面积图

◎【中国产地生态适宜性数值分析】

GMPGIS 系统分析结果显示（图 52-3、图 52-4 和表 52-2），独脚金在我国最大的生态相似度区域主要分布在广西、广东、湖南、江西、福建、贵州、四川等地。其中最大生态相似度区域面积最大的为广西壮族自治区，为 197463.3km^2，占全部面积的 18.1%；其次为广东省，最大生态相似度区域面积为 145562.8km^2，占全部的 13.4%。所涵盖县（市）个数均为 88 个。

表 52-2　我国独脚金最大生态相似度主要区域

省（区）	县（市）数	主要县（市）	面积/km^2
广西	88	金城江、苍梧、南宁、八步、融水、藤县、西林	197463.3
广东	88	梅县、佛山、英德、韶关、惠东、东源、清新、信宜	145562.8
湖南	102	衡南、会同、永州、桂阳、湘潭、澧县、祁东、宜章	143264.9
江西	91	赣县、瑞金、于都、会昌、宁都、永丰、寻乌、吉安	133697.7
福建	68	建阳、宁化、上杭、长汀、武平、尤溪、永定、福鼎	101456.7
贵州	77	从江、黎平、遵义、天柱、望谟、荔波、三都水族自治县	86708.5
四川	77	达县、合江、剑阁、宜宾、南部、富顺、阆中、荣县	72545.0

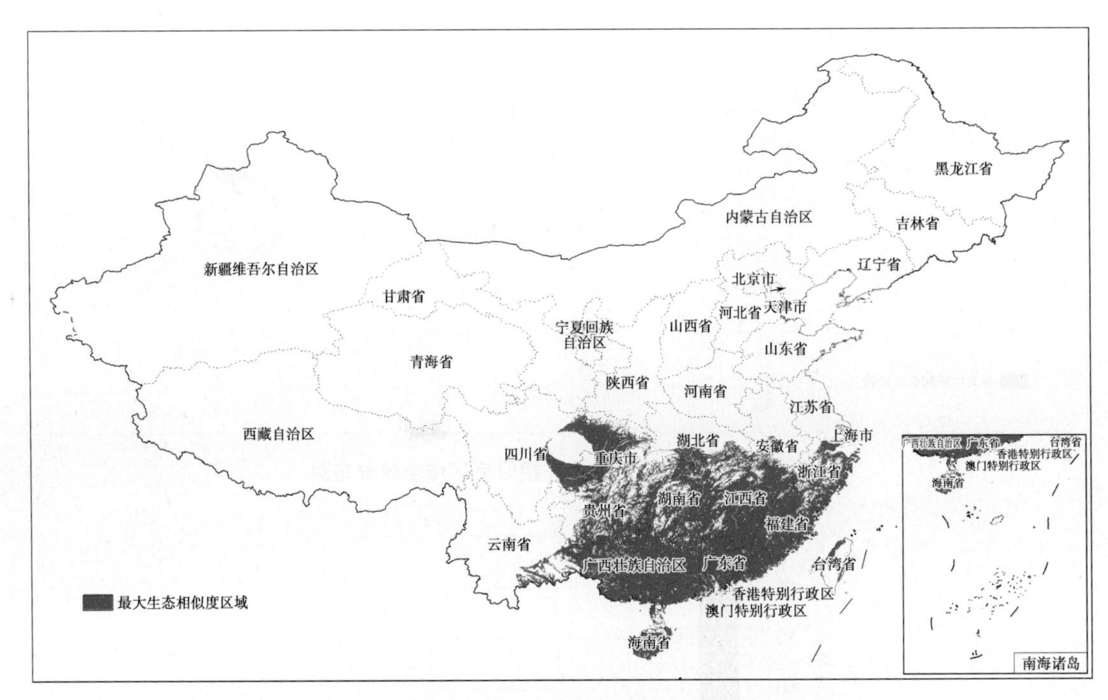

图 52-3　独脚金最大生态相似度区域全国分布图

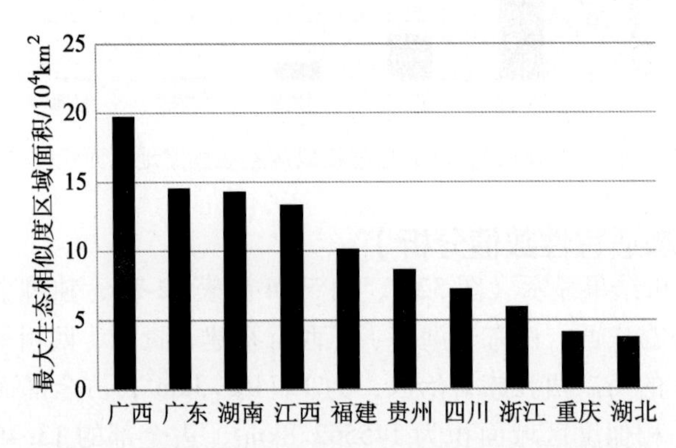

图 52-4　我国独脚金最大生态相似度主要地区面积图

◎【区划与生产布局】

根据独脚金生态适宜性分析结果，结合独脚金生物学特性，并考虑自然条件、社会经济条件、药材主产地栽培和采收加工技术，建议选择引种栽培研究区域主要以中国、巴西和越南等国家（或地区）为宜，在国内主要以广西、广东、湖南、江西、福建、贵州、四川等省（区）为宜（图 52-5）。

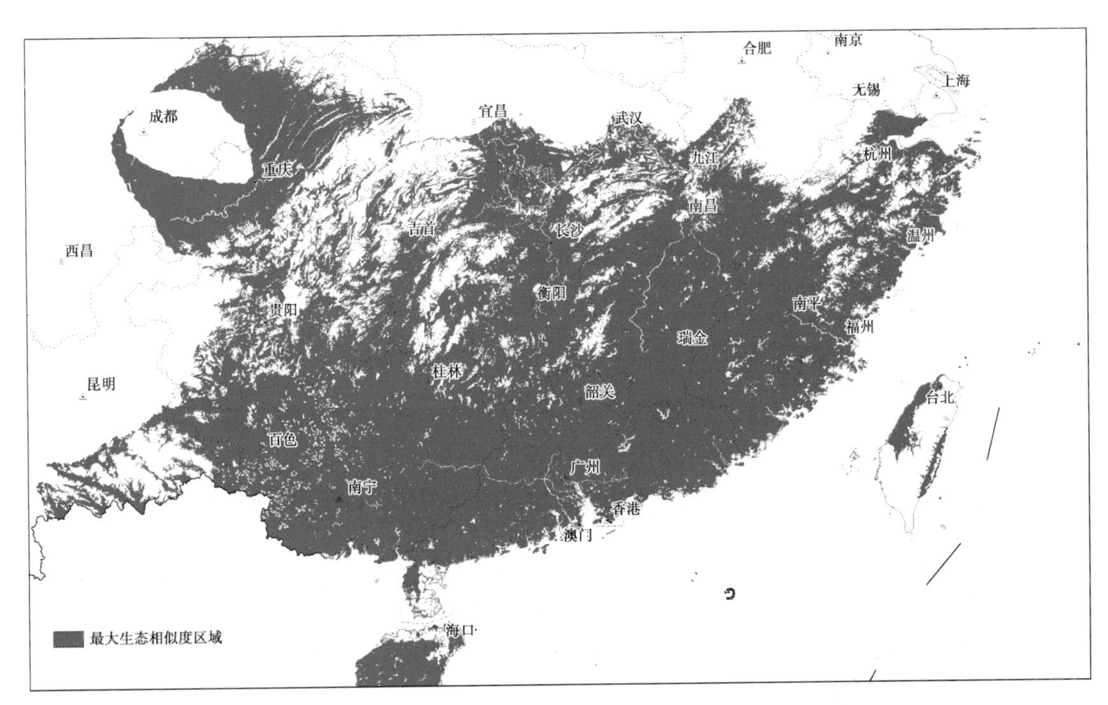

图 52-5　独脚金最大生态相似度区域全国局部分布图

◎【品质生态学研究】

独脚金通常生于庄稼地和荒草地，寄生于寄主的根上。龚明等（2010）对独脚金的生长情况进行分析，结果表明：种植时，被寄生植物的高低对独脚金的水溶性多糖含量的积累有一定的影响，增加一些根很粗但不高的植物，将独脚金种子播撒在那些根下面，独脚金的多糖含量有所增加。同时独脚金生长期间，不用太多的整理，需要施加平常的药剂，否则会影响其药效。

◎ 参考文献

[1] 阿西娜. 独脚金水溶性多糖的研究 [D]. 北京：中央民族大学，2013.
[2] 龚明. 独脚金的研究概述 [J]. 医学信息（中旬刊），2010，(04)：930-931.
[3] 黄建中. 话恶性半寄生植物——独脚金 [J]. 植物杂志，1990，(03)：16-17.
[4] 黄松. 独脚金药材质量研究 [D]. 广州：广州中医药大学，2006.
[5] 黎宁兰，闫志刚，董青松，等. 珍稀药源植物黑草、华南龙胆、独脚金研究进展 [J]. 江苏农业科学，2013，(11)：23-24.

53. 穿破石 Chuanposhi

本品为桑科植物葨芝 *Cudrania cochinchinensis*（Lour.）Kudo et Masam. 的根。*Flora of China* 收录该物种构棘 *Maclura cochinchinensis*（Lour.）Corner。别名黄蛇、黄桑木、柘根、拉牛入石等。《广东中药志》（第一卷）收载。穿破石性微寒，味微苦，归脾、胃经，具

活血祛瘀、舒筋活络、祛风除湿、疏肝退黄、理肺止咳等功效。用于风湿痹痛、湿热黄疸、劳伤咳血；肺结核、急慢性肝炎；外用治跌打损伤，疔疮痈肿等。

穿破石为传统中药，药效极佳。单用本品治疗传染性肝炎，对肝肿回缩、黄疸消退及降低转氨酶、改善症状等均有良好效果。构棘的茎皮及根皮药用，称“黄龙脱壳”。此外，果、叶皆可入药，果用于肾虚腰痛、耳鸣、遗精，鲜叶或根皮捣敷外用，也可配伍别药治疗肝脾肿大。穿破石还是一种优良的汤料，具有较高的经济价值。构棘产我国东南部至西南部的亚热带地区，野生资源丰富，但民间采挖严重致使构棘野生资源逐渐减少，人工种植势在必行。

◎【地理分布与生境】

构棘主产于我国广东、安徽、浙江、江西、福建、湖北、湖南、四川等地。斯里兰卡、印度、尼泊尔、不丹、缅甸、越南、中南半岛各国、马来西亚、菲律宾至日本及澳大利亚、新喀里多尼亚也有分布。喜生于山坡、溪边灌丛中或山谷、林缘等处。

◎【生物学及栽培特性】

构棘为直立或攀缘状灌木，对土壤要求不严，喜生于海拔200~1500米，喜阳光充足，适宜长于水源较充沛的山地或溪边、沟边岩石旁和石缝中，为裸露山地、水土流失地区的生态恢复的造林树种。

◎【生态因子值】

选取271个样点进行构棘的生态适宜性分析。包括广东省清远市连山县、连南县、梅州市平远县、英德市、韶关市、惠州市博罗县、龙门县，广西壮族自治区百色市那坡县、梧州市苍梧县、崇左市龙州县、桂林市龙胜县、兴安县、永福县、北海市海城区，湖北省咸宁市通山县、宜昌市兴山县，湖南省郴州市宜章县、衡阳市衡山县、南岳区、祁东县、邵阳市邵东县、新宁县，福建省南平市松溪县、武夷山市、延平区、泉州市安溪县、漳州市南靖县，安徽省黄山市黄山区、祁门县、池州市石台县，江西省抚州市广昌县、金溪县、黎川县、南丰县、漳州市崇义县、会昌县、宁都县、上饶市广丰县、铅山县，四川省达州市万源市、广安市岳池县，浙江省丽水市景宁县、龙泉市、松阳县、缙云县、杭州市临安市、建德市，云南省保山市腾冲县、普洱市墨江县、思茅区、文山州富宁县，海南省定安县、澄迈县、琼中县等14省（区）的175县（市）。

GMPGIS系统分析结果显示（表53-1），构棘在主要生长区域生态因子范围为：最冷季均温1.4~21.1℃；最热季均温18.6~29.0℃；年均温11.2~25.4℃；年均相对湿度62.9%~78.0%；年均降水量729~2774mm；年均日照119.1~155.1W/m^2。主要土壤类型为强淋溶土、人为土、高活性强酸土、始成土、铁铝土、淋溶土、粗骨土等。

表53-1　构棘主要生长区域生态因子值

主要气候因子数值	最冷季均温/℃	最热季均温/℃	年均温/℃	年均相对湿度/%	年均降水量/mm	年均日照/(W/m^2)
范围	1.4~21.1	18.6~29.0	11.2~25.4	62.9~78.0	729~2774	119.1~155.1
主要土壤类型	强淋溶土、人为土、高活性强酸土、始成土、铁铝土、淋溶土、粗骨土等					

◎【中国产地生态适宜性数值分析】

GMPGIS 系统分析结果显示（图 53-1、图 53-2 和表 53-2），构棘在我国最大的生态相似度区域主要分布在云南、广西、湖南、湖北、广东、江西、四川等地。其中最大生态相似度区域面积最大的为云南省，为 209574.0km^2，占全部面积的 10.9%；其次为广西壮族自治区，最大生态相似度区域面积为 205883.2km^2，占全部的 10.7%。所涵盖县（市）个数分别为 98 个和 88 个。

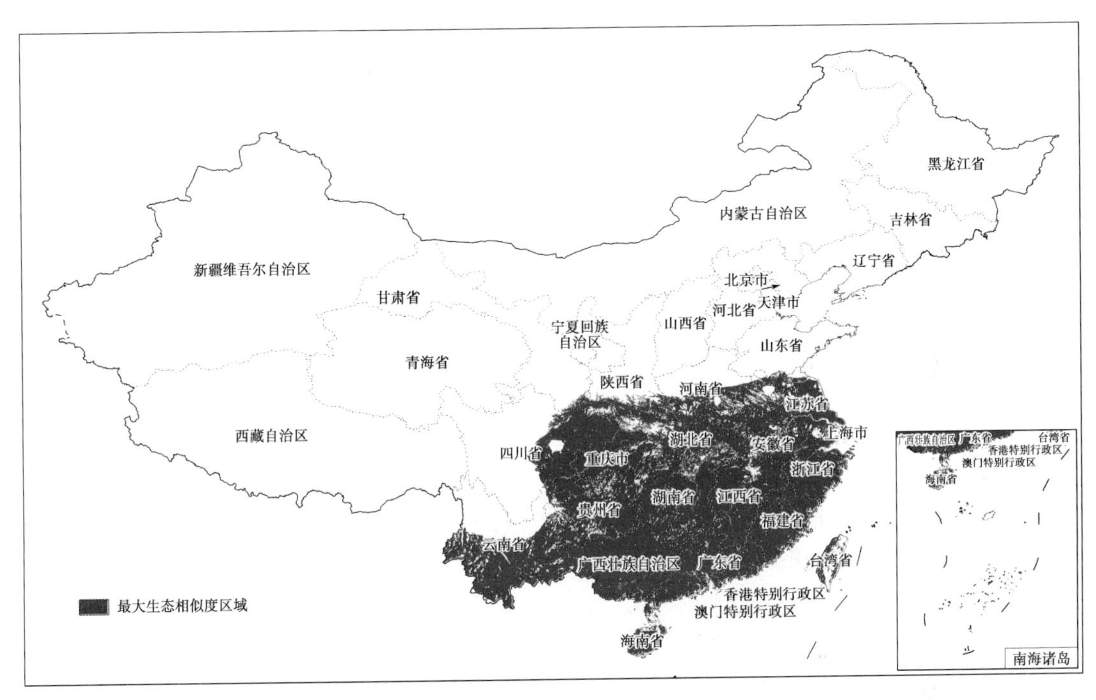

图 53-1　构棘最大生态相似度区域全国分布图

表 53-2　我国构棘最大生态相似度主要区域

省（区）	县（市）数	主要县（市）	面积/km^2
云南	98	思茅、墨江、澜沧、双江、楚雄、开远等	209574.0
广西	88	南宁、邕宁、武鸣、融水、桂林、全州等	205883.2
湖南	102	南岳、衡山、邵阳、安化、宜章、永州等	181977.0
湖北	77	通山、咸丰、巴东、南漳、宜昌、利川等	153737.4
广东	88	惠东、从化、翁源、乳源、英德、深圳等	145920.2
江西	91	萍乡、九江、武宁、龙南、修水、贵溪等	145919.2
四川	112	苍溪、翠屏、南充、筠连、荥经、雷波等	144766.7

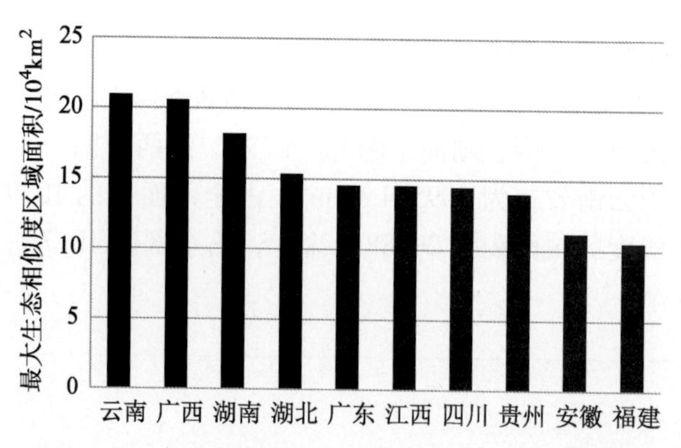

图 53-2　我国构棘最大生态相似度主要地区面积图

◎【区划与生产布局】

根据构棘生态适宜性分析结果，结合构棘生物学特性，并考虑自然条件、社会经济条件、药材主产地栽培和采收加工技术，建议选择引种栽培研究区域主要以云南、广西、湖南、湖北、广东、江西、四川等省（区）为宜（图 53-3）。

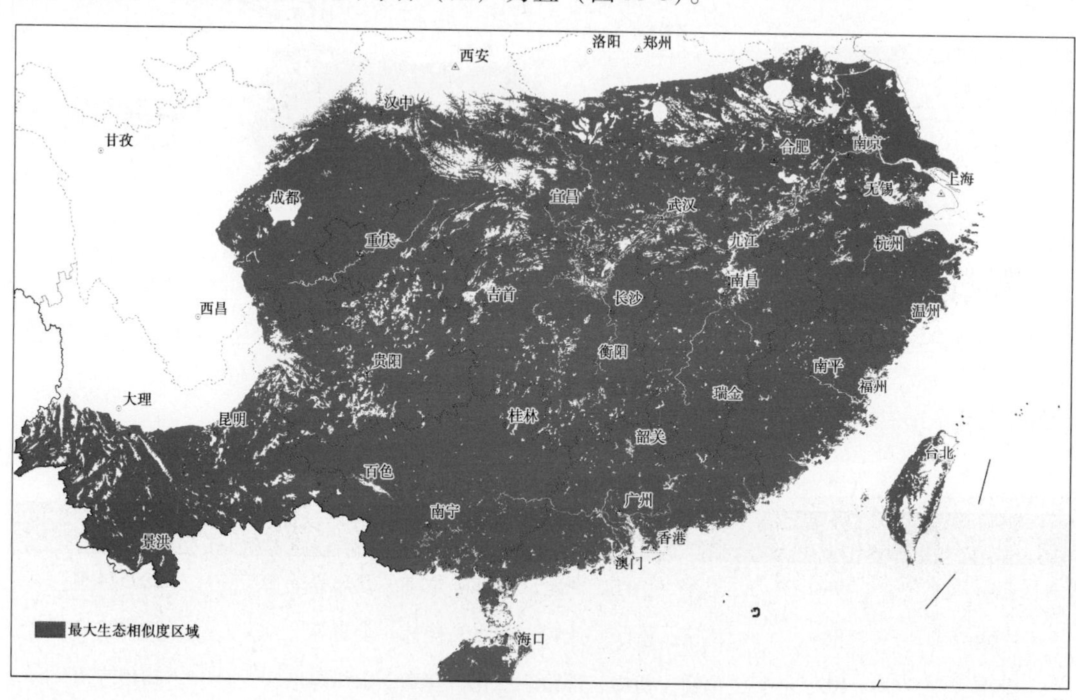

图 53-3　构棘最大生态相似度区域全国局部分布图

◎ 参考文献

［1］黄明钦. 构棘快速繁殖育苗技术试验［J］. 绿色科技，2017，（05）：63-64.
［2］刘志平，周敏，刘盛，等. 构棘根木心化学成分研究［J］. 天然产物研究与开发，2013，（02）：197-200.
［3］刘志平，周敏，刘盛，等. 构棘根皮化学成分研究（Ⅱ）［J］. 时珍国医国药，2013，（09）：

2059-2060.
[4] 王映红，冯子明，姜建双，等. 构棘化学成分研究［J］. 中国中药杂志，2007，(05)：406-409.
[5] 周琪，陈立，陈权威，等. 构棘根化学成分研究［J］. 中药材，2013，(09)：1444-1447.

54. 孩儿草 Haiercao

孩儿草为爵床科植物孩儿草 *Rungia pectinata*（L.）Nees 的全草。别名蓝色草、积药草、黄蜂草等。《广东中药志》（第一卷）收载。孩儿草性微寒，味甘、淡，归肝、脾经，具清肝消疳、利湿消食等功效。用于小儿疳热，小儿食积，湿热泄泻，痢疾等。

◎【地理分布与生境】

孩儿草产广东（广州、云浮）、海南（三亚、昌江、儋州、保亭吊罗山）、广西（玉林、龙州、白色）、云南（蒙自、芒市、墨江、镇康、勐腊、普文、勐罕、潞西、腾冲、勐仑）等地。印度、斯里兰卡、泰国也有分布。生于田边、坡地，村边之草地上。

◎【生物学及栽培特性】

孩儿草为一年生纤细草本。目前尚未有人工栽培研究。

◎【生态因子值】

选取 89 个样点进行孩儿草的生态适宜性分析。包括广东省广州市、云浮市，海南省三亚市，云南省西双版纳州，广西壮族自治区百色市、柳州市等 5 省（区），57 县（市）。

GMPGIS 系统分析结果显示（表 54-1），孩儿草在主要生长区域生态因子范围为：最冷季均温 4.5～22.7℃；最热季均温 16.3～29.4℃；年均温 10.8～25.9℃；年均相对湿度 54.6%～77.6%；年均降水量 824～3774mm；年均日照 128.5～164.2W/m^2。主要土壤类型为强淋溶土、铁铝土、人为土等。

表 54-1　孩儿草主要生长区域生态因子值

主要其气候因子数值	最冷季均温/℃	最热季均温/℃	年均温/℃	年均相对湿度/%	年均降水量/mm	年均日照/(W/m^2)
范围	4.5～22.7	16.3～29.4	10.8～25.9	54.6～77.6	824～3774	128.5～164.2
主要土壤类型	强淋溶土、铁铝土、人为土等					

◎【中国产地生态适宜性数值分析】

GMPGIS 系统分析结果显示（图 54-1、图 54-2 和表 54-2），孩儿草在我国最大的相似度区域主要分布在云南、广西、湖南、广东、江西、福建、湖北、浙江。其中最大生态相似度区域面积最大的是云南省，为 283548.0km^2，占全部面积的 21.1%。其次为广西壮族自治区，最大生态相似度区域面积为 162521.3km^2，占全部的 12.1%。所涵盖县（市）个数分别为 126 个和 82 个。

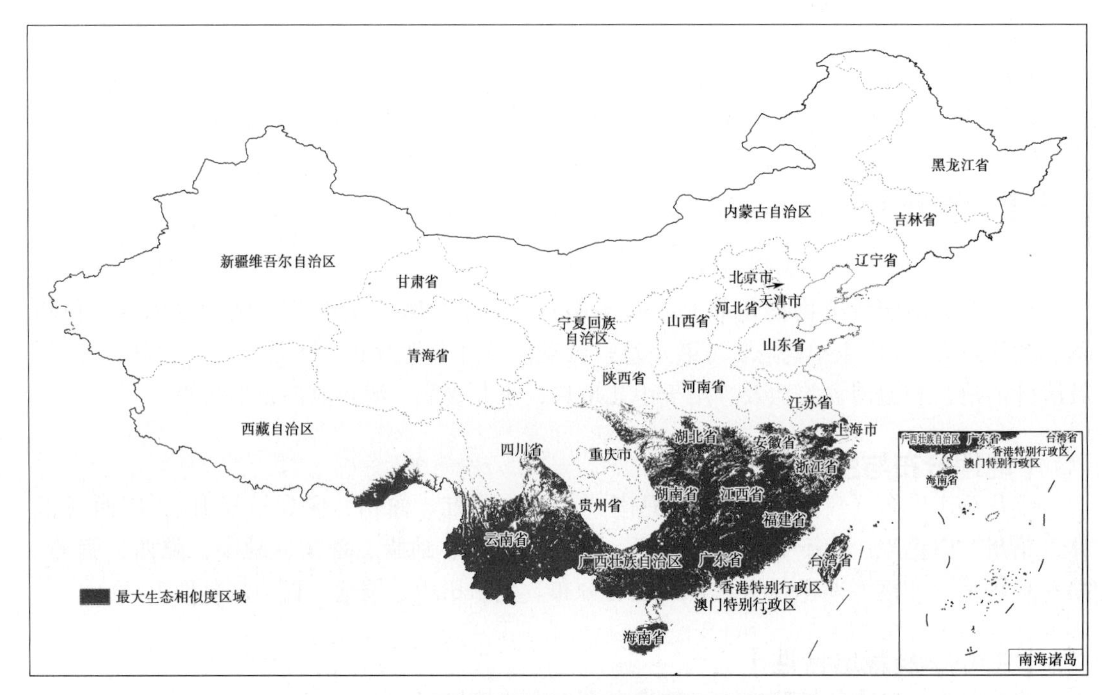

图 54-1　孩儿草最大生态相似度区域全国分布图

表 54-2　我国孩儿草最大生态相似度主要区域

省（区）	县（市）数	主要县（市）	面积/km²
云南	126	澜沧、广南、富宁、勐腊、景洪、墨江等	283548.0
广西	82	苍梧、八步区、南宁、西林、藤县、田林等	162521.3
湖南	94	永州、桂阳、宜章、浏阳、衡南、江华等	144072.1
广东	85	梅县、佛山、英德、韶关、惠东、阳山等	142286.0
江西	91	宁都、瑞金、于都、赣县、永丰、会昌等	139162.9
福建	68	建阳、上杭、建瓯、漳平、古田、宁化等	104108.3
湖北	74	武汉、钟祥、天门、仙桃、荆州、阳新等	80444.0
浙江	75	庆元、泰顺、绍兴、龙泉、临海、衢江区等	71197.7

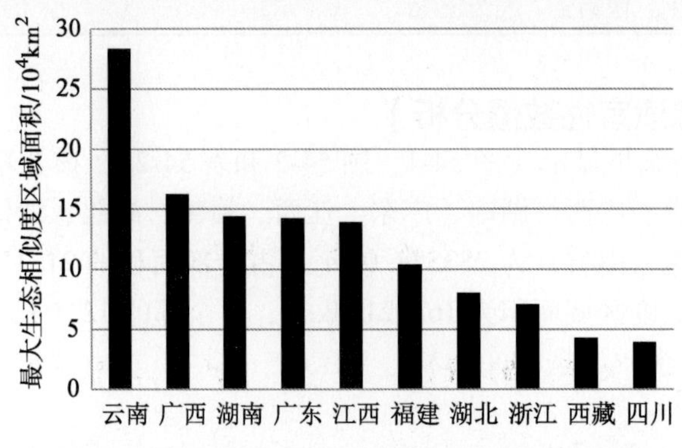

图 54-2　孩儿草最大生态相似度主要地区面积图

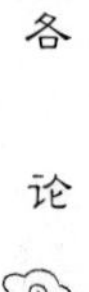

◎【区划与生产布局】

根据孩儿草生态适宜性分析结果，结合孩儿草生物学特性，并考虑自然条件、社会经济条件、药材主产地栽培和采收加工技术，建议选择引种栽培研究区域主要以云南、广西、湖南、广东、江西、福建、湖北、浙江等省（区）为宜（图 54-3）。

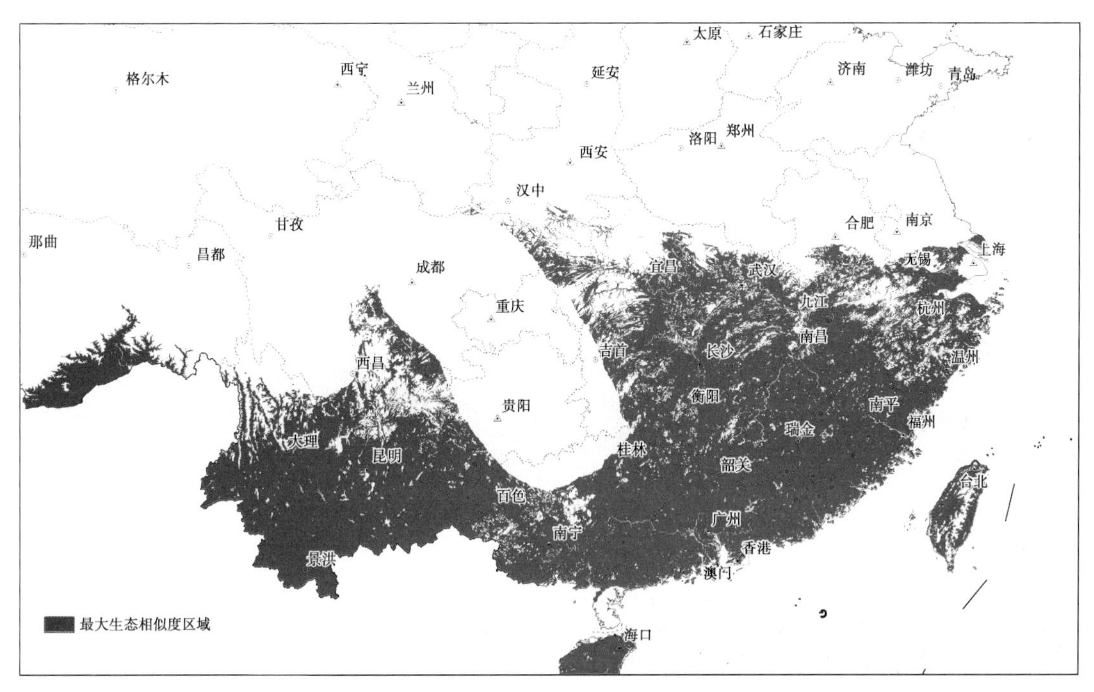

图 54-3　孩儿草最大生态相似度区域全国局部分布图

55. 素馨花　Suxinhua

FLOS JASMINI

本品为木犀科植物素馨花 *Jasminu grandiflorum* L. 的干燥花蕾或开放的花。别名素馨针、野悉蜜、鸡爪花、多花素馨等。《广东省中药材标准》（第一册）收载。花蕾商品习称“素馨针”，开放的花商品习称“素馨花”。素馨花性平，味微苦，归肝经，具疏肝解郁等功效。用于肝气郁滞，胁脘胁肋疼痛等。

素馨花药材广州海珠湖最为道地，品质极佳。除临床药用外，因其花芳香而美丽，常用于栽培供观赏，故世界各地广泛栽培。

◎【地理分布与生境】

素馨花产于广东、云南、四川、西藏。世界各地广泛栽培。喜生于石灰岩山地，海拔约 1800 米。

◎【生物学及栽培特性】

素馨花为攀缘灌木，喜温暖、湿润的自然条件，喜缠绕而生，喜阳，有一定耐阴能

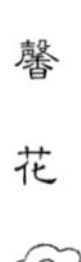

力，畏寒，土壤以富含腐殖质的砂质壤土为好。可用压条、扦插繁殖以及种子繁殖。

◎【生态因子值】

选取 119 个样点进行素馨花的生态适宜性分析。国内样点包括云南省昆明市石林县，广东省广州市越秀区、天河区，广西壮族自治区崇左市龙州县、宁明县，西藏自治区吉隆县，四川省米易县、乡城县等 8 省（区）的 13 县（市）。国外样点包括澳大利亚、玻利维亚、印度、新西兰、尼泊尔等 31 个国家。

GMPGIS 系统分析结果显示（表 55-1），素馨花在主要生长区域生态因子范围为：最冷季均温-9. 2～26. 8℃；最热季均温 7. 3～30. 8℃；年均温 0. 2～27. 4℃；年均相对湿度 31. 0%～78. 2%；年均降水量 167～3774mm；年均日照 125. 6～231. 7W/m^2。主要土壤类型为：浅层土、始成土、粗骨土、强淋溶土、人为土、冲积土等。

表 55-1　素馨花主要生长区域生态因子值

主要气候因子数值范围	最冷季均温/℃	最热季均温/℃	年均温/℃	年均相对湿度/%	年均降水量/mm	年均日照/（W/m^2）
	-9. 2～26. 8	7. 3～30. 8	0. 2～27. 4	31. 0～78. 2	167～3774	125. 6～231. 7
主要土壤类型	浅层土、始成土、粗骨土、强淋溶土、人为土、冲积土等					

◎【全球产地生态适宜性数值分析】

GMPGIS 系统分析结果显示（图 55-1 和图 55-2），素馨花在全球最大的生态相似度区域主要分布于 182 个国家，主要为美国、巴西、澳大利亚、中国和阿根廷。其中最大生态相似度区域面积最大的国家为美国，为 6314122. 5km^2，占全部面积的 12. 4%。

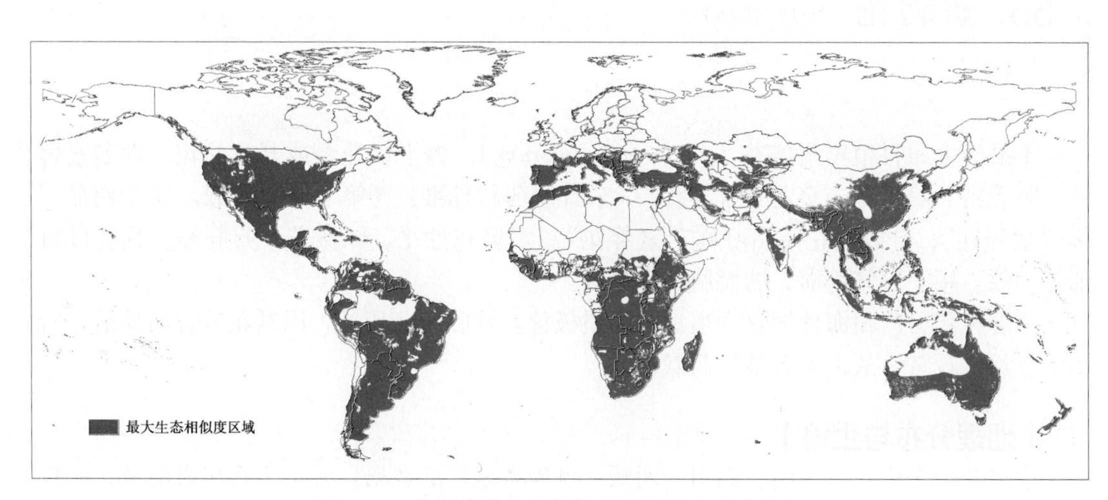

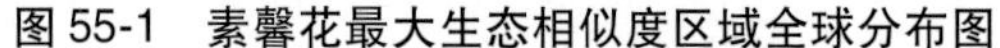
图 55-1　素馨花最大生态相似度区域全球分布图

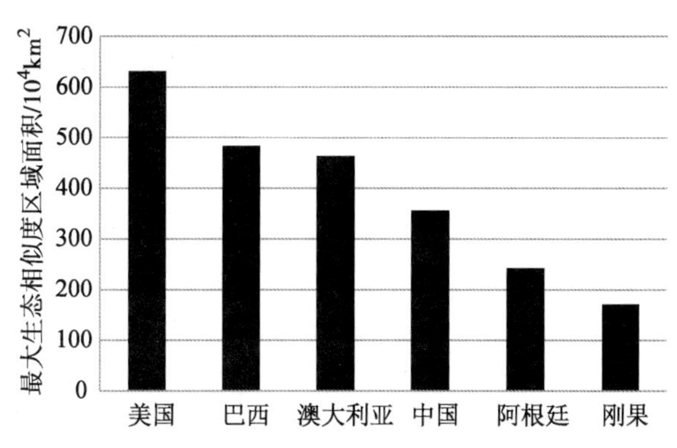

图 55-2　素馨花最大生态相似度主要国家地区面积图

◎【中国产地生态适宜性数值分析】

GMPGIS 系统分析结果显示（图 55-3、图 55-4 和表 55-2），素馨花在我国最大的生态相似度区域主要分布在云南、四川、西藏、广西、陕西、湖南、甘肃、湖北、河南等省（区）；其中最大生态相似度区域面积最大的为云南省，为 338170.2km^2，占全部面积的 9.3%；其次为四川省，最大生态相似度区域面积为 288847.9km^2，占全部的 8%。所涵盖县（市）个数分别为 126 个和 120 个。

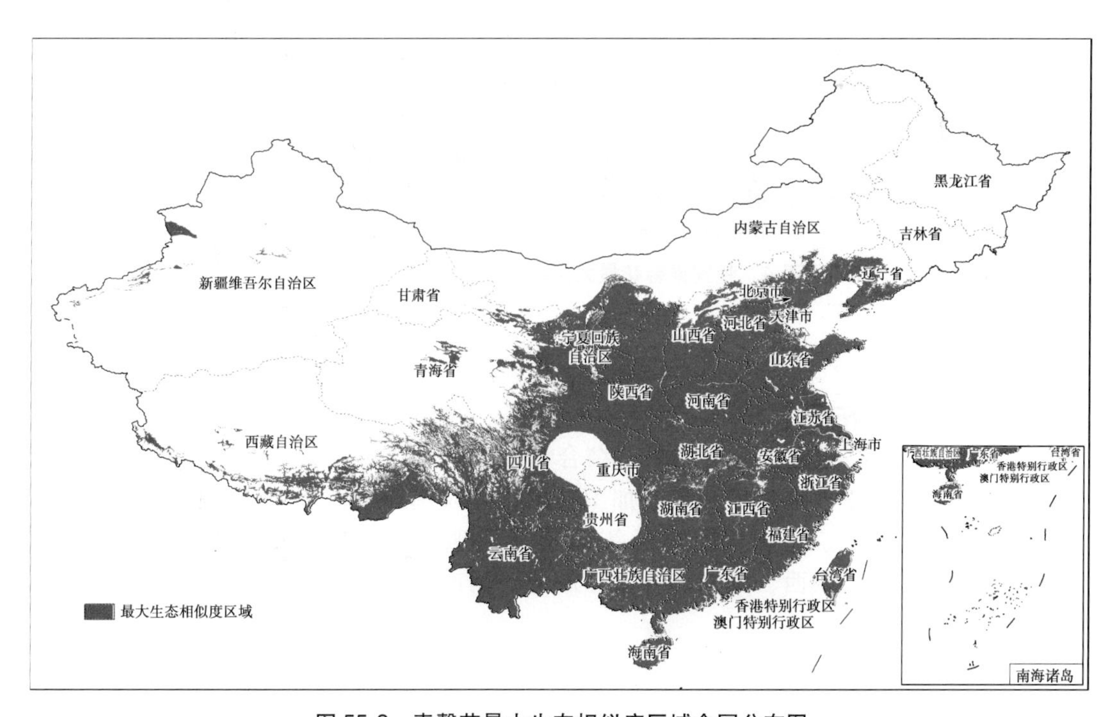

图 55-3　素馨花最大生态相似度区域全国分布图

素馨花

表 55-2 我国素馨花最大生态相似度主要区域

省（区）	县（市）数	主要县（市）	面积/km^2
云南	126	玉龙、广南、富宁、云龙、勐腊、德钦等	338170. 2
四川	120	雅江、万源、阿坝、青川、宜宾、米易等	288847. 9
西藏	67	错那、察隅、墨脱、米林、林芝、吉隆等	252193. 1
广西	88	苍梧、融水、西林、平南、藤县、博白等	202967. 0
陕西	98	凤县、定边、西乡、志丹、镇安、横山等	202855. 4
湖南	102	安化、桃源、石门、宜章、桂阳、沅陵等	184795. 6
甘肃	75	靖远、华池、文县、会宁、天水、武都等	177096. 7
湖北	77	利川、恩施、郧县、巴东、宜昌、竹溪等	169809. 8
河南	129	安阳、信阳、永城、南召、西峡、灵宝等	159837. 6

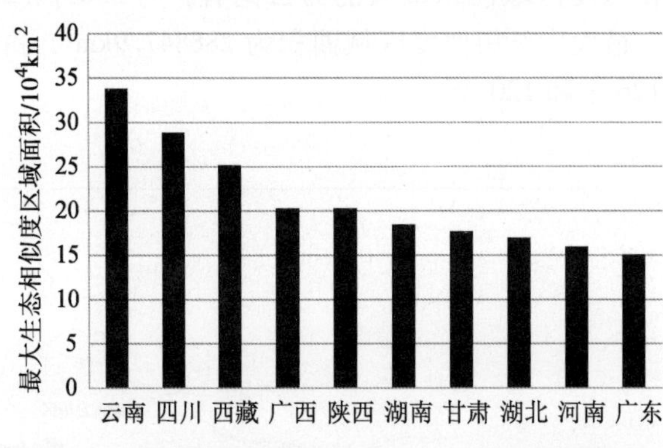

图 55-4 我国素馨花最大生态相似度主要地区面积图

◎【区划与生产布局】

根据素馨花生态适宜性分析结果，结合素馨花生物学特性，并考虑自然条件、社会经济条件、药材主产地栽培和采收加工技术，建议选择引种栽培研究区域主要以美国、巴西、澳大利亚、中国、阿根廷等国家（或地区）为宜，在国内主要以云南、四川、西藏、广西、陕西、湖南、甘肃、湖北、河南等省（区）为宜（图 55-5）。

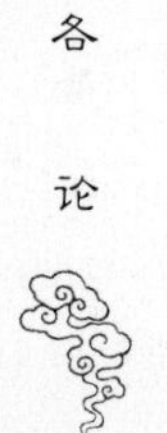

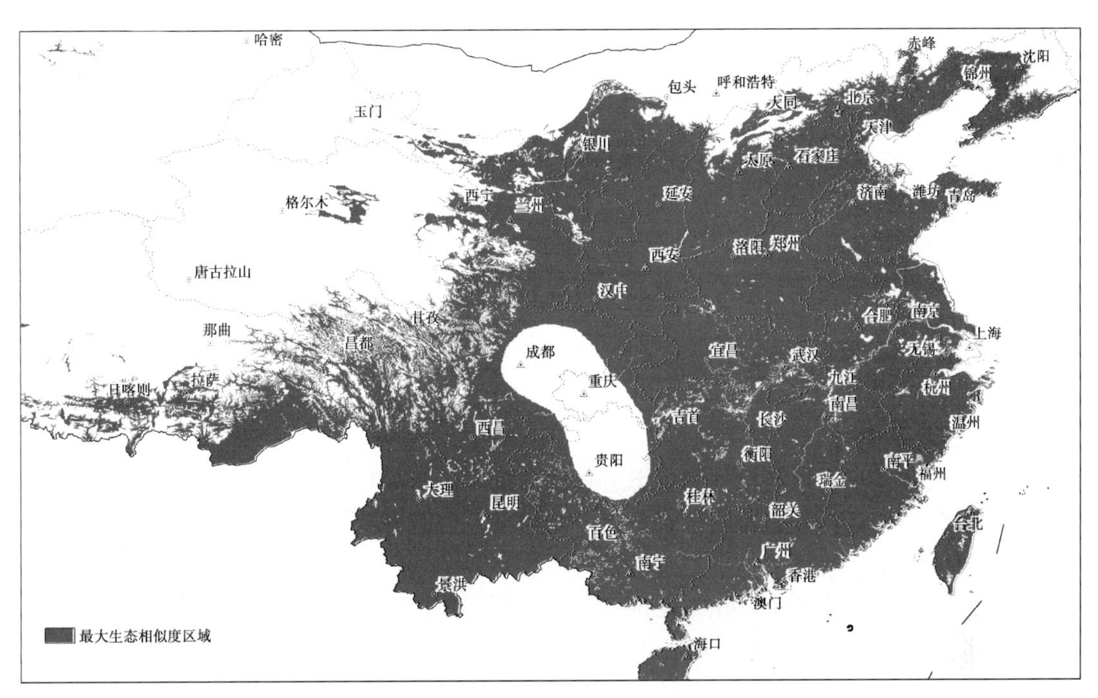

图 55-5　素馨花最大生态相似度区域全国局部分布图

◎ 参考文献

[1] 李昂，王元林. 素馨花的传入与种植地区的扩展［J］. 中国农史，2016，(03)：33-42.
[2] 李正荣. 素馨花栽培技术简介［J］. 云南林业，2013，(05)：67.

56. 铁包金 Tiebaojin

RAMULUS ET RADIX BERCHEMIAE

本品为鼠李科植物老鼠耳 *Berchemia lineata*（L.）DC. 的干燥茎和根。*Flora of China* 收录该物种为铁包金 *Berchemia lineata*（Linn.）Candolle。别名小叶铁包金、乌口仔、狗脚刺、提云草、小桃花、老鼠耳等。《广东省中药材标准》（第一册）收载。铁包金性平，味甘、淡、涩，归肺、胃、肝经，具理肺止咳、祛瘀止痛、舒肝退黄、健胃消积等功效。用于劳伤咳血，跌打瘀痛，风湿痹痛，偏正头痛，胸胁疼痛，小儿疳积等。

铁包金是我国传统中药，是广西壮族和西南少数民族地区常用的一味重要的民族药。铁包金为多种传统中成药的主要成分，有广泛的药理作用和应用范围；此外，铁包金在制药、保健品、保健饮料、食用色素等多个领域逐渐被应用，具有较高的经济价值。铁包金药用资源基本为野生，资源调查发现由于其生长环境遭到人为破坏，野生资源日趋枯竭，导致其同属别种植物和其他部位代替铁包金根入药，临床用药混乱。广东省广州市有人工栽培。

◎【地理分布与生境】

老鼠耳产我国广东、广西、福建、台湾等地。印度、越南和日本也有分布。喜生于低海拔的山野、路旁或开旷地上。

◎【生物学及栽培特性】

老鼠耳为藤状或矮灌木，喜温暖湿润的气候，对土壤要求不严格，耐旱，忌积水。以排水良好，且含腐殖质丰富的砂质壤上栽培为宜。种子繁殖，秋后至冬季为果熟期，选采成熟饱满的种子，贮藏于布袋中。春季播种，按行株距 35cm×35cm 挖穴点播，每穴放种子3~4颗，覆盖细土 1cm，浇水保湿。

◎【生态因子值】

选取 213 个样点进行老鼠耳的生态适宜性分析。包括福建省福州市、厦门市，广东省广州市、河源市，广西壮族自治区百色市、龙州县，台湾省花莲市，云南省曲靖市等 5 省（区）的 41 县（市）。

GMPGIS 系统分析结果显示（表 56-1），老鼠耳在主要生长区域生态因子范围为：最冷季均温 7.6~20.6℃；最热季均温 22.5~29.0℃；年均温 16.6~24.2℃；年均相对湿度 69.2%~77.9%；年均降水量 947~2607mm；年均日照 126.6~179.3W/m^2。主要土壤类型为强淋溶土、人为土、始成土、淋溶土等。

表 56-1　老鼠耳主要生长区域生态因子值

主要气候因子数值	最冷季均温/℃	最热季均温/℃	年均温/℃	年均相对湿度/%	年均降水量/mm	年均日照/(W/m^2)
范围	7.6~20.6	22.5~29.0	16.6~24.2	69.2~77.9	947~2607	126.6~179.3
主要土壤类型	强淋溶土、人为土、始成土、淋溶土等					

◎【中国产地生态适宜性数值分析】

GMPGIS 系统分析结果显示（图 56-1、图 56-2 和表 56-2），老鼠耳在我国最大的生态相似度区域主要分布在广西、广东、福建、江西、云南等地。其中最大生态相似度区域面积最大的为广西壮族自治区，为 190245.1km^2，占全部面积的 31.6%。其次为广东省，最大生态相似度区域面积 141605.1km^2，占全部的 23.5%。所涵盖县（市）个数分别为 87 个和 88 个。

表 56-2　我国老鼠耳最大生态相似度主要区域

省（区）	县（市）数	主要县（市）	面积/km^2
广西	87	金城江、苍梧、南宁、藤县、西林、天峨等	190245.1
广东	88	梅县、佛山、英德、惠东、东源、韶关等	141605.1
福建	68	上杭、武平、永定、安溪、延平、长汀等	89238.3
江西	55	赣县、瑞金、会昌、于都、寻乌、信丰等	60952.7
云南	40	富宁、广南、勐腊、麻栗坡、瑞丽、江城等	33573.6

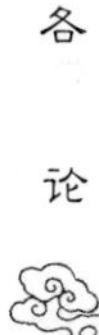

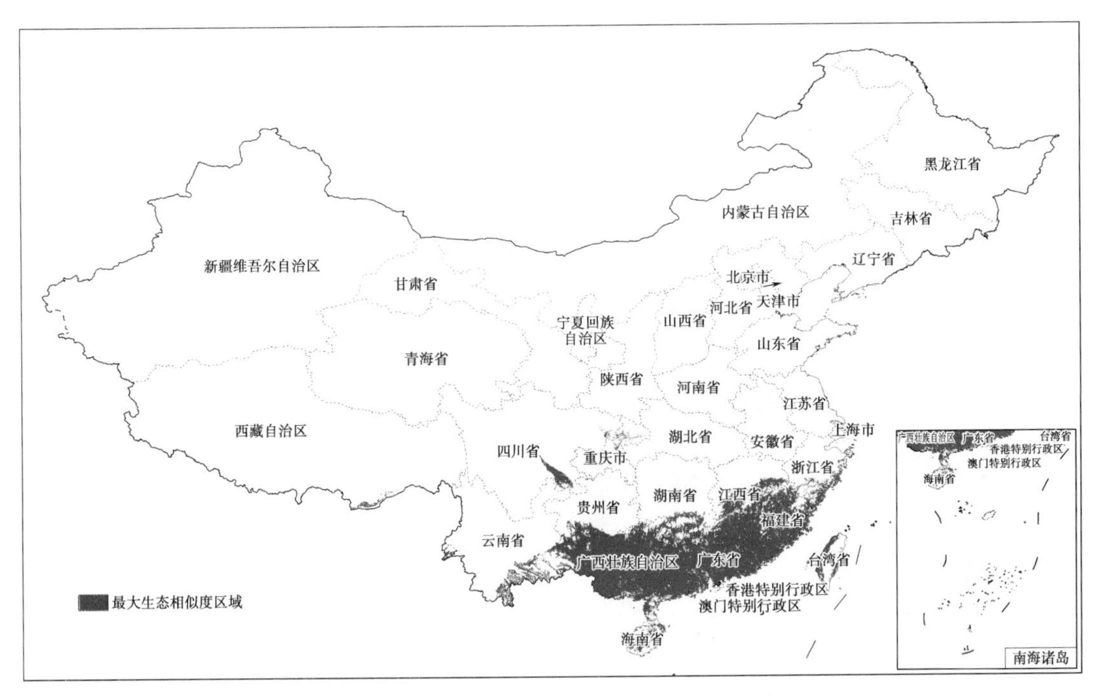

图 56-1　老鼠耳最大生态相似度区域全国分布图

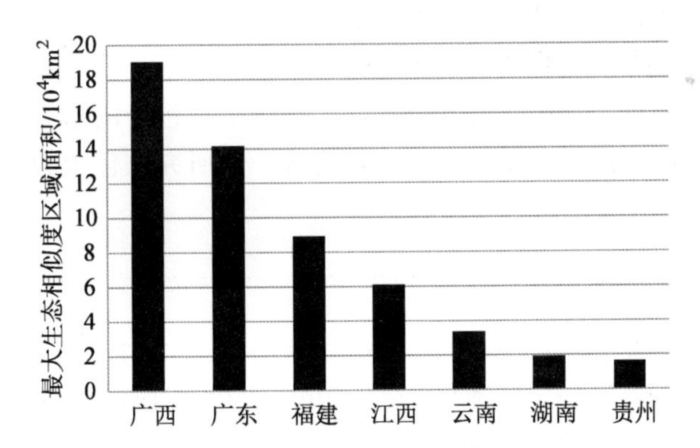

图 56-2　老鼠耳最大的生态相似度区域主要国家地区面积图

◎【区划与生产布局】

根据老鼠耳生态适宜性分析结果，结合老鼠耳生物学特性，并考虑自然条件、社会经济条件、药材主产地栽培和采收加工技术，建议选择引种栽培研究区域主要以广西、广东、福建、江西、云南等省（区）为宜（图 56-3）。

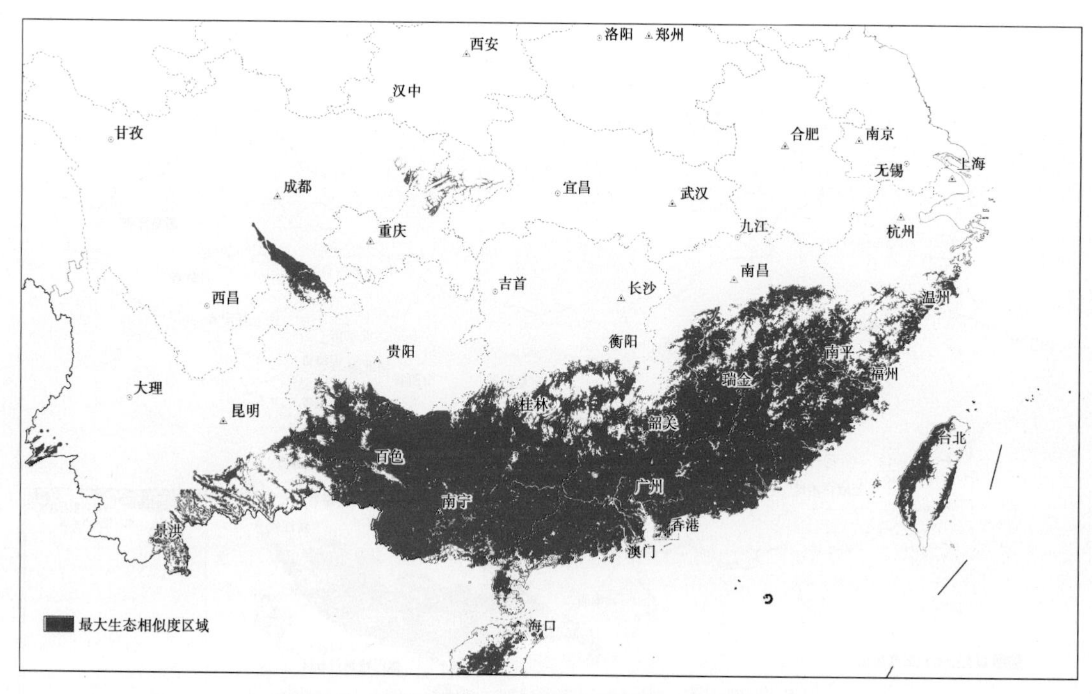

图 56-3　老鼠耳最大生态相似度区域全国局部分布图

◎【品质生态学研究】

滕红丽（2011）分析和评价在广西武鸣不同采集期的铁包金药材的质量，发现这 10 批次不同采集期的铁包金药材样品的指纹图谱与标准的指纹图谱的相关系数均在 0.90 以上，说明产于广西武鸣不同采收期的铁包金药材的指纹图谱具有较高的相似度，该产地铁包金药材的整体质量具有一定稳定性和特征性。揭示了铁包金的指纹图谱鉴别方法可为其他地区铁包金的质量控制提供一定的参考，也为进一步研究铁包金的道地性奠定了基础。

◎ 参考文献

[1] 何梦玲，谢琦君. 铁包金的研究进展［J］. 中国民族民间用药，2013，02：18-19.
[2] 马宏亮，王吉文. 不同处理方法对两种铁包金基原植物种子萌发的影响［J］. 中国现代中药，2016，07：877-887.
[3] 滕红丽，陈科力，陈士林. 壮药铁包金及其药用商品的物种基础［J］. 中药材，2010，33（5）：674-677.
[4] 滕红丽. 壮药铁包金的药学及临床应用研究进展［J］. 中国药师，2010，13（6）：21-23.
[5] 滕红丽. 壮药铁包金的资源与品质研究［D］. 武汉：湖北中医药大学，2011.

57. 徐长卿 Xuchangqing

CYNANCHI PANICULATI RADIX ET RHIZOMA

徐长卿为萝藦科植物徐长卿 *Cynanchum paniculatum*（Bge.）Kitag. 的干燥根和根茎。

别名寮刁竹、山刁竹、竹叶细辛、土细辛、逍遥竹、一支香、料刁竹等。2015 年版《中华人民共和国药典》（一部）收载。徐长卿性温，味辛，归肝、胃经，具祛风、化湿、止痛、止痒等功效。用于风湿痹痛，胃痛胀满，牙痛，腰痛，跌扑伤痛，风疹、湿疹等。

徐长卿为我国传统中药材，广东省习惯使用徐长卿带根的全草，称之为“寮刁竹”。徐长卿在全国各地均有分布，早年以野生品供应市场，后因滥采滥挖，野生资源逐年减少，近年已趋枯竭。

◎【地理分布与生境】

徐长卿主产于华东、华中地区、华北及辽宁、内蒙古、广东、四川、云南等地。日本、朝鲜等地也有分布。生于向阳山坡与草丛中。

◎【生物学及栽培特性】

徐长卿为多年生直立草本，对气候的适应性较强，喜温暖、湿润的环境，忌积水，耐热耐寒能力强。种植土壤以林缘或水沟边稍阴湿、富含腐殖质的土层深厚、排水良好的沙壤土为佳。

◎【生态因子值】

选取 362 个样点进行徐长卿的生态适宜性分析。国内样点包括内蒙古自治区赤峰市翁牛特旗，黑龙江省大兴安岭地区呼玛县，云南省大理洱源县西山乡，四川省甘孜藏族自治州康定县，吉林省白城市通榆县、镇赉县，陕西省汉中市南郑县、宁强县，北京市昌平区、房山区、延庆县，河北省邯郸市磁县、石家庄市井陉县，河南省信阳市新县、洛阳市嵩县，湖北省襄阳市保康县、荆门市京山县、咸宁市通山县，湖南省邵阳市新宁县、张家界市桑植县，江苏省镇淮安市盱眙县，安徽省黄山市黄山区、六安市金寨县、淮北市濉溪县，广东省河源市和平县、韶关市乐昌市，广西壮族自治区南宁市武鸣县等 27 省（区）的 334 县（市）。国外样点包括朝鲜和日本。

GMPGIS 系统分析结果显示（表 57-1），徐长卿在主要生长区域生态因子范围为：最冷季均温-27.9～14.6 ℃；最热季均温 8.9～28.8℃；年均温-6.0～22.5℃；年均相对湿度 49.1%～75.9%；年均降水量 284～2200mm；年均日照 116.8～162.8W/m²。主要土壤类型为淋溶土、始成土、强淋溶土、人为土、冲积土等。

表 57-1 徐长卿主要生长区域生态因子值

主要气候因子数值	最冷季均温/℃	最热季均温/℃	年均温/℃	年均相对湿度/%	年均降水量/mm	年均日照/（W/m²）
范围	-27.9～14.6	8.9～28.8	-6.0～22.5	49.1～75.9	284～2200	116.8～162.8
主要土壤类型	淋溶土、始成土、强淋溶土、人为土、冲积土等					

◎【全球产地生态适宜性数值分析】

GMPGIS 系统分析结果显示（图 57-1 和图 57-2），徐长卿在全球最大的生态相似度区域分布于 83 个国家，主要为美国、中国、俄罗斯、加拿大和哈萨克斯坦。其中最大生态相似度区域面积最大的国家为美国，为 4976712.0km²，占全部面积的 25.2%。

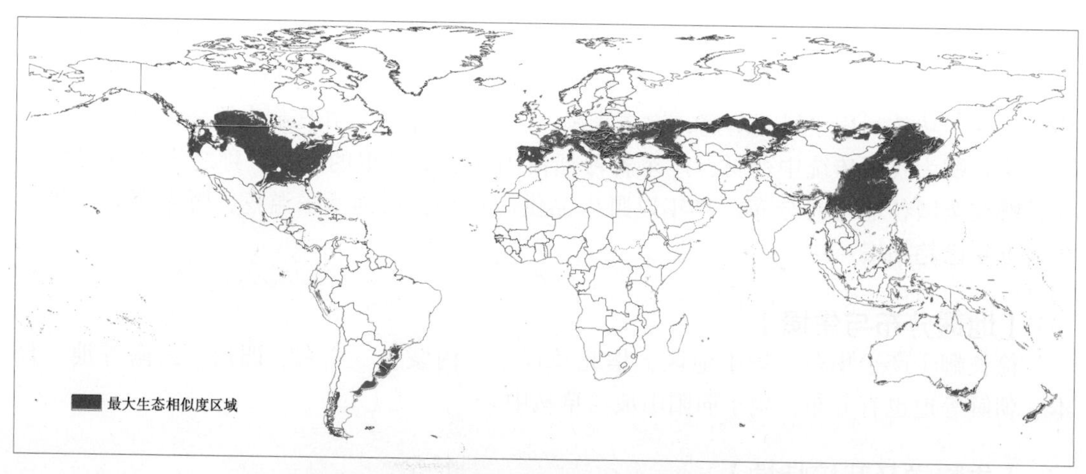

图 57-1　徐长卿最大生态相似度区域全球分布图

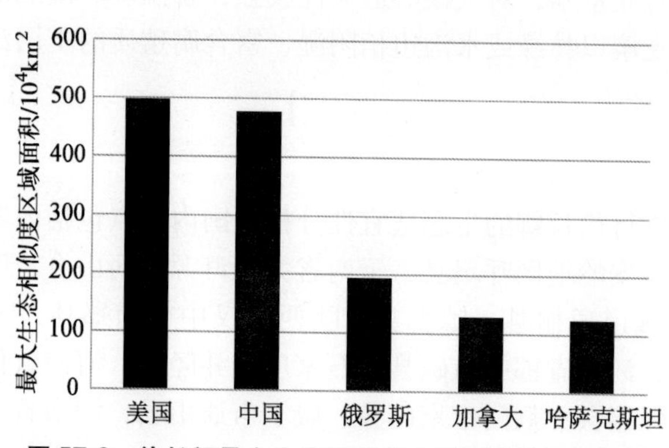

图 57-2　徐长卿最大生态相似度主要国家地区面积图

◎【中国产地生态适宜性数值分析】

GMPGIS 系统分析结果显示（图 57-3、图 57-4 和表 57-2），徐长卿在我国最大的生态相似度区域主要分布在内蒙古、黑龙江、云南、四川、吉林、陕西等地。其中最大生态相似度区域面积最大的为内蒙古自治区，为 645365. 2km^2，占全部面积的 13. 4%；其次为黑龙江省，最大生态相似度区域面积为 489800. 1km^2，占全部的 10. 2%。所涵盖县（市）个数分别为 70 个和 77 个。

表 57-2　我国徐长卿最大生态相似度主要区域

省（区）	县（市）数	主要县（市）	面积/km^2
内蒙古	70	鄂伦春自治旗、牙克石、科尔沁右翼前旗、东乌珠穆沁旗、新巴尔虎左旗、科尔沁右翼中旗等	645365. 2
黑龙江	77	嫩江、伊春、呼玛、逊克、海林、宝清等	489800. 1
云南	126	玉龙、宁蒗、广南、富宁、云龙、香格里拉等	309607. 9
四川	154	木里、盐源、万源、会理、青川、宜宾等	299940. 6
吉林	49	敦化、前郭尔罗斯、汪清、永吉、珲春、安图等	209396. 4
陕西	98	榆阳、定边、神木、靖边、吴起、横山等	203269. 0

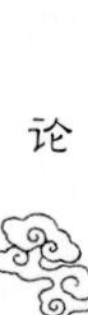

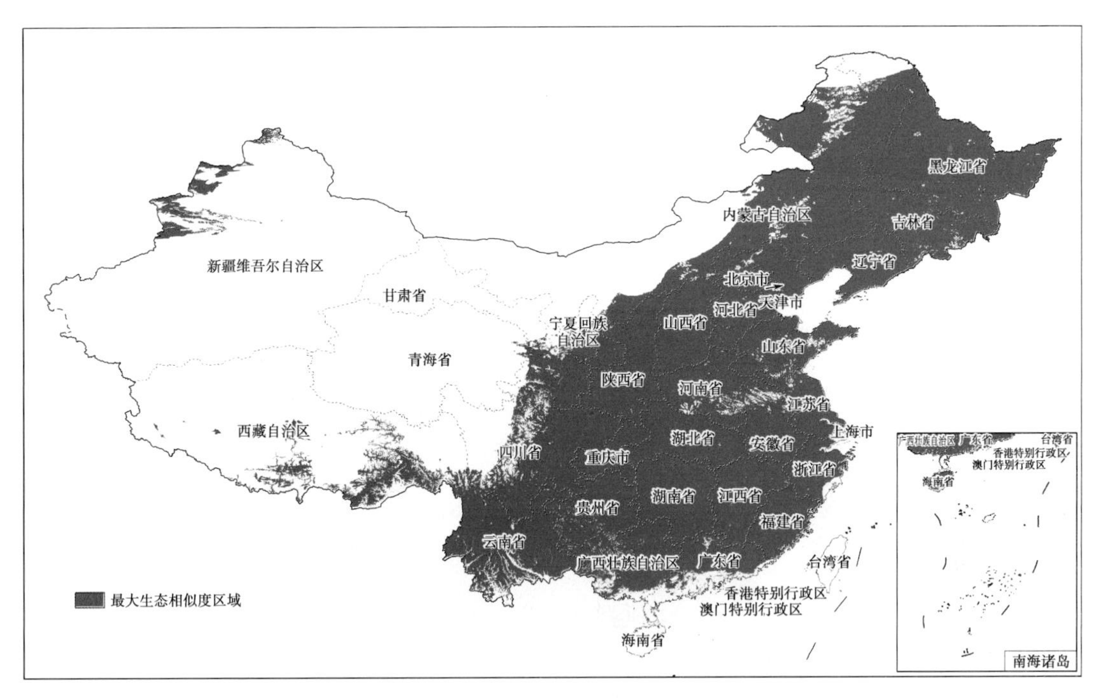

图 57-3　徐长卿最大生态相似度区域全国分布图

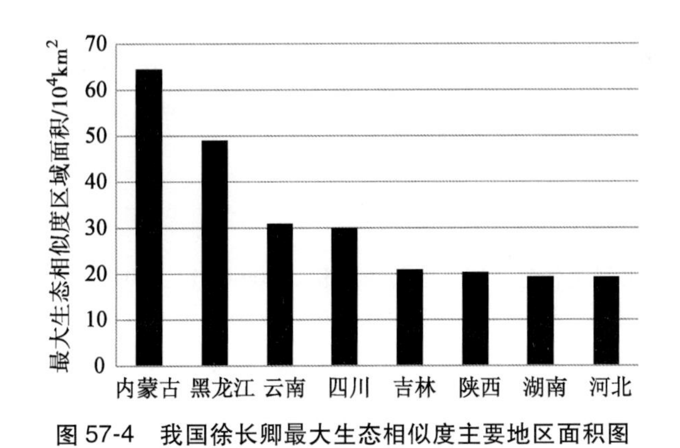

图 57-4　我国徐长卿最大生态相似度主要地区面积图

◎【区划与生产布局】

根据徐长卿生态适宜性分析结果，结合徐长卿生物学特性，并考虑自然条件、社会经济条件、药材主产地栽培和采收加工技术，建议选择引种栽培研究区域主要以美国、中国、俄罗斯、加拿大和哈萨克斯坦等国家（或地区）为宜，在国内主要以内蒙古、黑龙江、云南、四川、吉林、陕西等省（区）为宜（图 57-5）。

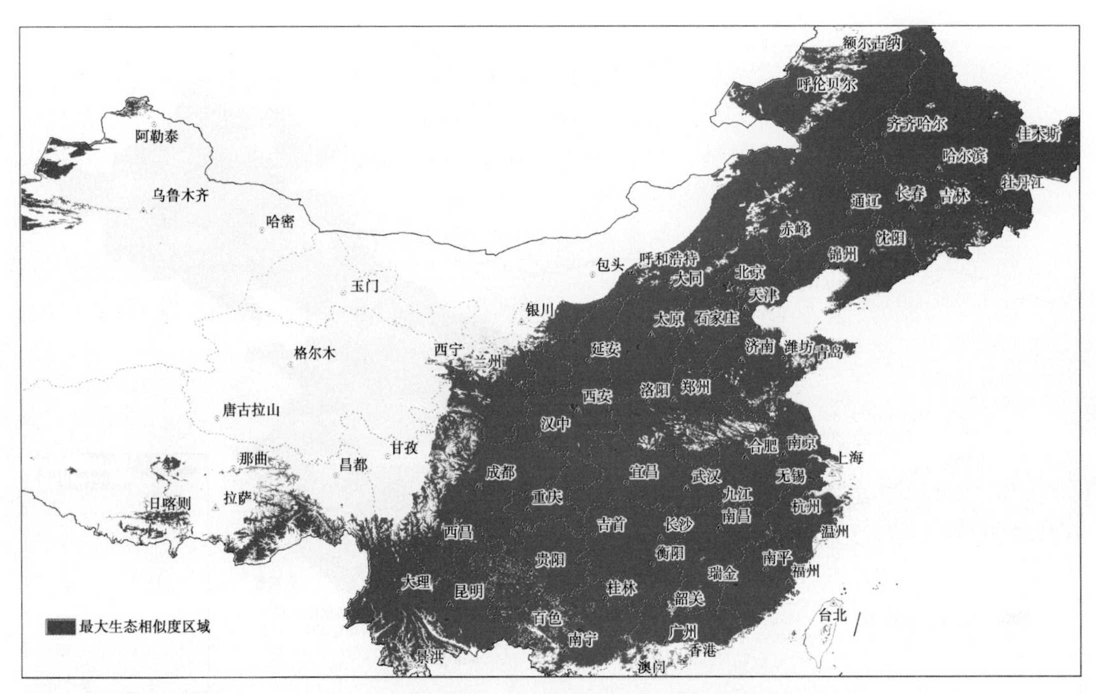

图 57-5　徐长卿最大生态相似度区域全国局部分布图

◎【品质生态学研究】

徐长卿是一种常用中药材，在全国各地均有分布。李群芳等（2009）采用高效液相色谱法对贵州、浙江、广西、四川、河北、山东及河南 7 个产地的徐长卿药材全草进行丹皮酚含量检测，结果有较大差异。河北产徐长卿全草的丹皮酚含量最高，河南最低。

◎ 参考文献

[1] 丁立威. 徐长卿：资源继续告急［N］. 医药经济报，2009-03-12（009）.

[2] 李群芳，娄方明，张倩茹，等. 不同产地徐长卿中丹皮酚含量的分析［J］. 安徽农业科学，2009,（32）：15833-15834.

[3] 滕雪梅. 徐长卿人工栽培技术［J］. 北京农业，2009，（19）：17.

58. 高良姜 Gaoliangjiang

ALPINIAE OFFICINARUM RHIZOMA

本品为姜科植物高良姜 *Alpinia officinarum* Hance 的干燥根茎。别名风姜、小良姜等。2015 年版《中华人民共和国药典》（一部）收载。高良姜性热，味辛，归脾、胃经，具温胃止呕、散寒止痛等功效。用于脘腹冷痛，胃寒呕吐，嗳气吞酸等。

高良姜为“十大广药”之一，使用历史悠久。始载于《名医别录》，列为中品。《新修本草》云：“生岭南者，形大虚软，江左者细紧。”《图经本草》曰：“今岭南诸山及黔、

蜀皆有之，内郡虽有而不堪入药。”《增订伪药条辨》谓：“广东海南出者，皮红有横节纹，肉红黄色，味辛辣，为道地。”高良姜在我国已有几百年的栽培和药用历史，商品主要来源于栽培品，其中以广东省徐闻县的高良姜栽培面积大、产量高、质量好，是我国高良姜的主要产地。近年来，随着高良姜综合开发利用的不断深入，除药用外，高良姜已经被应用到食品、调味料等多个领域，国内、国际市场对高良姜药材的需求量大幅度增加。

◎【地理分布与生境】

高良姜主要分布在我国华南地区热带、亚热带气候区域，野生资源主要分布在广东、海南、广西和云南等地，福建、江西、台湾亦有少量分布。野生于荒坡灌丛或疏林中，或栽培。

◎【生物学及栽培特征】

高良姜为多年生草本，生于热带、亚热带地区，喜温暖湿润的气候环境，极耐干旱，怕涝浸，不耐霜寒。在最高气温 38. 8℃，最低气温 2. 2℃，年降雨量 1100~1803mm 的地区，生长良好。幼苗不适应强光照，需要一定的郁闭度，生育后期能够适应强光。空气湿度过低对高良姜种子出苗及开花结果不利。对土壤要求不严，但以土层深厚、疏松肥沃富含腐殖质的酸性或微酸性红壤、砂质壤土或黏壤土为佳。

◎【生态因子值】

选取 80 个样点进行高良姜的生态适宜性分析。国内样点包括海南省屯昌县、昌江县，广东省湛江市徐闻县、河源市连平县，江西省赣州市龙南县、全南县，四川省雅安市宝兴县，广西壮族自治区来宾市兴宾区等 7 省（区）的 51 县（市）。国外样点为美国。

GMPGIS 系统分析结果显示（表 58-1），高良姜在主要生长区域生态因子范围为：最冷季均温 6. 7~21. 6℃；最热季均温 21. 5~28. 8℃；年均温 16. 2~25. 7℃；年均相对湿度 68. 1%~78. 1%；年均降水量 1033~1953mm；年均日照 128. 7~147. 2W/m^2。主要土壤类型为强淋溶土、人为土、铁铝土、黏绨土、潜育土、始成土、冲积土等。

表 58-1　高良姜主要生长区域生态因子值

主要气候因子数值	最冷季均温/℃	最热季均温/℃	年均温/℃	年均相对湿度/%	年均降水量/mm	年均日照/(W/m^2)
范围	6. 7~21. 6	21. 5~28. 8	16. 2~25. 7	68. 1~78. 1	1033~1953	128. 7~147. 2
主要土壤类型	强淋溶土、人为土、铁铝土、黏绨土、潜育土、始成土、冲积土等					

◎【全球产地生态适宜性数值分析】

GMPGIS 系统分析结果显示（图 58-1 和图 58-2），高良姜在全球最大的生态相似度区域分布于 23 个国家，主要为中国、巴西和越南。其中最大生态相似度区域面积最大的国家为中国，为 565088. 4km^2，占全部面积的 70%。

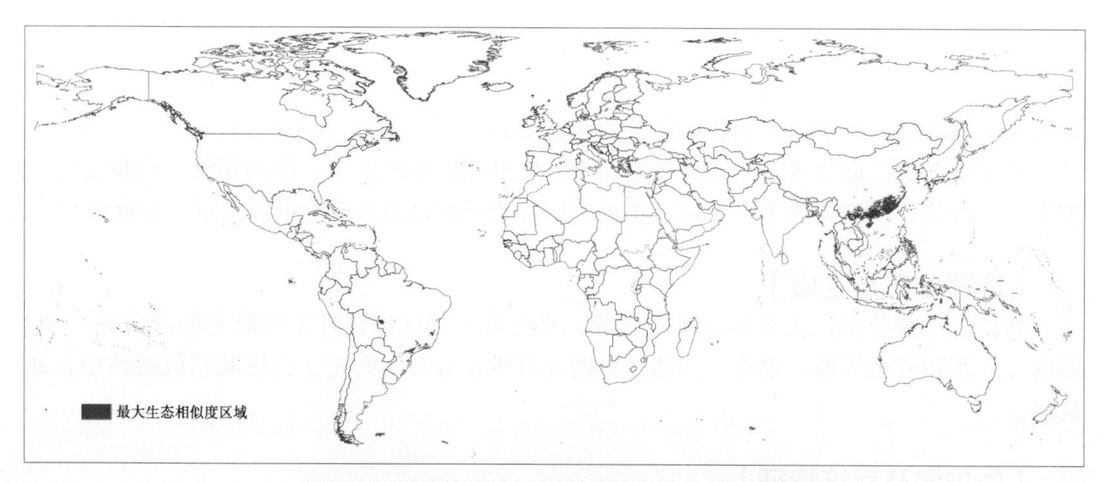

图 58-1 高良姜最大生态相似度区域全球分布图

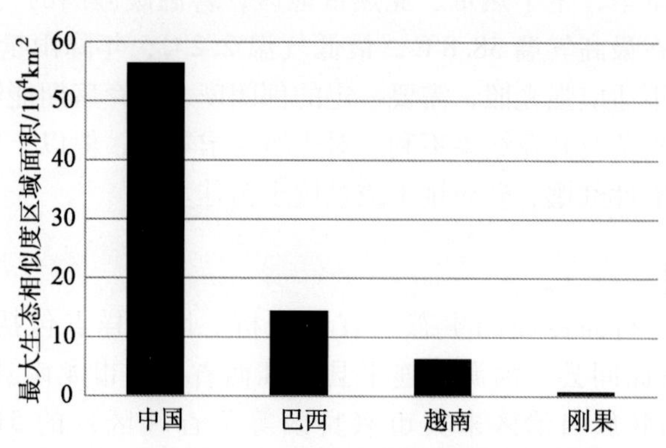

图 58-2 高良姜最大生态相似度主要国家地区面积图

◎【中国产地生态适宜性数值分析】

GMPGIS 系统分析结果显示（图 58-3、图 58-4 和表 58-2），高良姜在我国最大的生态相似度区域主要分布在广东、广西、江西、福建、湖南等地。其中最大生态相似度区域面积最大的为广东省，为 127009.4km²，占全部面积的 22.5%；其次为广西壮族自治区，最大生态相似度区域面积为 120631.8km²，占全部的 21.4%。所涵盖县（市）个数分别为 87 个和 82 个。

表 58-2 我国高良姜最大生态相似度主要区域

省（区）	县（市）数	主要县（市）	面积/km²
广东	87	梅县、佛山、龙川、廉江、高要、化州等	127009.4
广西	82	苍梧、南宁、藤县、博白、灵山、平南等	120631.8
江西	80	瑞金、赣县、于都、会昌、寻乌、吉水等	99773.1
福建	68	武平、上杭、永定、延平、宁化、长汀等	90054.0
湖南	61	衡南、宜章、耒阳、永州、桂阳、永兴等	43354.1

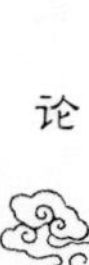

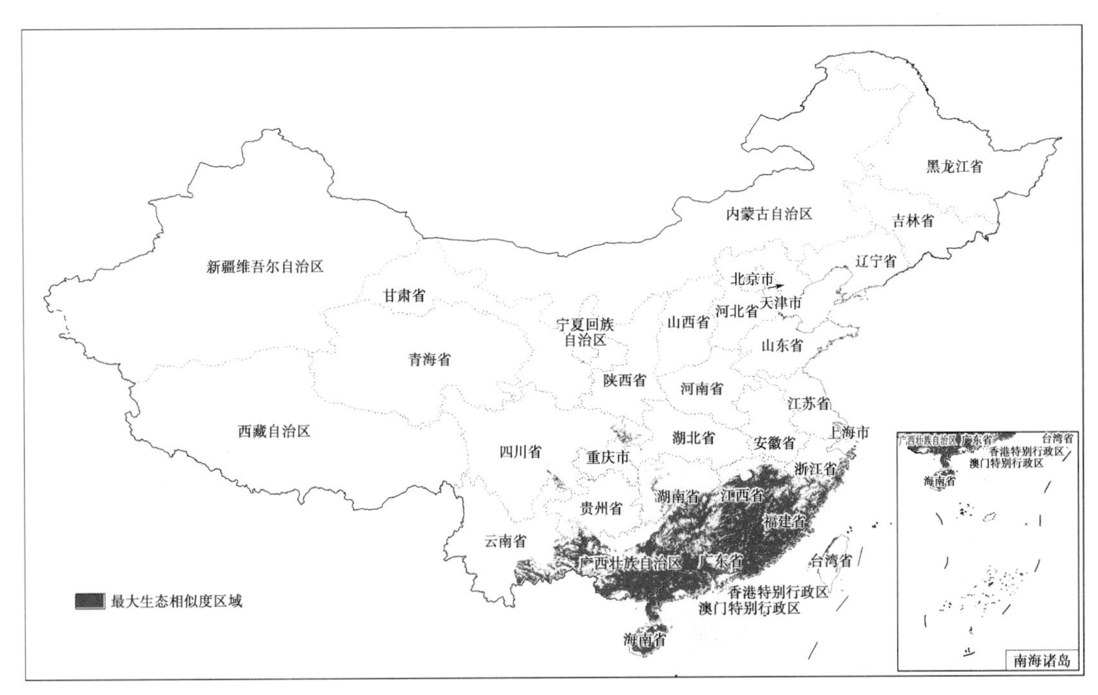

图 58-3　高良姜最大生态相似度区域全国分布图

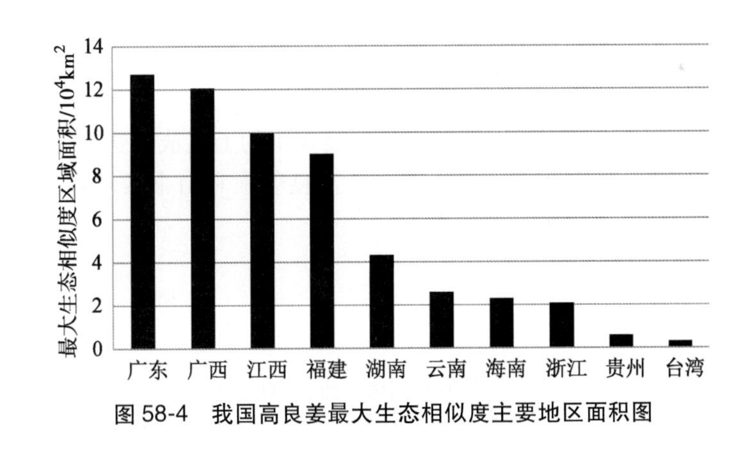

图 58-4　我国高良姜最大生态相似度主要地区面积图

◎【区划与生产布局】

根据分析结果，结合高良姜生物学特性，并考虑自然条件、社会经济条件、药材主产地栽培和采收加工技术，建议选择引种栽培研究区域主要以中国、巴西、越南等国家（或地区）为宜，在国内主要以广东、广西、江西、福建、湖南等省（区）为宜（图 58-5）。

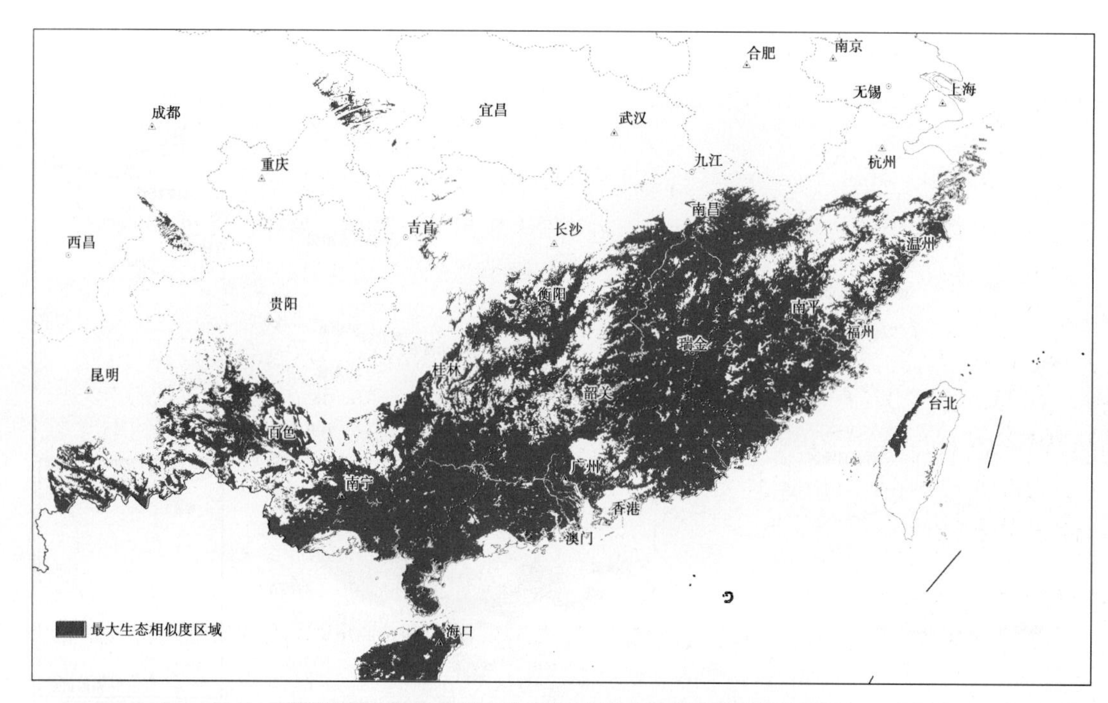

图 58-5 高良姜最大生态相似度区域全国局部分布图

◎【品质生态学研究】

林萍等（2014）研究了生长年限及环境因素对广东徐闻与海南临高、陵水等不同产地所产的高良姜中高良姜素积累的影响。结果表明，海南产的高良姜中高良姜素含量明显高于广东产的高良姜。翟红莉等（2014）建立了高良姜中槲皮素、异鼠李素、高良姜素和山柰素的高效液相色谱分析方法，并对不同产地高良姜中的上述成分进行定量分析。结果表明，海南多地产的高良姜的槲皮素、异鼠李素、高良姜素和山柰素均高于广东徐闻地区，且高良姜素的含量达到了《中国药典》标准。

◎ 参考文献

[1] 胡佳惠，闫明. 高良姜的研究进展［J］. 时珍国医国药，2009，20（10）：2544-2546.
[2] 林萍，王海霞，周文婷，等. 生长年限及环境因素对高良姜中高良姜素动态积累的影响［J］. 中国实验方剂学杂志，2014，20（14）：88-90.
[3] 秦华珍，谭喜梅，黄燕琼，等. 不同产地大高良姜高效液相色谱指纹图谱研究［J］. 广西中医药大学学报，2014，17（04）：69-71.
[4] 王强，徐国钧. 道地药材图典：中南卷［M］. 福州：福建科学技术出版社，2003：49.
[5] 杨全，严寒静等. 南药高良姜药用植物资源调查研究［J］. 广东药学院学报，2012，28（4）：382-386.
[6] 杨全，张春荣，陈虎彪，等. 不同种源高良姜遗传多样性的 AFLP 分析［J］. 中国中药杂志，2011，36（03）：330-333.
[7] 翟红莉，李倩等. 不同产地高良姜的有效成分分析［J］. 热带生物学报，2014，5（2）：188-193.

59. 益智 Yizhi

ALPINIAE OXYPHYLLAE FRUCTUS

本品为姜科植物益智 *Alpinia oxyphylla* Miq. 的干燥成熟果实。别名摘芋子等。2015 年版《中华人民共和国药典》（一部）收载。益智性温，味辛，归脾、肾经，具暖肾固精缩尿，温脾止泻摄唾等功效。用于脾胃（或肾）虚寒所致的泄泻，腹痛，呕吐，食欲不振，唾液分泌增多，遗尿，小便频数等。

益智为中医临床常用药材，是“四大南药”之一，在我国古代众多药物专著中均有记载。其不仅具有药用价值，作为安全性较高的补益药，还具有食用价值，可开发成保健食品和调味品，具备良好的应用前景。益智野生资源丰富，然而随着其资源开发和广泛利用，野生资源已满足不了人们的需求。现普遍为人工栽培，广东南部、云南、福建、广西等省区有引种栽培。

◎【地理分布与生境】

益智分布于广东、海南、广西，近年来云南、福建亦有栽培。生于林下阴湿处或栽培。

◎【生物学及栽培特性】

益智为多年生草本植物，喜温暖，年平均温度为 24~28℃最适宜。喜湿润的环境，要求年降雨量为 1700~2000mm，空气相对湿度为 80%~90%之间、土壤湿度在 25%~30%最适宜植株生长。为半阴植物，喜散射光。对土壤条件要求不严，但以土质疏松、富含腐殖质、排水良好，pH 5.5~7.5 的壤土或砂质壤土为好。

◎【生态因子值】

选取 60 个样点进行益智的生态适宜性分析。国内样点包括广东省广州市、梅州市丰顺县、阳江市阳春市、惠州市博罗县、茂名市高州市、湛江市徐闻县，广西壮族自治区防城港市东兴市、玉林市陆川县、百色市田东县、钦州市浦北县，海南省儋州市、三亚市，云南省西双版纳傣族自治州景洪市、勐腊县，香港特别行政区等 4 个省（区）的 24 县（市）。国外样点包括美国。

GMPGIS 系统分析结果显示（表 59-1），益智在主要生长区域生态因子范围为：最冷季均温 11.3~22.0℃；最热季均温 22.8~28.9℃；年均温 19.3~25.9℃；年均相对湿度 71.7%~77.9%；年均降水量 608~2583mm；年均日照 132.0~148.3W/m^2。主要土壤类型为强淋溶土、铁铝土、人为土等。

表 59-1 益智主要生长区域生态因子值

主要气候因子数值	最冷季均温/℃	最热季均温/℃	年均温/℃	年均相对湿度/%	年均降水量/mm	年均日照/(W/m^2)
范围	11.3~22.0	22.8~28.9	19.3~25.9	71.7~77.9	608~2583	132.0~148.3
主要土壤类型	强淋溶土、铁铝土、人为土等					

◎【全球产地生态适宜性数值分析】

GMPGIS 系统分析结果显示（图 59-1 和图 59-2），益智在全球最大生态相似度区域分布于 20 个国家，主要为中国、巴西和越南。其中最大生态相似度区域面积最大的国家为中国，为 231286.1km²，占全部面积的 59.8%。

图 59-1　益智最大生态相似度区域全球分布图

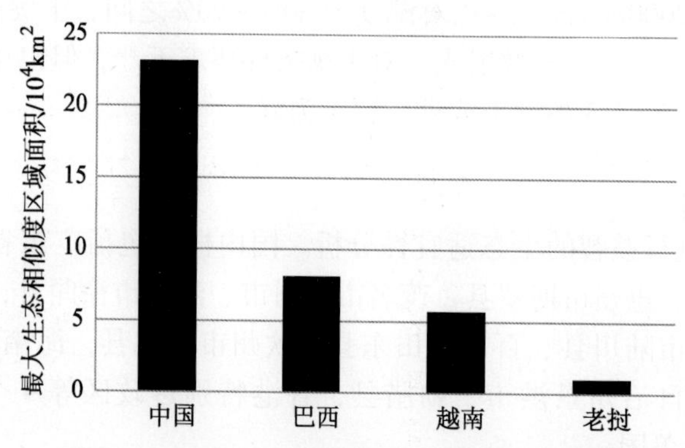

图 59-2　益智最大生态相似度主要国家地区面积

◎【中国产地生态适宜性数值分析】

GMPGIS 系统分析结果显示（图 59-3、图 59-4 和表 59-2），益智在我国最大的生态相似度区域主要分布在广东、广西、海南、福建等省区。其中最大生态相似度区域面积最大的为广东省，为 114033.0km²，占全部面积的 47.6%；其次为广西壮族自治区，最大生态相似度区域面积为 55932.8km²，占全部的 23.3%。所涵盖县（市）个数分别为 80 个和 40 个。

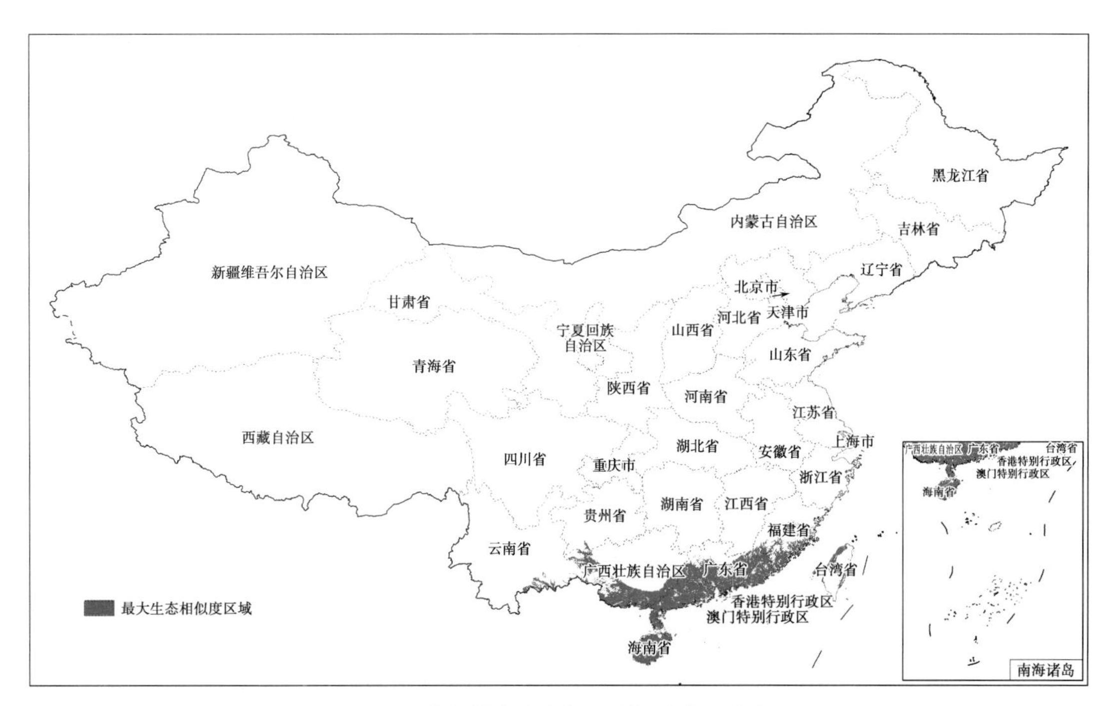

图 59-3　益智最大生态相似度区域全国分布图

表 59-2　我国益智最大生态相似度主要区域

省（区）	县（市）数	主要县（市）	面积/km^2
广东	80	佛山、梅县、惠州、廉江、高要、化州等	114033.0
广西	40	钦州、博白、南宁、苍梧、灵山、扶绥等	55932.8
海南	18	儋州、琼中、澄迈、海口、安定、白沙等	26268.2
福建	44	龙海、南安、永定、和平、上杭、南靖等	23717.7

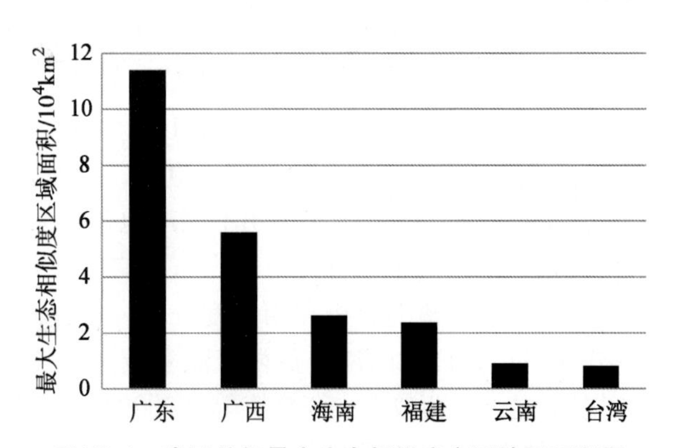

图 59-4　我国益智最大生态相似度主要地区面积图

◎【区划与生产布局】

根据益智生态适宜性分析结果，结合益智生物学特性，并考虑自然条件、社会经济条件、药材主产地栽培和采收加工技术，建议选择引种栽培研究区域主要以中国、巴西、越南等国家（或地区）为宜，在国内主要以广东、广西、海南、福建等省（区）为宜（图 59-5）。

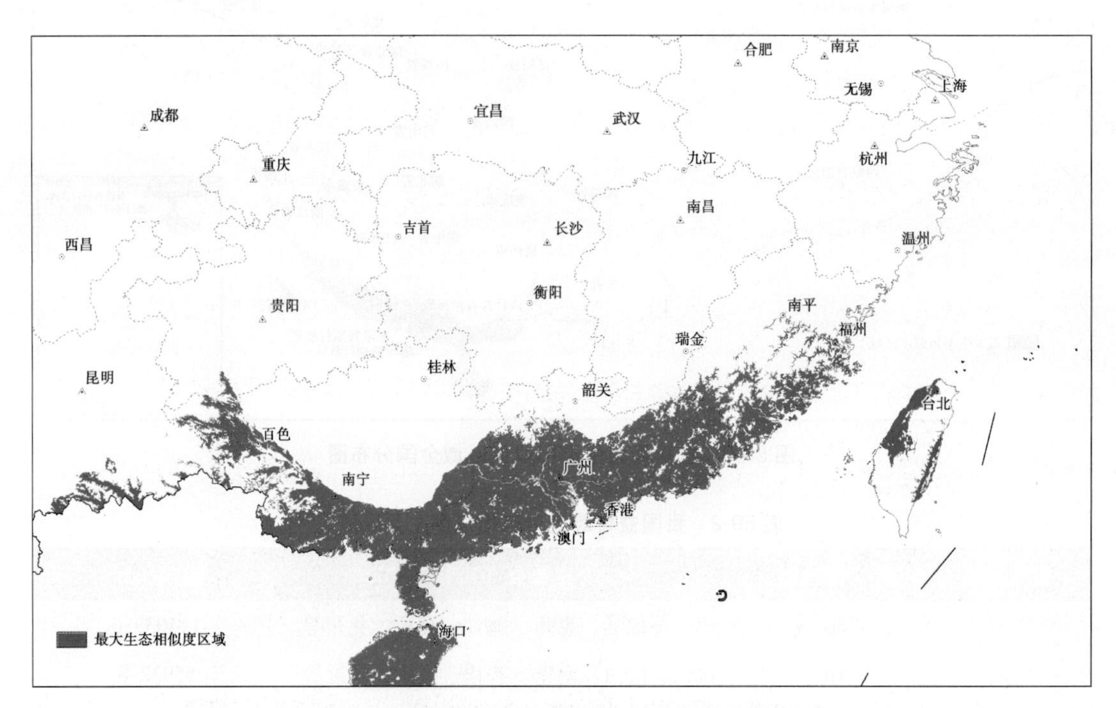

图 59-5　益智最大生态相似度区域全国局部分布图

◎【品质生态学研究】

吴德玲等（2005）采用紫外分光光度法对海南、广东、广西等地市售益智果实样品的总黄酮含量进行了测定，发现不同产地益智中总黄酮含量差异较大，海南和广东比较接近，为 7. 65~9. 85mg/g 之间，广西总黄酮含量较高，在 14. 15~15. 12mg/g 之间。吴德玲等（2007）采用苯酚-硫酸法测定了海南五指山、澄迈、屯昌，广东雷州半岛，广西南宁，安徽亳州市场益智果实中多糖的含量，实验结果表明不同产地益智果实中多糖含量差别不大。刘红等（2008）采用气相色谱法测定来自海南、广东、广西三省区 10 个产地益智中挥发油，并对气相指纹图谱数据进行聚类分析和相似度分析。结果发现 10 个产地制备的益智精油得率在 0. 21%~0. 96%，以广东阳江产益智产油率最高。各产地益智质量不尽相同，海南产益智较好，广东次之，广西较差。汪金玉等（2009）采用紫外分光光度法测定海南 6 个产区的益智果实和种子中低聚糖的含量，发现果壳中低聚糖含量为 1. 28%~2. 48%，明显高于种子 0. 50%~1. 14%。李兴华等（2010）建立了益智药材中圆柚酮含量的高效液相色谱法测定方法，并对海南省 5 个县市的益智圆柚酮进行检测，发现含量在 1. 50~2. 10mg/g 之间，差异不大。周丹等（2017）采用原子吸收光谱法测定 20 个不同产

地益智果实中营养元素镁、锌、锰、钙和铁的含量，结果发现不同产地益智中营养元素存在差异性，最佳的益智产地为海南琼中长兴村、海南屯昌新兴镇和广西南宁。以上研究可为中药益智的质量标准制定提供参考。

◎ 参考文献

[1] 李榕涛，卢丽兰，甘炳春，等. 海南主要益智生长区土壤养分调查与分析［J］. 中国农学通报，2011，27（13）：130-134.

[2] 李兴华，胡昌江，李文兵，等. 益智药材中圆柚酮含量的高效液相色谱法测定［J］. 时珍国医国药，2010，21（01）：49-50.

[3] 刘红，邹童，张连华，等. 益智挥发油的气相指纹图谱的研究［J］. 安徽农业科学，2008，36（36）：15961-15962，15997.

[4] 邱燕连. 海南岛益智种质资源调查研究［D］. 海口：海南大学，2015.

[5] 汪金玉，陈康，林励，等. 益智不同部位低聚糖的含量测定［J］. 现代中药研究与实践，2009，23（01）：40-42.

[6] 王祝年，邱燕连，晏小霞，等. 海南岛益智种质资源表型变异及 ISSR 分析［J］. 热带作物学报，2016，37（09）：1695-1702.

[7] 吴德玲，金传山，寇婉青，等. 益智不同药用部位成分的比较研究［J］. 中国实验方剂学杂志，2007，（04）：1-3.

[8] 吴德玲，金传山，刘金旗，等. 益智仁中总黄酮含量测定［J］. 安徽中医学院学报，2005，（06）：38-40.

[9] 吴祖强，曾武，华列，等. 益智的基本特性与丰产栽培技术［J］. 中国热带农业，2016，（02）：38-39.

[10] 徐鸿华. 我院引种栽培“南药”及其部分品种的药材质量评价［J］. 广州中医学院学报，1991，8（2-3）：231~239.

[11] 许明会，卢丽兰，甘炳春. 益智研究进展［J］. 热带农业科学，2009，29（10）：60-64.

[12] 周丹，付煜荣，赖伟勇，等. 不同产地益智果实营养元素差异性研究［J］. 中国现代中药，2017，（02）：217-220.

60. 凉粉草 Liangfencao

MESONA CHINENSIS HERBA

本品为唇形科植物凉粉草 *Mesona chinensis* Benth. 的全草。别名仙草、仙人草、仙人冻、薪草等。《广东中药志》（第一卷）收载。凉粉草性凉，味甘、淡，归肺、脾、胃经，具清热利湿、凉血解暑等功效。用于急性风湿性关节炎、高血压、中暑、感冒、黄疸、急性肾炎、糖尿病等。

凉粉草是一种重要的药食两用植物。凉粉草是清热解毒类药品、凉茶或保健饮品的主要原料之一。中国、印度尼西亚、越南、泰国等东南亚国家均有野生分布。随着凉茶申遗成功、凉茶功能认知度的提高以及人们保健意识的增强，凉茶市场份额猛增，如陆续登陆市场的“王老吉”“和其正”“泰山仙草蜜”等产品，凉粉草作为其重要原料，需求量越

来越大，生产供不应求，野生资源枯竭。我国南部的台湾、浙江、江西、广东、广西西部等地区有人工栽培。

◎【地理分布与生境】

凉粉草产广东、台湾、浙江、江西、广西西部。生于水沟边及干沙地草丛中。

◎【生物学及栽培特性】

凉粉草为一年生草本，喜温暖湿润气候，当日气温达到20℃以上时，生长旺盛，日平均气温在15℃以下时生长缓慢，10℃以下时就难以生长，0℃以下时，地上部分坏死，以宿根越冬。忌干旱和积水，生长发育期间雨水充足常能达到高产，但若积水浸泡超过2天就会造成烂根。较耐阴，在日照时间≤8小时的光照环境下生长较好。对土壤条件要求不严，但以深厚、肥沃、疏松、湿润、富含腐殖质的砂壤土为好，在干旱贫瘠土壤上生长的植株矮小，生长缓慢。

◎【生态因子值】

选取89个样点进行凉粉草的生态适宜性分析。包括台湾台北市石碇，浙江省杭州市桐庐县、丽水市景宁县英川镇、温州市泰顺县，江西省新余市渝水区罗坊镇、武宁县石门楼，海南省保宁黎族苗族自治县，广西壮族自治区贺州市信都镇，广东省梅州市大埔县铜鼓嶂、肇庆市怀集县、惠州市惠东县莲花山等6省（区）的54县（市）。

GMPGIS系统分析结果显示（表60-1），凉粉草在主要生长区域生态因子范围为：最冷季均温4.6~20.9℃；最热季均温22.6~28.9℃；年均温14.1~25.3℃；年均相对湿度71.2%~77.1%；年均降水量1349~4273mm；年均日照128.4~151.7W/m²。主要土壤类型为强淋溶土、人为土、铁铝土、粗骨土、始成土、淋溶土、高活性强酸土等。

表60-1 凉粉草主要生长区域生态因子值

主要气候因子数值	最冷季均温/℃	最热季均温/℃	年均温/℃	年均相对湿度/%	年均降水量/mm	年均日照/(W/m²)
范围	4.6~20.9	22.6~28.9	14.1~25.3	71.2~77.1	1349~4273	128.4~151.7
主要土壤类型	强淋溶土、人为土、铁铝土、粗骨土、始成土、淋溶土、高活性强酸土等					

◎【全球产地生态适宜性数值分析】

GMPGIS系统分析结果显示（图60-1和图60-2），凉粉草在全球最大的生态相似度区域分布于21个国家，主要为中国、巴西和越南。其中最大生态相似度区域面积最大的国家为中国，为769305.1km²，占全部面积的84.6%。

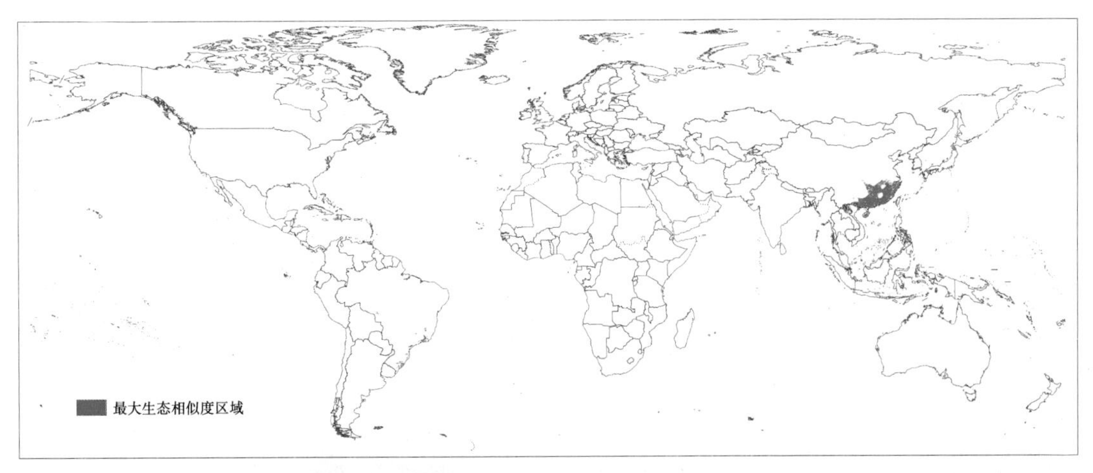

图 60-1　凉粉草最大生态相似度区域全球分布图

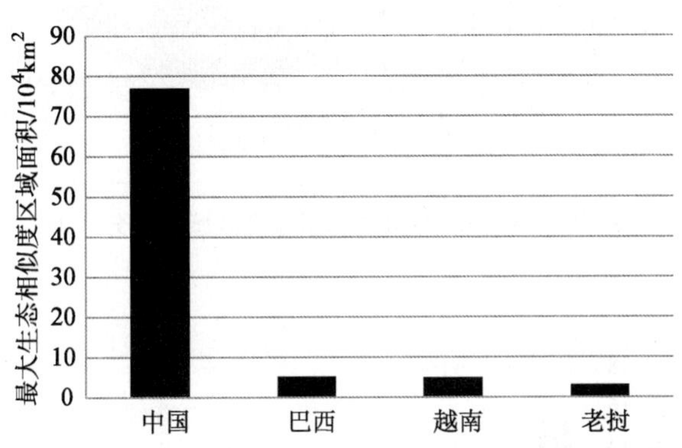

图 60-2　凉粉草最大生态相似度主要国家地区面积图

◎【中国产地生态适宜性数值分析】

GMPGIS 系统分析结果显示（图 60-3、图 60-4 和表 60-2），凉粉草在我国最大的生态相似度区域主要分布在广西、广东、湖南、江西、福建、浙江等地。其中最大生态相似度区域面积最大的为广西，为 154137.7km^2，占全部面积的 20%，其次为广东，最大生态相似度区域面积为 135846.9km^2，占全部面积的 17.7%。所涵盖县（市）个数为 85 个和 84 个。

表 60-2　我国凉粉草最大生态相似度主要区域

省（区）	县（市）数	主要县（市）	面积/km^2
广西	85	苍梧、南宁、八步区、藤县、金城江、钦州等	154137.7
广东	84	梅县、佛山、英德、惠东、东源、韶关等	135846.9
湖南	92	衡南、永州、桂阳、浏阳、长沙、湘潭等	132459.2
江西	86	宁都、瑞金、永丰、寻乌、吉安、吉水等	106174.4
福建	63	建阳、宁化、上杭、长汀、武平、延平等	94588.9
浙江	65	莲都、衢江、青田、江山、泰顺、龙泉等	66408.9

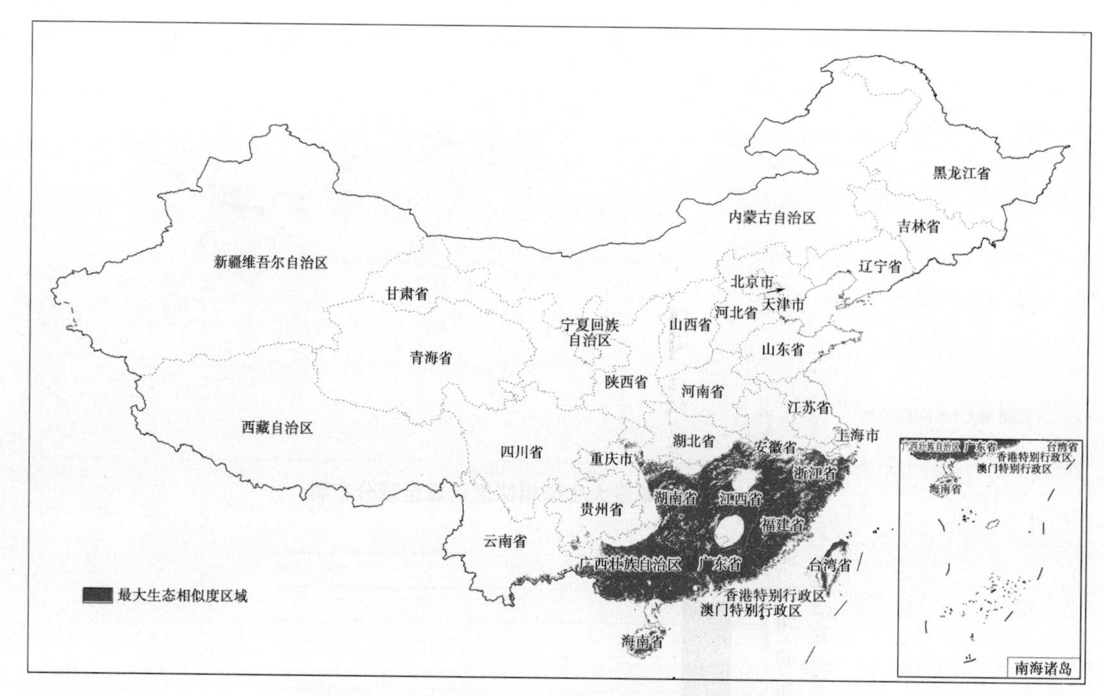

图 60-3　凉粉草最大生态相似度区域全国分布图

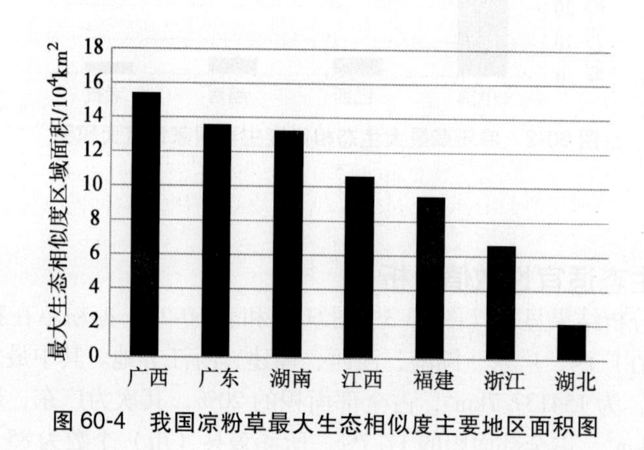

图 60-4　我国凉粉草最大生态相似度主要地区面积图

◎【区划与生产布局】

根据凉粉草生态适宜性分析结果，结合凉粉草生物学特性，并考虑自然条件、社会经济条件、药材主产地栽培和采收加工技术，建议选择引种栽培研究区域主要以中国、巴西、越南等国家（或地区）为宜，在国内主要以广西、广东、湖南、江西、福建、浙江等省（区）为宜（图 60-5）。

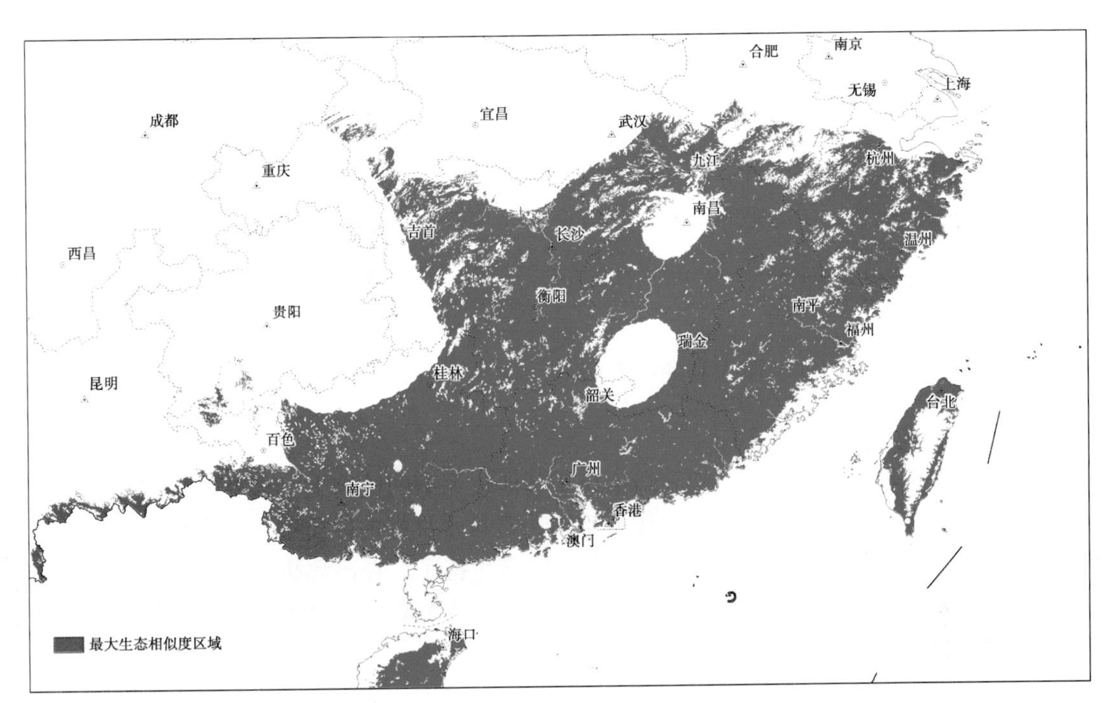

图 60-5 凉粉草最大生态相似度区域全国局部分布图

◎【品质生态学研究】

凉粉草分布于我国广东、广西、福建、浙江、台湾、云南等地，我国南方几个省区部分地区有田间栽培。黄海连等（2012）对不同栽培环境的凉粉草生长及产质量的影响分析，结果表明：采用田间对比试验研究了水田和旱地栽培环境对梧州凉粉草生长的影响，水田栽培环境下的凉粉草移栽成活率与旱地相当；株高、叶长、叶宽分别较旱地高 11.62%、13.17%、18.50%，差异达极显著水平；产量和多糖含量分别较旱地高 10.89% 和 18.51%，差异达显著水平。研究表明，水田比旱地更适合凉粉草生长和产质量的提高。许彩虹等（2016）对不同产地的凉粉草进行挥发性风味成分分析，发现国内外凉粉草的主要风味成分一致。这对于凉粉草栽培方式的利用有积极作用。

◎ 参考文献

[1] 黄海连，余生，林伟国，等. 不同栽培环境对药用植物凉粉草生长及产质量的影响［J］. 贵州农业科学，2012，(03)：94-95.

[2] 刘晓庚，方园平. 凉粉草资源的开发利用［J］. 中国野生植物资源，1998，(01)：29-32.

[3] 许彩虹，韦杰. 不同产地仙草中挥发性风味成分比较分析［J］. 现代食品，2016，(11)：1-5.

61. 海金沙 Haijinsha

LYGODII SPORA

本品为海金沙科植物海金沙 *Lygodium japonicum*（Thunb.）Sw. 的干燥成熟孢子。别名左转藤灰、海金砂等。2015 年版《中华人民共和国药典》（一部）收载。海金沙性寒，味甘、咸，归膀胱、小肠经，具清利湿热、通淋止痛等功效。用于热淋，石淋，血淋，膏淋，尿道涩痛等。

海金沙具有多种药理活性，在临床上有多重用途，为常用中药材。海金沙分布于热带和亚热带，多为野生，少有栽培。

◎【地理分布与生境】

海金沙产于广东、广西、湖南、江苏、浙江、福建、台湾、四川、云南、陕西南部等地。日本、菲律宾、印度、澳大利亚都有分布。生于阴湿山坡灌丛中或路边林缘。

◎【生物学及栽培特性】

海金沙为多年生草质藤本，常缠绕生长于其他较大型的植物上。喜温暖湿润环境、空气相对湿度 60%以上；喜散射光，忌阳光直射，喜排水良好的砂质壤土，为酸性土壤的指示植物。海金沙在低海拔、气候温暖地区能正常产生孢子，在高海拔、较冰冷地区孢子常不成熟。于每年 8~9 月立秋前后采收成熟孢子，过早太嫩，过迟太老，极易脱落，因此需要及时采收。

◎【生态因子值】

选取 1114 个样点进行海金沙的生态适宜性分析。国内样点包括安徽省安庆市潜山县、亳州市谯城区、巢湖市市居巢区，福建福州市鼓楼区、龙岩市新罗区、南平市浦城县，广东潮州市潮安县、广州市白云区、河源市和平县等 22 省（区）的 98 县（市）。国外样点包括菲律宾、日本、不丹、缅甸、韩国、越南、美国、印度尼西亚、巴布亚新几内亚、斯里兰卡 10 个国家。

GMPGIS 系统分析结果显示（表 61-1），海金沙在主要生长区域生态因子范围为：最冷季均温-4. 9~25. 8℃；最热季均温 12. 1~29. 4℃；年均温 4. 5~27. 1℃；年均相对湿度 54. 1%~77. 7%；年均降水量 550~2574mm；年均日照 117. 6~166. 4W/m^2。主要土壤类型为强淋溶土、人为土、高活性强酸土、淋溶土、始成土、粗骨土等。

表 61-1　海金沙主要生长区域生态因子值

主要气候因子数值	最冷季均温/℃	最热季均温/℃	年均温/℃	年相对湿度/%	年均降水量/mm	年均日照/(W/m^2)
范围	-4. 9~25. 8	12. 1~29. 4	4. 5~27. 1	54. 1~77. 7	550~2574	117. 6~166. 4
主要土壤类型	强淋溶土、人为土、高活性强酸土、淋溶土、始成土、粗骨土等					

◎【全球产地生态适宜性数值分析】

GMPGIS 系统分析结果显示（图 61-1 和图 61-2），海金沙在全球最大的生态相似度区域主要分布在巴西、中国、美国和刚果。其中最大生态相似度区域面积最大的国家为巴西，为 3575495. 4km^2，占全部面积的 18%。

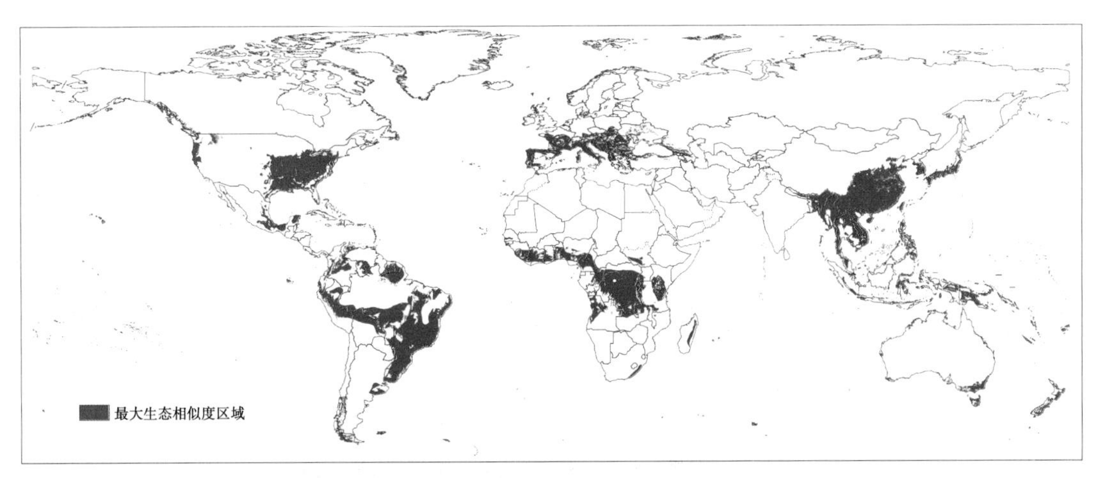

图 61-1　海金沙最大生态相似度区域全球分布图

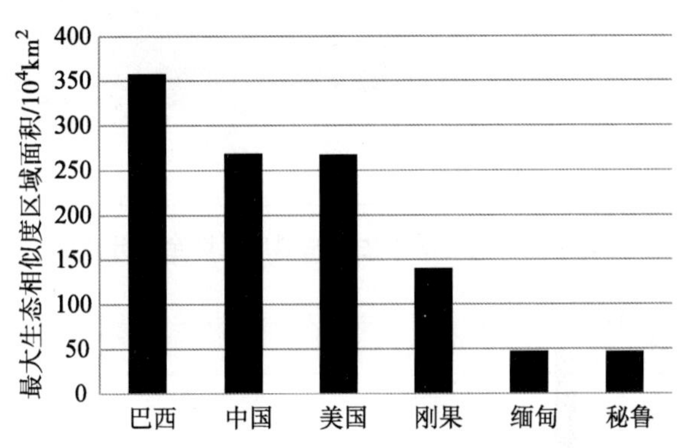

图 61-2　海金沙最大生态相似度主要国家地区面积图

◎【中国产地生态适宜性数值分析】

GMPGIS 系统分析结果显示（图 61-3、图 61-4 和表 61-2），海金沙在我国最大的生态相似度区域主要分布在云南、四川、广西、湖南、湖北、贵州、河南等地。其中最大生态相似度区域面积最大的为云南省，为 323299. 4km²，占全部面积的 11. 7%。其次为四川省，最大生态相似度区域面积为 223942. 7km²，占全部的 8. 1%。所涵盖县（市）个数分别为 126 个和 140 个。

表 61-2　我国海金沙最大生态相似度主要区域

省（区）	县（市）数	主要县（市）	面积/km²
云南	126	玉龙、澜沧、广南、富宁、景洪、勐腊等	323299. 4
四川	140	万源、会理、宜宾、青川、宣汉、盐边等	223942. 7
广西	88	金城江、苍梧、融水、八步区、南丹、南宁等	208207. 4
湖南	102	安化、石门、浏阳、沅陵、永州、桃源等	190632. 4
湖北	77	竹山、房县、武汉、利川、曾都、郧县等	169751. 8
贵州	82	遵义、从江、威宁、水城、松桃、黎平等	159742. 8
河南	129	淅川、安阳、信阳、卢氏、西峡、嵩县等	150118. 6

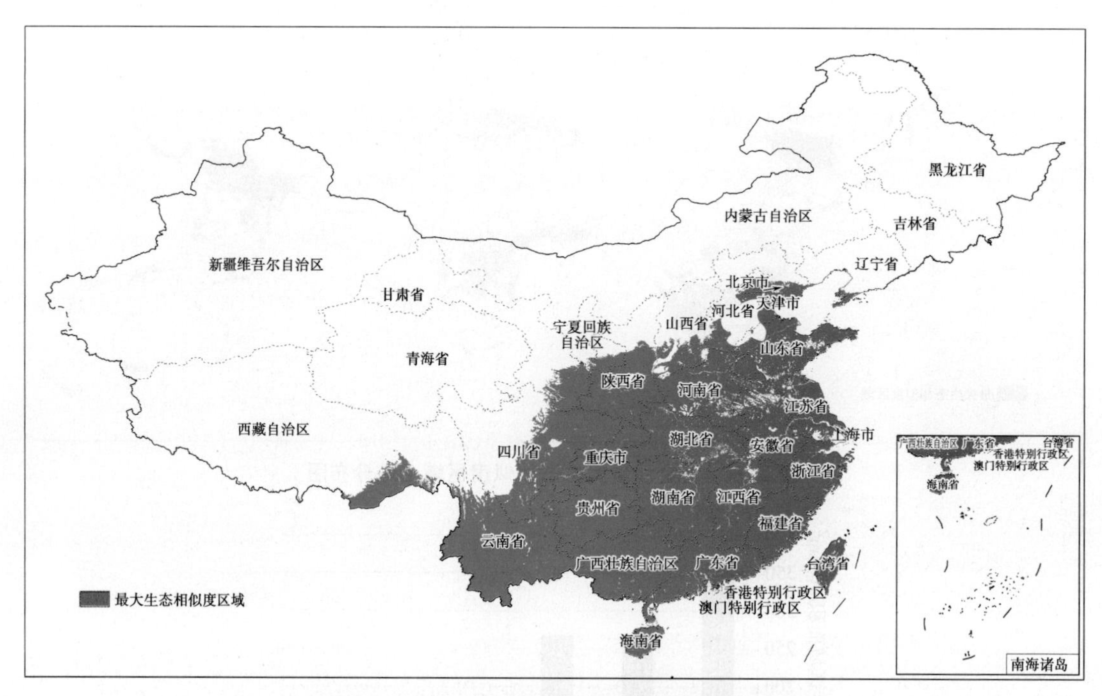

图 61-3　海金沙最大生态相似度区域全国分布图

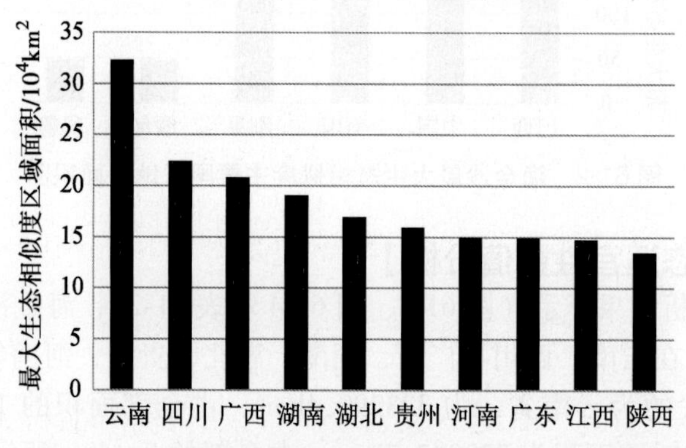

图 61-4　我国海金沙最大生态相似度主要地区面积图

◎【区划与生产布局】

根据海金沙生态适宜性分析结果，结合海金沙的生物学特性，并考虑自然条件、社会经济条件、药材主产地栽培和采收加工技术，建议选择引种栽培研究区域主要以巴西、中国、美国、刚果等国家（或地区）为宜，在国内主要以云南、四川、广西、湖南、湖北、贵州、河南等省（区）为宜（图 61-5）。

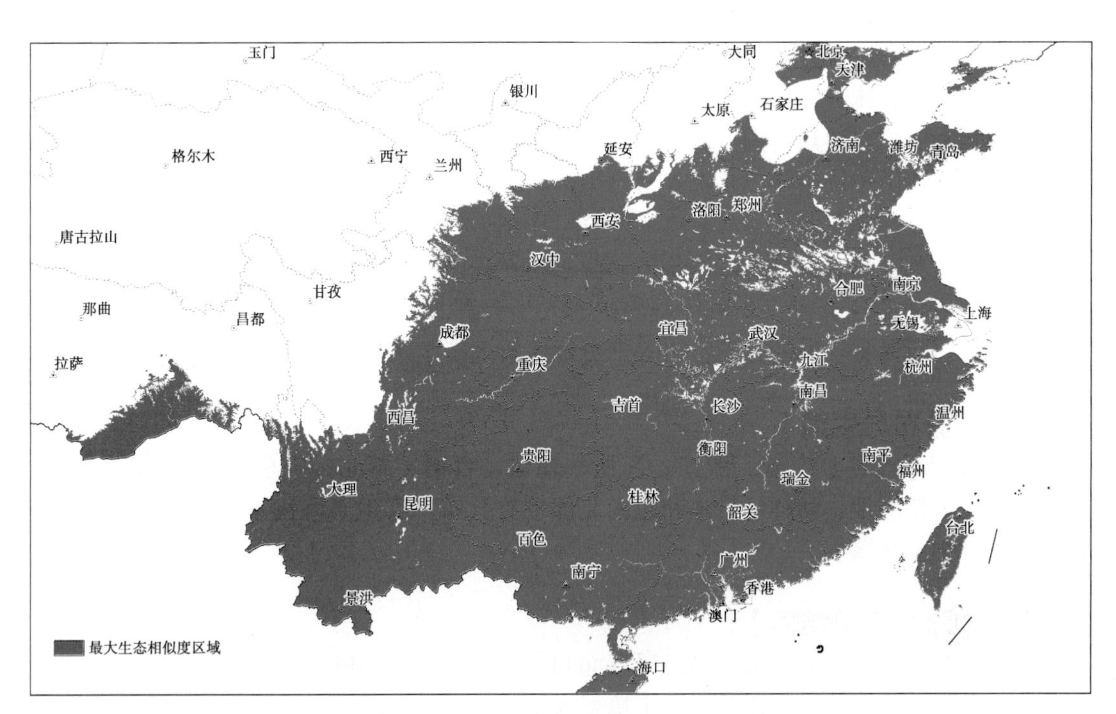

图 61-5 海金沙最大生态相似度区域全国局部分布图

◎ 参考文献

[1] 廖建良，宋冠华，曾令达. 罗浮山药用蕨类植物资源调查［J］. 惠州学院学报（自然科学版），2002，(06)：34-38.

[2] 卢伟锋，麦国灿，林森，等. 广东云浮市大金山药用植物资源调查研究［J］. 今日药学，2014，24 (01)：26-30.

[3] 谭业华，陈珍. 海南万宁市药用植物资源及开发利用［J］. 现代中药研究与实践，2006，(06)：27-30.

[4] 王辉，吴娇，徐雪荣，等. 海金沙的化学成分和药理活性研究进展［J］. 中国野生植物资源，2011，30 (02)：1-4.

[5] 魏德生，曾莉莉，王用平，等. 海金沙的引种及栽培［J］. 中草药，1998，(07)：482-484.

[6] 饶伟文，叶小强. 三种海金沙的比较鉴别［J］. 中药材，1991，(01)：27-28.

[7] 张道英，李银保，王妙飞，等. 赣南产中药金沙藤与海金沙中六种微量元素的含量比较［J/OL］. 基因组学与应用生物学，2016，35 (10)：2808-2813.

[8] 赵鹏辉，巩江，高昂，等. 海金沙的鉴别及药学研究进展［J］. 安徽农业科学，2011，39 (14)：8380-8381.

62. 救必应 Jiubiying

ILICIS ROTUNDAE CORTEX

本品为冬青科植物铁冬青 *Ilex rotunda* Thunb. 的干燥树皮。别名龙胆仔、冬青仔、碎骨木、过山风、白皮冬青、大叶冬青等。2015 年版《中华人民共和国药典》（一部）收载。救必应性寒，味苦，归脾、胃、大肠、肝经，具清热解毒、利湿止痛等功效。用于暑湿发热，咽喉肿痛，湿热泻痢，脘腹胀痛，风湿痹痛，湿疹，疮疖，跌打损伤等。

救必应是我国传统中药，是南方常用中药，为多种传统中成药的主要成分，有广泛的药理作用和应用范围。此外，救必应的木材可作细工用料，枝叶作造纸糊料原料，树皮可提制染料和栲胶，具有较高的经济价值。救必应在我国的分布较广，但因掠夺式挖掘和开发利用，造成铁冬青大树、老树日益趋少，天然资源日益枯竭。广东省、广西壮族自治区、福建省、台湾省、湖南省长沙市等部分地区有人工栽培。

◎【地理分布与生境】

铁冬青产于江苏、安徽、浙江、江西、福建、台湾、湖北、广东、香港、广西、海南、贵州、云南等地。朝鲜、日本和越南北部也有分布。喜生于海拔 400~1100 米的山坡常绿阔叶林中和林缘。

◎【生物学及栽培特性】

铁冬青为常绿灌木或乔木，喜温暖湿润和有阳光照射的环境，耐阴、耐旱、耐瘠、耐寒，是一种适应范围较广的树种，对土壤要求不严格，适宜高温、湿润、肥沃中性冲积土壤，忌积水。铁冬青幼苗需遮阴，幼林耐阴，壮年需强光，耐霜冻，具有向高纬度地区引种潜力的树种。

◎【生态因子值】

选取 2107 个样点进行铁冬青的生态适宜性分析。国内样点包括安徽省池州市、黄山市，福建省福州市、龙岩市，广东省佛山市、广州市，广西壮族自治区百色市、贵港市，贵州省贵阳市，海南省澄迈县，湖北省钟祥市，湖南省郴州市永兴县，江苏省宜兴市，台湾台北市、云南省永平县、浙江省兰溪市等 13 省（区）的 142 县（市）。国外样点包括日本、越南和老挝。

GMPGIS 系统分析结果显示（表 62-1），铁冬青在主要生长区域生态因子范围为：最冷季均温-2. 4~22. 0℃；最热季均温 16. 7~29. 5℃；年均温 8. 6~25. 9℃；年均相对湿度 59. 7%~78. 3%；年均降水量 592~2877mm；年均日照 121. 5~177. 9W/m^2。主要土壤类型为强淋溶土、人为土、高活性强酸土等。

表 62-1　铁冬青主要生长区域生态因子值

主要气候因子数值	最冷季均温/℃	最热季均温/℃	年均温/℃	年均相对湿度/%	年均降水量/mm	年均日照/（W/m^2）
范围	-2. 4~22. 0	16. 7~29. 5	8. 6~25. 9	59. 7~78. 3	592~2877	121. 5~177. 9
主要土壤类型	强淋溶土、人为土、高活性强酸土等					

◎【全球产地生态适宜性数值分析】

GMPGIS 系统分析结果显示（图 62-1 和图 62-2），铁冬青在全球最大的生态相似度区域分布于 98 个国家，主要为中国、巴西、坦桑尼亚和缅甸。其中最大生态相似度区域面

积最大的国家为中国，为 2259178. 2km²，占全部面积的 24. 3%。

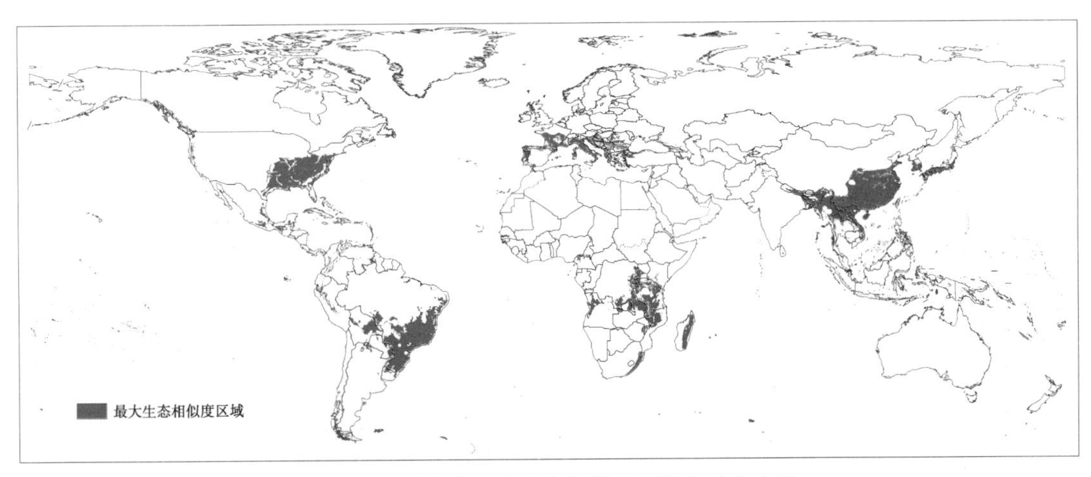

图 62-1　铁冬青最大生态相似度区域全球分布图

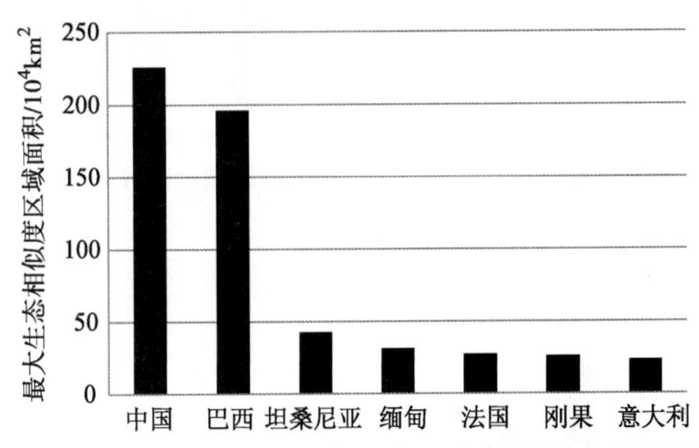

图 62-2　铁冬青最大的生态相似度区域主要国家地区面积图

◎【中国产地生态适宜性数值分析】

GMPGIS 系统分析结果显示（图 62-3、图 62-4 和表 62-2），铁冬青在我国最大的生态相似度区域主要分布在云南、广西、湖南、湖北、贵州、广东等地。其中最大生态相似度区域面积最大的为云南省，为 268993. 4km²，占全部面积的 11. 8%。其次为广西壮族自治区，最大生态相似度区域面积 208158. 6km²，占全部的 9. 1%。所涵盖县（市）个数分别为 117 个和 88 个。

表 62-2　我国铁冬青最大生态相似度主要区域

省（区）	县（市）数	主要县（市）	面积/km²
云南	117	广南、澜沧、富宁、墨江、富源、景洪等	268993. 4
广西	88	金城江、苍梧、融水、八步、南丹、南宁等	208158. 6
湖南	102	安化、石门、浏阳、沅陵、永州、桃源等	190617. 0
湖北	77	武汉、房县、竹山、利川、曾都、郧县等	168331. 2
贵州	82	遵义、从江、威宁、松桃、水城、黎平等	159016. 6
广东	88	梅县、佛山、英德、韶关、阳山、东源等	151521. 1

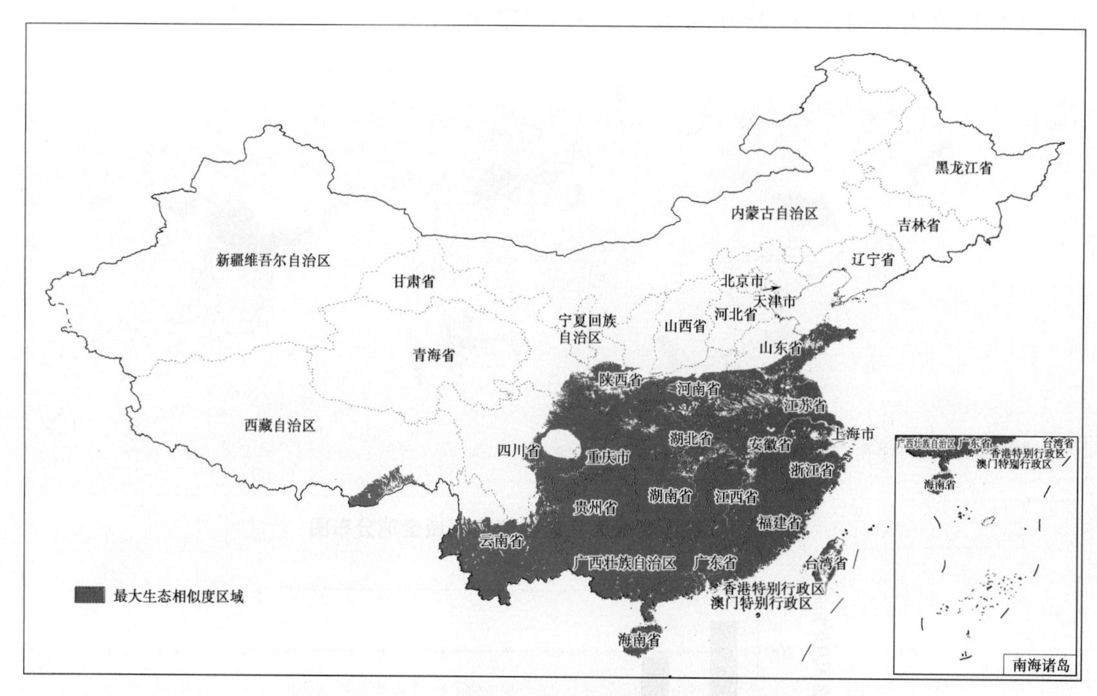

图 62-3　铁冬青最大生态相似度区域全国分布图

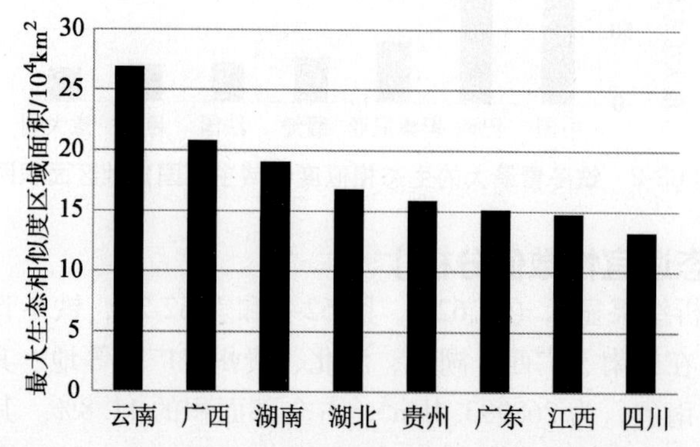

图 62-4　铁冬青最大的生态相似度区域主要国家地区面积图

◎【区划与生产布局】

根据铁冬青生态适宜性分析结果，结合铁冬青生物学特性，并考虑自然条件、社会经济条件、药材主产地栽培和采收加工技术，建议选择引种栽培研究区域主要以中国、巴西、坦桑尼亚、缅甸等国家（或地区）为宜，在国内主要以云南、广西、湖南、湖北、贵州、广东等省（区）为宜（图 62-5）。

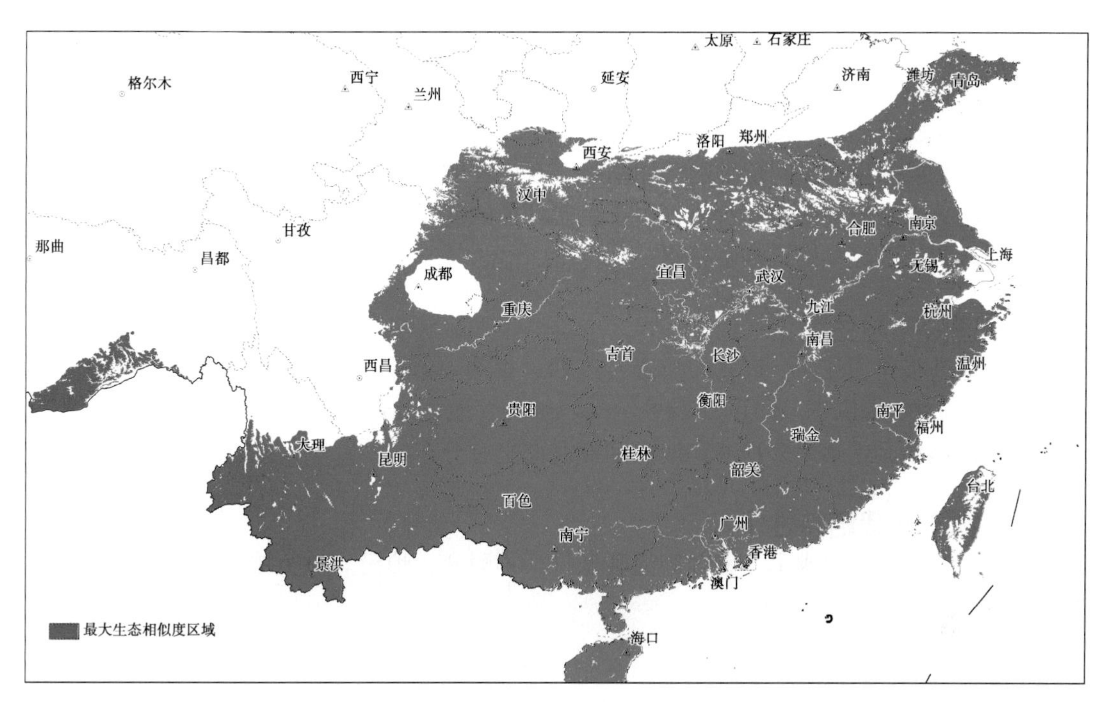

图 62-5 铁冬青最大生态相似度区域全国局部分布图

◎【品质生态学研究】

王晓博等（2016）分析和评价了在广西壮族自治区内不同产地的铁冬青药材的质量，发现紫丁香苷含量除北流市和玉林市不符合《中国药典》规定外，其他均符合要求，而超过一半产地的长梗冬青苷含量不符合《中国药典》的规定。可见产地对铁冬青树皮中长梗冬青苷的含量影响很大，可能与当地的光照、温度、土壤、树龄等因素有关。揭示了在开发铁冬青药用资源时要充分考虑产地对质量的影响。

◎ 参考文献

[1] 柴弋霞，曾雯，蔡梦颖，等. 铁冬青雌雄株的抗寒性比较研究［J］. 中国观赏园艺研究进展，2016：413-418.
[2] 李惠琴. 不同来源救必应紫丁香苷的含量测定［J］. 海峡药学，2014，26（10）：57-58.
[3] 罗建华，陈贰，李孟，等. 铁冬青特性及栽培技术［J］. 森林经营与管理，2017，01：19-20.
[4] 王晓博，张俏，曹爱兰，等. 铁冬青不同产地不同部位质量分析［J］. 中南药学，2016，07：728-730.
[5] 温美霞，黄焱辉，胡松竹. 铁冬青扦插繁殖技术［J］. 安徽农业科学，2010，38（18）：9423-9425.
[6] 许大明，叶珍林，吴义松，等. 浙江五岭坑常绿阔叶林冬青属植物生态位特征［J］. 福建林业科技，2015，42（04）：23-28+75.

63. 葫芦茶 Hulucha

HERBA TADEHAGI TRIQUETRI

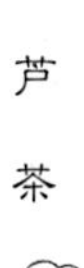

葫芦茶为豆科植物葫芦茶 *Tadehagi triquetrum*（L.）Ohashi 的干燥全株。别名牛草虫、

迫颈草、金剑草、螳螂草、葫芦叶等。《广东省中药材标准》（第一册）收载。葫芦茶性凉，味微苦，归胃、大肠经，具清热利湿、消滞杀虫等功效。用于感冒发热，湿热积滞之脘腹满痛，膀胱湿热之小便赤涩，水肿腹胀，小儿疳积等。

葫芦茶是我国南方民间传统的药用植物，有广泛的药理作用和应用范围，尤其是在改善糖脂代谢方面有较高的药用价值。由于生态环境的变化，葫芦茶分布地不断缩小，原有野生分布区资源已经枯竭或濒临枯竭。

◎【地理分布与生境】

葫芦茶产福建、江西、广东、海南、广西、贵州、云南等地。生于荒地或山地林缘，路旁，海拔 1400 米以下。印度、斯里兰卡、缅甸、泰国、越南、老挝、柬埔寨、马来西亚，太平洋群岛、新喀里多尼亚和澳大利亚北部也有分布。

◎【生物学及栽培特性】

葫芦茶为灌木或亚灌木，喜气候温暖条件，不耐寒，怕涝。对土壤要求不严，砂质壤土和黏壤土均可栽培。

◎【生态因子值】

选取 536 个样点进行葫芦茶的生态适宜性分析。包括福建省龙岩市连城县、漳州市华安县、云霄县，广东省广州市从化区、韶关市、河源市东源县、惠州市博罗县、江门市恩平市、梅州市大埔县，广西壮族自治区百色市凌云县、南宁市、崇左市龙州县、防城港市东兴市、桂林市恭城瑶族自治县，贵州省黔西南布依族苗族自治州，海南省儋州市、东方市、保亭黎族苗族自治县，江西省赣州市上犹县，云南省景洪市、曲靖市师宗县、文山壮族苗族自治州马关县等 7 省（区）的 77 县（市）。

GMPGIS 系统分析结果显示（表 63-1），葫芦茶在主要生长区域生态因子范围为：最冷季均温 6.2~22.1℃；最热季均温 17.5~29.4℃；年均温 12.5~25.9℃；年均相对湿度 59.9%~77.9%；年均降水量 823~2471mm；年均日照 127.4~155.9W/m^2。主要土壤类型为强淋溶土、铁铝土、人为土等。

表 63-1　葫芦茶主要生长区域生态因子值

主要气候因子数值	最冷季均温/℃	最热季均温/℃	年均温/℃	年均相对湿度/%	年均降水量/mm	年均日照/(W/m^2)
范围	6.2~22.1	17.5~29.4	12.5~25.9	59.9~77.9	823~2471	127.4~155.9
主要土壤类型	强淋溶土、铁铝土、人为土等					

◎【中国产地生态适宜性数值分析】

GMPGIS 系统分析结果显示（图 63-1、图 63-2 和表 63-2），葫芦茶在我国最大的生态相似度区域主要分布在云南、广西、广东、江西、福建等地。其中最大生态相似度区域面积最大的为云南省，为 241587.6km^2，占全部面积的 23.3%，其次为广西壮族自治区，最大生态相似度区域面积为 187795.2km^2，占全部面积的 18.1%。所涵盖县（市）个数为 116 个和 88 个。

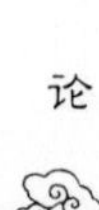

图 63-1　葫芦茶最大生态相似度区域全国分布图

表 63-2　我国葫芦茶最大生态相似度主要区域

省（区）	县（市）数	主要县（市）	面积/km²
云南	116	广南、澜沧、富宁、墨江、景洪、镇沅等	241587.6
广西	88	金城江、苍梧、南宁、藤县、西林、八步等	187795.2
广东	88	佛山、梅县、英德、韶关、东源、高要等	150966.0
江西	90	赣县、瑞金、于都、会昌、吉安、寻乌等	123893.8
福建	68	建阳、上杭、漳平、宁化、长汀、古田等	103623.1

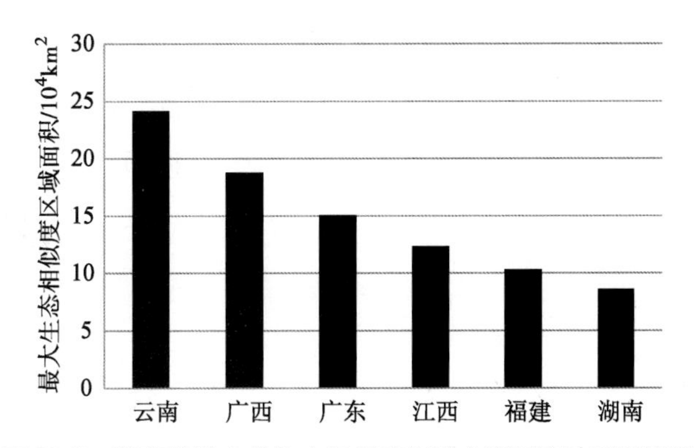

图 63-2　葫芦茶最大的生态相似度区域主要国家地区面积图

◎【区划与生产布局】

根据葫芦茶生态适宜性分析结果，结合葫芦茶生物学特性，并考虑自然条件、社会经济条件、药材主产地栽培和采收加工技术，建议选择引种栽培研究区域主要以云南、广西、广东、江西、福建等省（区）为宜（图 63-3）。

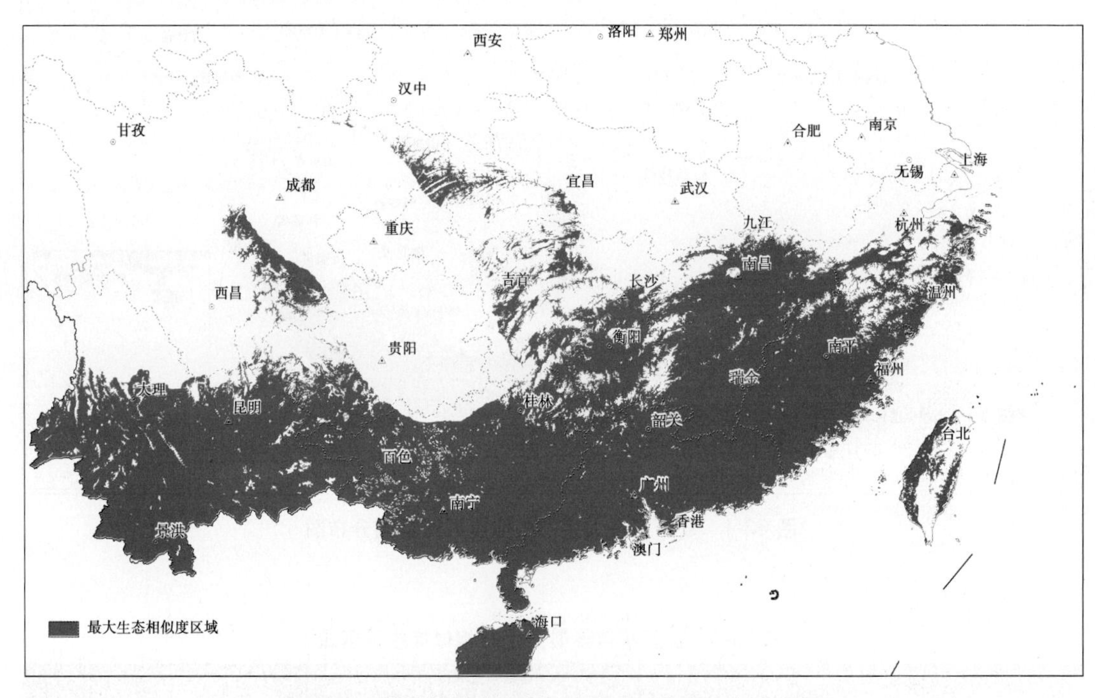

图 63-3　葫芦茶最大生态相似度区域全国局部分布图

◎ 参考文献

[1] 陈常玉，安妮，于蕾. 葫芦茶的研究现状 [J]. 广州化工，2016，(04)：1-3.

[2] 管燕红，马洁，张丽霞. 傣药葫芦茶的栽培技术 [J]. 时珍国医国药，2004，(09)：564.

[3] 卢端萍，陈志桃，王立兴，等. 葫芦茶的质量研究 [J]. 海峡药学，2003，(05)：69-71.

[4] 农莉，陈勇，刘鼎，等. 葫芦茶化学成分、质量控制及药理作用研究进展 [J]. 亚太传统医药，2014，(02)：46-48.

[5] 杨立荣. 海南中部山区什运乡的植物多样性研究 [D]. 海口：海南大学，2010.

[6] 周旭东，吕晓超，史丽颖，等. 葫芦茶地上部分化学成分的研究 [J]. 广西植物，2013，(04)：575-578+527.

64. 葛花 Gehua

FLOS PUERARIAE

本品为豆科植物野葛 *Pueraria lobata*（Willd.）Ohwi 或甘葛藤 *Pueraria thomsonii* Benth. 的干燥花。*Flora of china* 收录野葛为葛 *Pueraria montana*（Loureiro）Merrill。别名野葛花、

葛条花、葛藤花等。《广东省中药材标准》（第一册）收载。葛花性平，味甘，归脾、胃经，具解酒醒脾、解肌退热、生津止渴、止泻治痢等功效。用于伤酒发热烦渴，不思饮食，呕逆吐酸，吐血，肠风下血等。

葛花是传统医学中最具代表性的解酒药物，现代临床医学用于治疗急、慢性酒精中毒和肝硬化及其他肝病，尤以葛花解醒汤为代表经方。除了传统的汤剂以外，已开发出以葛花为主药的醒酒产品，包括饮料、口服液、颗粒剂（冲剂）、茶剂、片剂、胶囊等。此外，葛花总黄酮提取液是天然理想的抗氧化剂之一，在食品、化妆品等领域也具有广泛的开发应用前景。随着人们对葛花认识的加深，葛花资源的开发利用呈不断扩大趋势。野葛我国大部省区均有分布，多自产自销；甘葛藤主产广西，多为栽培品，销往全国并出口。

野葛

Pueraria obata（Willd.）Ohwi

◎【地理分布与生境】

野葛产我国南北各地，除新疆、青海及西藏外，分布几遍全国，广东省以韶关、梅县地区较多。东南亚至澳大利亚亦有分布。野生于路旁、山坡草丛或灌木丛中及较阴湿处。生于山地疏或密林中。

◎【生物学及栽培特性】

野葛为粗壮藤本，属阳生植物，生长在河道边或灌木丛中；对土壤要求不严格，砂质壤土为佳，尤其在土层深厚、排水良好的砂壤土上生长最好。野葛比较耐庇荫，在闭度较小的针阔叶混交林，自然生长更新很好，较耐寒，其耐寒性随生长时间的延长而增强，时间越长，野葛根长得越粗，生长能力越是旺盛。

◎【生态因子值】

选取1141个样点进行野葛的生态适宜性分析。国内样点包括广东省韶关市翁源县、新丰县、乳源县、梅州市大埔县、梅县、平远县，广西壮族自治区百色市、桂林市、崇左市、防城港市上思县，安徽省岳西县、池州市、黄山市黄山区、休宁县，福建省南平市延平区、武夷山市、三明市沙县、泉州市德化县，甘肃省陇南市康县、徽县、文县、天水市清水县，贵州省安顺市平坝县、修水县、雷山县、罗甸县，海南省澄迈县、东方市、海口市、琼中县，河北省邢台县、丘县，河南省修武县、嵩县、西峡县，湖南省郴州市宜章县、临武县、衡阳市衡山县、衡阳县，邵阳市新宁县、新邵县，湖北省恩施巴东县、来凤县、利川市等26省（区）的733县（市）。国外样点包括日本、泰国、越南、美国、澳大利亚等22个国家。

GMPGIS系统分析结果显示（表64-1），野葛在主要生长区域生态因子范围为：最冷季均温-14.6~25.4℃；最热季均温8.8~29.4℃；年均温-0.5~26.7℃；年均相对湿度49.3%~78.0%；年均降水量292~3927mm；年均日照119.1~185.7W/m^2。主要土壤类型为强淋溶土、淋溶土、始成土、人为土、高活性强酸土、暗色土、粗骨土、浅层土等。

表 64-1 野葛主要生长区域生态因子值

主要气候因子数值	最冷季均温/℃	最热季均温/℃	年均温/℃	年均相对湿度/%	年均降水量/mm	年均日照/（W/m²）
范围	-14.6~25.4	8.8~29.4	-0.5~26.7	49.3~78.0	292~3927	119.1~185.7
主要土壤类型	强淋溶土、淋溶土、始成土、人为土、高活性强酸土、暗色土、粗骨土、浅层土等					

◎【全球产地生态适宜性数值分析】

GMPGIS 系统分析结果显示（图 64-1 和图 64-2），野葛在全球最大的生态相似度区域分布于 153 个国家，主要为美国、巴西、中国和刚果。其中最大生态相似度区域面积最大的国家为美国，为 5627324.6km²，占全部面积的 15.6%。

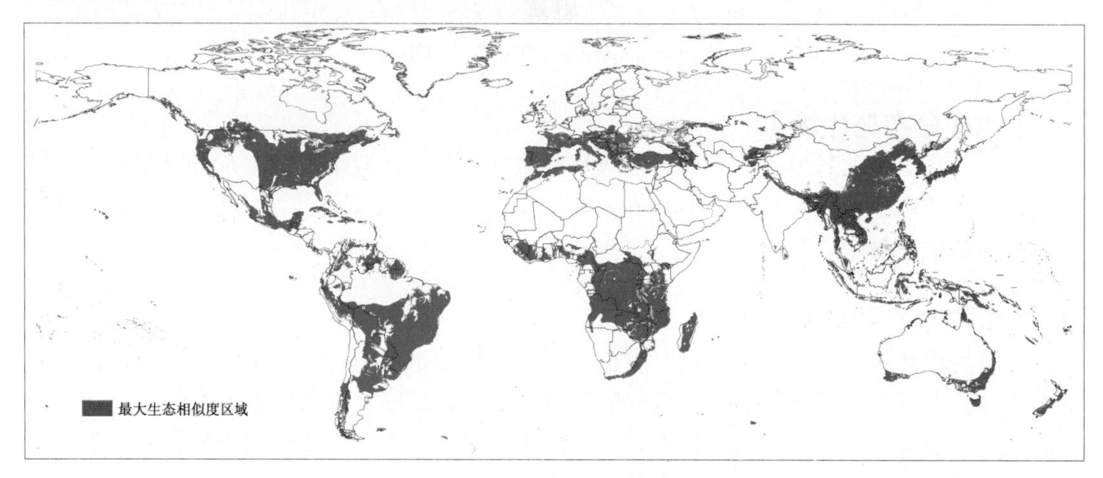

图 64-1 野葛最大生态相似度区域全球分布图

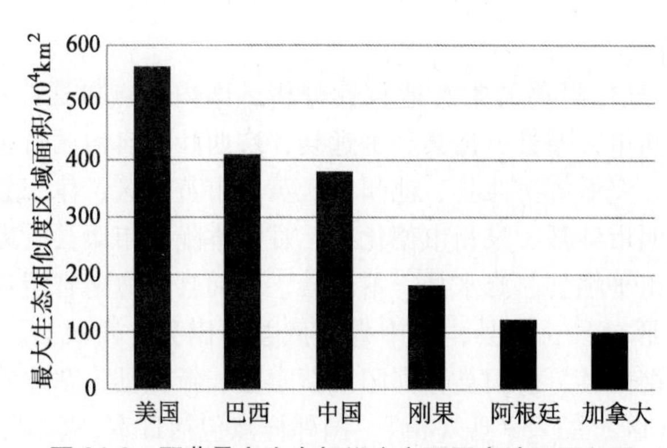

图 64-2 野葛最大生态相似度主要国家地区面积图

◎【中国产地生态适宜性数值分析】

GMPGIS 系统分析结果显示（图 64-3、图 64-4 和表 64-2），野葛在我国最大的生态相似度区域主要分布在云南、四川、内蒙古、广西、陕西、湖南、河北、湖北等地。其中最大生态相似度区域面积最大的为云南省，为 337820.2km²，占全部面积的 9%；其次为四川省，最大生态相似度区域面积为 284476.9km²，占全部的 7%。所涵盖县（市）个数分别为 126 个和 154 个。

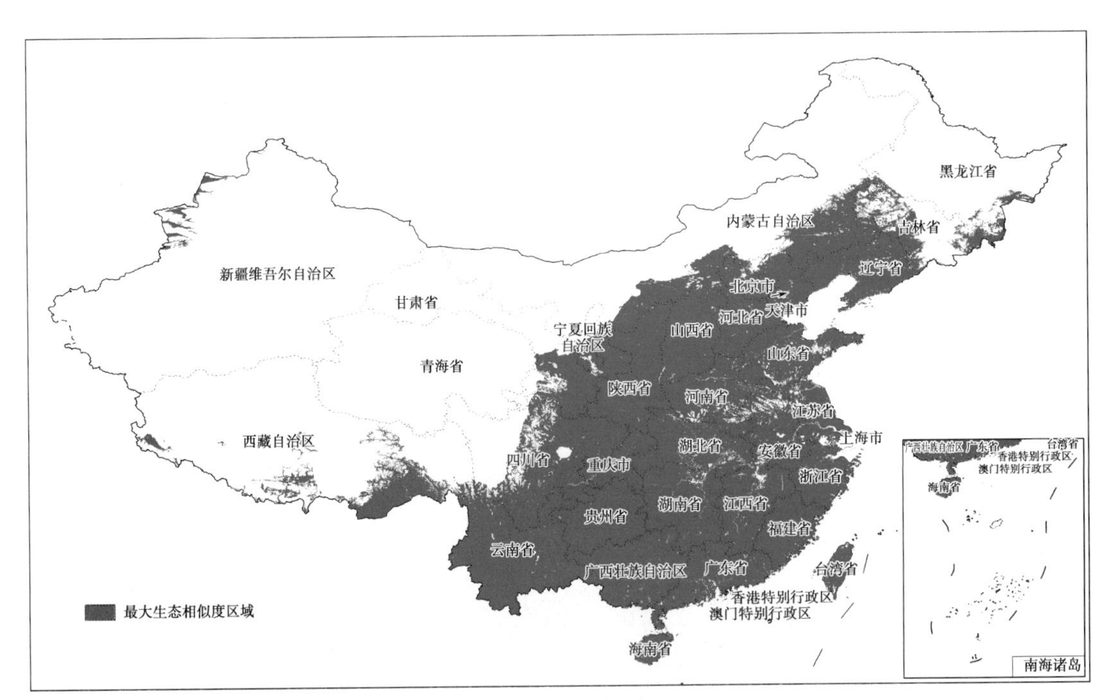

图 64-3　野葛最大生态相似度区域全国分布图

表 64-2　我国野葛最大生态相似度主要区域表

省（区）	县（市）数	主要县（市）	面积/km²
云南	126	玉龙、广南、景洪、勐腊、富宁、云龙等	337820.2
四川	154	万源、青川、平武、宜宾、南江、合江等	284476.9
内蒙古	56	科尔沁、赤峰、商都、翁牛特旗、开鲁、林西等	245388.2
广西	88	苍梧、融水、南丹、西林、钦州、藤县等	208207.4
陕西	98	定边、靖边、宝鸡、南郑、横山、富县等	203282.3
湖南	102	安化、石门、沅陵、衡南、桃源、桂阳等	190632.4
河北	152	承德、隆化、兴隆、宣化、涞水、青龙等	184939.8
湖北	77	房县、利川、恩施、竹溪、巴东、宜昌等	169805.9

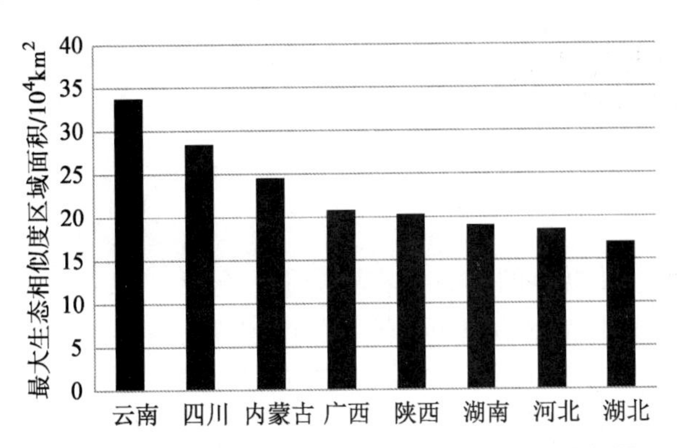

图 64-4　我国野葛最大生态相似度主要地区面积图

◎【区划与生产布局】

根据野葛生态适宜性分析结果，结合野葛生物学特性，并考虑自然条件、社会经济条件、药材主产地栽培和采收加工技术，建议选择引种栽培研究区域主要以美国、巴西、中国和刚果等国家（或地区）为宜，在国内主要以云南、四川、内蒙古、广西、陕西、湖南、河北、湖北等省（区）为宜（图 64-5）。

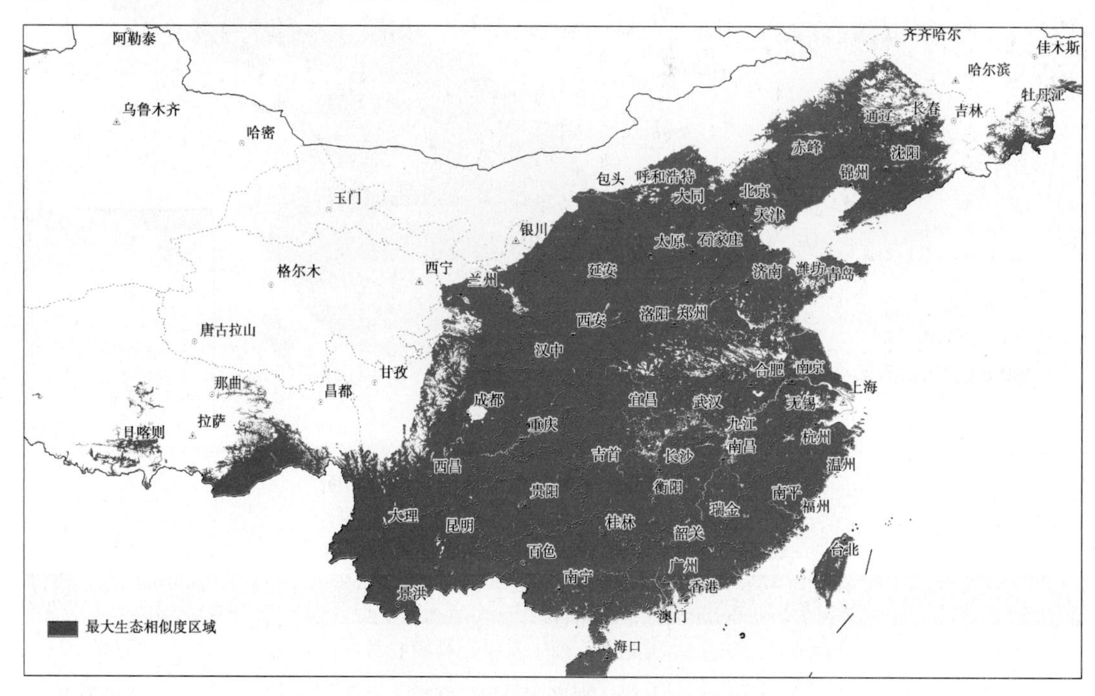

图 64-5　野葛最大生态相似度区域全国局部分布图

甘葛藤

Pueraria thomsonii Benth.

◎【地理分布与生境】

甘葛藤产云南、四川、西藏、江西、广西、广东、海南等地。多栽培于田间、村边，亦有少量野生于山野灌丛或疏林中。老挝、泰国、缅甸、不丹、印度、菲律宾有分布。

◎【生物学及栽培特性】

甘葛藤喜温暖湿润气候，其块根耐寒；耐旱能力较强，对土质要求不严格，除黏土与碱性土外均可栽培。

◎【生态因子值】

选取 93 个样点进行甘葛藤的生态适宜性分析。包括广东省韶关市乐昌县、仁化县、河源市和平县，广西壮族自治区百色市那坡县、桂林市灵川县、柳州市融水县，贵州省贵阳市云岩区、黔南惠水县、罗甸县、兴义市，湖南省常德市石门县、邵阳市新邵县，四川省大邑县、凉山县、石棉县、天全县，云南省楚雄市、屏边县、鹤庆县、昭通市彝良县等 11 省（区）的 64 县（市）。

GMPGIS 系统分析结果显示（表 64-3），甘葛藤在主要生长区域生态因子范围为：最冷季均温-2.3～20.6 ℃；最热季均温 12.3～28.8 ℃；年均温 5.4～24.3℃；年均相对湿度 53.7～77.0%；年均降水量 683～2738mm；年均日照 120.2～158.2W/m²。主要土壤类型为始成土、高活性强酸土、强淋溶土、淋溶土、人为土、铁铝土等。

表 64-3　甘葛藤主要生长区域生态因子值

主要气候因子数值	最冷季均温/℃	最热季均温/℃	年均温/℃	年均相对湿度/%	年均降水量/mm	年均日照/（W/m²）
范围	-2.3～20.6	12.3～28.8	5.4～24.3	53.7～77.0	683～2738	120.2～158.2
主要土壤类型	始成土、高活性强酸土、强淋溶土、淋溶土、人为土、铁铝土等					

◎【全球产地生态适宜性数值分析】

GMPGIS 系统分析结果显示（图 64-6 和图 64-7），甘葛藤在全球最大的生态相似度区域分布于 77 个国家，主要为中国、美国和巴西。其中最大生态相似度区域面积最大的国家为中国，为 2132111.7km²，占全部面积的 32.6%。

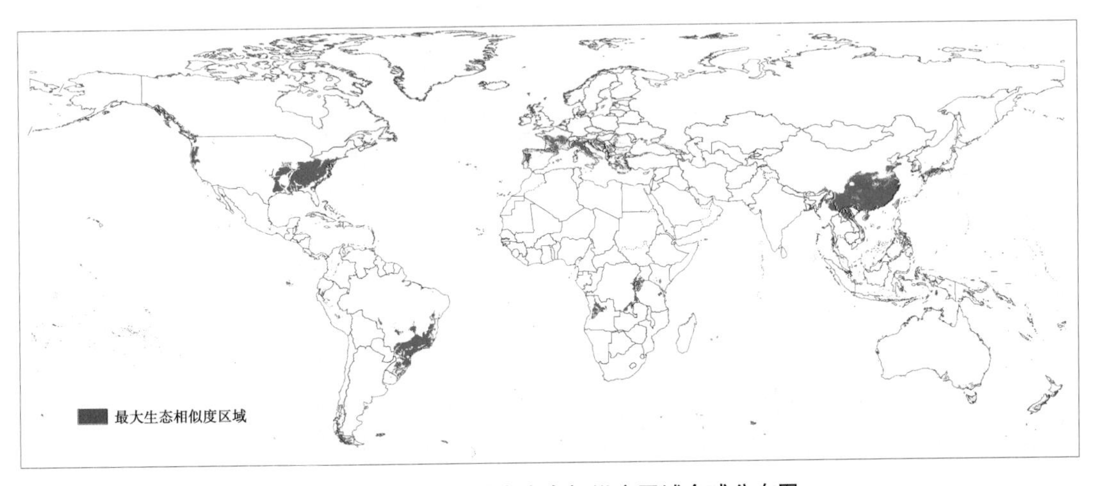

图 64-6　甘葛藤最大生态相似度区域全球分布图

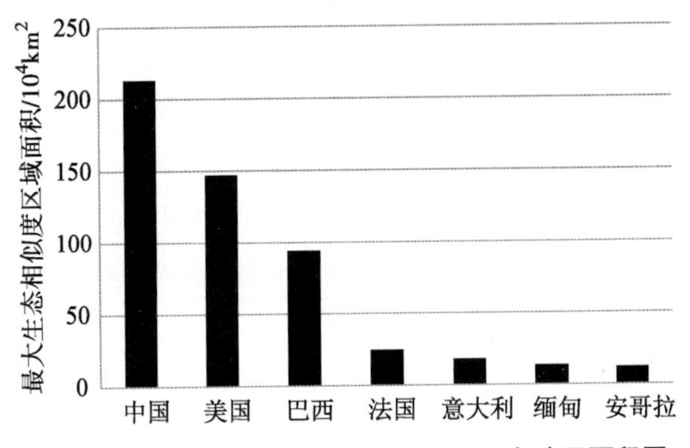

图 64-7　甘葛藤最大生态相似度主要国家地区面积图

◎【中国产地生态适宜性数值分析】

GMPGIS 系统分析结果显示（图 64-8、图 64-9 和表 64-4），甘葛藤在我国最大的生态相似度区域主要分布在云南、广西、四川、湖南、湖北、江西、贵州等地。其中最大生态相似度区域面积最大的为云南省，为 318092. 5km^2，占全部面积的 15%；其次为广西壮族自治区，最大生态相似度区域面积为 200944. 5km^2，占全部的 9%。所涵盖县（市）个数分别为 126 个和 88 个。

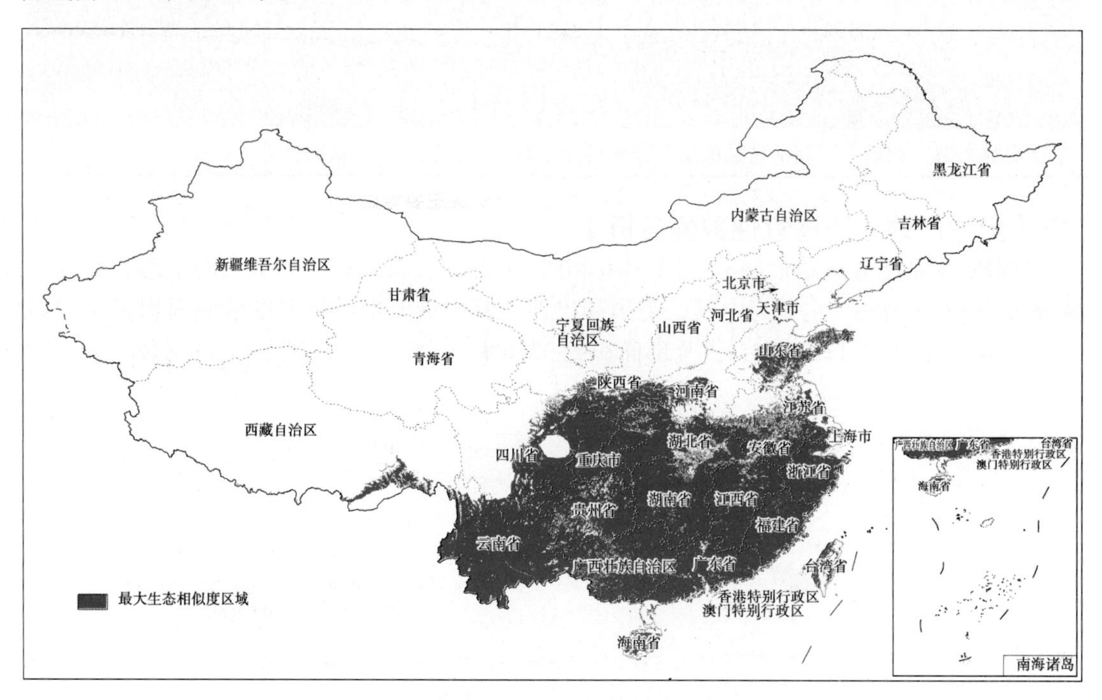

图 64-8　甘葛藤最大生态相似度区域全国分布图

表 64-4　我国甘葛藤最大生态相似度主要区域

省（区）	县（市）数	主要县（市）	面积/km^2
云南	126	玉龙、广南、景洪、勐腊、永胜、景东等	318092. 5
广西	88	融水、八步、苍梧、南宁、西林、全州等	200944. 5
四川	133	宜宾、青川、达县、南江、万源、平昌等	196141. 6
湖南	102	安化、桃源、宜章、衡南、会同、桂阳等	188176. 6
湖北	77	利川、宜昌、咸丰、巴东、竹溪、南漳等	149719. 0
江西	91	遂川、宁都、武宁、赣县、修水、永丰等	148906. 0
贵州	82	从江、遵义、习水、盘县、黎平、镇远等	146035. 4

◎【区划与生产布局】

根据甘葛藤生态适宜性分析结果，结合甘葛藤生物学特性，并考虑自然条件、社会经济条件、药材主产地栽培和采收加工技术，建议选择引种栽培研究区域主要以中国、美国和巴西等国家（或地区）为宜，在国内主要以云南、广西、四川、湖南、湖北、江西、贵州等省（区）为宜（图 64-10）。

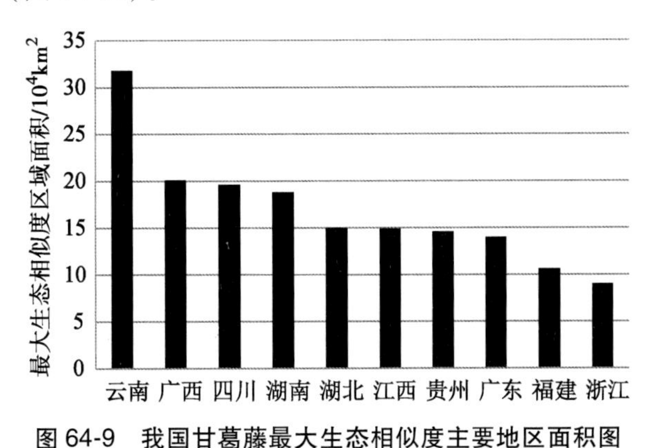

图 64-9　我国甘葛藤最大生态相似度主要地区面积图

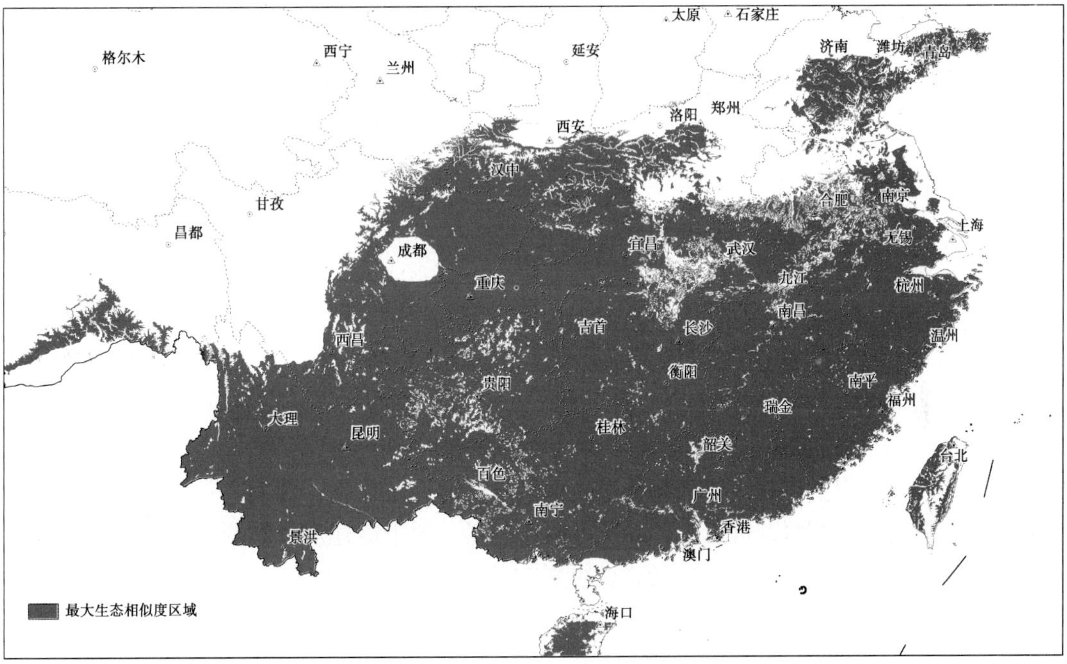

图 64-10　甘葛藤最大生态相似度区域全国局部分布图

◎【品质生态学研究】

葛花资源丰富，但由于生态环境和气候等因素影响，不同地区葛花品质表现出一定差异。冯维希（2009）等对湖北恩施、广东、广西及浙江等地干葛花的营养成分进行了测定分析，发现葛花中富含 Ca、Mg，湖北葛花中 Mg、Mn 含量最高，浙江葛花 Ge 含量最高，广西葛花总黄酮含量最高；不同产地葛花的蛋白质、粗脂肪、水分含量存在差别。常欣（2009）以葛花苷、鸢尾苷和鸢尾黄素 3 种黄酮类化合物为指标成分，对辽宁、安徽、广西、湖南等不同基原和产地的葛花药材进行比较。结果显示野葛花中不含鸢尾黄素，葛花苷为主要异黄酮类成分；而粉葛花中鸢尾黄素和鸢尾苷是主要成分。

◎ 参考文献

[1] 常欣. 葛花药材质量标准与葛花苷原料药的研究［D］. 沈阳：沈阳药科大学，2009.

[2] 陈欣. 粉葛及其资源开发研究［D］. 成都：西南交通大学，2011.

[3] 冯维希，张永丹，岳馨钰，等. 不同产地葛花主要营养成分的比较［J］. 安徽农业科学，2009，(12)：5492-5493，5545.

[4] 郝建平，王峰，宋强，等. 山西省野葛种质资源分布与植物学性状研究［J］. 植物遗传资源学报，2016，(01)：39-44.

[5] 鲁艳清，代丽萍，王娟娟，等. HPLC 法评价河南不同产地野葛质量的实验研究［J］. 中国药物评价，2013，(06)：331-333.

[6] 舒抒. 重庆产粉葛的质量评价研究［D］. 成都：成都中医药大学，2007.

[7] 孙洋. 葛花药理作用与临床应用研究［J］. 亚太传统医药，2014，(08)：51-53.

[8] 谭珍媛，梁秋云，黄兴振. 葛花的化学成分及其醒酒功能开发利用研究进展［J］. 广西中医药大学学报，2017，(01)：72-75.

[9] 王峰. 12 种山西野葛形态解剖学及其生态环境研究［D］. 太原：山西大学，2015.

[10] 张志强，孟欣桐，苗明三. 葛花的现代研究与思考［J］. 中医学报，2016，(12)：1957-1960.

65. 棕榈 Zonglü

TRACHYCARPI PETIOLUS

本品为棕榈科植物棕榈 *Trachycarpus fortunei*（Hook，f.）H. Wendl. 的干燥叶柄。别名棕衣树、棕树、陈棕、棕板、棕骨、棕皮等。2015 年版《中华人民共和国药典》（第一部）收载。棕榈性平，味苦、涩，归肺、肝、大肠经，具收敛止血等功效。用于吐血，衄血，尿血，便血，崩漏等。

棕榈是我国珍贵的园林观赏植物资源，也是重要的经济作物、食物和药物来源。棕榈的每一部分都能利用，新鲜花可以吃，种子可用作饲料，树干能建房；其漂白后的嫩叶可制成扇子、草帽；未开放的花苞称“棕鱼”，可供食用；叶柄烧炭可入药。棕榈为栽培品或野生品。

◎【地理分布与生境】

棕榈分布于长江以南各省区。通常仅见栽培于四旁，罕见野生于疏林中，海拔上限 2000 米左右；在长江以北虽可栽培，但冬季茎须裹草防寒。日本也有分布。

◎【生物学及栽培特性】

棕榈为常绿乔木，适应能力特强。喜阳光，但又有较强的耐阴能力；喜温暖，但又耐-8℃严寒，甚至可耐-14℃的低温；喜湿润，但又能抗干旱；耐烟尘，并能抗二氧化硫、抗氟、抗火。

◎【生态因子值】

选取 162 个样点进行棕榈的生态适宜性分析。国内样点包括云南省保山市腾冲县，广西壮族自治区百色市凌云县、桂林市临桂县，湖南省郴州市宜章县、永州市江永县，四川省雅安市宝兴县等 14 省（区）的 141 县（市）。国外样点包括日本。

GMPGIS 系统分析结果显示（表 65-1），棕榈在主要生长区域生态因子范围为：最冷季均温-4.1~19.3℃；最热季均温 14.6~29.4℃；年均温 5.4~24.3℃；年均相对湿度 57.4%~76.5%；年均降水量 876~2200mm；年均日照 117.6~154.9W/m²。主要土壤类型为强淋溶土、淋溶土、人为土、高活性强酸土、始成土等。

表 65-1 棕榈主要生长区域生态因子值

主要气候因子数值	最冷季均温/℃	最热季均温/℃	年均温/℃	年均相对湿度/%	年均降水量/mm	年均日照/（W/m²）
范围	-4.1~19.3	14.6~29.4	5.4~24.3	57.4~76.5	876~2200	117.6~154.9
主要土壤类型	强淋溶土、淋溶土、人为土、高活性强酸土、始成土等					

◎【全球产地生态适宜性数值分析】

GMPGIS 系统分析结果显示（图 65-1 和图 65-2），棕榈在全球最大的生态相似度区域分布于 65 个国家，主要为中国、美国和巴西。其中最大生态相似度区域面积最大的国家为中国，为 1967694.7km²，占全部面积的 36.3%。

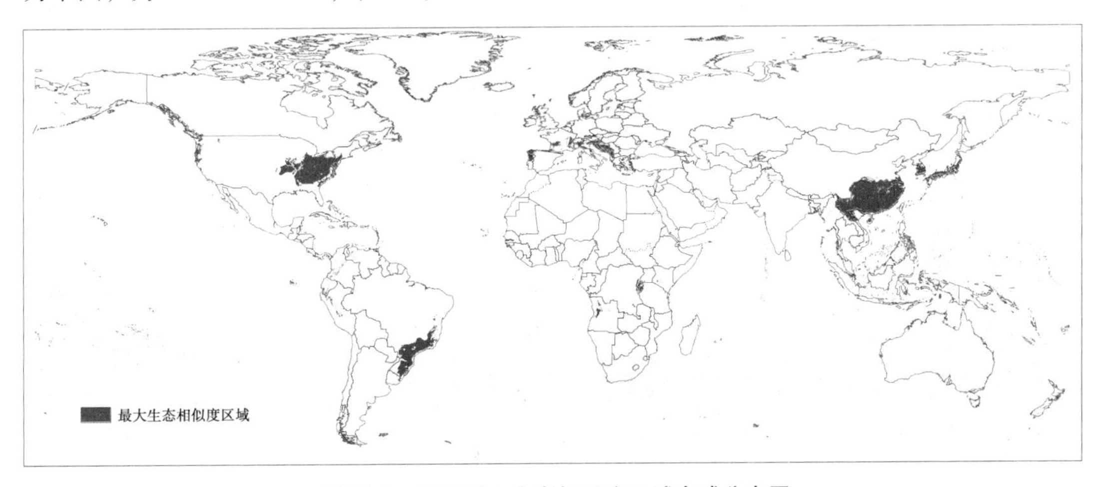

图 65-1 棕榈最大生态相似度区域全球分布图

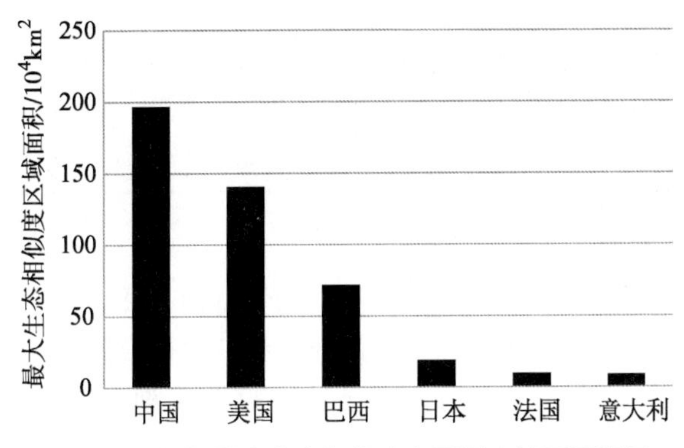

图 65-2 棕榈最大生态相似度主要国家地区面积图

◎【中国产地生态适宜性数值分析】

GMPGIS 系统分析结果显示（图 65-3、图 65-4 和表 65-2），棕榈在我国最大的生态相似度区域主要分布在云南、广西、湖南、四川、贵州、湖北等地。其中最大生态相似度区域面积最大的为云南省，为 283696.8km²，占全部面积的 14.4%；其次为广西壮族自治区，最大生态相似度区域面积为 206521.3km²，占全部的 10.5%。所涵盖县（市）个数分别为 124 个和 88 个。

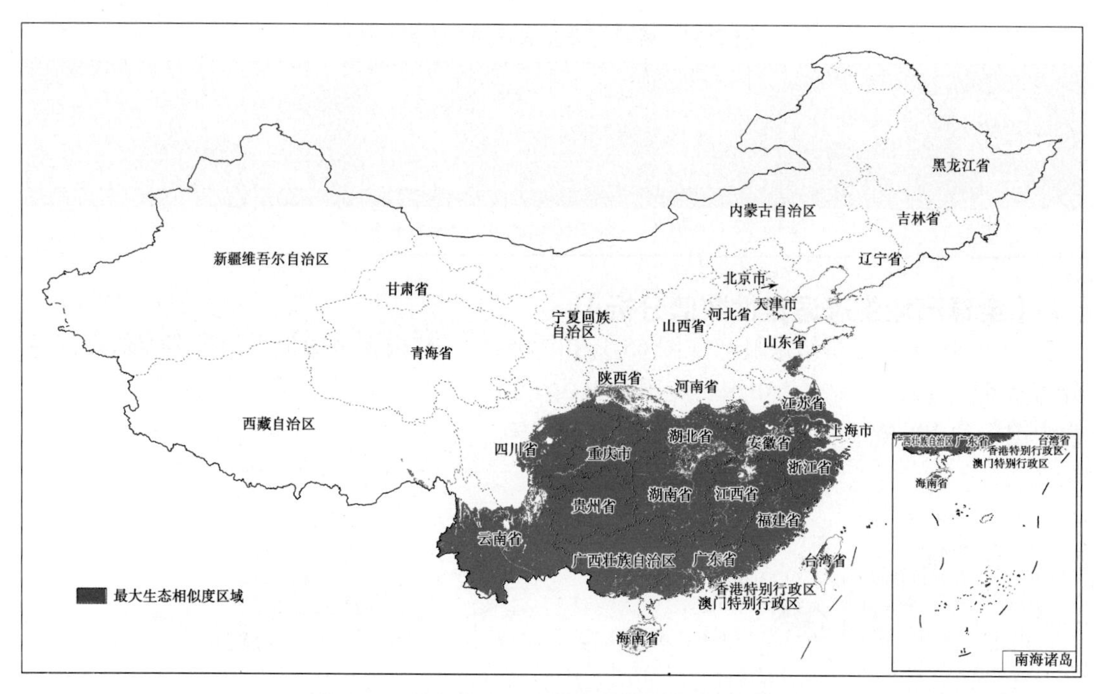

图 65-3　棕榈最大生态相似度区域全国分布图

表 65-2　我国棕榈最大生态相似度主要区域

省（区）	县（市）数	主要县（市）	面积/km²
云南	124	澜沧、广南、富宁、勐腊、墨江、镇沅等	283696.8
广西	88	金城、苍梧、融水、八步、南丹、南宁等	206521.3
湖南	102	安化、石门、浏阳、沅陵、桃源、永州等	189486.6
四川	120	万源、宜宾、宣汉、合江、通江、叙永等	173220.9
贵州	82	遵义、从江、水城、松桃、黎平、习水等	158579.0
湖北	77	武汉、利川、房县、曾都、恩施、竹山等	157288.0

◎【区划与生产布局】

根据棕榈生态适宜性分析结果，结合棕榈生物学特性，并考虑自然条件、社会经济条件、药材主产地栽培和采收加工技术，建议选择引种栽培研究区域主要以中国、美国、巴西等国家（或地区）为宜，在国内主要以云南、广西、湖南、四川、贵州、湖北等省（区）为宜（图 65-5）。

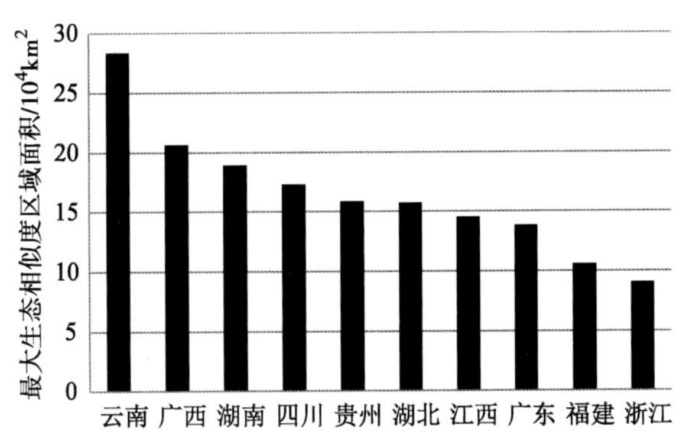

图 65-4 我国棕榈最大生态相似度主要地区面积图

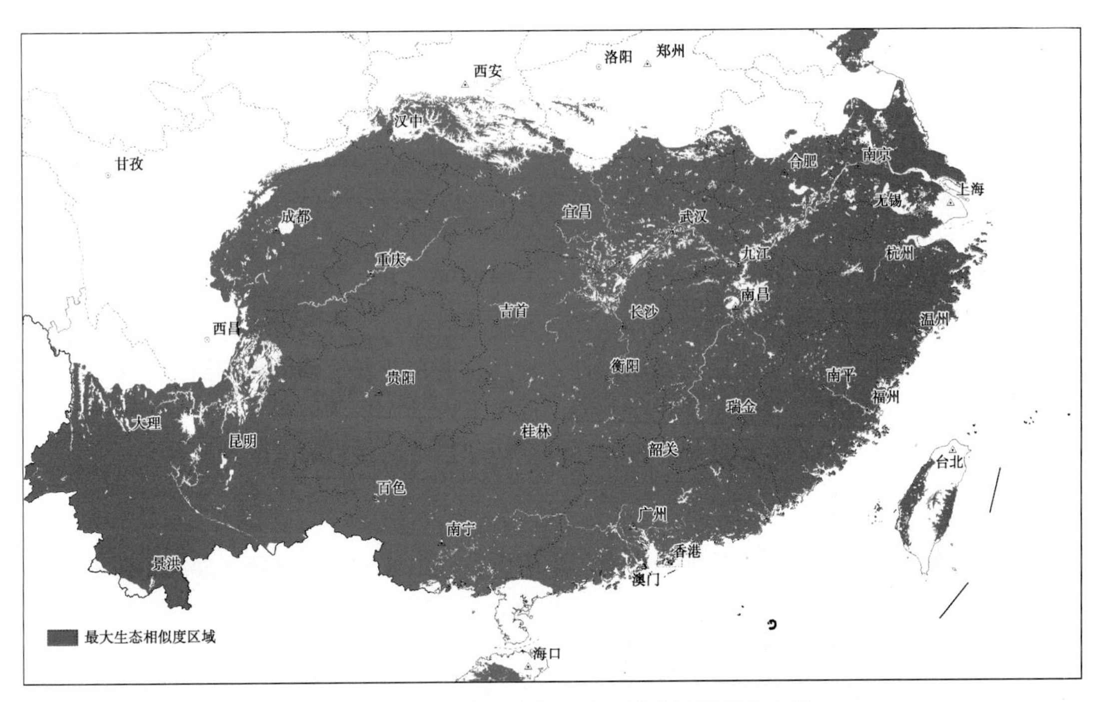

图 65-5 棕榈最大生态相似度区域全国局部分布图

◎【品质生态学研究】

棕榈分布于我国长江以南，是我国的药用植物。郭长强等（1991）对 10 个省市棕榈炭饮片性状、水浸出物、薄层色谱分析、鞣质含测比较，结果表明，各地棕榈炭饮片存性程度不同，成品存性和内在质量区别显著。水浸出物量最高者达 6.879%，最低者仅为 2.188% ，鞣质含量最高者达 1.319%，最低者仅为 0.263%，存性程度愈大，成分含量愈高，饮片质量愈好。

◎ 参考文献

[1] 丁易，臧润国，杨世彬，等. 海南霸王岭棕榈植物对热带低地雨林树木更新的影响 [J]. 林业科学，2009，45（09）：18-23.

[2] 董云发. 棕榈的综合利用和开发 [J]. 中国野生植物资源，2005，24（1）：25-27.
[3] 郭长强，王琦，任遵华，等. 十地区棕榈炭质量比较 [J]. 中成药，1991，(11)：19-20.
[4] 林秀香，罗金水，郑宴义，等. 福建省棕榈科植物病害调查研究 [J]. 中国农学通报，2009，25 (01)：180-184.
[5] 林云甲. 棕榈栽培要点 [J]. 中国花卉盆景，1993，(12)：12.
[6] 卫强，王燕红. 棕榈花-叶-茎挥发油成分及抑菌活性研究 [J]. 浙江农业学报，2016，28（5）：875-884.
[7] 张滢，李学模，李珊珊. 中药棕榈饮片研究进展 [J]. 时珍国医国药，1999，10（5）：376-377.

66. 黑老虎 Heilaohu

RADIX KADSURAE COCCINEAE

本品为木兰科植物厚叶五味子 *Kadsura coccinea*（Lem.）A. C. Smith 的干燥根。*Flora of China* 收载该物种为黑老虎 *Kadsura coccinea*。别名过山龙、大钻、臭饭团、冷饭团等。《广东省中药材标准》（第一册）收载。黑老虎性温，味辛，归肝、脾经，具行气活血、祛风止痛等功效。用于风湿痹痛，痛经，脘腹疼痛，跌打损伤等。

黑老虎为木质藤本植物，现代医学研究表明黑老虎具有抗氧化、抗肿瘤、抗病毒、抗肝纤维化等作用。除了根茎作为药用外，其果大、味酸甜，富含多种人体必需的氨基酸和微量元素，无毒并具有调节血脂的作用，是一种具有潜在开发价值的珍稀野生水果。黑老虎集药用、食用、观赏、绿化、美化于一体，近年来由于大量的取果、取藤、挖根等现象的普遍存在，加之生境的严重破坏，该物种的存活和繁殖已面临极大的挑战。

◎【地理分布与生境】

厚叶五味子主产于广东、广西、海南。生于山谷、山坡林下，其藤常缠绕于树上。

◎【生物学及栽培特性】

厚叶五味子为常绿攀缘藤本，生于山地疏林中，常缠绕于大树上，长 3～6m。其人工栽培需搭架以供攀缠，为确保稳产、丰产，在花期最好进行人工授粉。根据植株大小进行疏花、疏果，以保证果实的品质。厚叶五味子须根较多而分布较浅，因而施肥不宜太深。以弱酸性的砂壤土最适种植，且常保持土壤湿润。

◎【生态因子值】

选取 470 个样点进行厚叶五味子的生态适宜性分析。包括云南省文山州富宁县、保山市腾冲县，广西壮族自治区桂林市灵川县、崇左市龙州县，湖南省永州市江永县，四川省乐山市峨眉山市、雅安市宝兴县，湖北省宜昌市兴山县，贵州省铜仁市石阡县，江西省九江市修水县，广东省梅州市平远县仁居镇等 13 省（区）的 240 县（市）。

GMPGIS 系统分析结果显示（表 66-1），厚叶五味子在主要生长区域生态因子范围为：最冷季均温-0.1～20.9℃；最热季均温 14.1～29.2℃；年均温 8.3～25.3℃；年均相对湿度 54.7%～77.5%；年均降水量 592～2452mm；年均日照 121.9～155.4W/m^2。主要土壤类型为强淋溶土、高活性强酸土、人为土、淋溶土、始成土等。

表 66-1 厚叶五味子主要生长区域生态因子值

主要气候因子数值	最冷季均温/℃	最热季均温/℃	年均温/℃	年均相对湿度/%	年均降水量/mm	年均日照/（W/m²）
范围	-0.1~20.9	14.1~29.2	8.3~25.3	54.7~77.5	592~2452	121.9~155.4
主要土壤类型	强淋溶土、高活性强酸土、人为土、淋溶土、始成土等					

◎【中国产地生态适宜性数值分析】

GMPGIS 系统分析结果显示（图 66-1、图 66-2 和表 66-2），厚叶五味子在我国最大的生态相似度区域主要分布在云南、广西、湖南、四川、湖北、贵州等地。其中最大生态相似度区域面积最大的为云南省，为 309370.4km^2，占全部面积的 13.9%；其次为广西壮族自治区，最大生态相似度区域面积为 207719.8km^2，占全部的 9.3%。所涵盖县（市）个数分别为 126 个和 88 个。

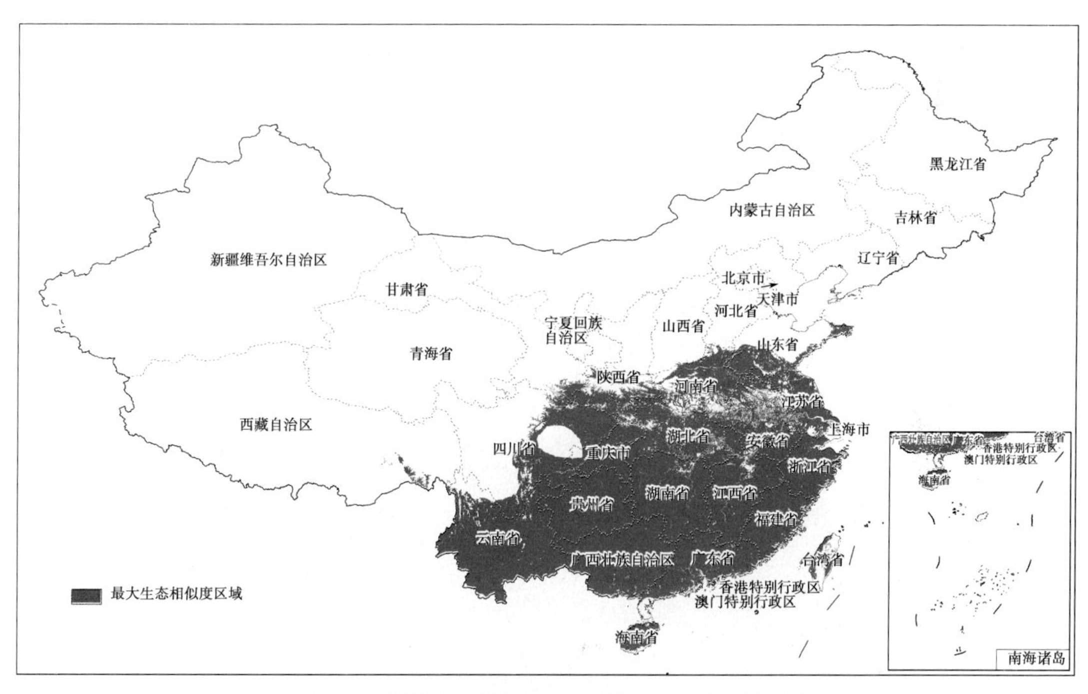

图 66-1 厚叶五味子最大生态相似度区域全国分布图

表 66-2 我国厚叶五味子最大生态相似度主要区域

省（区）	县（市）数	主要县（市）	面积/km²
云南	126	澜沧、广南、富宁、勐腊、墨江、镇沅等	309370.4
广西	88	金城江、苍梧、融水、八步、南丹、南宁等	207719.8
湖南	102	安化、浏阳、石门、沅陵、永州、桃源等	190616.3
四川	115	万源、宜宾、会理、宣汉、合江、叙永等	161925.0
湖北	77	利川、武汉、竹山、曾都、房县、郧县等	160554.7
贵州	82	遵义、从江、威宁、水城、松桃、黎平等	158903.2

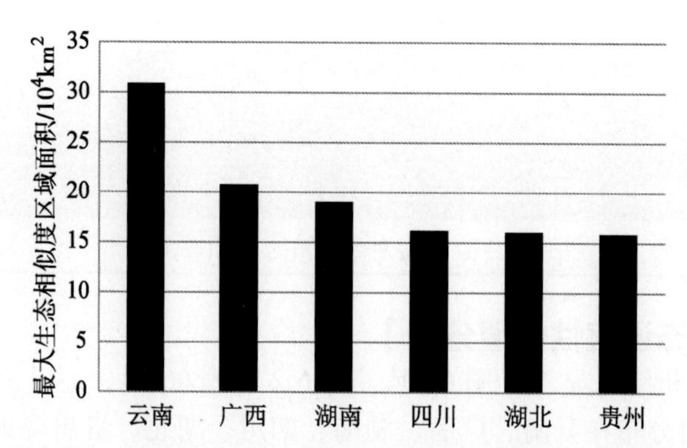

图 66-2　我国厚叶五味子最大生态相似度主要地区面积图

◎【区划与生产布局】

根据厚叶五味子生态适宜性分析结果，结合厚叶五味子生物学特性，并考虑自然条件、社会经济条件、药材主产地栽培和采收加工技术，建议选择引种栽培研究区域主要以云南、广西、湖南、四川、湖北、贵州等省（区）为宜（图 66-3）。

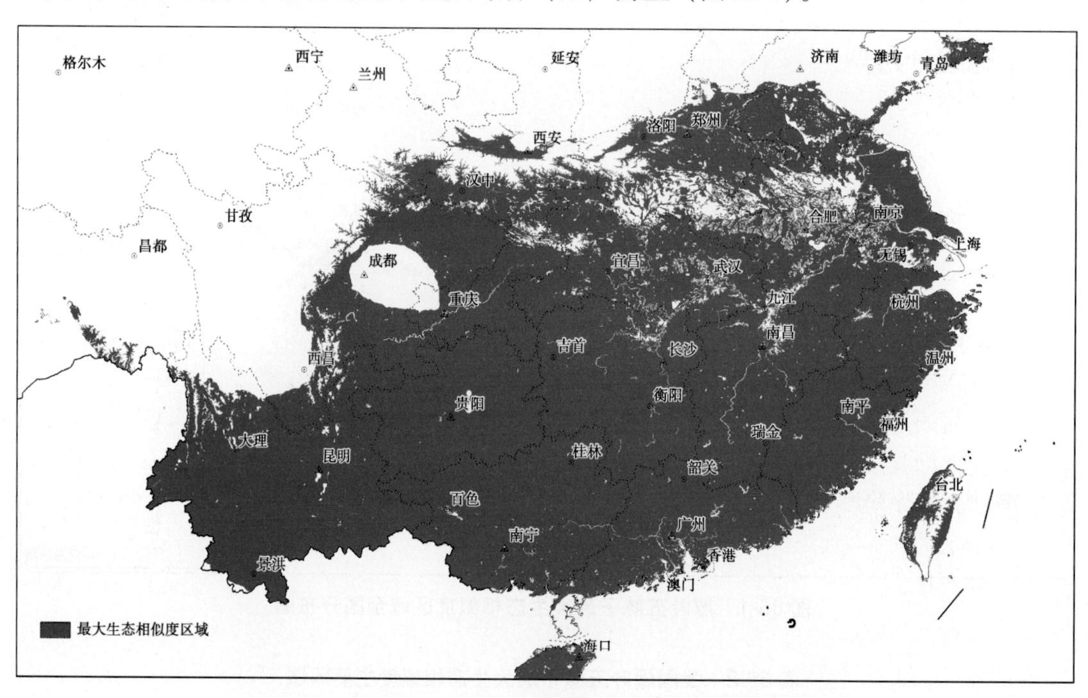

图 66-3　厚叶五味子最大生态相似度区域全国局部分布图

◎ 参考文献

[1] 付玉嫔，司马永康，祁荣频，等. 木质藤本植物黑老虎的居群结构与动态［J］. 东北林业大学学报，2015，(09)：23-29，51.

[2] 舒永志，成亮，杨培明. 黑老虎的化学成分及药理作用研究进展［J］. 中草药，2011，（04）：

805-813.
[3] 徐亮. 黑老虎的质量标准研究 [D]. 苏州：苏州大学，2016.

67. 黑面神 Heimianshen

黑面神为大戟科植物黑面神 *Breynia fruticosa*（L.）Hook. f. 的干燥嫩枝叶。别名黑面叶、鬼画符、夜兰茶、蚊惊树、铁甲将军等。《广东中药志》（第一卷）收载。黑面神性微寒，味微苦，有小毒，归脾、胃经，具清热解毒、祛风止痒等功效。用于湿疹，皮肤瘙痒；过敏性皮炎，过敏，阴道炎等。

黑面神为广东常用地产药材，在岭南地区有悠久的药用历史，始载于《生草药性备要》。在广东和广西以黑面神合剂入药，用于治疗慢性支气管炎，也作为湛江蛇药的重要成分治疗毒蛇咬伤。此外，黑面神在临床上也有其他多种应用，可直接入药，也可复方入药。目前药材主要来自于野生资源。

◎【地理分布与生境】

黑面神产于广东、广西、浙江、福建、海南、四川、贵州、云南等地。老挝、泰国、越南也有分布。散生于山坡、平地、旷野灌木丛中或林缘。

◎【生物学及栽培特性】

黑面神为秃净灌木，高约 1~2 米。目前尚未有人工栽培研究。

◎【生态因子值】

选取 587 个样点进行黑面神的生态适宜性分析。包括云南省大理市剑川县、景洪市勐旺乡、红河州屏边县、玉溪市新平县、元阳县，广东省惠州市博罗县罗浮山、潮州市饶平县、肇庆市鼎湖山、高州市新洞镇、广州市白云山、石牌、乐昌市北乡镇，海南省陵水县吊罗山、东方市感恩县、昌江县东方村及香港特别行政区等 9 省（区）的 284 县（市）。

GMPGIS 系统分析结果显示（表 67-1），黑面神在主要生长区域生态因子范围为：最冷季均温 3.9~26.5℃；最热季均温 18.2~29.6℃；年均温 13.6~28.1℃；年均相对湿度 58.1%~78.3%；年均降水量 816~2683mm；年均日照 121.6~170.3W/m^2。主要土壤类型为强淋溶土、人为土、高活性强酸土、铁铝土、始成土、淋溶土等。

表 67-1 黑面神主要生长区域生态因子值

主要气候因子数值	最冷季均温/℃	最热季均温/℃	年均温/℃	年均相对湿度/%	年均降水量/mm	年均日照/(W/m^2)
范围	3.9~26.5	18.2~29.6	13.6~28.1	58.1~78.3	816~2683	121.6~170.3
主要土壤类型	强淋溶土、人为土、高活性强酸土、铁铝土、始成土、淋溶土等					

◎【中国产地生态适宜性数值分析】

GMPGIS 系统分析结果显示（图 67-1、图 67-2 和表 67-2），黑面神在我国最大的生态相似度区域主要分布在云南、广西、湖南、广东、江西、贵州等地。其中最大生态相似度区域面积最大的为云南省，为 246726.7km²，占全部面积的 14.3%；其次为广西壮族自治区，最大生态相似度区域面积为 202342.6km²，占全部的 11.7%。所涵盖县（市）个数分别为 121 个和 88 个。

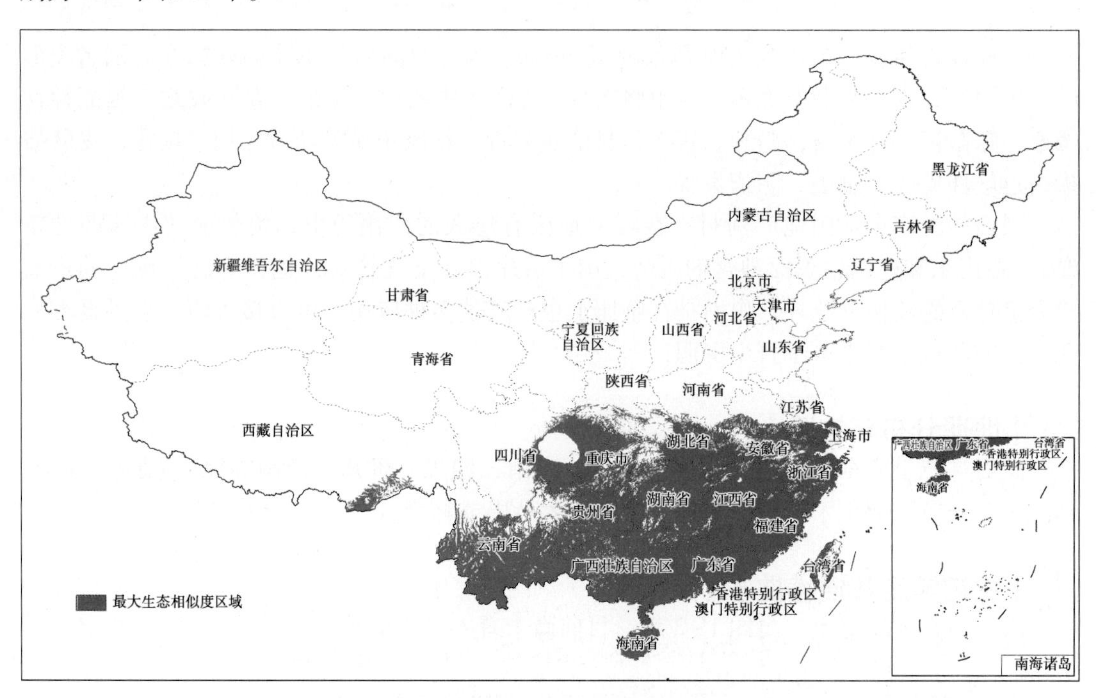

图 67-1 黑面神最大生态相似度区域全国分布图

表 67-2 我国黑面神最大生态相似度主要区域

省（区）	县（市）数	主要县（市）	面积/km²
云南	121	澜沧、广南、富宁、景洪、墨江、砚山等	246726.7
广西	88	金城江、苍梧、融水、八步、南宁、藤县等	202342.6
湖南	102	永州、安化、衡南、浏阳、桃源、桂阳等	179967.8
广东	88	佛山、梅县、英德、惠东、韶关、东源等	153813.6
江西	91	赣县、宁都、鄱阳、瑞金、于都、永丰等	149048.4
贵州	82	遵义、从江、黎平、天柱、习水、松桃等	136216.3

◎【区划与生产布局】

根据黑面神生态适宜性分析结果，结合黑面神生物学特性，并考虑自然条件、社会经济条件、药材主产地栽培和采收加工技术，建议选择引种栽培研究区域主要以云南、广西、湖南、广东、江西、贵州等省（区）为宜（图 67-3）。

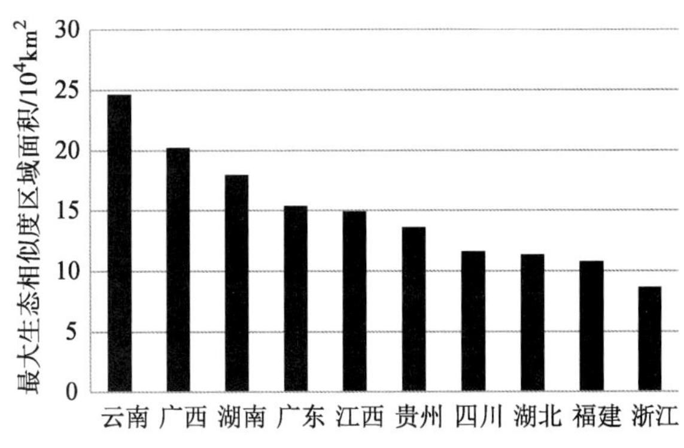

图 67-2　我国黑面神最大生态相似度主要地区面积图

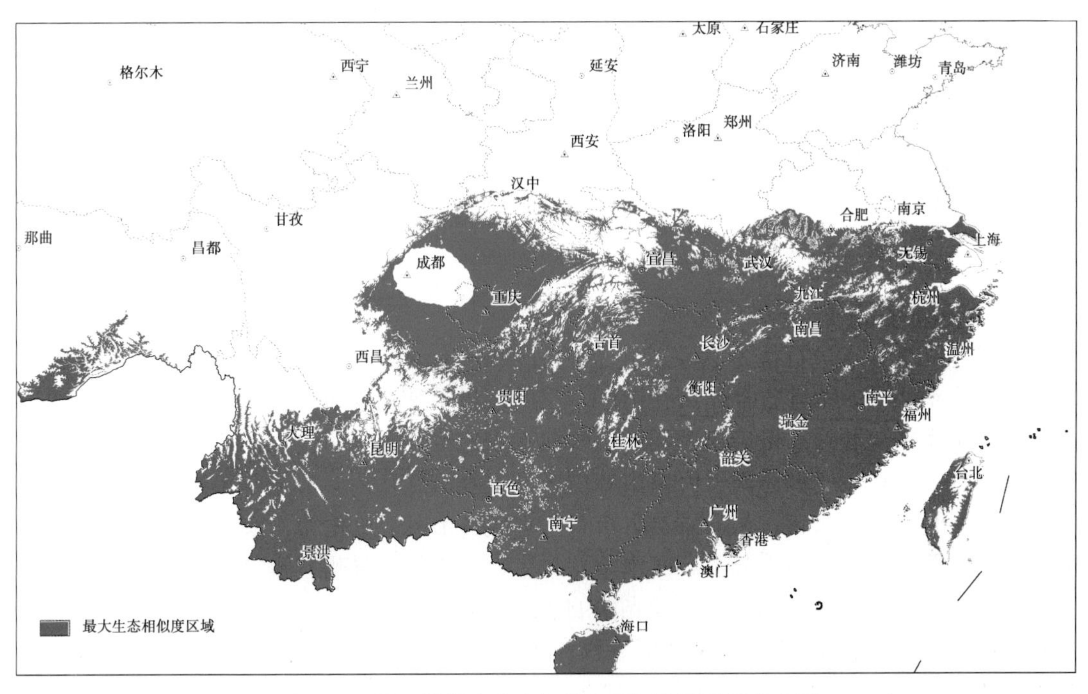

图 67-3　黑面神最大生态相似度区域全国局部分布图

◎ 参考文献

[1] 彭伟文，梅全喜，戴卫波. 广东地产药材黑面神研究进展［J］. 亚太传统医药，2010，（07）：137-139.

[2] 彭伟文，王英晶. 黑面神的药用历史及现代研究概况［J］. 今日药学，2014，(08)：618-622.

68. 鹅不食草　Ebushicao

CENTIPEDAE HERBA

本品为菊科植物鹅不食草 *Centipeda minima*（L.）A. Br. et Aschers. 的干燥全草。别名

食胡荽、野园荽、鸡肠草等。2015年版《中华人民共和国药典》（一部）收载。鹅不食草性温，味辛，归肺经，具发散风寒、通鼻窍、止咳等功效。用于风寒头痛，咳嗽痰多，鼻塞不通，鼻渊流涕等。

鹅不食草为我国传统中药材，《本草纲目》以“石胡荽”为正名，云：“石胡荽，生石缝及阴湿处，小草也。形状宛如嫩胡荽……其气辛味重不堪食，鹅也不食之”，而得名鹅不食草。现代药理研究表明鹅不食草具有广泛的药理作用，包括抗过敏性鼻炎、抗肿瘤、抗过敏、抗炎、抗诱变等，具有较高的研究和药用价值，是一味开发应用前景广泛的中药。近年来，由于除草剂的广泛应用，造成其产量锐减，加上鹅不食草全株药用，且单株产量低，同时遭到掠夺式地采集，野生自然资源受到严重破坏，市场价格上升。

◎【地理分布与生境】

鹅不食草产我国华南、西南、东北、华北、华中、华东等地。朝鲜、日本、印度、马来西亚、大洋洲也有分布。生于路旁、荒野阴湿地。

◎【生物学及栽培特性】

鹅不食草为一年生小草本，茎多分枝；喜生长于有遮阴且湿润、温度适中的环境，忌积水，砂质壤土中生长较好。

◎【生态因子值】

选取349个样点进行鹅不食草的生态适宜性分析。国内样点包括安徽省黄山市黄山区、安庆市潜山县，福建省福州市仓山区、三明市将乐县、漳州市南靖县，广东省梅州市丰顺县、清远市连州市、肇庆市鼎湖区，广西壮族自治区玉林市、北海市合浦县、南宁市武鸣县、桂林市阳朔县，海南省海口市琼山区、陵水黎族自治县、儋州市，四川省攀枝花市米易县、德阳市广汉市，云南省普洱市景东彝族自治县、临沧市沧源佤族自治县，浙江省杭州市临安市、温州市平阳县、丽水市龙泉市、遂昌县，贵州省遵义市道真仡佬族苗族自治县、安顺市平坝县、铜仁市松桃苗族自治县，山东省临沂市蒙阴县、泰安市宁阳县、枣庄市滕州市，陕西省安康市汉滨区、汉中市南郑县、安康市镇坪县等22省（市）的269县（市）。国外样点为澳大利亚。

GMPGIS系统分析结果显示（表68-1），鹅不食草在主要生长区域生态因子范围为：最冷季均温-17.5~22.1℃；最热季均温12.3~29.4℃；年均温2.7~25.9℃；年均相对湿度53.7%~78.3%；年均降水量545~2228mm；年均日照117.6~156.3W/m²。主要土壤类型为强淋溶土、人为土、淋溶土等。

表68-1 鹅不食草主要生长区域生态因子值

主要气候因子数值	最冷季均温/℃	最热季均温/℃	年均温/℃	年均相对湿度/%	年均降水量/mm	年均日照/（W/m²）
范围	-17.5~22.1	12.3~29.4	2.7~25.9	53.7~78.3	545~2228	117.6~156.3
主要土壤类型	强淋溶土、人为土、淋溶土等					

◎【全球产地生态适宜性数值分析】

GMPGIS 系统分析结果显示（图 68-1 和图 68-2），鹅不食草在全球最大的生态相似度区域分布于 89 个国家，主要为中国、美国、巴西和法国。其中最大生态相似度区域面积最大的国家为中国，为 2934798.0km^2，占全部面积的 29%。

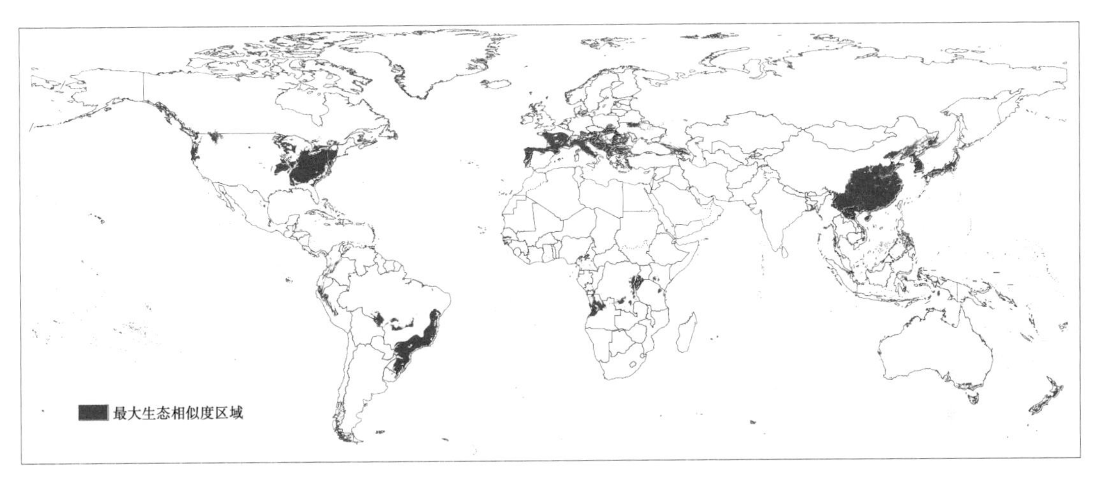

图 68-1　鹅不食草最大生态相似度区域全球分布图

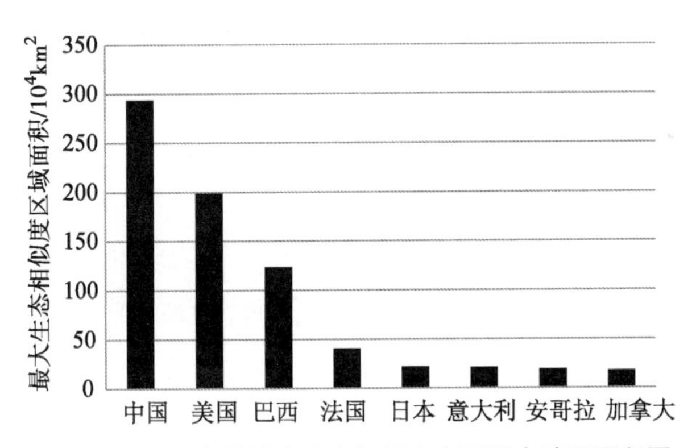

图 68-2　鹅不食草最大生态相似度主要国家地区面积图

◎【中国产地生态适宜性数值分析】

GMPGIS 系统分析结果显示（图 68-3、图 68-4 和表 68-2），鹅不食草在我国最大的生态相似度区域主要分布在云南、四川、广西、湖南、湖北、贵州、江西等地。其中最大生态相似度区域面积最大的为云南省，为 321852.9km^2，占全部面积的 10.9%；其次为四川省，最大生态相似度区域面积为 221863.5km^2，占全部的 7.5%。所涵盖县（市）个数分别为 126 个和 162 个。

图 68-3　鹅不食草最大生态相似度区域全国分布图

表 68-2　我国鹅不食草最大生态相似度主要区域

省（区）	县（市）数	主要县（市）	面积/km^2
云南	126	玉龙、德钦、香格里拉、澜沧、宁蒗、广南等	321852.9
四川	162	理塘、石渠、木里、色达、阿坝、康定等	221863.5
广西	88	金城江、苍梧、融水、八步、南宁、南丹等	202848.4
湖南	102	安化、石门、浏阳、沅陵、桃源、溆浦等	192554.2
湖北	77	武汉、房县、竹山、利川、曾都、郧县等	173645.5
贵州	82	遵义、从江、威宁、水城、松桃、习水等	157482.2
江西	91	遂川、宁都、鄱阳、武宁、赣县、新建等	150916.0

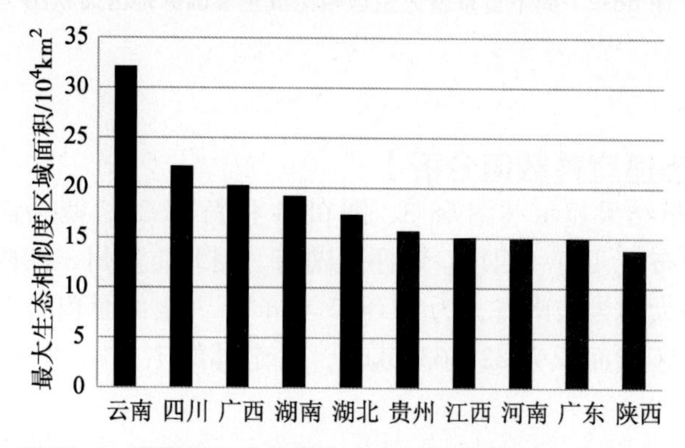

图 68-4　我国鹅不食草最大生态相似度主要地区面积图

◎【区划与生产布局】

根据鹅不食草生态适宜性分析结果，结合鹅不食草生物学特性，并考虑自然条件、社会经济条件、药材主产地栽培和采收加工技术，建议选择引种栽培研究区域主要以中国、美国、巴西和法国等国家（或地区）为宜，在国内主要以云南、四川、广西、湖南、湖北、贵州、江西等省（区）为宜（图 68-5）。

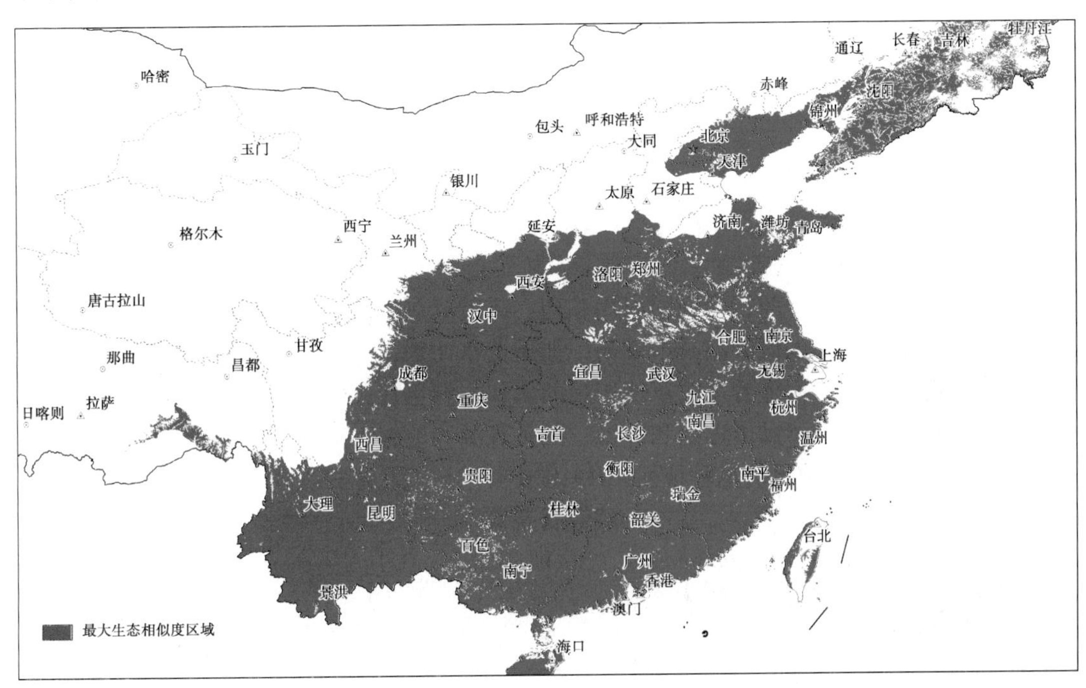

图 68-5　鹅不食草最大生态相似度区域全国局部分布图

◎【品质生态学研究】

张自强等（2016）对鹅不食草药材进行质量研究，不同产地鹅不食草的显微鉴别比较特征与《中华人民共和国药典》相一致，但各产地间鹅不食草浸出物含量的差异较大，为 12.57%~28.64%，平均含量为 20.53%，部分产地没有达到药典要求的 15%。此外该研究还在鹅不食草药效物质研究的基础上，增加了以 6-OAP 为指标的 TLC 鉴别。从不同产地的 15 批鹅不食草药材的测定结果可见，6-OAP 在药材中的含量普遍大于 0.1%，以云南、四川、浙江、江西、安徽、江苏等省所产鹅不食草中 6-OAP 的含量为高，平均含量为 0.21%。为兼顾鹅不食草药材的市场供应及药材的优质性，以平均含量下浮 50%，规定按干燥品计算，认为鹅不食草中 6-OAP 的含量不得低于 0.105%。

◎ 参考文献

张自强，田磊，邱斌，等. 鹅不食草药材的质量研究［J］. 中国医院用药评价与分析，2016，16（11）：1462-1466.

69. 溪黄草 Xihuangcao

RABDOSIAE HERBA

本品为唇形科植物线纹香茶菜 *Rabdosia lophanthoides*（Buch. -Ham. ex D. Don）H. Hara 及其变种纤花香茶菜 *Rabdosia lophanthoides*（Buch. -Ham. ex D. Don）H. Hara var. *graciliflora*（Benth.）H. Hara 和溪黄草 *Rabdosia serra*（Maxim.）Hara 的干燥地上部分。别名苦味草、熊胆草、溪沟草、台湾延胡索、大叶蛇总管、四方蒿、香茶菜、黄汁草、手擦黄、血风草等。《广东省中药材标准》（第二册）收载。溪黄草性寒，味苦，归肝、胆、大肠经，具清热利湿、凉血散瘀等功效。用于急性黄疸型肝炎，急性胆囊炎，肠炎，痢疾，跌打肿痛等。

溪黄草是我国传统中药，为民间习用草药。溪黄草在广东各地临床应用普遍，并开发出多种以之为主要原料的保健品及中成药，如溪黄草冲剂、溪黄草茶、溪黄八珍茶、消炎利胆片、复方胆通等。而随着溪黄草使用量的增加，野生资源的减少，迫切需要发展溪黄草的人工种植。广东省清远市连南和英德、韶关乳源等地有人工栽培，广东连南溪黄草种植面积约 1000 亩，英德溪黄草种植面积约 1000 亩，韶关乳源只有零星种植。

线纹香茶菜

Rabdosia lophanthoides（Buch. -Ham. ex D. Don）H. Hara

◎【地理分布与生境】

线纹香茶菜产西南及浙江、江西、福建、湖北、湖南、广东、海南、广西、西藏等地。喜生于山坡、沟边、河旁或林下潮湿处。

◎【生物学及栽培特性】

线纹香茶菜为多年生草本，喜温暖湿润环境，宜选择阳光充足、保水、保肥强的土壤种植。栽培技术：用种子和扦插繁殖。南方多用扦插繁殖，除冬季外，其他季节均可扦插，选取顶部无病的枝条，剪成长约 10cm，带有 2~3 个茎节的截段，扦插于具40%~50%荫蔽度的苗床上，行株距 5cm×3cm。田间管理：插后注意浇水，保持苗床湿润，5~7 天后可生根发叶，15~20 天便可移栽。行株距 20cm×20cm 为宜。

◎【生态因子值】

选取 235 个样点进行线纹香茶菜的生态适宜性分析。国内样点包括云南省昭通市巧家县、保山市龙陵县，广西壮族自治区桂林市龙胜县、百色市那坡县、柳州市融水县，四川省甘孜州泸定县、凉山州冕宁县，湖南省郴州市宜章县，江西省九江市庐山区，广东省肇庆市怀集县，贵州省威宁县等 14 省（区）的 293 县（市）。国外样点为孟加拉国。

GMPGIS 系统分析结果显示（表 69-1），线纹香茶菜在主要生长区域生态因子范围为：最冷季均温-2. 9~20. 7℃；最热季均温 10. 7~29. 4℃；年均温 4. 4~25. 2℃；年均相对湿度 51. 3%~77. 7%；年均降水量 624~2808mm；年均日照 122. 2~162. 3W/m^2。主要土壤类型为强淋溶土、人为土、淋溶土、始成土、高活性强酸土等。

表 69-1　线纹香茶菜主要生长区域生态因子值

主要气候因子数值	最冷季均温/℃	最热季均温/℃	年均温/℃	年均相对湿度/%	年均降水量/mm	年均日照/（W/m^2）
范围	-2.9~20.7	10.7~29.4	4.4~25.2	51.3~77.7	624~2808	122.2~162.3
主要土壤类型	强淋溶土、人为土、淋溶土、始成土、高活性强酸土等					

◎【全球产地生态适宜性数值分析】

GMPGIS 系统分析结果显示（图 69-1 和图 69-2），线纹香茶菜在全球最大的生态相似度区域分布于 91 个国家，主要为中国、美国和巴西。其中最大生态相似度区域面积最大的国家为中国，为 2403037.6km²，占全部面积的 28%。

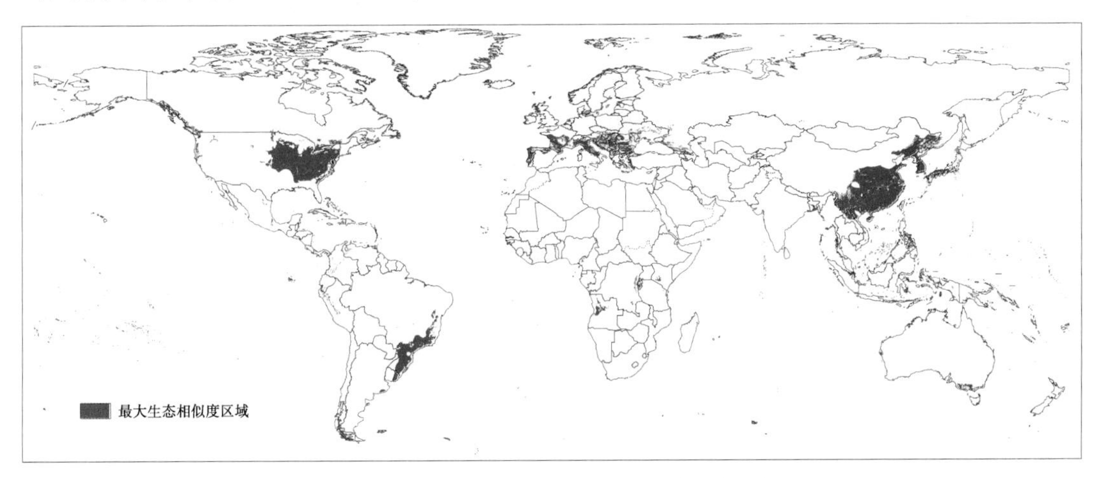

图 69-1　线纹香茶菜最大生态相似度区域全球分布图

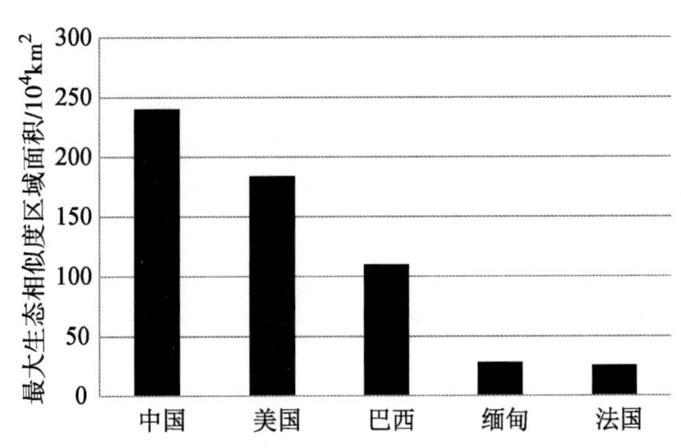

图 69-2　线纹香茶菜最大生态相似度主要国家地区面积图

◎【中国产地生态适宜性数值分析】

GMPGIS 系统分析结果显示（图 69-3、图 69-4 和表 69-2），线纹香茶菜在我国最大的生态相似度区域主要分布在云南、广西、四川、湖南、湖北、江西、广东、贵州、安徽等地。其中最大生态相似度区域面积最大的为云南省，为 326107.1km²，占全部面积的 13.4%；其次为广西壮族自治区，最大生态相似度区域面积为 203467.9km²，占全部的 8.3%。所涵盖县（市）个数分别为 126 个和 88 个。

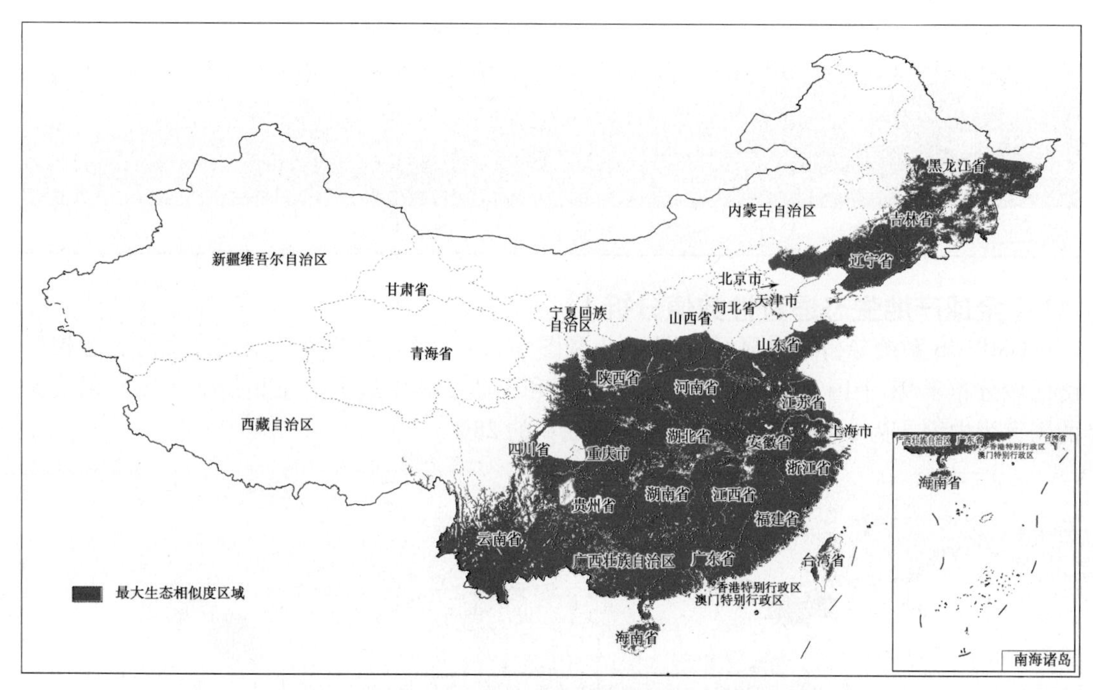

图 69-3　线纹香茶菜最大生态相似度区域全国分布图

表 69-2　我国线纹香茶菜最大生态相似度主要区域

省（区）	县（市）数	主要县（市）	面积/km^2
云南	126	玉龙、澜沧、广南、富宁、宁蒗、勐腊等	326107.1
广西	88	金城江、苍梧、融水、八步区、南宁、藤县等	203467.9
四川	125	盐源、万源、宜宾、会理等	195319.4
湖南	102	安化、浏阳、石门、沅陵、溆浦等	186705.1
湖北	77	武汉、竹山、房县、利川、郧县、恩施等	167501.2
江西	91	遂川、赣县、宁都、鄱阳、武宁、瑞金等	151860.1
广东	87	佛山、梅县、英德、韶关、惠东等	151325.8
贵州	82	从江、威宁、松桃、黎平、习水、天柱等	137425.1
安徽	78	东至、黄山、金寨、六安、休宁等	111280.5

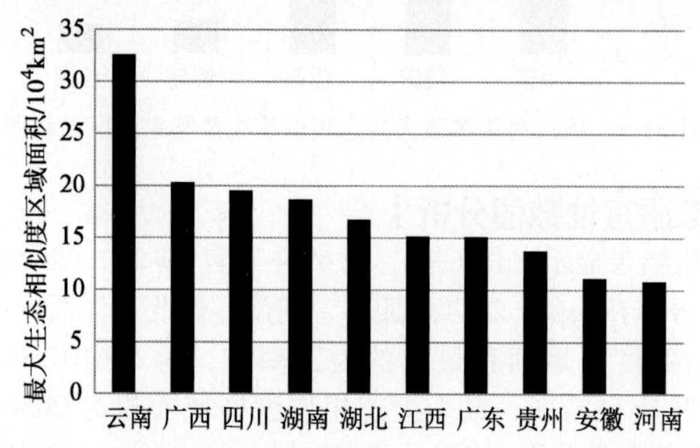

图 69-4　我国线纹香茶菜最大生态相似度主要地区面积图

◎【区划与生产布局】

根据线纹香茶菜生态适宜性分析结果，结合线纹香茶菜生物学特性，并考虑自然条件、社会经济条件、药材主产地栽培和采收加工技术，建议选择引种栽培研究区域主要以中国、美国和巴西等国家（或地区）为宜，在国内主要以云南、广西、四川、湖南、湖北、江西、广东、贵州、安徽等省（区）为宜（图 69-5）。

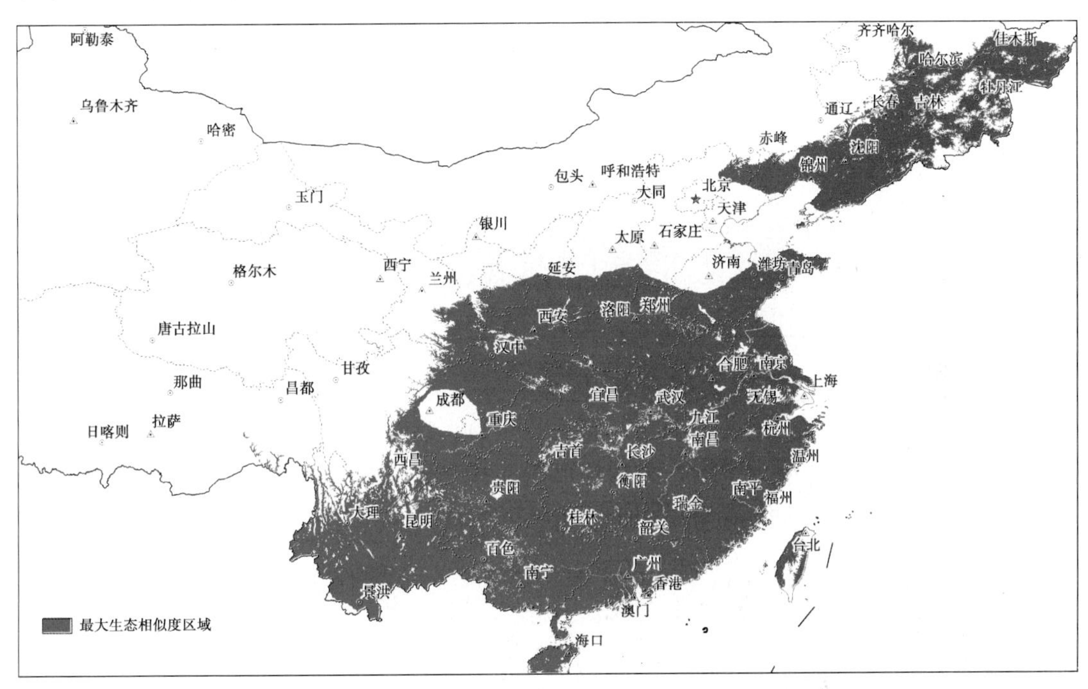

图 69-5 线纹香茶菜最大生态相似度区域全国局部分布图

溪黄草

Rabdosia serra（Maxim.）Hara

◎【地理分布与生境】

溪黄草产黑龙江、吉林、辽宁、山西、河南、陕西、甘肃、四川、贵州、广西、广东、湖南、江西、安徽、浙江、江苏、台湾等地。常成丛生于山坡、路旁、田边、溪旁、河岸、草丛、灌丛、林下沙壤土上。

◎【生物学及栽培特性】

溪黄草为多年生草本，喜温暖湿润环境，宜选择阳光充足、保水、保肥强的土壤种植。栽培技术：用种子和扦插繁殖。南方多用扦插繁殖，除冬季外，其他季节均可扦插，选取顶部无病的枝条，剪成长约 10cm，带有 2~3 个茎节的截段，扦插于具 40%~50% 荫蔽度的苗床上，行株距 5cm×3cm。田间管理：插后注意浇水，保持苗床湿润，5~7 天后可生根发叶，15~20 天便可移栽。行株距 20cm×20cm 为宜。

◎【生态因子值】

选取 219 个样点进行溪黄草的生态适宜性分析。包括云南省红河州元阳县，广西壮族

自治区梧州市苍梧县、玉林市博白县，湖南省郴州市永兴县、宜章县，湖北省恩施州咸丰县、鹤峰县，河南省信阳市鸡公山，四川省宜宾市宜宾县，贵州省遵义市正安县等 17 省（区）的 213 县（市）。

GMPGIS 系统分析结果显示（表 69-3），溪黄草在主要生长区域生态因子范围为：最冷季均温-18.9~19.5℃；最热季均温 17.3~29.4℃；年均温 2.2~24.8℃；年均相对湿度 53.7%~77.7%；年均降水量 505~2566mm；年均日照 122.2~154.7W/m^2。主要土壤类型为人为土、强淋溶土、淋溶土、始成土等。

表 69-3 溪黄草主要生长区域生态因子值

主要气候因子数值	最冷季均温/℃	最热季均温/℃	年均温/℃	年均相对湿度/%	年均降水量/mm	年均日照/(W/m^2)
范围	-18.9~19.5	17.3~29.4	2.2~24.8	53.7~77.7	505~2566	122.2~154.7
主要土壤类型	人为土、强淋溶土、淋溶土、始成土等					

◎【全球产地生态适宜性数值分析】

GMPGIS 系统分析结果显示（图 69-6 和图 69-7），溪黄草在全球最大的生态相似度区域分布于 70 个国家，主要为中国、美国和巴西。其中最大生态相似度区域面积最大的国家为中国，为 2936743.8km^2，占全部面积的 34.8%。

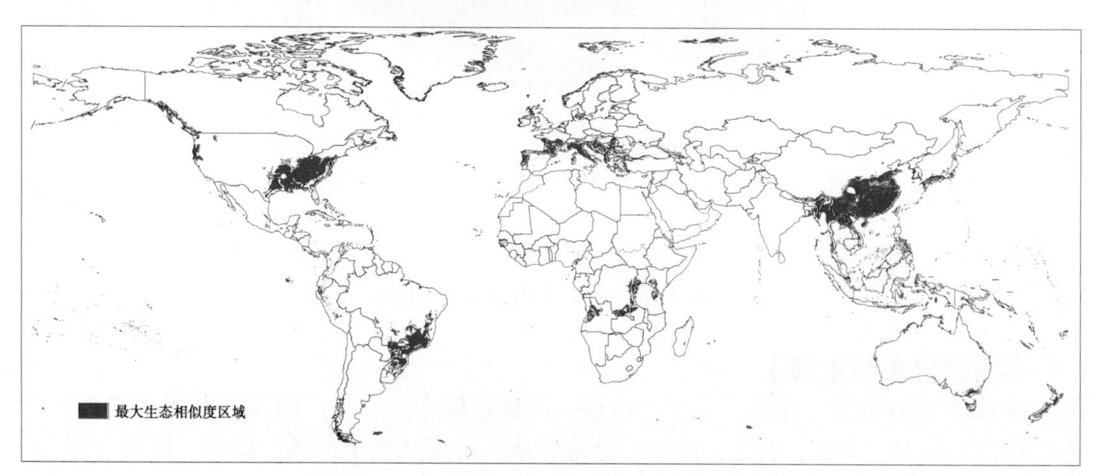

图 69-6 溪黄草最大生态相似度区域全球分布图

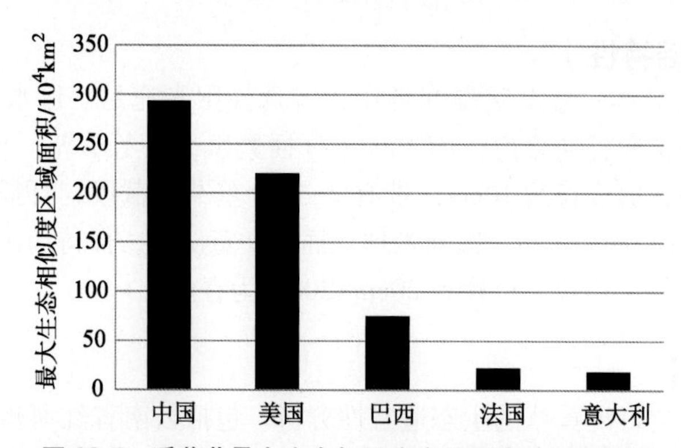

图 69-7 溪黄草最大生态相似度主要国家地区面积图

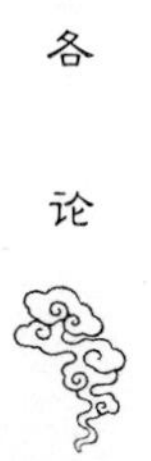

◎【中国产地生态适宜性数值分析】

GMPGIS 系统分析结果显示（图 69-8、图 69-9 和表 69-4），溪黄草在我国最大的生态相似度区域主要分布在云南、广西、湖南、湖北、黑龙江、河南等地。其中最大生态相似度区域面积最大的为云南省，为 284444.0km²，占全部面积的 9.7%；其次为广西壮族自治区，最大生态相似度区域面积为 202940.3km²，占全部的 6.9%。所涵盖县（市）个数分别为 126 个和 88 个。

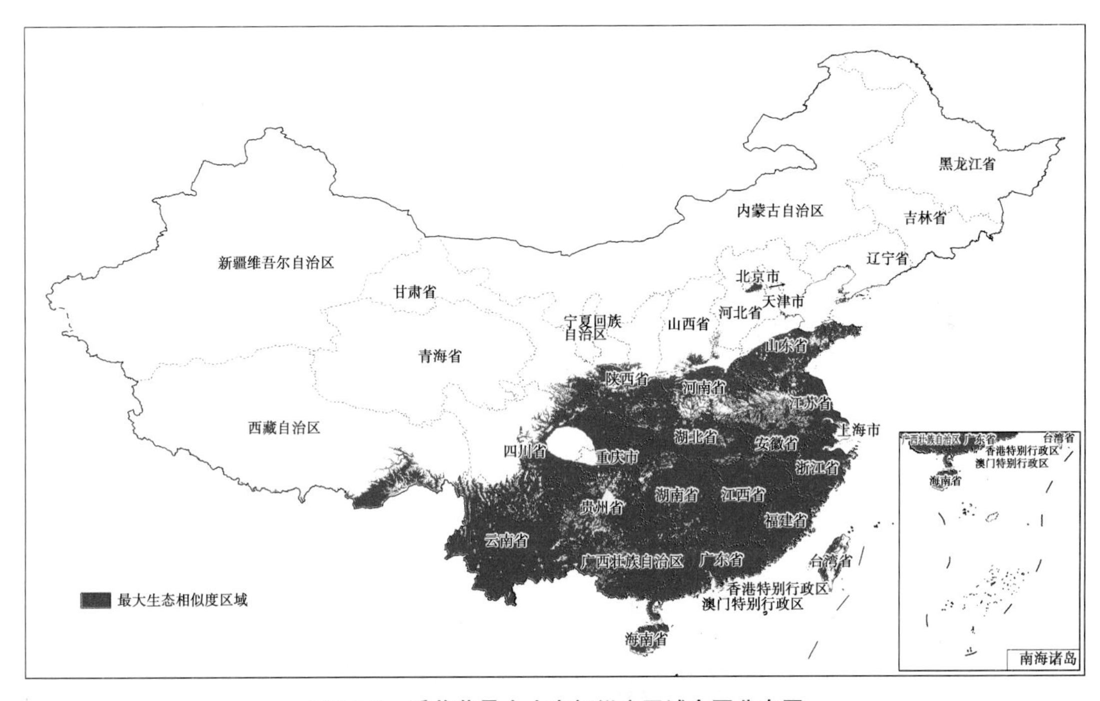

图 69-8　溪黄草最大生态相似度区域全国分布图

表 69-4　我国溪黄草最大生态相似度主要区域

省（区）	县（市）数	主要县（市）	面积/km²
云南	126	广南、澜沧、富宁、勐腊、墨江、富源等	284444.0
广西	88	金城、苍梧、融水、八步区、南宁、西林等	202940.3
湖南	102	安化、浏阳、石门、沅陵、永州、溆浦等	185183.7
湖北	77	竹山、房县、武汉、利川、曾都区、郧县等	168862.3
黑龙江	54	宝清、虎林、密山、五常、勃利、哈尔滨等	160088.6
河南	129	淅川、安阳、信阳、卢氏、固始、嵩县等	158564.3

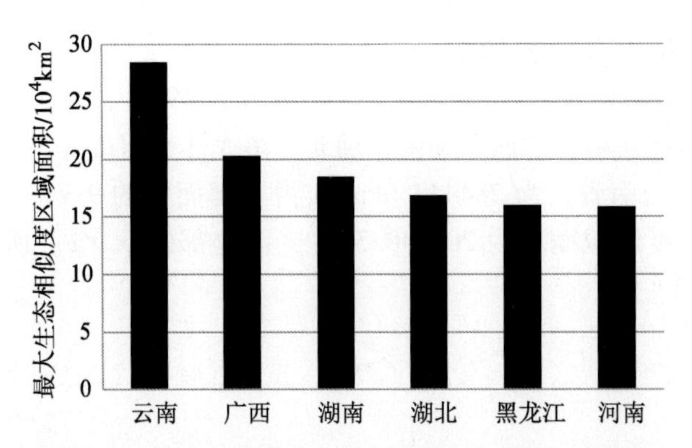

图 69-9　我国溪黄草最大生态相似度主要地区面积图

◎【区划与生产布局】

根据溪黄草生态适宜性分析结果，结合溪黄草生物学特性，并考虑自然条件、社会经济条件、药材主产地栽培和采收加工技术，建议选择引种栽培研究区域主要以中国、美国和巴西等国家（或地区）为宜，在国内主要以云南省、广西壮族自治区、湖南省、湖北省、黑龙江省、河南省、四川省、贵州省等省（区）为宜（图 69-10）。

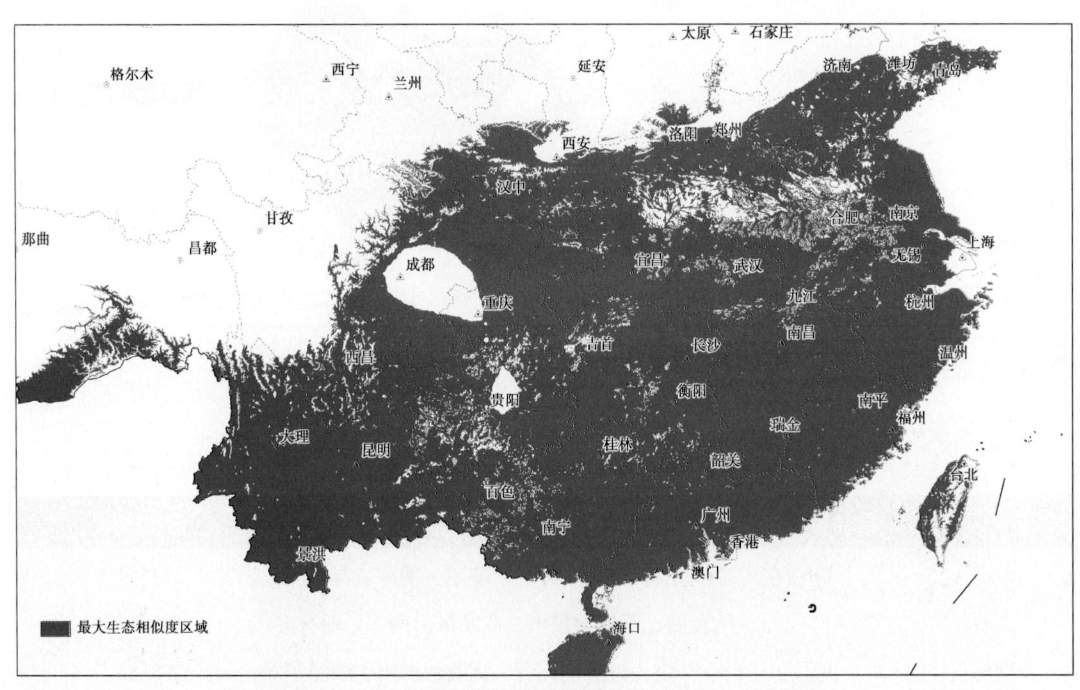

图 69-10　溪黄草最大生态相似度区域全国局部分布图

◎【品质生态学研究】

溪黄草分布于我国热带及亚热带地区，为我国药用植物，其野生资源日渐减少。李楚源等（2009）对 10 批溪黄草中的熊果酸进行含量测定，结果表明，不同产地不同批次的溪黄草药材其熊果酸含量差异较大。溪黄草最佳产地、关键种植技术、最佳采收期与采收加工方法有待进一步研究。朱德全等（2013）对不同品种、不同产地溪黄草中的咖啡酸与迷迭香酸进行含量测定，结果显示咖啡酸、迷迭香酸在纤花线纹香茶菜中的平均含量最

高，其次为狭基线纹香茶菜，溪黄草则在三者中含量最低。

◎ 参考文献

[1] 陈建南，赖小平. 广东溪黄草药材的原植物调查及商品鉴定［J］. 中药材，1996，19（2）：73-74.
[2] 邓乔华，王德勤，徐友阳，等. 溪黄草资源现状及产业化发展的策略. 广州白云山和记黄埔中药有限公司，清远白云山和记黄埔穿心莲技术开发有限公司. 2013，07.
[3] 李楚源，邓乔华，黄琳，等. 溪黄草中熊果酸含量测定方法学研究［J］. 中外医疗，2009，28：155-156.
[4] 张翘，潘超美. 溪黄草、线纹香茶菜及其变种的资源分布与利用调查［J］. 海峡药学，2011，23（11）：38-41.
[5] 朱德全，黄松，陈建南，等. 不同品种、不同产地溪黄草咖啡酸与迷迭香酸的含量测定［J］. 中国实验方剂学，2013，19（2）：114-117.

70. 槟榔 Binglang

ARECAE SEMEN

本品为棕榈科植物槟榔 *Areca catechu* Linn. 的干燥成熟种子。别名仁频、宾门、宾门药饯、白槟榔、橄榄子、槟榔仁、洗瘴丹、大腹子、大腹槟榔、槟榔子、马金南、青仔、槟榔玉、榔玉等。2015 年版《中华人民共和国药典》（一部）收载。槟榔性温，味苦、辛，具杀虫消积、降气、行水、截疟等功效。用于绦虫、蛔虫、姜片虫病，虫积腹痛，积滞泻痢，里急后重，水肿脚气，疟疾等。

槟榔是我国“四大南药”之首，具有较高的经济价值和社会效益。其果实呈椭圆形，颜色橙红，可作食用，有较高的药用性能。原产马来西亚，两千多年前引入我国种植，我国主要分布于海南、广东、广西、福建和云南等地，海南是我国槟榔的主产区。在亚洲、太平洋地区，槟榔果实主要用作当地群众咀嚼的嗜好品。槟榔作为我国热带、亚热带地区主要的经济作物，截至 2007 年，总产值达 16 亿元，成为我国热带亚热带地区仅次于橡胶的第二大产业。

◎【地理分布与生境】

槟榔产云南、海南及台湾等热带地区。亚洲热带地区广泛栽培。

◎【生物学及栽培特性】

槟榔为多年生常绿乔木，属于湿热型阳性植物，喜温、喜湿而忌积水、好肥。抗逆性强，最适宜生长温度为 23~26℃，年降雨量 1600~1800mm，相对湿度 60%~70%，荫蔽度 40%~50%，过度荫蔽则植株徒长导致生长不良，结果会推迟。槟榔喜富含腐殖质的微酸性至中性砂质壤土，底土为红壤或黄壤最为理想。

◎【生态因子值】

选取 63 个样点进行槟榔的生态适宜性分析。国内样点包括广东省广州市白云区、海珠区，广西壮族自治区东兴市、桂林市阳朔县，海南省万宁市、儋州市、东方市，云南省昆明市、红河哈尼族彝族自治州河口瑶族自治县、西双版纳傣族自治州景洪市、西双版纳傣族自治州勐腊县等4省（区）的27县（市）。国外样点包括澳大利亚、埃及、印度尼西亚、美国、泰国等15个国家。

GMPGIS系统分析结果显示（表70-1），槟榔在主要生长区域生态因子范围为：最冷季均温9.3～22.1℃；最热季均温24.7～28.9℃；年均温18.7～25.9℃；年均相对湿度69.0%～77.2%；年均降水量1189～2452mm；年均日照128.8～155.1W/m²。主要土壤类型为铁铝土、强淋溶土、人为土、始成土等。

表70-1　槟榔主要生长区域生态因子值

主要气候因子数值	最冷季均温/℃	最热季均温/℃	年均温/℃	年均相对湿度/%	年均降水量/mm	年均日照/（W/m²）
范围	9.3～22.1	24.7～28.9	18.7～25.9	69.0～77.2	1189～2452	128.8～155.1
主要土壤类型	铁铝土、强淋溶土、人为土、始成土等					

◎【全球产地生态适宜性数值分析】

GMPGIS系统分析结果显示（图70-1和图70-2），槟榔在全球最大的生态相似度区域分布于20个国家，主要为中国、越南和巴西。其中最大生态相似度区域面积最大的国家为中国，为327179.4km²，占全部面积的68%。

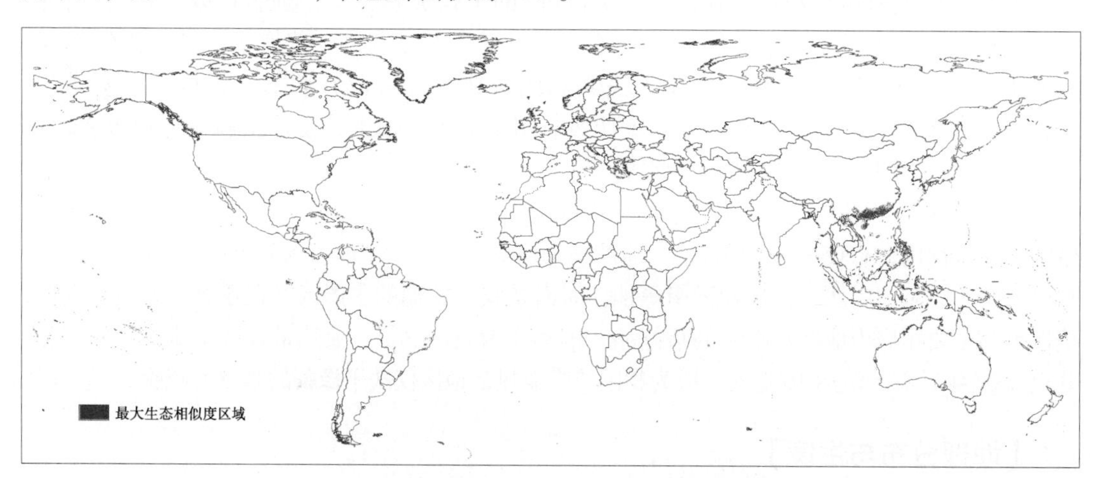

图70-1　槟榔最大生态相似度区域全球分布图

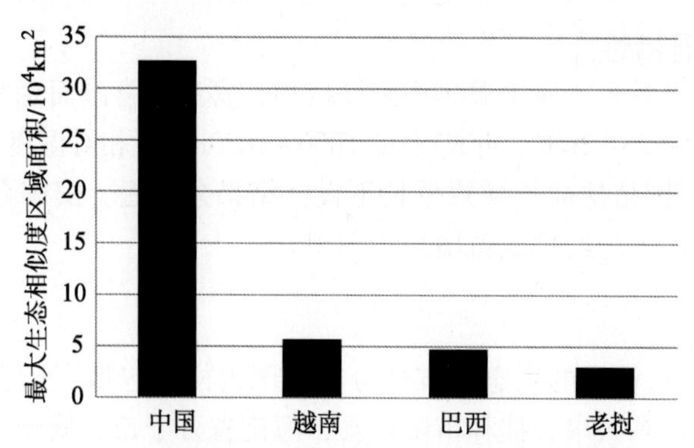

图70-2　槟榔最大生态相似度主要国家地区面积

◎【中国产地生态适宜性数值分析】

GMPGIS 系统分析结果显示（图 70-3、图 70-4 和表 70-2），槟榔在我国最大的生态相似度区域主要分布在广东、广西、福建等地。其中最大生态相似度区域面积最大的为广东省，为 122002.7km²，占全部面积的 36.1%；其次为广西壮族自治区，最大生态相似度区域面积为 113639.4km²，占全部的 33.6%。所涵盖县（市）个数分别为 84 个和 77 个。

图 70-3　槟榔最大生态相似度区域全国分布图

表 70-2　我国槟榔最大生态相似度主要区域

省（区）	县（市）数	主要县（市）	面积/km²
广东	84	梅县、佛山、高要、惠东、惠州、封开等	122002.7
广西	77	苍梧、南宁、藤县、钦州、博白、灵山等	113639.4
福建	58	永定、和平、上杭、南安、武平、龙海等	40299.6
海南	18	琼中、屯昌、定安、澄迈、儋州、琼海等	18224.2
江西	18	会昌、信丰、定南、寻乌、瑞金、全南等	16474.1
云南	25	富宁、河口、金平、马关、江城、勐腊等	10745.9

◎【区划与生产布局】

根据槟榔生态适宜性分析结果，结合槟榔生物学特性，并考虑自然条件、社会经济条件、药材主产地栽培和采收加工技术，建议选择引种栽培研究区域主要以中国、越南、巴西等国家（或地区）为宜，在国内主要以广东、广西、福建等省（区）为宜（图 70-5）。

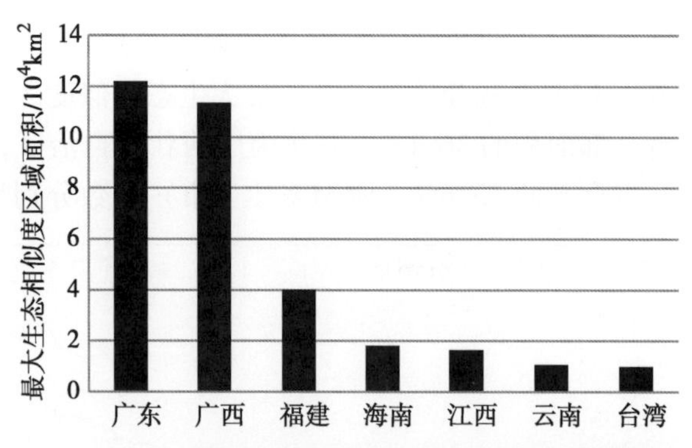

图 70-4　我国槟榔最大生态相似度主要地区面积图

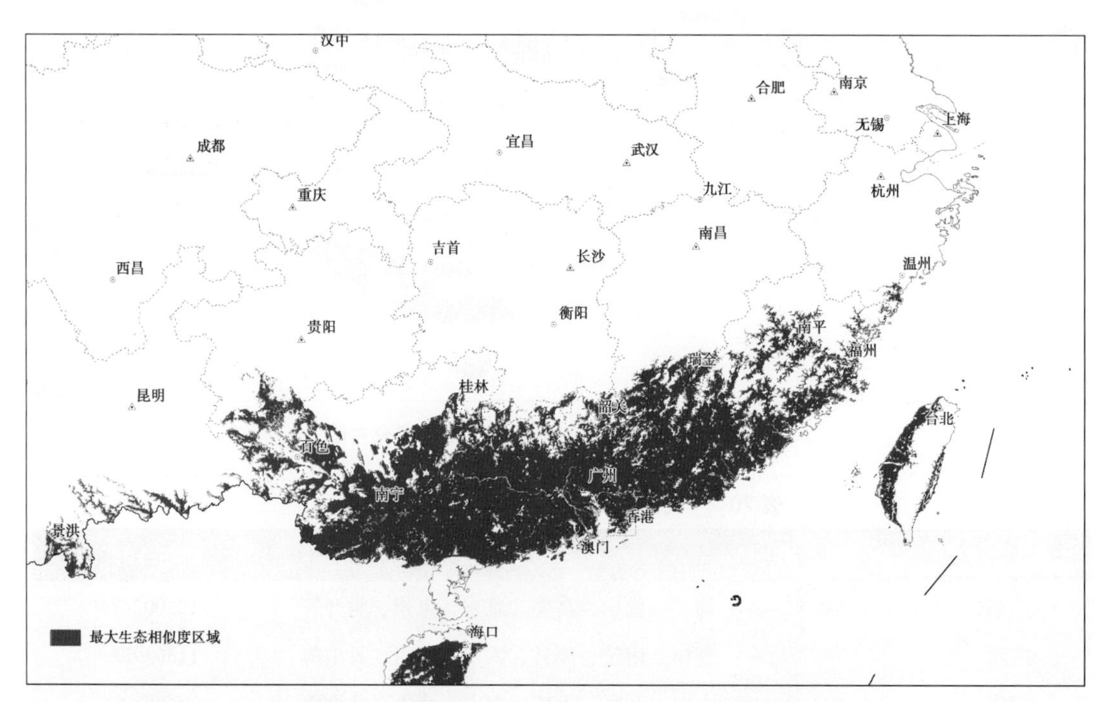

图 70-5　槟榔最大生态相似度区域全国局部分布图

◎【品质生态学研究】

槟榔分布在我国热带及亚热带地区。丁野等（2011）采用反相高效液相色谱法对不同产地的槟榔药材进行色谱分离，对各样品的指纹图谱进行相似度比较分析，建立槟榔药材高效液相色谱指纹图谱的分析方法，为槟榔的质量控制提供参考。

◎ 参考文献

[1] 陈峰，刘涛，李建军，等. 槟榔的药用价值［J］. 中国热带医学，2014，14（02）：243-245.
[2] 丁野，姚蓉，龙海燕，等. 槟榔药材高效液相色谱指纹图谱研究［J］. 中国药业，2011，20（19）：

22-23.
[3] 范海阔，刘立云，余凤玉，等. 槟榔黄化病的发生及综合防控 [J]. 中国南方果树，2008，(02)：42-43.
[4] 黄丽云，李和帅，曹红星，等. 我国槟榔资源与选育种现状分析 [J]. 中国热带农业，2011，(02)：60-62.
[5] 任军方，王文泉，唐龙祥. 槟榔的研究概况 [J]. 中国农学通报，2010，26 (19)：397-400.
[6] 谭业华，陈珍. 海南槟榔园土壤营养成分调查与评价 [J]. 广东农业科学，2011，38 (06)：74-77.
[7] 张渝渝，杨大坚，张毅. 槟榔的化学及药理研究概况 [J]. 重庆中草药研究，2014，(01)：37-41，44.
[8] 朱杰. 海南槟榔产业发展现状及关键技术研究 [J]. 科技经济导刊，2016，(09)：139.

71. 鹰不泊 Yingbubo

RADIX ZANTHOXYLI AVICENNAE

本品为芸香科植物簕榄 *Zanthoxylum avicennae* (Lam.) DC. 的干燥根。*Flora of China* 收载该物种为簕榄花椒 *Zanthoxylum avicennae* (Lamarck) Candolle。别名土花椒、鸟不宿、鹰不沾、山花椒等。《广东省中药材标准》（第一册）收载。鹰不泊性温，味苦、辛，归肺、胃经，具祛风化湿、消肿通络等功效。用于黄疸，咽喉肿痛，疟疾，风湿骨痛，跌打损伤等。

鹰不泊为鸡骨草肝炎颗粒和跌打药酒等中成药的重要组方。目前药材来源主要为野生资源。

◎【地理分布与生境】

簕榄主产于江西、福建、台湾、湖南、广西、广东、贵州等地。越南北部也有分布。生于山间疏林、丘陵、海滨、路旁、溪边的灌木丛中。

◎【生物学及栽培特性】

簕榄为常绿灌木或乔木。耐干旱瘠薄，特别适宜于梯田地、边隙地、荒地、果园四周等栽植。栽培技术包括扩穴施肥，覆膜增温，叶面喷肥，修剪复壮。

◎【生态因子值】

选取 323 个样点进行簕榄的生态适宜性分析。包括广西壮族自治区崇左市龙州县、宁明县，湖南省衡阳市祁东县，广东省韶关市新丰县、翁源县，江西省宜春市靖安县，云南省西双版纳傣族自治州勐腊县，福建省福州市平潭县，海南省昌江黎族自治县等 11 省（区）的 121 县（市）。

GMPGIS 系统分析结果显示（表 71-1），簕榄在主要生长区域生态因子范围为：最冷季均温 1.7～24.7℃；最热季均温 19.9～29.1℃；年均温 11.2～26.6℃；年均相对湿度 66.7%～78.0%；年均降水量 811～2471mm；年均日照 126.4～165.7W/m^2。主要土壤类型为强淋溶土、人为土、铁铝土、高活性强酸土、始成土等。

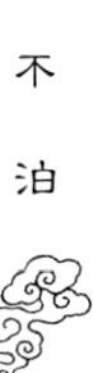

表 71-1　簕档主要生长区域生态因子值

主要气候因子数值	最冷季均温/℃	最热季均温/℃	年均温/℃	年均相对湿度/%	年均降水量/mm	年均日照/(W/m²)
范围	1.7~24.7	19.9~29.1	11.2~26.6	66.7~78.0	811~2471	126.4~165.7
主要土壤类型	强淋溶土、人为土、铁铝土、高活性强酸土、始成土等					

◎【中国产地生态适宜性数值分析】

GMPGIS 系统分析结果显示（图 71-1、图 71-2 和表 71-2），簕档在我国最大的生态相似度区域主要分布在广西、湖南、广东、江西、湖北、云南等地。其中最大生态相似度区域面积最大的为广西壮族自治区，为 206088.7km^2，占全部面积的 13.6%；其次为湖南省，最大生态相似度区域面积为 180644.7km^2，占全部的 11.9%。所涵盖县（市）个数分别为 88 个和 102 个。

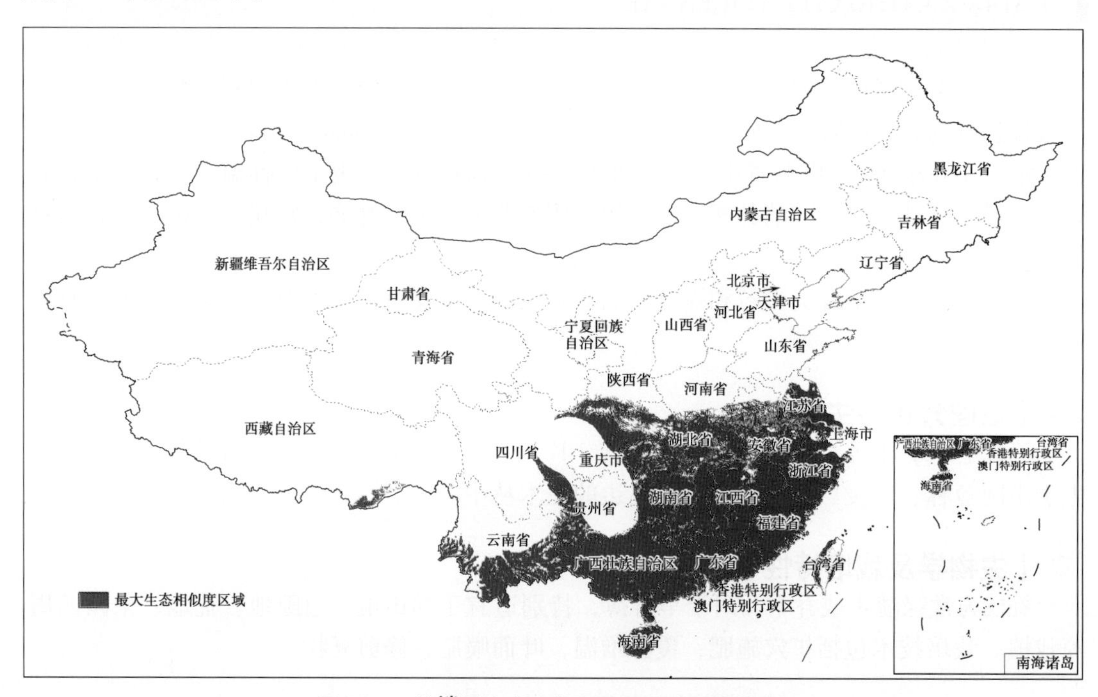

图 71-1　簕档最大生态相似度区域全国分布图

表 71-2　我国簕档最大生态相似度主要区域

省（区）	县（市）数	主要县（市）	面积/km²
广西	88	金城江、苍梧、八步区、南宁、西林、藤县等	206088.7
湖南	102	安化、沅陵、浏阳、永州、桃源、溆浦等	180644.7
广东	88	梅县、佛山、英德、韶关、惠东、东源等	150433.0
江西	91	宁都、遂川、赣县、瑞金、于都、永丰等	146603.3
湖北	75	武汉、曾都区、利川、钟祥、咸丰、竹山等	137603.6
云南	74	广南、富宁、勐腊、景洪、墨江、江城等	136143.1

最大生态相似度区域面积/10^4km^2
25
20
15
10
5
0
广西 湖南 广东 江西 湖北 云南 福建 浙江 安徽 江苏

图 71-2　我国簕榄最大生态相似度主要地区面积图

◎【区划与生产布局】

根据簕榄生态适宜性分析结果，结合簕榄生物学特性，并考虑自然条件、社会经济条件、药材主产地栽培和采收加工技术，建议选择引种栽培研究区域主要以广西、湖南、广东、江西、湖北、云南等省（区）为宜（图 71-3）。

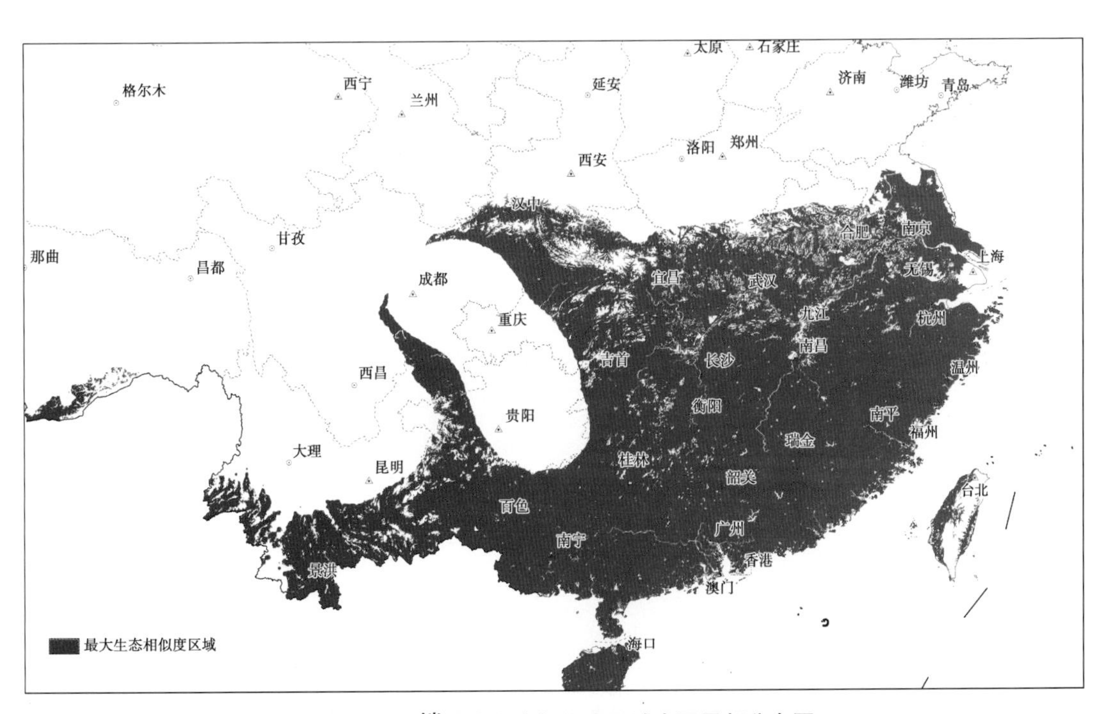

图 71-3　簕榄最大生态相似度区域全国局部分布图

◎【品质生态学研究】

刘光明（2014）、夏爱军等（2012）、莫少红等（2012）建立了鹰不泊中有效成分橙皮苷的高效液相含量测定方法。刘光明（2014）对广东、海南、广西三个省区 7 个不同产地的鹰不泊药材进行检测，发现水分含量范围为 7.27%～9.65%、总灰分含量范围为 5.28%～7.90%、酸不溶性灰分范围 0.39%～0.86%；采用 HPLC 法测定橙皮苷的含量，为

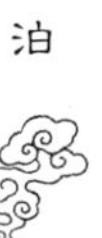

0.40%~2.68%。研究结果可用于鹰不泊药材的品质评价。

◎ 参考文献

[1] 刘光明. 不同产地鹰不泊药材的品质评价 [J]. 中国药师，2014，(04)：544-545+584.
[2] 莫少红，唐弟光，粟华生，等. HPLC 法测定鹰不泊药材中橙皮苷的含量 [J]. 中药新药与临床药理，2012，(03)：316-318.
[3] 夏爱军，韦少宣，廖厚知. HPLC 法测定鹰不泊中橙皮苷的含量 [J]. 解放军药学学报，2012，(03)：248-249.

药材及其基原植物照片

彩图 1-1　了哥王

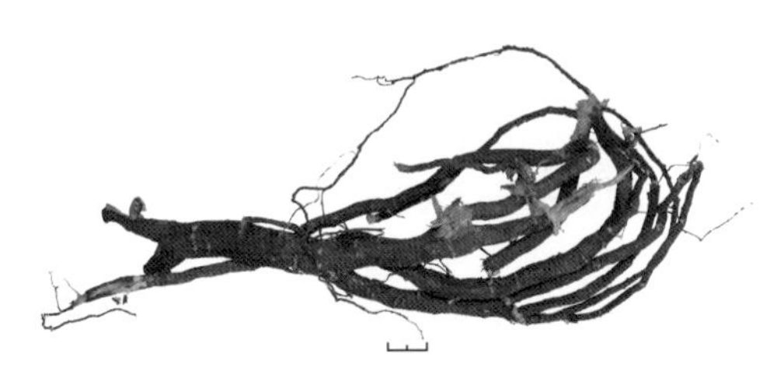

彩图 1-2　了哥王

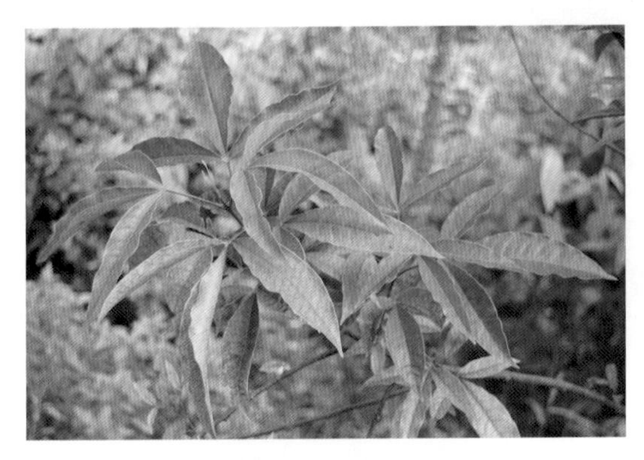

彩图 2-1　三叉苦

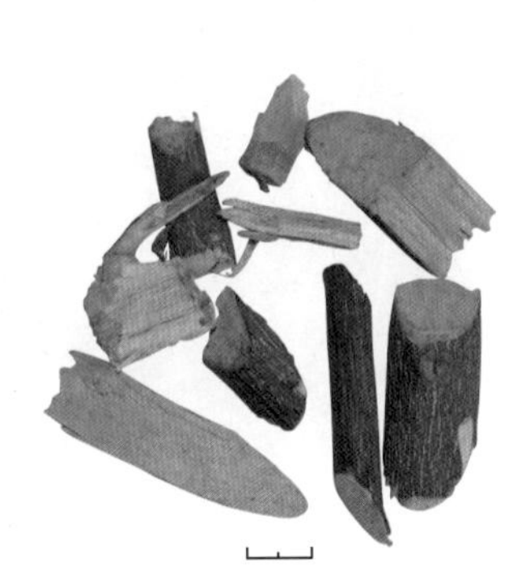

彩图 2-2　三丫苦

彩图 3-1　广藿香

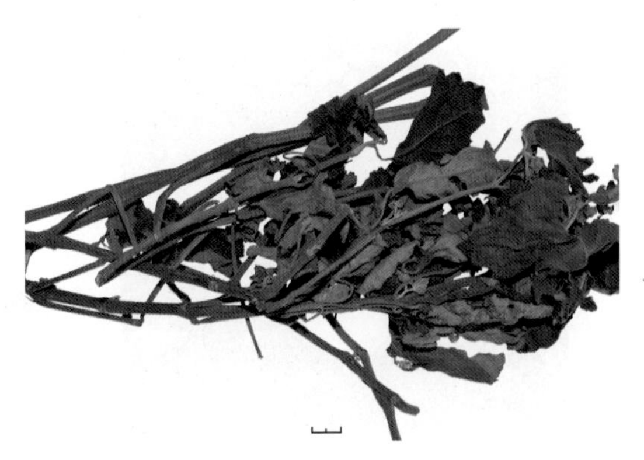

彩图 3-2　广藿香

彩图 4-1　广金钱草

彩图 4-2　广金钱草

彩图 5-1　华南龙胆

彩图 5-2　广地丁

彩图 6-1　蔓九节

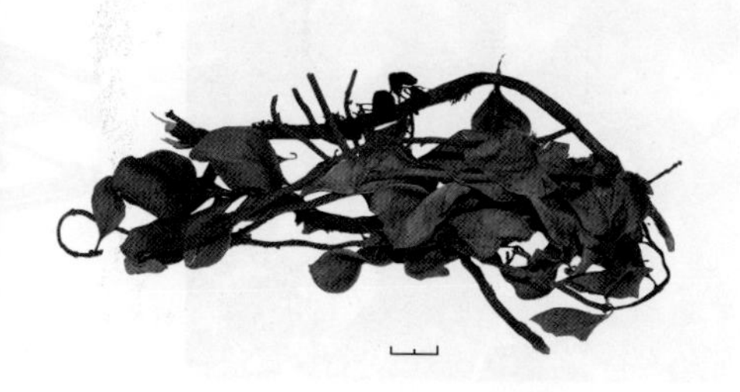

彩图 6-2　广东络石藤

彩图 7-1　白头婆

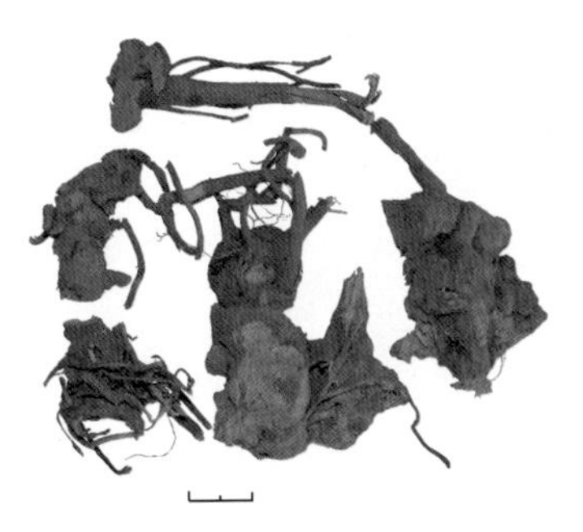
彩图 7-2　广东土牛膝

彩图 8-1　夜香木兰

彩图 8-2　广东合欢花

彩图 9-1　薜荔

彩图 9-2　广东王不留行

彩图 10-1　桫椤

彩图 10-2　飞天蠄螃

彩图 11-1　巴戟天

彩图 11-2　巴戟天

彩图 12-1　木棉

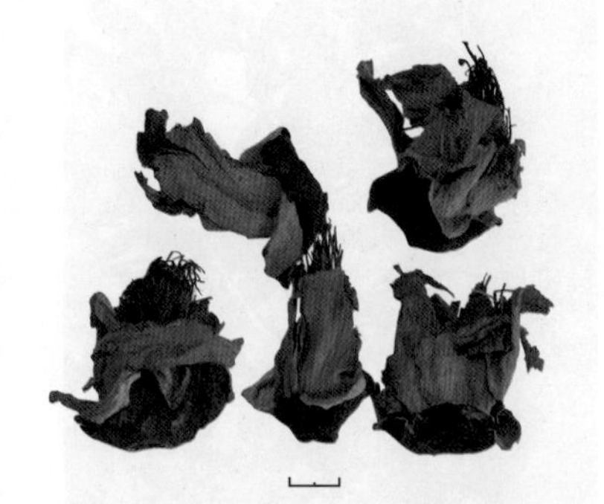

彩图 12-2　木棉花

彩图 13-1　粗叶榕

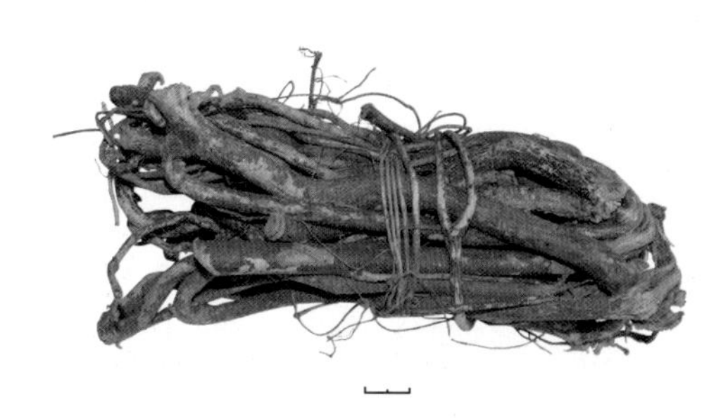

彩图 13-2　五指毛桃

彩图 14-1　美丽崖豆藤

彩图 14-2　牛大力

彩图 15-1　柚

彩图 15-2　化橘红

彩图 16-1 水翁

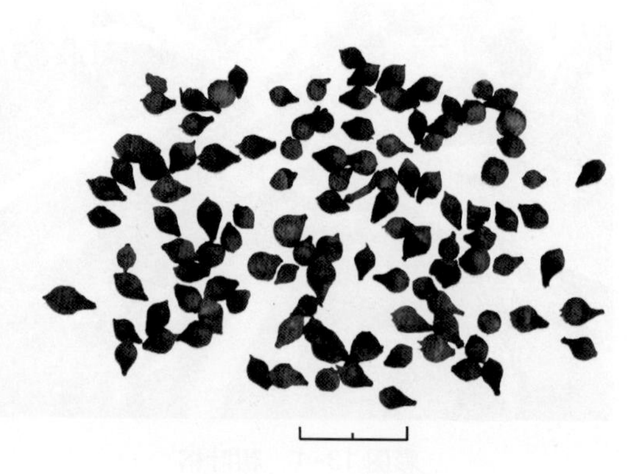

彩图 16-2 水翁花

彩图 17-1 玉竹

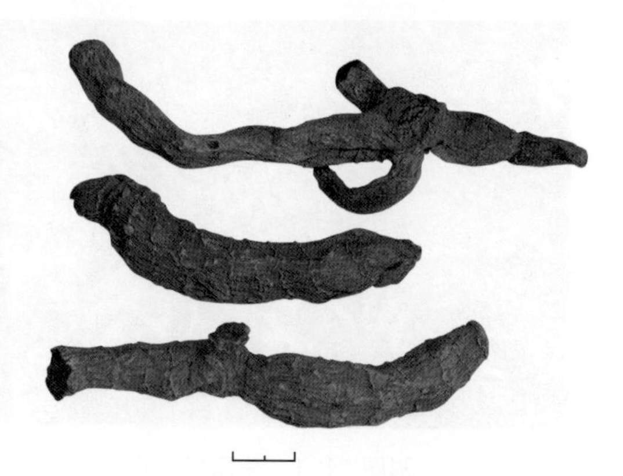

彩图 17-2 玉竹

彩图 18-1 破布叶

彩图 18-2 布渣叶

彩图 19-1　龙葵

彩图 19-2　龙葵

彩图 20-1　龙脷叶

彩图 20-2　龙脷叶

彩图 21-1　地耳草

彩图 21-2　田基黄

彩图 22-1　白花蛇舌草

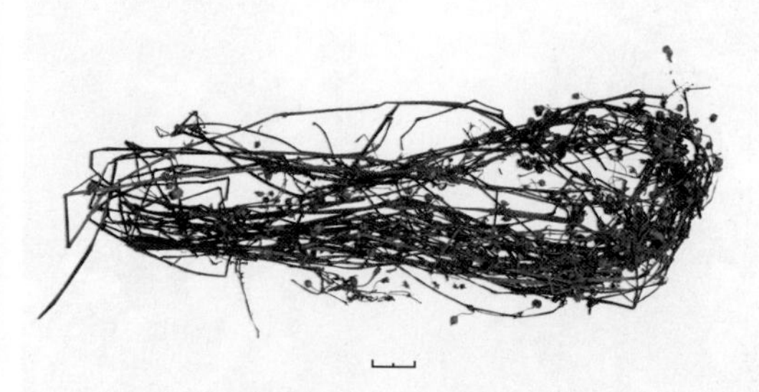

彩图 22-2　白花蛇舌草

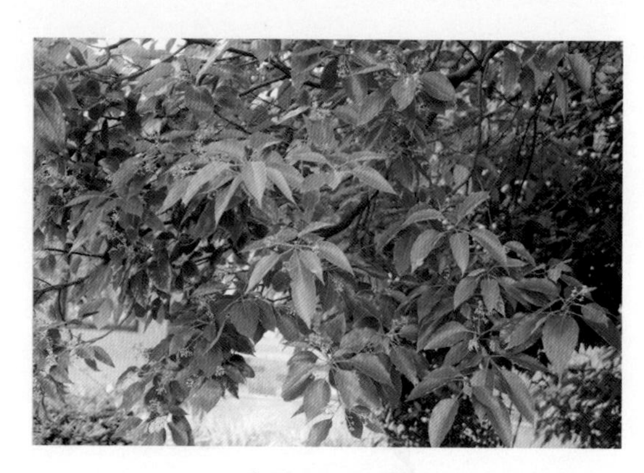

彩图 23-1　樟

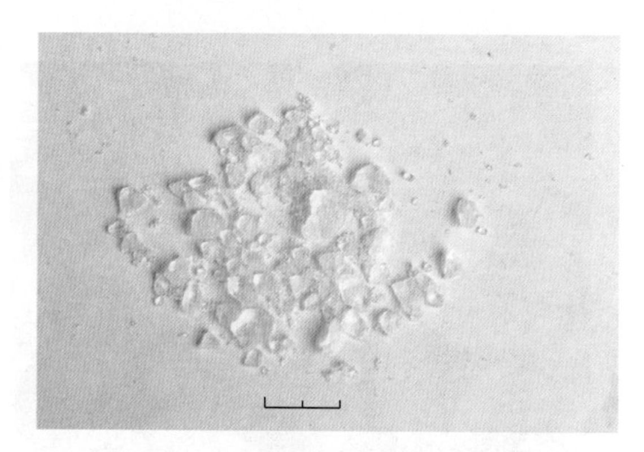

彩图 23-2　冰片

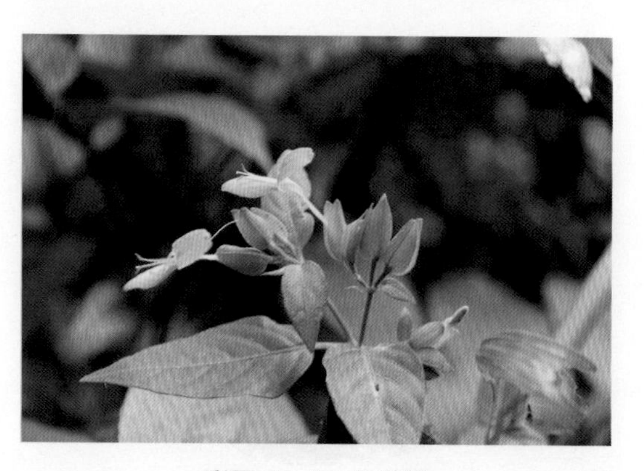

彩图 24-1　红丝线

彩图 24-2　红丝线

彩图 25-1　灯心草

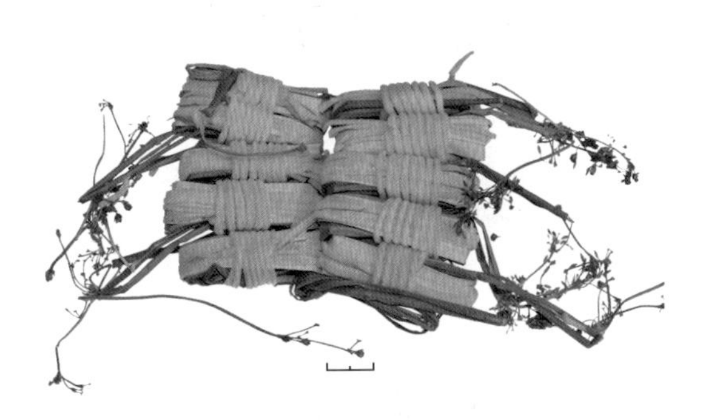

彩图 25-2　灯心草

彩图 26-1　白鼓钉

彩图 26-2　声色草

彩图 27-1　芡实

彩图 27-2　芡实

彩图 28-1　杧果

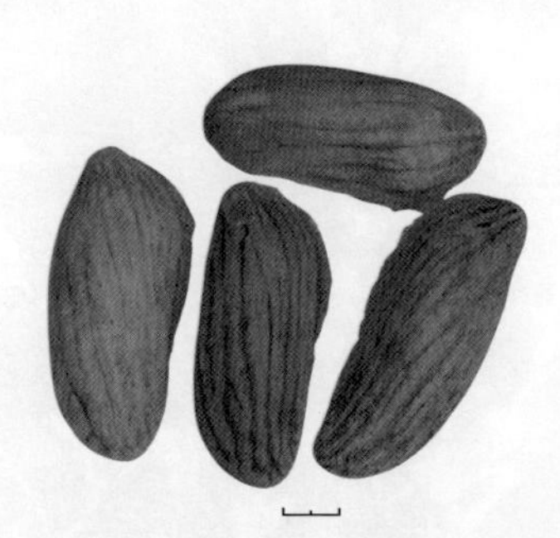

彩图 28-2　杧果核

彩图 29-1　两面针

彩图 29-2　两面针

彩图 30-1　活血丹

彩图 30-2　连钱草

彩图 31-1　梅叶冬青

彩图 31-2　岗梅根

彩图 32-1　桃金娘

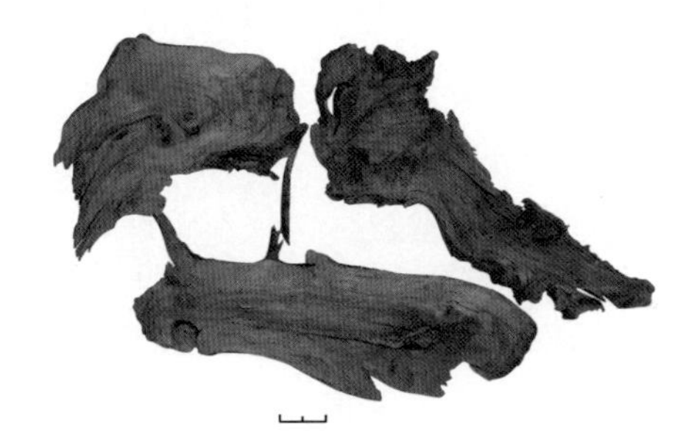

彩图 32-2　岗稔

彩图 33-1　何首乌

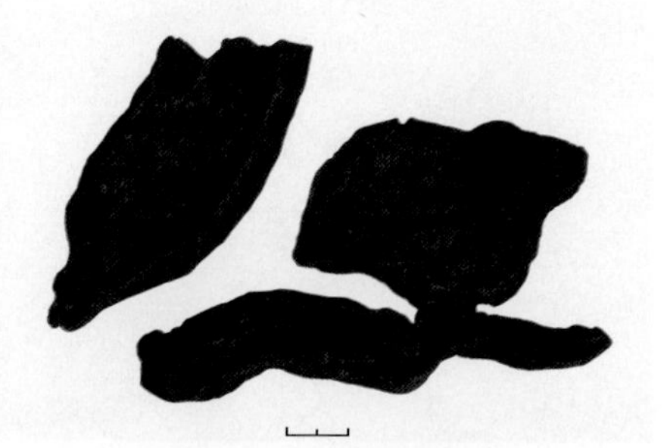

彩图 33-2　制首乌

彩图 34-1　佛手

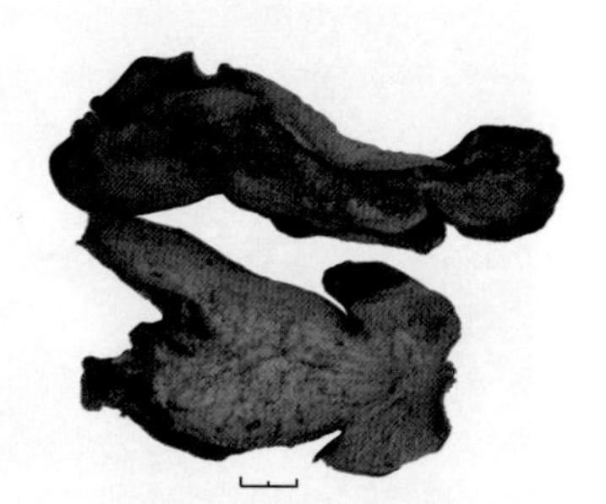

彩图 34-2　蒸佛手

彩图 35-1　石松

彩图 35-2　伸筋草

彩图 36-1　余甘子

彩图 36-2　余甘子

彩图 37-1　沉香

彩图 37-2　沉香

彩图 38-1　密花豆

彩图 38-2　鸡血藤

彩图 39-1　广州相思子

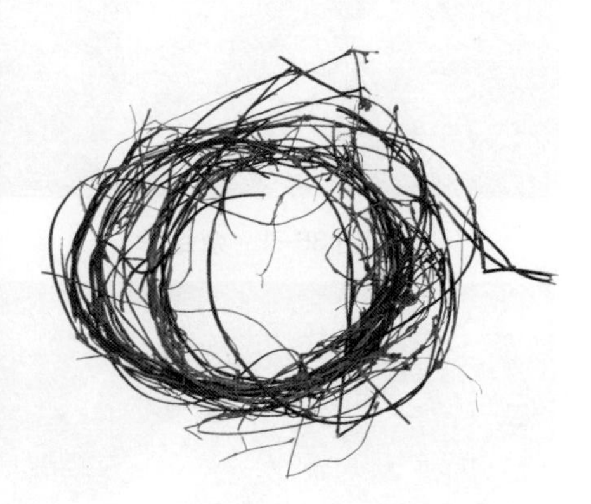

彩图 39-2　鸡骨草

彩图 40-1　鸡蛋花

彩图 40-2　鸡蛋花

彩图 41-1　橘

彩图 41-2　陈皮

彩图 42-1　毛唇芋兰

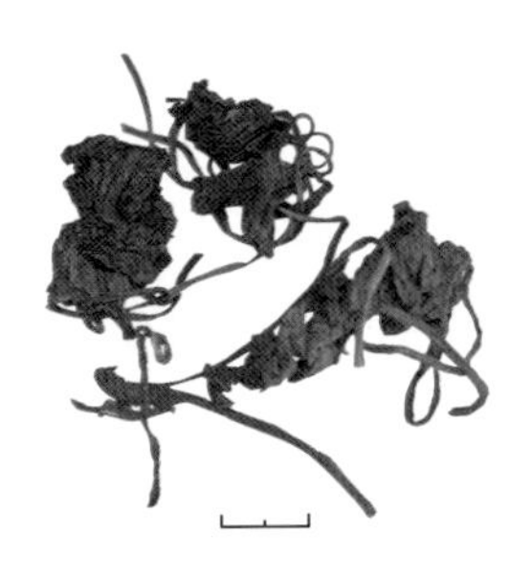
彩图 42-2　青天葵

彩图 43-1　草珊瑚

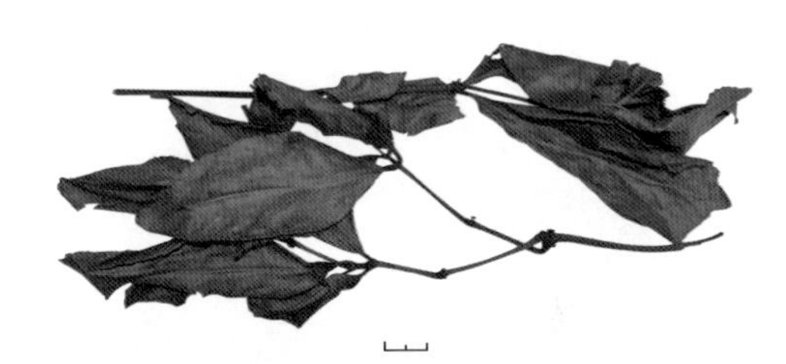
彩图 43-2　肿节风

彩图 44-1　狗肝菜

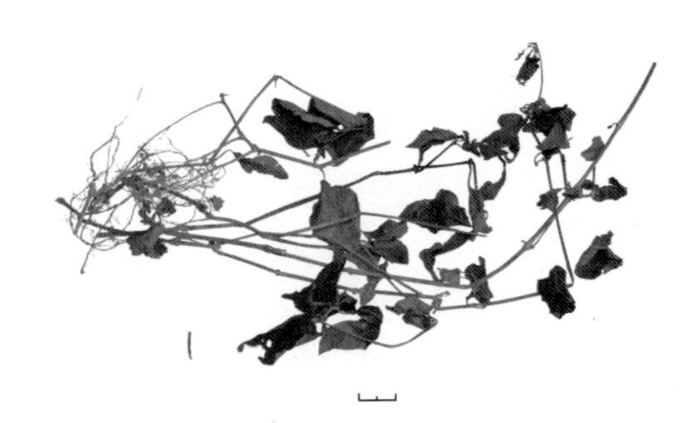
彩图 44-2　狗肝菜

彩图 45-1　金毛狗脊

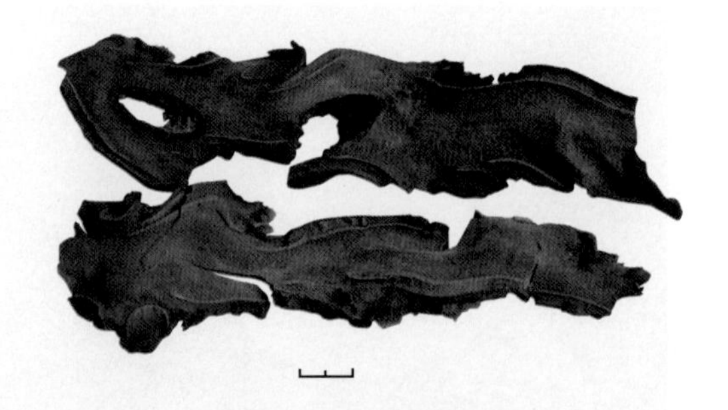

彩图 45-2　狗脊

彩图 46-1　荔枝

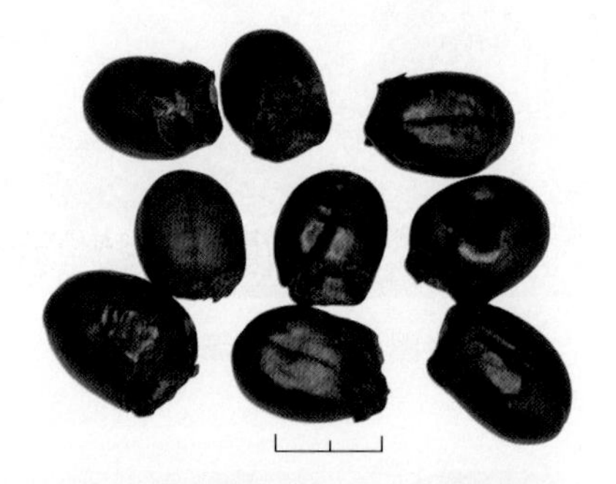

彩图 46-2　荔枝核

彩图 47-1　马蓝

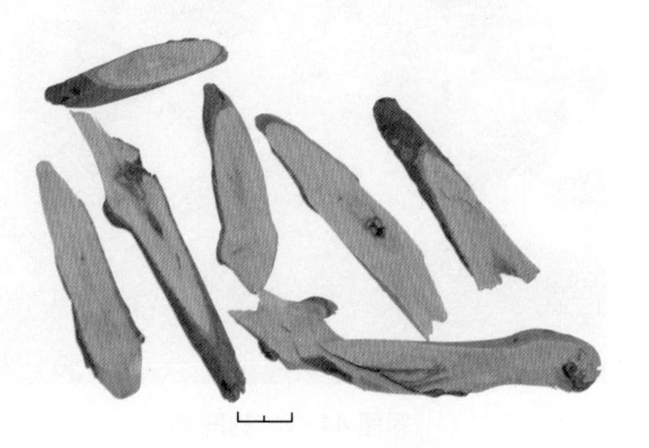

彩图 47-2　南板蓝根

彩图 48-1　阳春砂

彩图 48-2　砂仁

彩图 49-1　钩藤

彩图 49-2　钩藤

彩图 50-1　莎草

彩图 50-2　香附

彩图 51-1　石香薷

彩图 51-2　香薷

彩图 52-1　独脚金

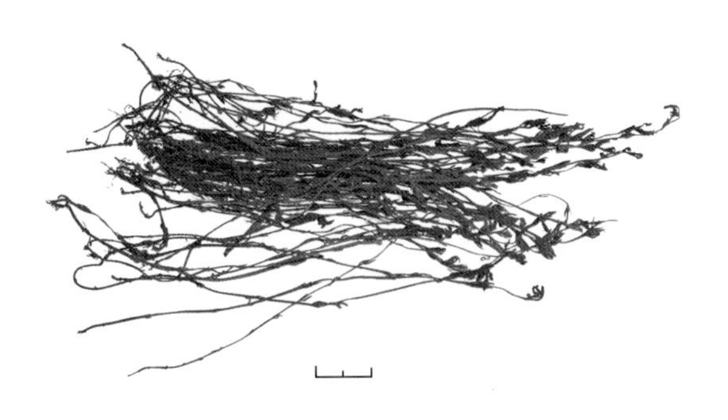

彩图 52-2　独脚金

彩图 53-1　蕒芝

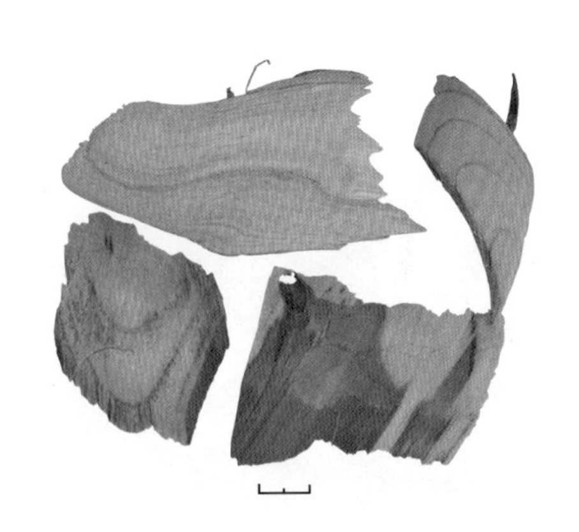

彩图 53-2　穿破石

彩图 54-1　孩儿草

彩图 54-2　孩儿草

彩图 55-1　素馨花

彩图 55-2　素馨花

彩图 56-1　铁包金

彩图 56-2　铁包金

彩图 57-1　徐长卿

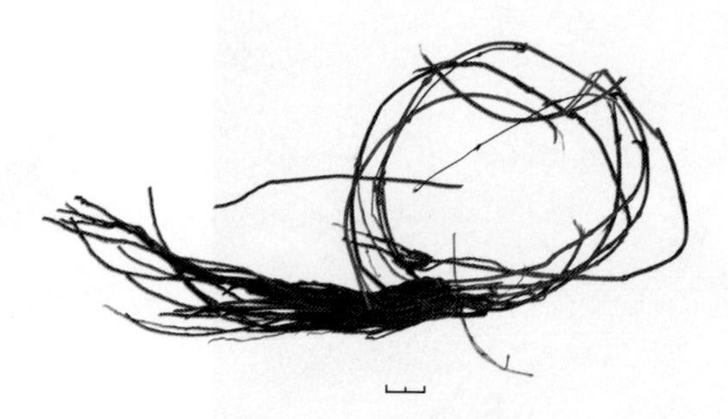

彩图 57-2　徐长卿

彩图 58-1　高良姜

彩图 58-2　高良姜

彩图 59-1　益智

彩图 59-2　益智

彩图 60-1　凉粉草

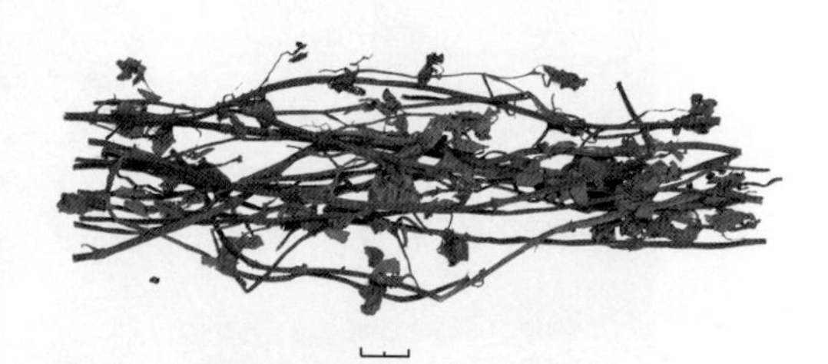

彩图 60-2　凉粉草

彩图 61-1　海金沙

彩图 61-2　海金沙

彩图 62-1　铁冬青

彩图 62-2　救必应

彩图 63-1　葫芦茶

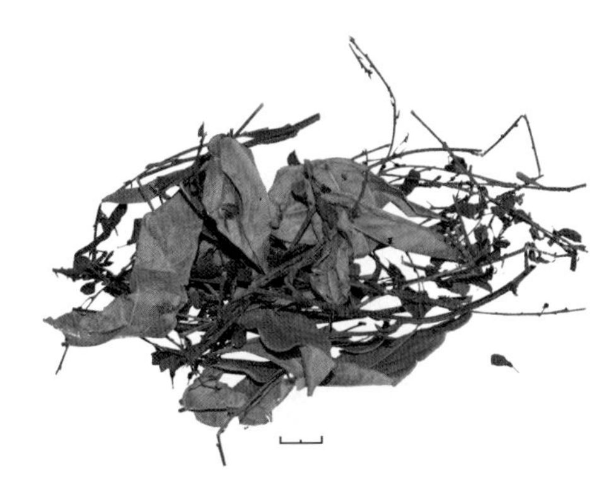

彩图 63-2　葫芦茶

彩图 64-1　野葛

彩图 64-2　甘葛藤

彩图 64-3　葛花

彩图 65-1　棕榈

彩图 65-2　棕榈

彩图 66-1　黑老虎

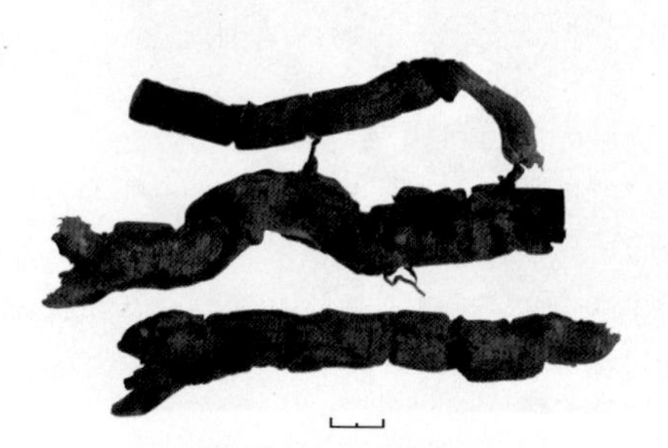

彩图 66-2　黑老虎

彩图 67-1　黑面神

彩图 67-2　黑面神

彩图 68-1　鹅不食草

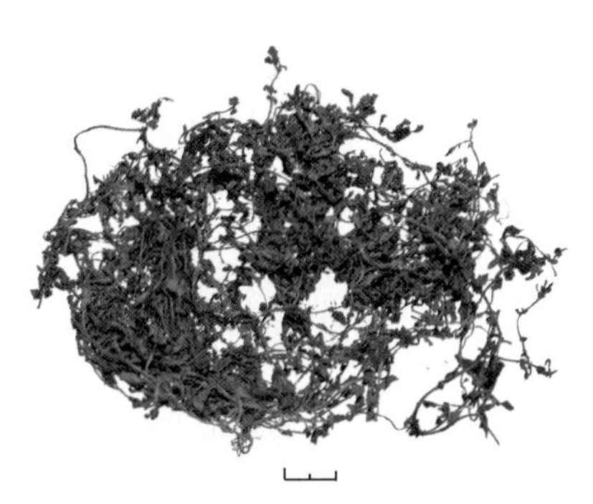

彩图 68-2　鹅不食草

彩图 69-1　线纹香茶菜

彩图 69-2　溪黄草（线纹香茶菜）

彩图 69-3　溪黄草

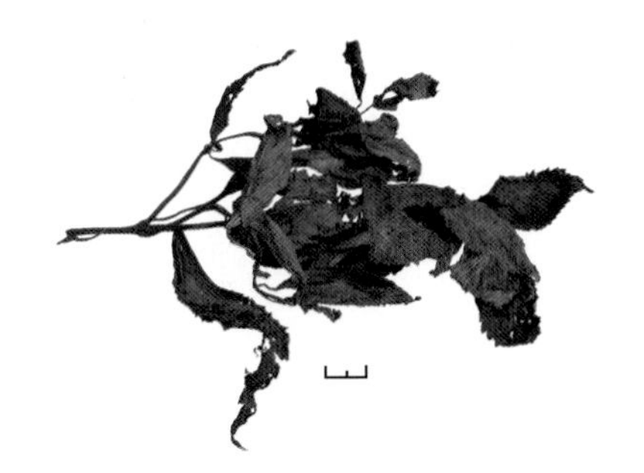

彩图 69-4　溪黄草

彩图 70-1　槟榔

彩图 70-2　槟榔

彩图 71-1　鹰不泊

彩图 71-2　鹰不泊